高等职业教育土木建筑类专业群
“建业筑新 匠心育才”系列教材

建筑 CAD 与 BIM 技术

主　编　宋　强　葛玉洁　孙来忠
副主编　丁　灏　黄运昌　苏　强

中国教育出版传媒集团
高等教育出版社·北京

内容简介

本书是高等职业教育土木建筑类专业群“建业筑新 匠心育才”系列教材之一。本书包含建筑 CAD 和建筑 BIM 技术两个模块，其中建筑 CAD 模块包括 CAD 绘制图幅图框、建筑平面图绘制、建筑立面图绘制、建筑剖面图绘制、出图与打印等，建筑 BIM 技术模块包括 Revit 建筑建模，Revit 参数化族与体量，以及 BIM 模型应用等。

本书按照工作手册式教材体例进行编写，在技术内容方面融通“岗课赛证”，在素质目标方面融入课程思政。每个工作任务均配套完整的二维码链接的讲解视频及模型文件、习题文件。授课教师可发送邮件至 gztj@pub.hep.cn 获取本书配套的模型文件、图纸、习题。

本书可以作为高等职业院校土建施工类、建筑设计类和建设工程管理类专业的教学用书和建筑工程识图、建筑信息模型（BIM）职业技能等级证书考试培训用书。

图书在版编目（CIP）数据

建筑CAD与BIM技术 / 宋强，葛玉洁，孙来忠主编 .--北京：高等教育出版社，2024.3

ISBN 978-7-04-061249-3

Ⅰ.①建… Ⅱ.①宋…②葛…③孙… Ⅲ.①建筑设计－计算机辅助设计－AutoCAD 软件－高等职业教育－教材 Ⅳ.① TU201.4

中国国家版本馆CIP数据核字（2023）第190902号

JIANZHU CAD YU BIM JISHU

策划编辑 刘东良 责任编辑 刘东良 封面设计 赵 阳 于 博 版式设计 杨 树
责任绘图 邓 超 责任校对 马鑫蕊 责任印制 高 峰

出版发行 高等教育出版社
社 址 北京市西城区德外大街4号
邮政编码 100120
印 刷 北京汇林印务有限公司
开 本 787mm×1092mm 1/16
印 张 17.5
字 数 420千字
购书热线 010-58581118
咨询电话 400-810-0598

网 址 http://www.hep.edu.cn
http://www.hep.com.cn
网上订购 http://www.hepmall.com.cn
http://www.hepmall.com
http://www.hepmall.cn

版 次 2024年3月第1版
印 次 2024年3月第1次印刷
定 价 49.00元

物 料 号 61249-00

前言

绿水青山就是金山银山，推动经济社会发展绿色化、低碳化是实现高质量发展的关键环节。CAD 和 BIM 技术是数字建造的基础，是建筑行业可持续发展、高质量发展的关键着力点。

本书包含建筑 CAD 和建筑 BIM 技术两个模块，全书内容实践性较强，与国家建筑业规范、制图标准联系紧密，能够培养学生的制图技能、空间想象力、计算机绘图和数字建造能力。本书具有以下特点：

1. 在思政育人方面，本书深入贯彻党的二十大精神，落实立德树人根本任务。同时，参考《高等学校课程思政建设指导纲要》，在每个项目设置“思想提升”环节，将岗位工作中的规范意识、质量意识、精益求精、执着创新、工程伦理等思政内容融合至各个实训项目中，培养德智体美劳全面发展的社会主义建设者和接班人。

2. 在体例结构方面，本书按照工作手册式教材体例进行编写，根据数字建造工程师的工作步骤以及教与学的关系，将每个工作项目设置为“典型工作任务”“工作岗位核心技能要求”“知识导入与准备”“工作任务实施”“思想提升”“工作评价与工作总结”6 个单元，这 6 个单元内容分别为提出工作任务书、职业标准工作要求、前导知识、工作任务解决步骤、课程思政、工作完成的评价与总结。

3. 在编写内容方面，本书按照制图员国家职业技能标准、建筑信息模型技术员国家职业技能标准的工作内容、技能要求和相关知识要求进行编写。工作项目中的“工作任务实施”是全书的主要技术内容，每个“工作任务实施”均含“任务驱动与学习目标”“工作任务解决步骤”“工作技能扩展与相关系统性知识”“习题与能力提升”四部分内容，其中“任务驱动与学习目标”给出该工作任务的主要内容及学习目标，“工作任务解决步骤”讲解完成该工作任务的详细操作步骤，“工作技能扩展与相关系统性知识”讲解该项工作任务未能涉及的相关知识和技能提升性知识，“习题与能力提升”是根据该工作任务而设计的习题。

4. 在“岗课赛证”融通方面，本书以国家职业标准为主线，同时融合建筑工程识图和建筑信息模型（BIM）职业技能等级证书考核标准，且“习题与能力提升”对标全国职业院校技能大赛相关赛项真题，形成综合性较强的“岗课赛证”融通教材。

5. 在配套资源方面，本书配有较为丰富的“互联网 +”资源，形成一个较为完整的精品课程资源库：① 本书共有 8 个项目、31 个工作任务，每个工作任务均配套任务完成的模型文件。还配有本书结合的教学楼项目建筑施工图纸。② 每个工作任务均配套独立的习题文件，其中包括 BIM 职业技能等级证书考试、全国 BIM 技能等级考试、全国职业院校技能大赛相关赛项的真题等。③ 本书所有的工作任务和配套的习题均配有二维码链接的讲解视频供学习者浏览、学习。

6. 在校企合作开发方面，本书的工作任务案例与部分习题案例均由中建八局第四建设有限公司提供，源于工程实际；本书的工作任务书、工作岗位核心技能要求、工作任务实施以及评价等均由中建八局第四建设有限公司企业专家与院校专家共同完成，并由中建八局第四建设有限公司做最终审定。

本书由宋强、葛玉洁、孙来忠任主编，丁灏、黄运昌、苏强任副主编，具体编写分工为：宋强负责确定整个教材的骨架结构，包括教材的目录、章节划分、描述等；模块 1 由葛玉洁编写；模块 2 由宋强、孙来忠编写；各工作任务的工作任务书、工作岗位核心技能要求、工作评价等由丁灏、黄运昌编写；思想提升、全国职业院校技能大赛相关内容由苏强编写。

本书在编写过程中力求使内容丰满充实、编排层次清晰、表述符合教学的要求，但受限于时间、经验和能力，书中难免有疏漏和不足之处，恳请广大读者批评指正。

编 者

2023 年 12 月

目 录

模块 1

建筑 CAD

项目 1 CAD 绘制图幅图框

1.1 典型工作任务

按照《项目 1 工作任务书》的要求，绘制教学楼 CAD 图纸的图幅、图框，其中教学楼建筑施工图见本书配套文件。

项目 1 工作任务书	
技术要求	按照以下要求绘制教学楼 CAD 图纸图框： 按照建筑制图国家标准的要求绘制 A3 横式图幅，其大小为 420 mm × 297 mm；A3 图幅的图框线宽为 1.0 mm，图幅线宽为 0.7 mm；A3 图幅图框左边的边距 a=25 mm，上、下、右边距 c=5 mm
交付内容	教学楼建筑施工图图幅图框 .dwg
工作任务	1. 设置绘图环境相关参数 2. 绘制图幅、图框
岗位标准	1. 制图员国家职业技能标准（职业编码：3-01-02-07） 2. 1+X 建筑工程识图职业技能等级标准
技术标准	1.《房屋建筑制图统一标准》（GB/T 50001—2017） 2.《总图制图标准》（GB/T 50103—2010） 3.《建筑制图标准》（GB/T 50104—2010） 4.《民用建筑设计统一标准》（GB 50352—2019）

续表

项目1　工作任务书	
工作成图（参考图）	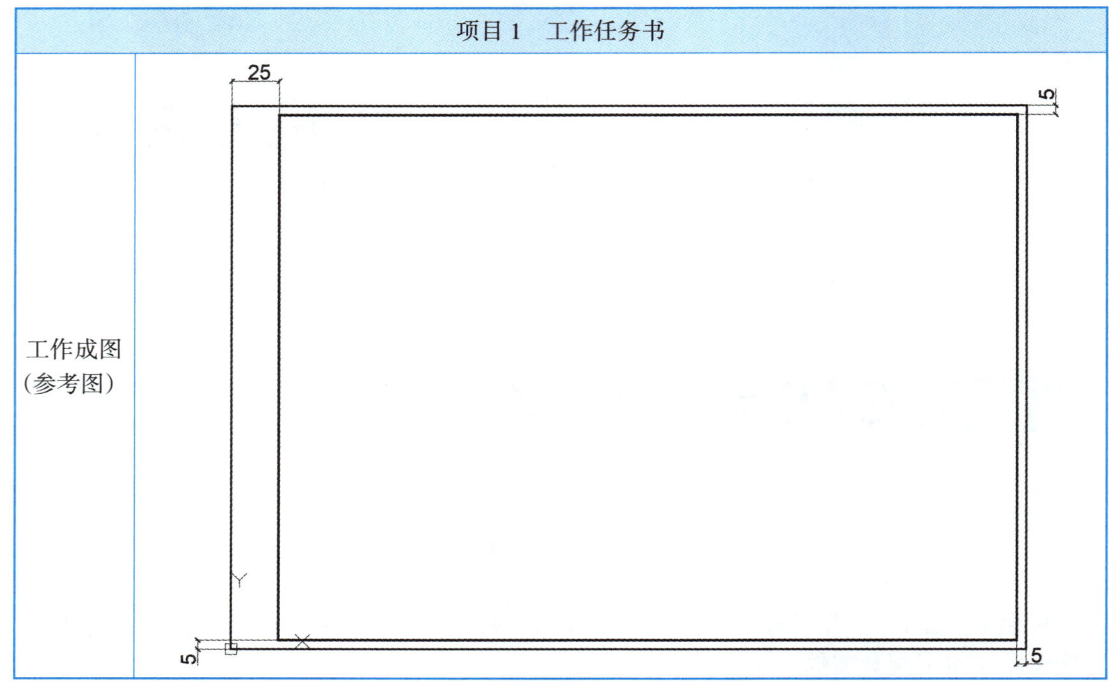

1.2　工作岗位核心技能要求

根据制图员国家职业技能标准（职业编码：3-01-02-07）、1+X建筑工程识图职业技能等级标准，对于图幅、图框创建的技能要求和相关知识要求如下。

职业技能	工作内容	技能要求	相关知识要求
1. 项目准备	1.1　新建项目与保存设置	1.1.1　能够启动和新建绘图文件 1.1.2　能够保存绘图文件 1.1.3　能够按照绘制图形的类型设置图形范围的界限	1.1.1　创建绘图文件的方法 1.1.2　保存绘图文件的方法 1.1.3　图形界线的设置方法
2. 图幅、图框绘制	2.1　图幅、图框绘制	能够按照制图标准，绘制图幅、图框，完成样板文件的创建	2.1.1　绘制图幅、图框的方法 2.1.2　图幅、图框制图规则

1.3　知识导入与准备

一、AutoCAD概述

1. AutoCAD软件的定义

AutoCAD是一款功能强大的绘图软件，主要用于辅助设计领域，是目前使用最广泛的计算机辅助绘图和设计软件之一。在深入学习 AutoCAD 前，首先要了解和掌握 AutoCAD 的一些基本知识和操作，为后期的学习打下坚实的基础。

AutoCAD 软件由 Autodesk 公司于 1982 年首次推出，经过了不断完善和更新。该软件集专业性、功能性、实用性为一体，是计算机辅助设计领域最受欢迎的绘图软件之一。

2. AutoCAD 软件的特点

AutoCAD 软件的特点：① 具有完善的图形绘制功能；② 有强大的图形编辑功能；③ 可以采用多种方式进行二次开发或用户定制；④ 可以进行多种图形格式的转换，具有较强的数据交换能力；⑤ 支持多种硬件设备；⑥ 支持多种操作平台；⑦ 具有通用性、易用性。

二、图幅图框制图规则

图纸的幅面是指图纸尺寸的规格大小，图框是图纸上绘图范围的界限。图纸幅面及图框尺寸应符合表 1.3–1 的规定和图的格式。图纸以短边作为垂直边为横式，以短边作为水平边为立式。A0、A3 图纸宜横式使用；必要时，也可立式使用。根据需要，A0、A3 幅面的长边尺寸可加长，但图纸的短边尺寸不应加长。图纸长边加长后的尺寸，可查阅《房屋建筑制图统一标准》（GB/T 50001—2017）。

表 1.3–1　图纸幅面尺寸

	A0	A1	A2	A3	A4
$b \times l$	841 × 1 189	594 × 841	420 × 594	297 × 420	210 × 297
c	10			5	
a	25				

注：表中 b 为幅面短边尺寸；l 为幅面长边尺寸；c 为图框线与幅面线间宽度；a 为图框线与装订边间宽度。

1.4　工作任务实施

工作任务 1.4.1　新建项目与保存设置

任务驱动与学习目标

序号	任务驱动	学习目标
1	新建 AutoCAD 文件	了解 AutoCAD 的启动途径
2	能够使用 AutoCAD 窗口界面的 6 个组成部分的主要功能	了解 AutoCAD 窗口界面的组成
3	保存 AutoCAD 文件	掌握文件命名保存的方法

工作任务解决步骤

1.4.1　工作任务解决步骤：新建项目与保存设置

一、启动 AutoCAD 程序

启动 AutoCAD 程序的方法如下。

方法一：首次使用 AutoCAD，可以双击桌面程序快捷图标。

方法二：单击“开始”菜单下“所有程序”中 Autodesk 下的启动程序。

方法三：已经使用 AutoCAD 绘制形成了图形文件，双击文件夹中相应的“*.dwg”格式文件，打开图形文件可同时启动 AutoCAD 的应用程序。

二、新建 AutoCAD 文件

在启动 AutoCAD 后，单击“开始绘制”按钮以开始绘制新图形，如图 1.4.1–1 所示；或鼠标左键单击“开始”右侧“+”以开始新建图形界面，如图 1.4.1–2 所示。

三、图形文件保存

正式绘图前应先进行图形文件“另存为”。新建文件第一次“保存”等同于“另存为”，已经命名的文件不需要重新命名可直接“保存”，需重新命名的文件则要“另存为”。绘图前先“另存为”有两个用处：① 软件意外关闭时，可用文件名搜索文件；② 借助已命名的图形绘制新图，能够避免被意外“保存”覆盖掉。

图形文件保存方法：下拉菜单“文件”→“保存”或“另存为”，如图 1.4.1–3 所示。

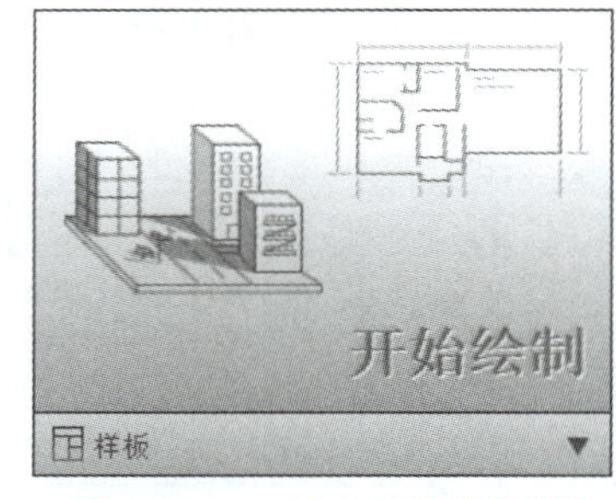

图 1.4.1–1　单击“开始绘制”

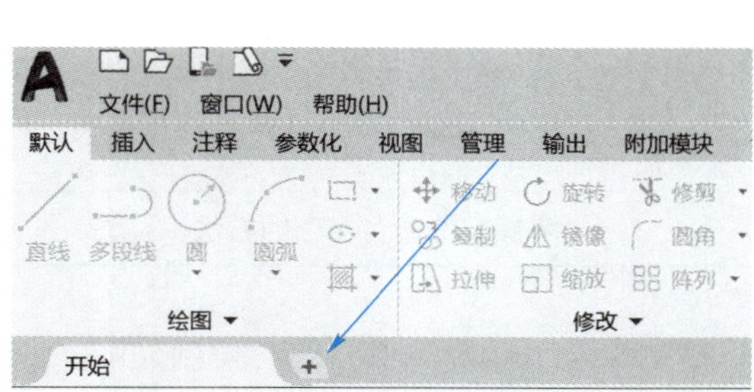

图 1.4.1–2　单击“+”号

图 1.4.1–3　下拉菜单保存

文件保存“三要素”：保存位置、文件命名、文件类型。AutoCAD 图形文件如果需要在低版本上打开，则需事先保存为低版本，文件类型有 2000 版、2004 版、2007 版、2010 版、2013 版、2018 版等。CAD 文件名后缀默认为“*.dwg”，如果需把文件保存为样本文件，则文件类型选择“*.dwt”，如图 1.4.1–4 所示。

完成的项目文件见“工作任务 1.4.1\ 项目新建设置完成 .dwg”。

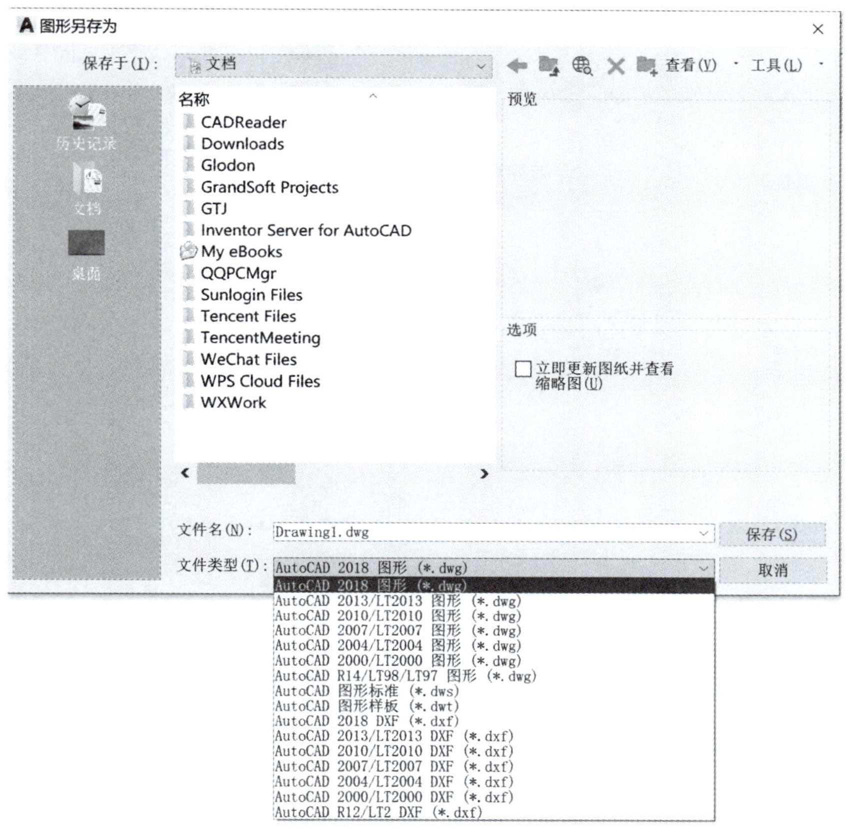

图 1.4.1–4　图形另存为

工作技能扩展与相关系统性知识

1.4.1　技能扩展：AutoCAD 工作界面

认识 AutoCAD 工作界面

第一次启动 AutoCAD2020 应用程序后，将进入 AutoCAD 默认的“drawing1”工作空间的界面，新建的工作界面主要由标题栏、功能区、绘图区、十字光标、命令行和状态栏 6 个主要部分组成，如图 1.4.1–5 所示。

1. 标题栏

标题栏位于应用程序窗口的最上面，用于显示当前正在运行的程序名及文件名等信息。单击标题栏右边按钮，可最小化、最大化或关闭应用程序窗口；左端的“快速访问”工具栏包括“新建”“打开”“保存”“另存为”“从 Web 和 Mobile 中打开”“保存到 Web 和

Mobile”“打印”等命令，如图 1.4.1–6 所示。

2. 功能区

AutoCAD 绘图区域的顶部有标准选项卡式功能区，包括“默认”“插入”“注释”“参数化”“视图”“管理”“输出”等选项卡模块，几乎包括了 CAD 中的全部功能和命令。

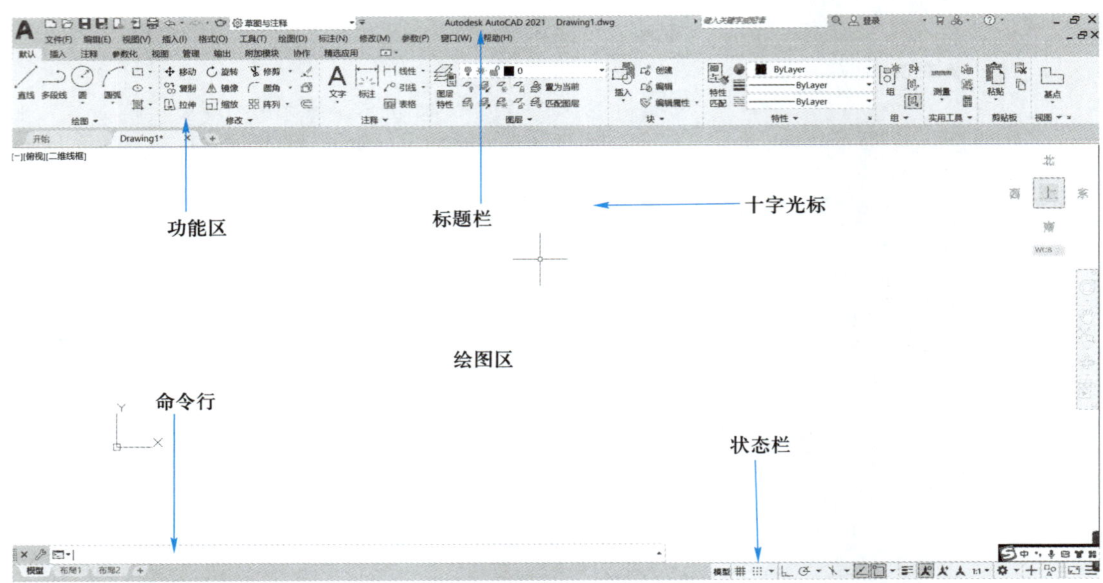

图 1.4.1–5 工作界面组成

图 1.4.1–6 标题栏

3. 绘图区

在 AutoCAD 中，绘图区是绘图的主要工作区域，所有的绘图结果都反映在这个窗口中。在此区域中除了显示当前的绘图结果外，还显示了当前使用的坐标系类型以及坐标原点、*X* 轴、*Y* 轴、*Z* 轴的方向等。

4. 命令行

AutoCAD 界面的核心部分是命令行，它通常固定在应用程序窗口的底部，可显示提示、选项和消息，可以直接在“命令”窗口中输入命令，而不使用功能区、工具栏和菜单来执行命令。命令行可拖放为浮动窗口。

5. 状态栏

状态栏用以显示 AutoCAD 当前的状态，状态栏最左端有“模型”和“布局”选项卡，单击其标签可以在模型空间或图纸空间之间来回切换。右端主要包括“空间切换”“注释设置”“精确绘图时定位”和“追踪”等功能按钮。

习题与能力提升

1.4.1　操作练习 1 新建样板文件

操作练习 1

使用“习题与能力提升相关文件”文件夹中的“样板文件 .dwt”新建一个项目文件。完成的文件见“习题与能力提升 \1.4.1 样板文件 .dwt”。

1.4.1　操作练习 2 保存文件

操作练习 2

将操作练习 1 中新建的 AutoCAD 文件名保存为“建筑施工平面图”。

工作任务 1.4.2　绘制图幅图框

任务驱动与学习目标

序号	任务驱动	学习目标
1	设置绘图比例及图形范围的界限	掌握图形界线的设置方法
2	绘制图幅图框	1. 了解图幅、图框基本知识 2. 掌握图幅、图框的绘图技巧

1.4.2　工作任务解决步骤：设置图幅范围

工作任务解决步骤

一、设置图幅范围

1. 设置图形界限

命令：Limits

重新设置模型空间界限：

指定左下角点或［开（ON）/ 关（OFF）］<0.00，0.00>：<Enter>

指定右上角点 <420.00，297.00>：<Enter>（图幅采用 A3 图纸）

1.4.2　工作任务解决步骤：绘制图幅图框

2. 把绘图区域放大至全屏显示

命令：Zoom

指定窗口的角点，输入比例因子（nX 或 nXP），或者［全部（A）/ 中心（C）/ 动态（D）/ 范围（E）/ 上一个（P）/ 比例（S）/ 窗口（W）/ 对象（O）］< 实时 >：A <Enter>

二、绘制图幅图框线

1. 绘制图幅线

A3 图纸的大小为 420 mm × 297 mm，因此可以用一个矩形来表示图幅线。图幅线也就是图纸的边缘，绘制图幅线是为了便于观察图形和打印。

选择“矩形”命令，绘制以原点为起点，点（420，297）为对角点的矩形作为图幅线，具体步骤如下。

命令：Rectang

当前矩形模式：宽度 =0
指定第一个角点或[倒角(C)/标高(E)/圆角(F)/厚度(T)/宽度(W)]：W
指定矩形的线宽 <0>：0.7
指定第一个角点或[倒角(C)/标高(E)/圆角(F)/厚度(T)/宽度(W)]：0,0
指定另一个角点或[面积(A)/尺寸(D)/旋转(R)]：420,297 <Enter>

2. 绘制图框线

选择“矩形”命令，绘制以点(25,5)为起点，点(390,287)为对角点的矩形作为图框，图幅四周与图框四周分别相距 5、5、5、25，具体步骤如下。

命令：Rectang
当前矩形模式：宽度 =0.7
指定第一个角点或[倒角(C)/标高(E)/圆角(F)/厚度(T)/宽度(W)]：W
指定矩形的线宽 <0>：1
指定第一个角点或[倒角(C)/标高(E)/圆角(F)/厚度(T)/宽度(W)]：25,5
指定另一个角点或[面积(A)/尺寸(D)/旋转(R)]：390,287 <Enter>
完成的项目文件见“工作任务 1.4.2\ 图幅图框完成 .dwg”。

1.4.2 技能扩展：“编辑”操作命令

工作技能扩展与相关系统性知识

一、“编辑”操作命令

1. “移动”命令

单击功能区“修改”面板中的“移动”按钮或在命令栏中输入“MOVE”并按 Enter 键或空格键确定。启动该命令，单击鼠标左键选择对象，按 Enter 键或单击鼠标右键结束，再单击鼠标左键指定一个逻辑点作为移动对象的基点，单击鼠标左键选择基点的新位置或用输入相对坐标的方法指定移动的距离和角度完成移动。

2. “旋转”命令

单击功能区“修改”面板中的“旋转”按钮或在命令栏中输入“ROTATE”并按 Enter 键或空格键确定。启动该命令，选择所需旋转的对象，按 Enter 键或单击鼠标右键，再单击鼠标左键指定一个逻辑点作为旋转的基点，输入旋转角度后按 Enter 键或单击鼠标右键完成旋转。

3. “复制”命令

单击功能区“修改”面板中的“复制”按钮或在命令栏中输入“COPY”并按 Enter 键或空格键确定。启动该命令，选择所需复制的对象，按 Enter 键或单击鼠标右键。若不需要准确指定复制对象的距离，可单击鼠标左键指定复制对象的基点，再单击第二点直接对图形进行复制，或者通过捕捉特殊点将对象复制到指定的位置。若在复制对象时，没有特殊点作为参照，又要准确指定目标对象和源对象之间的距离，可以输入具体的数值确定两者之间的距离或鼠标左键单击[位移(D)]输入坐标值，按 Enter 键或空格键确定完成复制。

4. “偏移”命令

单击功能区“修改”面板中的“偏移”按钮或在命令栏中输入“OFFSET”并按 Enter 键或空格键确定。启动该命令，输入偏移距离，按 Enter 键或空格键确定，然后单击鼠标左键选择所需偏移的对象，通过移动鼠标的位置指定要偏移一侧上的点，单击鼠标左键完成偏移。

5. “镜像”命令

单击功能区“修改”面板中的“镜像”按钮或在命令栏中输入“MIRROR”并按 Enter 键或空格键确定。启动该命令，选择所需镜像的对象，按 Enter 键或空格键确定，当指定镜像线的第一个点时，单击鼠标左键选择中心线上的一个点，对镜像线的第二个点做同样的操作。若镜像发生后需删除源对象，单击鼠标左键选择“是(Y)”，反之单击“否(N)”则保留源对象。

6. “阵列”命令

单击功能区“修改”面板中的“阵列”按钮或在命令栏中输入“ARRAY”并按 Enter 键或空格键确定。启动该命令，单击鼠标左键选择所需阵列的对象，按 Enter 键或空格键确定，然后单击鼠标左键选择阵列类型“矩形(R)”后创建“阵列创建”对话框，通过修改对话框里的列数、行数、列间距、行间距、选取基点等完成列阵的参数设置，鼠标左键单击关闭阵列完成阵列。

7. “修剪”命令

单击功能区“修改”面板中的“修剪”按钮或在命令栏中输入“TRIM”并按 Enter 键或空格键确定。启动该命令，单击鼠标左键同时选中两条边界线，按空格键或单击鼠标右键确定，然后鼠标左键单击两条边界线中间的垂线，完成修剪。

8. “延伸”命令

单击功能区“修改”面板中的“延伸”按钮或在命令栏中输入“EXTEND”并按 Enter 键或空格键确定。启动该命令，单击鼠标左键选择任意一条边界线，按空格键或单击鼠标右键确定，然后鼠标左键单击另一条边界线位置的垂线，完成延伸。

9. “打断”命令

单击功能区“修改”面板中的“打断”按钮或在命令栏中输入“BREAK”并按 Enter 键或空格键确定。启动该命令，选择对象时单击的点将作为第一个打断点。如果要重新选择第一个打断点，则在选择打断对象后在当前命令行中输入“F”并按 Enter 键或空格键确定，重新指定第一个打断点，再指定第二个打断点完成打断。

10. “拉伸”命令

单击功能区“修改”面板中的“拉伸”按钮或在命令栏中输入“STRETCH”并按 Enter 键或空格键确定。启动该命令，单击鼠标左键反选拉伸对象，按 Enter 键或空格键确定，单击鼠标左键指定直线拉伸的基点，然后单击鼠标左键指定拉伸的第二点完成拉伸。位于窗口之外的端点不动，而位于窗口之内的端点移动。

二、“图形绘制”操作命令

1.4.2　技能扩展：“图形绘制”操作命令

1. “直线”命令

单击功能区“绘图”面板中的“直线”按钮或在命令栏中输入“LINE”并按 Enter 键或空格键确定。该命令运行后，单击鼠标左键选择第一个点，然后移动鼠标指定线段的方向，并单击鼠标左键选择第二个点完成直线绘制。

2. “矩形”命令

单击功能区“绘图”面板中的“矩形”按钮或在命令栏中输入“RECTANGLE”并按

Enter 键或空格键确定。该命令运行后，可以通过直接单击鼠标确定矩形的两个对角点，绘制一个随意大小的直角矩形，也可以确定矩形的第一个角点后，通过“尺寸(D)”命令选项绘制指定大小的矩形，或是通过指定矩形另一个角点的坐标绘制指定大小的矩形。

3. “多段线”命令

单击功能区“绘图”面板中的“多段线”按钮或在命令栏中输入“PLINE”并按 Enter 键或空格键确定。该命令运行后，单击鼠标左键指定多段线的起点，再指定多段线的端点，若绘制了两个以上的多段线，可输入“C”，并按 Enter 键封闭多段线，并结束命令。

4. “圆”命令

单击功能区“绘图”面板中的“圆”按钮或在命令栏中输入“CIRCLE”并按 Enter 键或空格键确定。该命令运行后，可以直接通过单击鼠标依次指定圆的圆心和半径，从而绘制出一个随意大小的圆，也可以在指定圆心后，通过输入圆的半径，绘制一个指定圆心和半径的圆。

5. “圆弧”命令

单击功能区“绘图”面板中的“圆弧”按钮或在命令栏中输入“ARC”并按 Enter 键或空格键确定。该命令运行后，可以直接通过单击鼠标依次指定圆弧的圆心、起点和端点，从而绘制出圆弧，圆弧是按逆时针方向绘制的。

习题与能力提升

1.4.2 操作练习绘制图幅

操作练习

试绘制一幅 A4 立式图幅，并将文件名保存为“A4.dwg”。

1.5 思想提升

工匠精神

应用 CAD 软件制图的一个重要特点是图形精准，因此在绘图实践过程中要严谨认真。同时，建筑图纸在制图时还要求地图表示方法合宜、符号形象直观、绘制美观、便于查看和使用，因此需要不断尝试，以严谨求证、精益求精的工匠精神争取最佳制图效果。操作软件的学习是反复练习、熟能生巧的过程，有时甚至是枯燥而乏味的，这不仅是对意志的磨炼，也是职业素养养成的过程，能够培养吃苦耐劳、勤学苦练的精神。

规则意识

软件制图讲究一定的规则，只有遵循操作规则，才能在制图时事半功倍。同时，地图制图过程中的地图概括、符号设计、地图表示等也要遵循制图规则。因此，在课程学习过程中能够潜移默化自觉守则，树立规则意识。

1.6　工作评价与工作总结

工作评价

序号	评分项目	分值	评价内容	自评	互评	教师评分	客户评分
1	新建项目与保存设置	30	1. 新建项目,15 分 2. 保存项目,15 分				
2	图幅、图框的绘制	70	1. 图幅尺寸,20 分 2. 图幅线宽,15 分 3. 图框的尺寸和位置,20 4. 图框线宽,15				

工作总结

目标		进步	欠缺	改进措施
知识目标	掌握项目新建的方法和图幅图框绘制的相关知识			
能力目标	根据客户要求完成 ××× 职业技术大学教学楼图幅图框的绘制			
素质目标	“画法几何”作为工程制图的核心,是创造性思维的基础,明确学习内容及目标,端正学习态度,做社会主义核心价值观的坚定信仰者、积极传播者和模范践行者,提升自身民族自豪感、历史使命感及专业自信			

项目 2　建筑平面图绘制

2.1　典型工作任务

按照《项目 2　工作任务书》的要求，绘制教学楼 CAD 图纸的平面图。

项目 2　工作任务书	
技术要求	按照以下要求绘制教学楼建筑平面图： 图层和线型：设置轴网图层，线型为单点长画线；设置墙体、柱、门窗、文字标注、轴号尺寸标注图层，线型为实线。 轴网：横轴为数字轴①～⑨轴，纵轴为字母轴Ⓐ~Ⓕ轴，线型为单点长画线。 墙体：内外墙厚均为 240 mm。 柱：截面尺寸为 600 mm×600 mm，材质为现浇混凝土。 门窗：C1，双扇窗，宽度 2 700 mm、高度 2 100 mm；C2，双扇窗，宽度 1 500 mm、高度 2 500 mm。M1，单扇门，宽度 700 mm、高度 2 100 mm；M2，双扇门，宽度 1 800 mm、高度 2 400 mm。 文字标注：标注平面图中各区域功能及其他说明。 轴号尺寸标注：轴号半径为 8~10 mm，文字高度为 2.5~3 mm
交付内容	教学楼建筑平面图 .dwg
工作任务	1. 设置图层和线型 2. 绘制轴网 3. 绘制墙体 4. 绘制柱 5. 绘制门窗 6. 文字标注 7. 尺寸标注
岗位标准	1. 制图员国家职业技能标准（职业编码：3-01-02-07） 2. 1+X 建筑工程识图职业技能等级标准
技术标准	《房屋建筑制图统一标准》（GB/T 50001—2017） 《总图制图标准》（GB/T 50103—2010） 《建筑制图标准》（GB/T 50104—2010） 《民用建筑设计统一标准》（GB 50352—2019）

续表

项目 2　工作任务书	
工作成图(参考图)	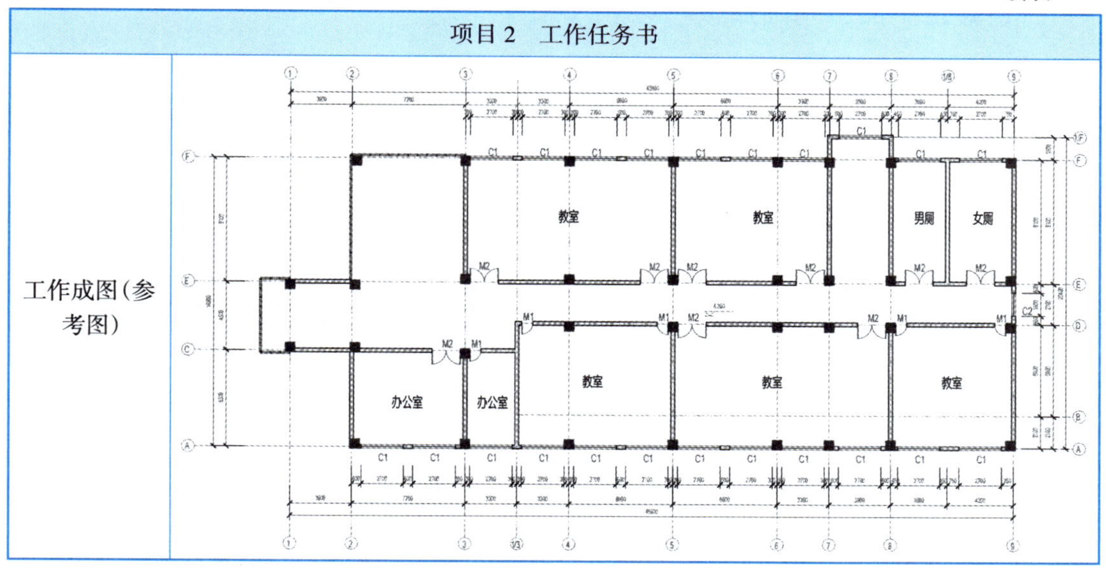

2.2　工作岗位核心技能要求

根据制图员国家职业技能标准(职业编码：3-01-02-07)、1+X 建筑工程识图职业技能等级标准，对于建筑平面图绘制的技能要求和相关知识要求如下。

职业技能	工作内容	技能要求	相关知识要求
建筑平面图绘制	1.1　二维专业图形绘制	能绘制简单的二维专业图形	1.1.1　图层设置的知识 1.1.2　工程标注的知识 1.1.3　调用图符的知识 1.1.4　属性查询的知识
	1.2　建筑平面图绘制	能根据任务要求，应用 CAD 绘图软件绘制中型建筑工程建筑平面图的指定内容	1.2.1　建筑定位轴线和墙体、出入口、门厅过厅、走廊、楼电梯、台阶、阳台、雨篷、散水等构件的定位及尺寸 1.2.2　房间的开间和进深尺寸、门窗尺寸、轴线定位尺寸、建筑外包总尺寸、局部细节尺寸和标高等 1.2.3　能识读剖切符号、指北针与详图索引符号，屋面的排水组织等

2.3　知识导入与准备

建筑平面图是表达建筑物的基本图样之一，主要反映建筑物的平面布置情况。

一、建筑平面图基础知识

建筑平面图是指房屋的水平剖面图(除屋顶平面图外),是假想用一个水平面去剖切房屋,剖切平面一般位于每层窗台上方的位置,以保证剖切的平面图中墙、门、窗等主要构件都能被剖切到,然后移去平面上方的部分,对剩下的房屋作正投影所得到的水平剖面图。

建筑平面图主要表示建筑物的平面形状、水平方向各部分(如出入口、走廊、楼梯、房间、阳台等)的布置和组合关系、门窗位置、墙和柱的布置,以及其他建筑构配件的位置和大小等。它是施工放线、砌墙柱、安装门窗框和设备的依据,也是编制和审查工程预算的主要依据。

在建筑设计中,用一个平面图来表达多个相同楼层的平面情况,称为“×~× 层平面图”;另外,还应绘制屋顶平面图。

二、建筑平面图的基本内容

(1) 表明建筑物的平面形状和内部各房间,包括走廊、楼梯、出入口的布置及朝向。

(2) 表明建筑物及其各部分的平面尺寸。在建筑平面图中,必须详细标注尺寸。平面图中的尺寸分为外部尺寸和内部尺寸。外部尺寸有 3 道,一般沿横向、竖向分别标注在图形的下方和左方。

(3) 表明地面及各层楼面标高。建筑工程上常将室外地坪上的第一层(即底层)及室内平面处标高定为零标高,即 ±0.000 标高处。以零标高为界,地下层平面标高为负值,底层以上标高为正值。

(4) 在建筑平面图中,绝大部分房间都有门窗,应根据平面图中标注的尺寸确定门窗的水平位置,表明各种门窗位置、代号和编号,以及门的开启方向。门的代号用M表示,窗的代号用C表示,有些特殊的门窗有特殊的编号,编号用阿拉伯数字表示。此外,门窗的类型、制作材料等应以列表的方式表达。

(5) 表明剖面图剖切符号、详图索引符号的位置及编号。楼梯的位置及梯段的走向与级数也应在平面图上标注。

(6) 综合反映其他各工种(工艺、水、暖、电)对土建的要求。各工程要求的坑、台、水池、地沟、电闸箱、消火栓、雨水管等及其在墙或楼板上的预留洞,应在图中表明其位置及尺寸。

(7) 表明室内装修做法。其包括室内地面、墙面及顶棚等处的材料及做法。一般简单的装修,在平面图内直接用文字说明;较复杂的装修则另列房间明细表和材料做法表,或另画建筑装修图。

(8) 文字说明。平面图中有些通过绘图方式不能表达清楚或过于烦琐的内容,如施工要求、砖及灰浆的强度等级等,设计者可通过文字的方式在图纸的下方加以说明。

2.4　工作任务实施

工作任务 2.4.1　设置图层和线型

2.4.1　工作任务解决步骤：新建图层

任务驱动与学习目标

序号	任务驱动	学习目标
1	设置图层	1. 掌握新建图层的方法 2. 掌握修改图层的方法
2	设置线型比例	1. 掌握加载线型的方法 2. 掌握设置线型比例的方法

工作任务解决步骤

一、新建图层

设置图层的方法：在功能区中单击“图层”工具按钮（图 2.4.1–1）；或在命令栏中输入“LAYER”并按 Enter 键或空格键确定（图 2.4.1–2）；或利用快捷方式直接输入快捷命令“LA”并按 Enter 键或空格键确定。

设置线型的方法：在功能区中单击“特性”面板中的“线型”按钮（图 2.4.1–3）；或在命令栏中输入“LINETYPE”并按 Enter 键或空格键确定（图 2.4.1–4）；或利用快捷方式直接输入快捷命令“LT”并按 Enter 键或空格键确定。

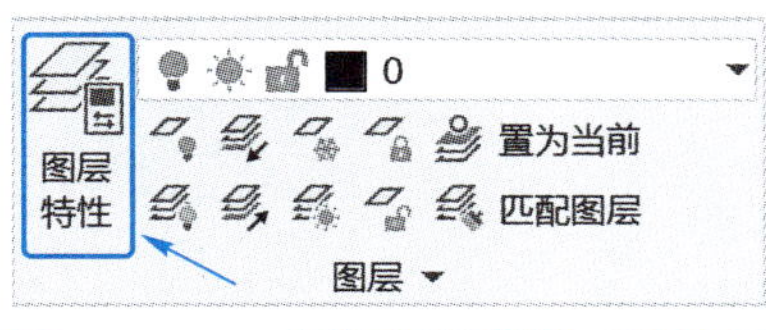

图 2.4.1–1　功能区“图层”工具按钮

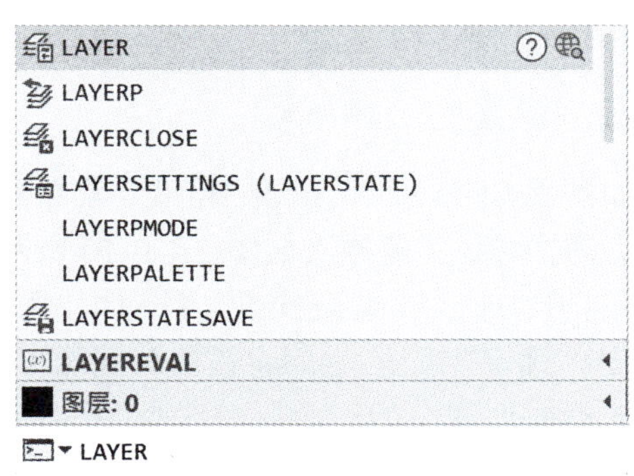

图 2.4.1–2　命令栏输入“LAYER”

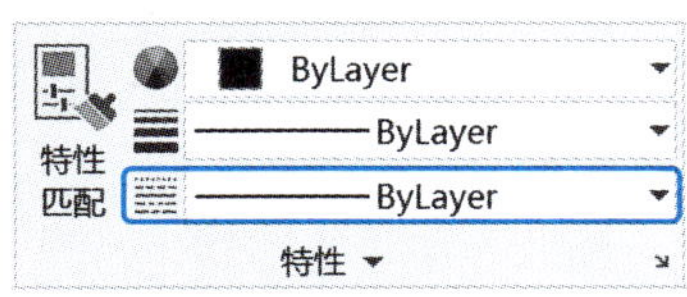

图 2.4.1–3　特性面板“线型”按钮

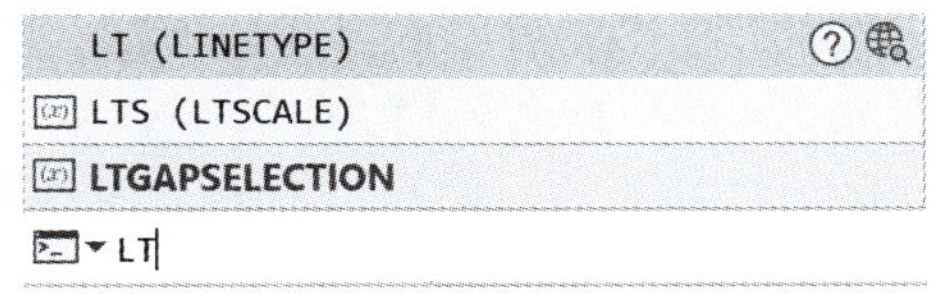

图 2.4.1–4　命令栏输入“LT”

要创建一个图层，先单击“创建图层”按钮，如图 2.4.1–5 所示，然后输入所建图层的名称，按 Enter 键或单击鼠标右键确定，如图 2.4.1–6 所示。

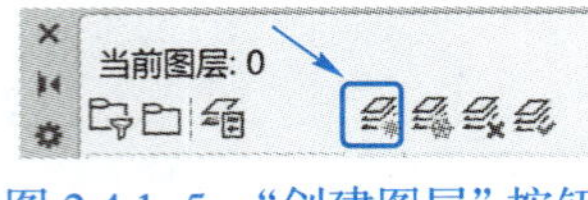

图 2.4.1–5 “创建图层”按钮

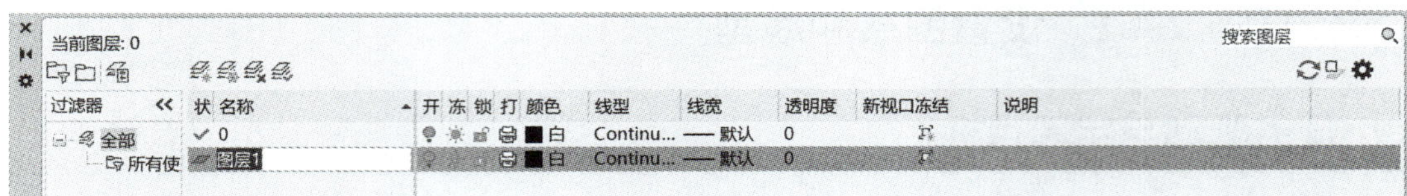

图 2.4.1–6 创建图层

二、设置当前图层

创建当前图层后，当对象被绘制时，它们会被存储在当前图层中。要设置当前图层，可以在图层名称上双击鼠标左键，也可以在图层高亮时单击鼠标左键设置为当前图层，如图 2.4.1–7 所示。

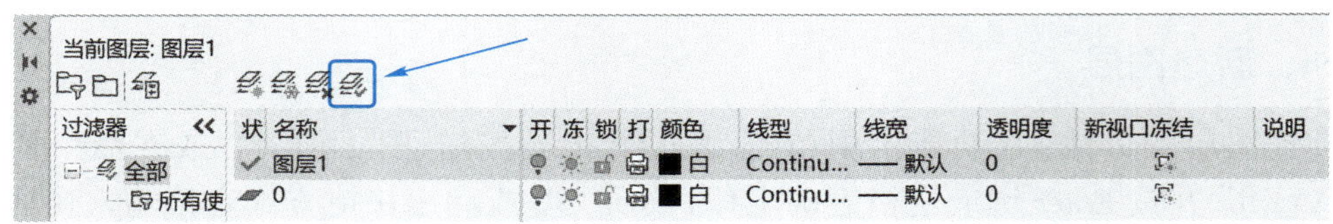

图 2.4.1–7 设置当前图层

通过检查确保所创建的对象在正确的图层上。单击下拉箭头以显示图层列表，然后单击列表中的图层使其成为当前图层，也可以单击列表中的任何图标以更改其设置，如图 2.4.1–8 所示。

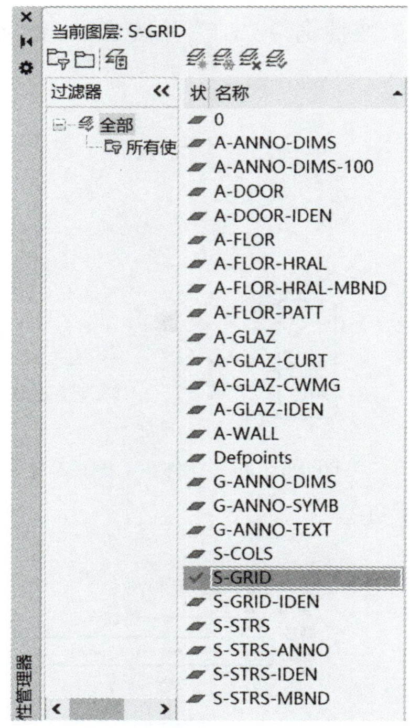

图 2.4.1–8 图层工具栏下拉菜单

三、设置图层中线型

如图 2.4.1–9 所示，单击“格式”菜单栏下“线型”按钮。启动“线型管理器”，如图 2.4.1–10 所示，单击“加载”按钮，打开“加载或重载线型”对话框，选中所需的线型后，单击“确定”按钮，它们将被加载到绘图中。

选择线型列中的一个层的线型，并单击它以打开“选择线型”对话框。关闭图层特性管理器，在该图层中绘制的所有对象都将采用所选的线型。选择所需的线型：轴线图层选择“单点长画线”线型，单击“确定”按钮将线型分配给所选的层；其余图层选择实线线型，如图 2.4.1–11 所示。在弹出的“图层特性管理器”对话框中，在原有 0 图层的基础上新建轴线、墙、柱、门窗、文字标注、尺寸标注 6 个图层，图层命名后设置其对象特征，如颜色、线型等，如图 2.4.1–12 所示。

格式(O)
工具(T)
绘图(D)
图层(L)...
图层状态管理器(A)...
图层工具(O)
颜色(C)...
线型(N)...
线宽(W)...
透明度
比例缩放列表(E)...
文字样式(S)...
标注样式(D)...
表格样式(B)...
多重引线样式(I)
打印样式(Y)...
点样式(P)...
多线样式(M)...
单位(U)...
厚度(T)
图形界限(I)
重命名(R)...

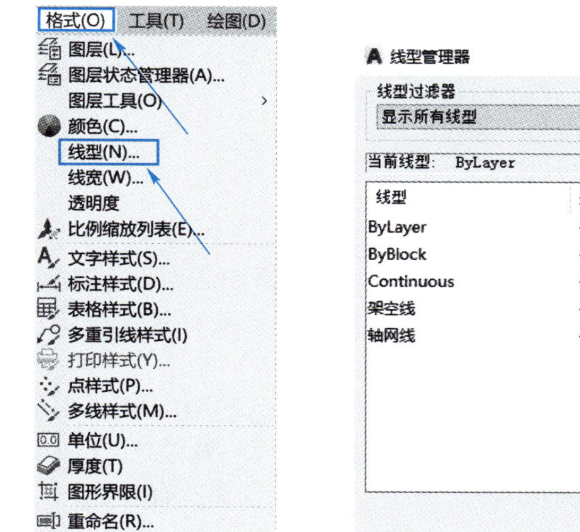

图 2.4.1–9　启动线型管理器

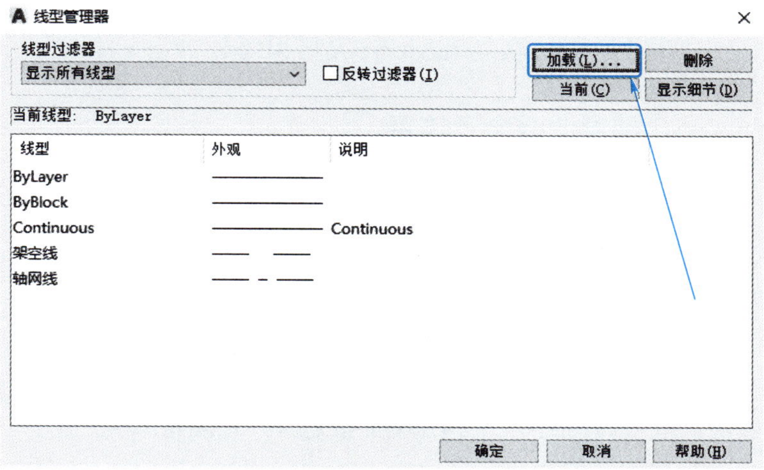

线型管理器
线型过滤器
显示所有线型
反转过滤器(I)
加载(L)...
删除
当前(C)
显示细节(D)
当前线型: ByLayer
线型
外观
说明
ByLayer
ByBlock
Continuous
Continuous
架空线
轴网线
确定
取消
帮助(H)

图 2.4.1–10　线型管理器

线型管理器
加载或重载线型
文件(F)...
acadiso.lin
可用线型
线型
说明
ACAD_ISO02W100
ISO dash
ACAD_ISO03W100
ISO dash space
ACAD_ISO04W100
ISO long-dash dot
ACAD_ISO05W100
ISO long-dash double-dot
ACAD_ISO06W100
ISO long-dash triple-dot
ACAD_ISO07W100
ISO dot
确定
取消
帮助(H)

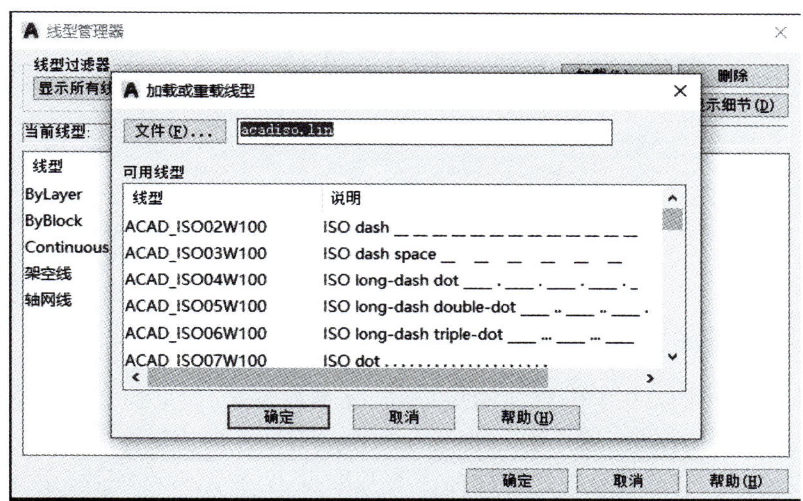

图 2.4.1–11　选择线型

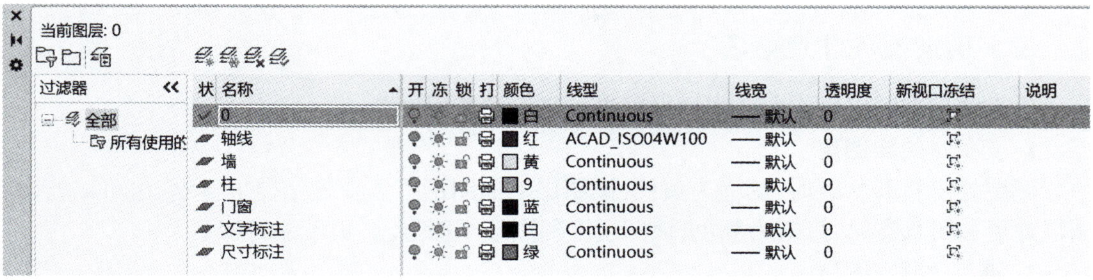

当前图层: 0
过滤器
全部
所有使用的
状 名称 开 冻 锁 打 颜色 线型 线宽 透明度 新视口冻结 说明
0 白 Continuous 默认 0
轴线 红 ACAD_ISO04W100 默认 0
墙 黄 Continuous 默认 0
柱 9 Continuous 默认 0
门窗 蓝 Continuous 默认 0
文字标注 白 Continuous 默认 0
尺寸标注 绿 Continuous 默认 0

图 2.4.1–12　图层特性管理器

完成的文件见“工作任务 2.4.1\ 图层设置完成 .dwg”。

2.4.1 技能扩展：图层操作

工作技能扩展与相关系统性知识

一、图层的概念及作用

1. 图层的定义

图层是 AutoCAD 提供的一个管理图形对象的工具，用户可以根据图层对图形几何对象、文字、标注等进行归类处理，使用图层来管理它们，不仅能使图形的各种信息清晰、有序，便于观察，而且也会给图形的编辑、修改和输出带来很大的便利。

图层相当于图纸绘图中使用的重叠图纸，创建和命令图层，并为这些图层指定通用特性。通过将对象分类放到各自的图层中，可以快速、有效地控制对象的显示以及对其进行更改。图层是在 AutoCAD 图形中应用的最重要的组织部件，不应只在一个图层上创建所有对象。

2. 图层的作用

(1) 关联对象（按其功能或位置）。

(2) 使用单个操作显示或隐藏所有相关对象。

(3) 针对每个图层执行线型、颜色和其他特性标准，如图 2.4.1–13 所示。

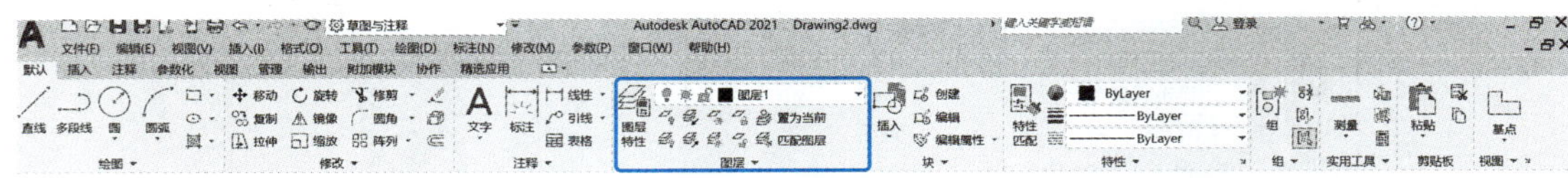

图 2.4.1–13 图层功能区

二、图层创建注意事项

(1) 图层 0（零）是 CAD 中的默认图层，不能改名和删除，如果在 0 层创建了一个块文件，那么之后无论在哪个图层插入这个块，这个块都会有插入层的属性。

(2) DEFPOINTS 图层用于放置各种标注的基准点，只要图形有注释，系统会自动生成 DEFPOINTS 图层。

(3) 设置图层的颜色时，应该使用不同的颜色去设置，以便于区分图形。

(4) 白色是属于 0 层和 DEFPOINTS 层的，尽量不要让其他层使用白色。

三、图层操作注意事项

单击常用的图层操作命令图标可以进行启用和禁用设置。

1. 打开 / 关闭图层

图层处于打开状态时，灯泡为黄色，该图层上的图形可以在显示器上显示，也可以打印；图层处于关闭状态时，灯泡为灰色，该图层上的图形不能显示，也不能打印。

2. 冻结 / 解冻图层

图层处于冻结状态时，该图层上的图形对象不能被显示出来，也不能打印输出，并且不能编辑或修改；图层处于解冻状态时，该图层上的图形对象能够显示出来，也能够打印，并且可以在该图层上编辑图形对象。

不能冻结当前层，也不能将冻结层改为当前层。

从可见性来说，冻结的图层与关闭的图层是相同的，但冻结的对象不参加处理过程中的运算，关闭的图层则要参加运算，所以在复杂的图形中冻结不需要的图层可以加快系统重新生成图形的速度。

3. 锁定 / 解锁图层

锁定状态并不影响该图层上图形对象的显示，虽然不能编辑锁定图层上的对象，但还可以在锁定的图层中绘制新图形对象。此外，还可以在锁定的图层上使用“查询”命令和“对象捕捉”功能。

习题与能力提升

2.4.1　操作练习 1　图层设置

操作练习 1

按表 2.4.1–1 设置一层平面图的图层。

表 2.4.1–1　一层平面图图层设置要求

图层名称	颜色	线型	线宽
轴线	红	CENTER	0.15
墙体	黄	连续	0.5
门窗	蓝	连续	0.2
标注	绿	连续	0.2
汉字	白	连续	0.2
楼梯	洋红	连续	0.2

2.4.1　操作练习 2　全国职业院校技能大赛样题

完成的文件见“习题与能力提升 \2.4.1 一层平面图图层设置 .dwg”。

操作练习 2

参照 2022 年全国职业院校技能大赛高职组“建筑工程识图”赛项竞赛任务（三）建筑专业竣工图绘图样题（详见本书配套文件中附件 2）绘制要求，按表 2.4.1–2 设置图层。

表 2.4.1–2　全国建筑工程识图大赛图层设置要求

图层名称	颜色	线型	线宽
轴线	红	CENTER	0.15
墙体	130	连续	0.5
门	黄	连续	0.2
幕墙玻璃和窗	96	连续	0.2

续表

图层名称	颜色	线型	线宽
金属构件	30	连续	0.2
雨篷	洋红	连续	0.2
标注	绿	连续	0.2
汉字	白	连续	0.2
其他	9	连续	0.15

完成的文件见“习题与能力提升\2.4.1 全国建筑工程识图大赛图层设置.dwg”。

工作任务 2.4.2 绘制轴网

2.4.2 工作任务解决步骤：绘制轴网

任务驱动与学习目标

序号	任务驱动	学习目标
1	绘制建筑平面图轴网	1. 了解平面图的绘图顺序 2. 掌握绘制轴网中所涉及的基本绘图和编辑命令
2	标注轴号	1. 了解轴号标注的制图规则 2. 掌握轴号的标注方法

工作任务解决步骤

一、绘制水平和垂直第一根轴线

打开“工作任务 2.4.1\图层设置完成.dwg”。

“直线”命令是创建线条的最基本、简单的绘图命令。使用“直线”命令可以在两点之间绘制正交线段和斜线段。

启动“直线”命令的方法：在功能区单击“绘图”面板中的“直线”按钮（图 2.4.2–1）；或在命令栏中输入“LINE”并按 Enter 键或空格键确定（图 2.4.2–2）；或直接输入快捷命令“L”并按 Enter 键或空格键确定。

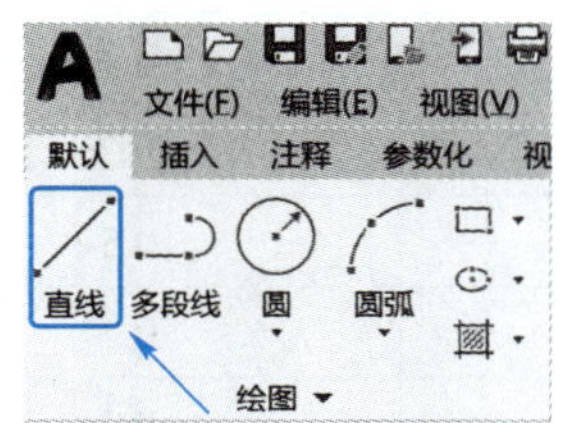

图 2.4.2–1 从功能区绘制直线

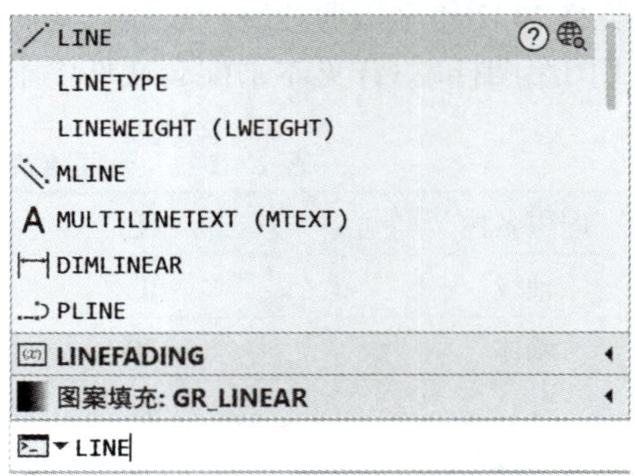

图 2.4.2–2 从命令栏绘制直线

绘制直线具体操作："直线" 命令运行后，单击鼠标左键选择第一个点，输入线段的长度，按 Enter 键或单击鼠标右键完成直线绘制，如图 2.4.2–3 所示。

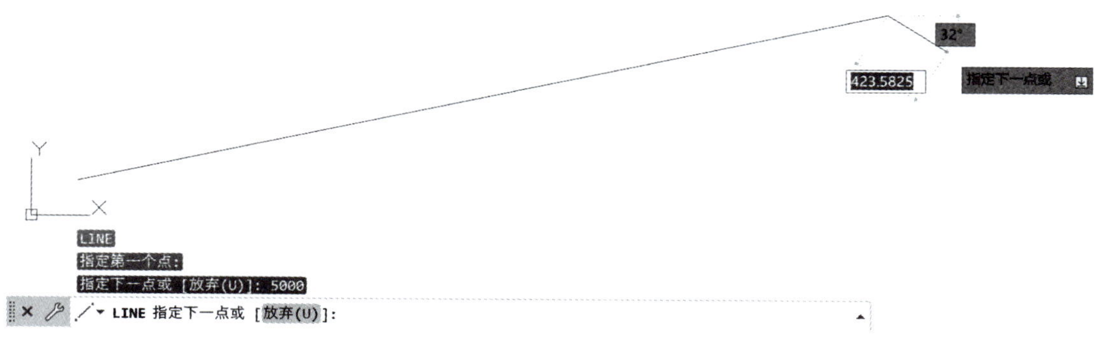

图 2.4.2–3　已知直线起点和直线长度

根据项目案例，绘制水平、竖向轴线，如图 2.4.2–4 所示。

二、绘制其余定位轴线

"偏移" 命令是重复一个对象到源对象的指定距离，应用于创建同心圆、平行线和平行曲线等等距离分布图形。例如，绘制一条道路的中心线，通过使用 "偏移" 命令可轻松地绘制道路的左、右边缘，从而绘制一条道路。

启动 "偏移" 命令的方法：在功能区单击 "修改" 面板中的 "偏移" 按钮(图 2.4.2–5)，或在命令栏中输入 "OFFSET" 并按 Enter 键或空格键确定(图 2.4.2–6)；或直接输入快捷命令 "O" 并按 Enter 键或空格键确定。

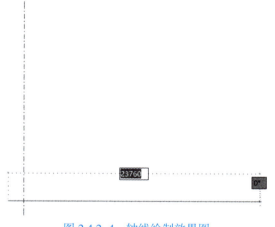

图 2.4.2–4　轴线绘制效果图

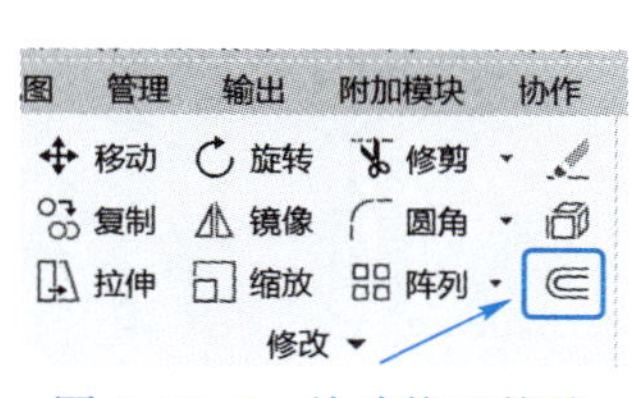

图 2.4.2–5　从功能区偏移

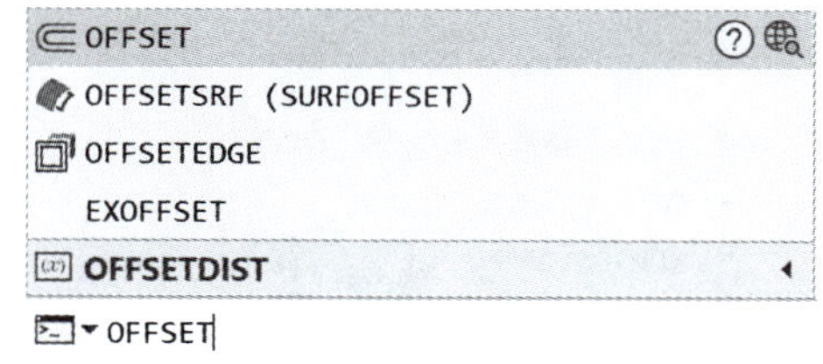

图 2.4.2–6　从命令栏偏移

"偏移" 命令具体操作：启动 "偏移" 命令，输入偏移距离，按 Enter 键或空格键确定，然后单击鼠标左键选择所需偏移的对象，通过移动鼠标的位置指定要偏移一侧上的点，单击鼠标左键完成偏移。

在偏移对象时，默认情况下创建的对象与被偏移的源对象位于同一层。块物体不能进行偏移，"偏移" 命令中鼠标拖动的方向就是偏移的方向，以此指定距离完成偏移。

根据项目案例，完成竖向、水平轴线偏移绘制，如图 2.4.2–7 所示。

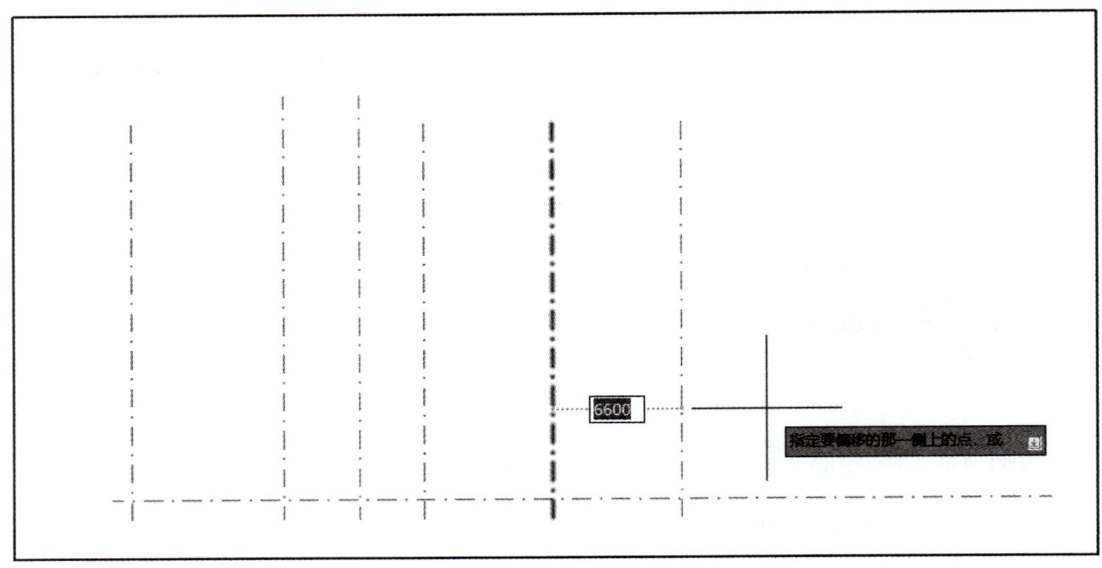

图 2.4.2–7 偏移生成竖向轴网

三、调整定位轴网

使用“修剪”命令可以通过指定的边界对图形对象进行修剪。运用该命令可以修剪的对象包括直线、圆、圆弧、射线、样条曲线、面域、尺寸、文本以及非封闭二维或三维多段线等对象；作为修剪的边界可以是除图块、网格、三维面、轨迹线以外的任何对象。

启动“修剪”命令的方法：在功能区单击“修改”面板中的“修剪”按钮（图 2.4.2–8）；或在命令栏中输入“TRIM”并按 Enter 键或空格键确定（图 2.4.2–9）；或直接输入快捷命令“TR”并按 Enter 键或空格键确定。

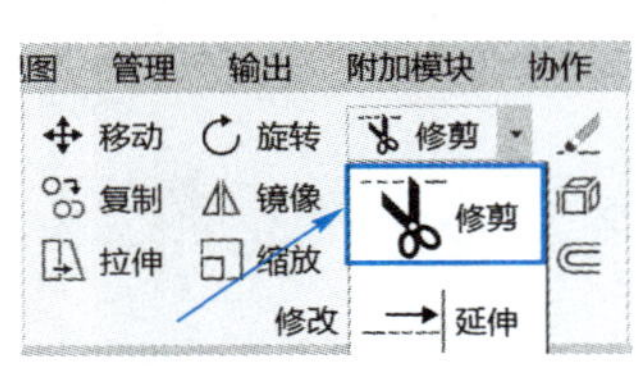

图 2.4.2–8 从功能区修剪

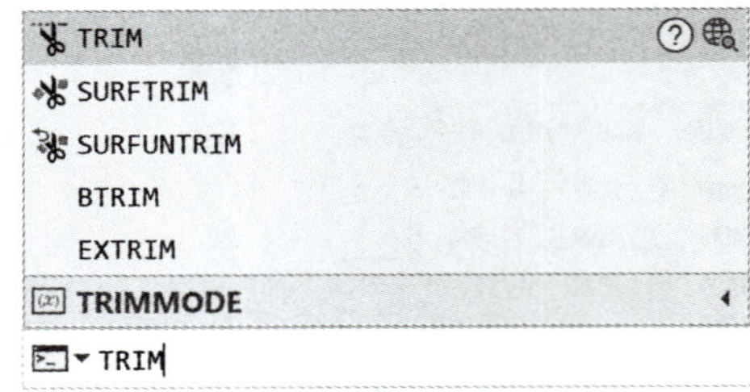

图 2.4.2–9 从命令栏修剪

“修剪”命令具体操作：启动“修剪”命令，单击鼠标左键同时选中两条轴线的边界线，按空格键或单击鼠标右键确定，然后鼠标左键单击已选中的两条轴线中间的垂线，完成修剪。通过选择切割边缘，垂直线只会在两条选中的轴线线条之间进行裁剪，如图 2.4.2–10 所示。

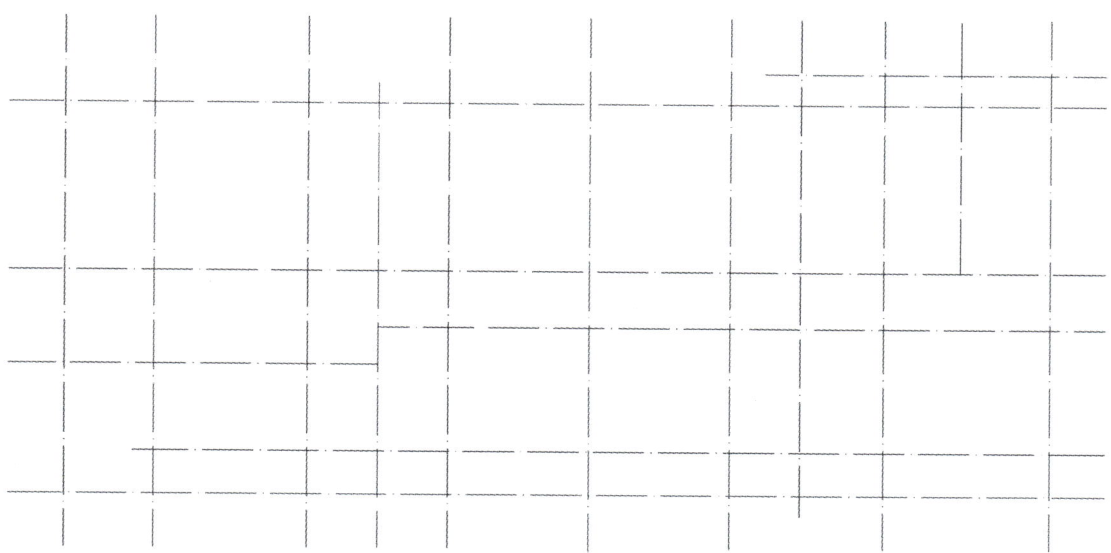

图 2.4.2-10　修剪生成建筑定位轴网

四、绘制轴号

启动“圆”命令的方法：在功能区单击“绘图”面板中的“圆”按钮(图 2.4.2-11)；或在命令栏中输入“CIRCLE”并按 Enter 键或空格键确定(图 2.4.2-12)；或直接输入快捷命令“C”并按 Enter 键或空格键确定。

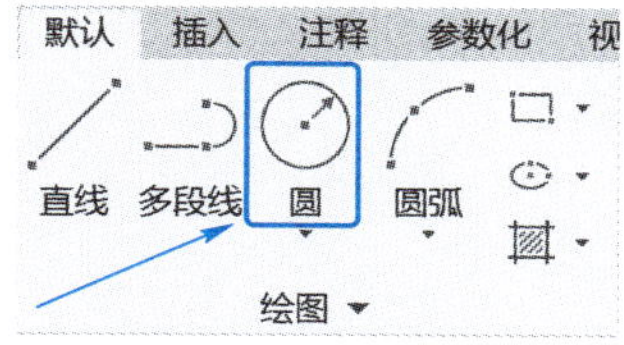

图 2.4.2-11　从功能区绘制圆

图 2.4.2-12　从命令栏绘制圆

创建轴号图层，并设置为当前图层。启动“圆”命令，单击“圆心，半径”，绘制半径为 400 mm 的圆，然后启动“单行文字”命令，选择正中对正，文字高度为 500 mm，输入数字和字母编号，如图 2.4.2-13 所示。依次绘制横轴和纵轴的轴号，如图 2.4.2-14 所示。

2.4.2　工作任务解决步骤：绘制轴号

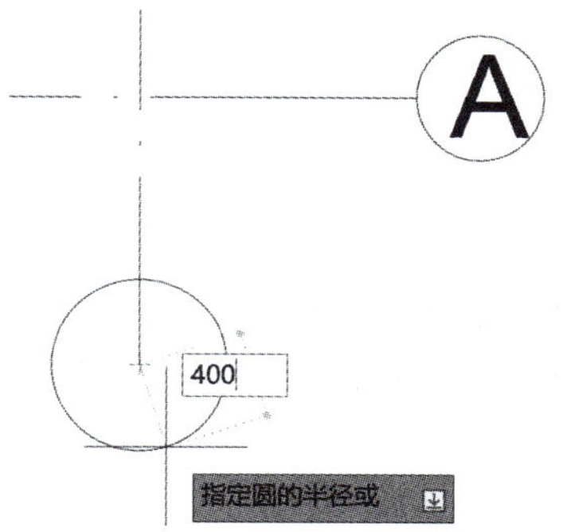

图 2.4.2-13　在轴线处绘制轴号

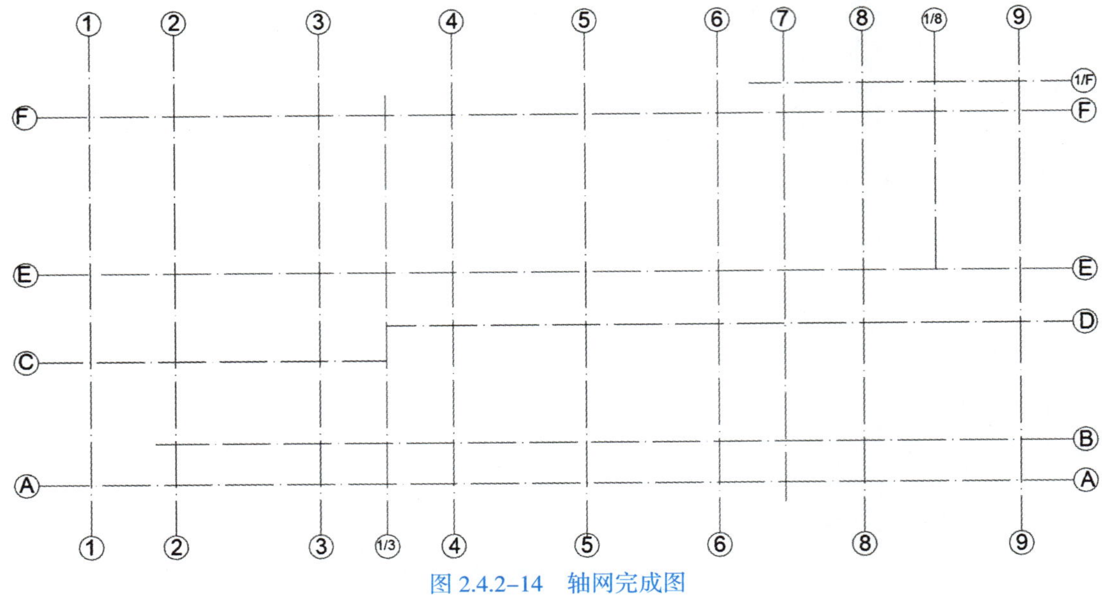

图 2.4.2–14 轴网完成图

完成的项目文件见“工作任务 2.4.2\ 轴网完成 .dwg”。

2.4.2 技能扩展：绘制直线、偏移

工作技能扩展与相关系统性知识

一、绘制直线的其他方法

“直线”命令运行后，单击鼠标左键选择第一个点，然后移动鼠标指定线段的方向，并单击鼠标左键选择第二个点完成直线绘制，如图 2.4.2–15 所示。

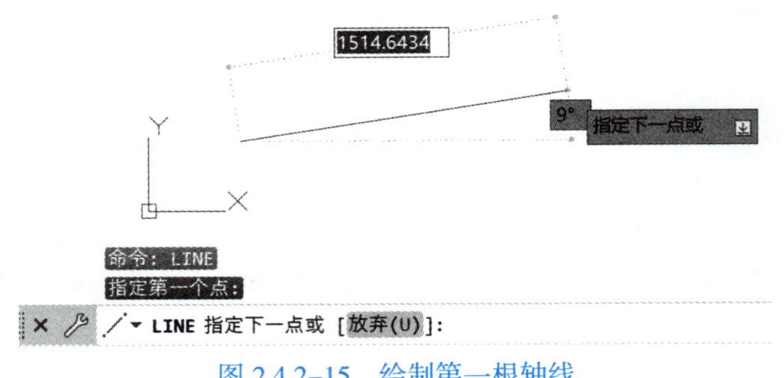

图 2.4.2–15 绘制第一根轴线

二、执行“偏移”命令的其他方法

启动“偏移”命令，输入“T”或单击鼠标左键选择“通过(T)”，然后单击鼠标左键选择所需偏移的对象，再单击指定偏移对象所要通过的点完成偏移，如图 2.4.2–16 所示。

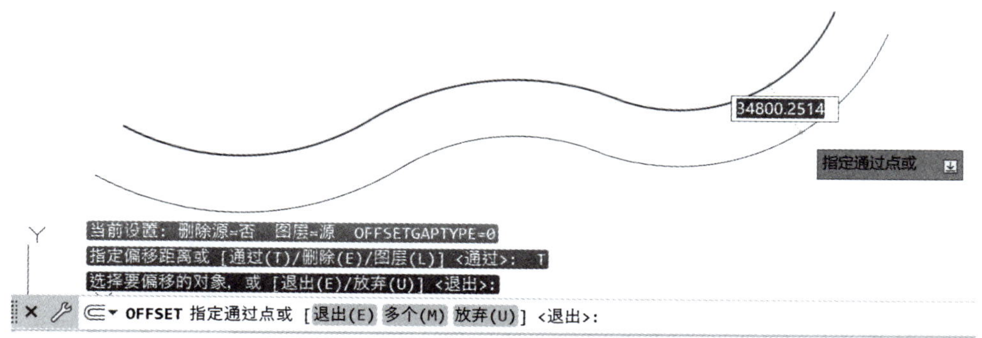

图 2.4.2–16　按指定点偏移对象

习题与能力提升

操作练习

2.4.2 操作练习绘制平面图轴网

绘制如图 2.4.2–17 所示平面图的轴网。

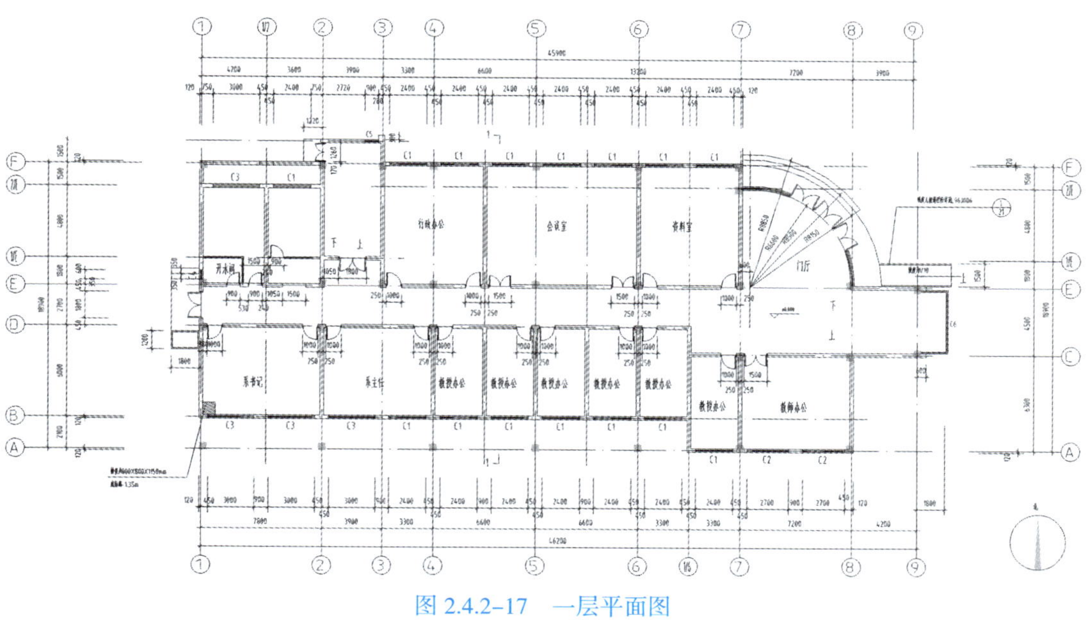

图 2.4.2–17　一层平面图

完成的文件见“习题与能力提升 \2.4.2 一层轴网平面图 .dwg”。

工作任务 2.4.3　创建墙体

任务驱动与学习目标

序号	任务驱动	学习目标
1	新建墙体多线样式	掌握新建墙体多线样式的方法

续表

序号	任务驱动	学习目标
2	绘制墙体	1. 掌握绘制墙体轮廓线的方法 2. 掌握修改墙体多线的方法 3. 掌握分解墙体多线的方法

2.4.3 工作任务解决步骤：绘制墙体

工作任务解决步骤

一、创建多线样式

打开“工作任务 2.4.2\ 轴网完成 .dwg”。

选择“墙体”图层，在本图层下绘制墙体。在命令行中输入“MLSTYLE”后按回车键确认，打开“多线样式”对话框，在“名称”文本框中输入多线样式的名称 Q（墙），单击“添加”按钮添加样式。单击“多线特性”按钮，打开“多线特性”对话框，在“起点”和“端点”栏选中“直线”复选框，使绘制墙的端口闭合，单击“确定”按钮。“偏移”文本框的值为 0.5 和 –0.5，表示两线的间距为 1，使用“多线”命令时，比例值就是多线的宽度，如图 2.4.3–1 所示。

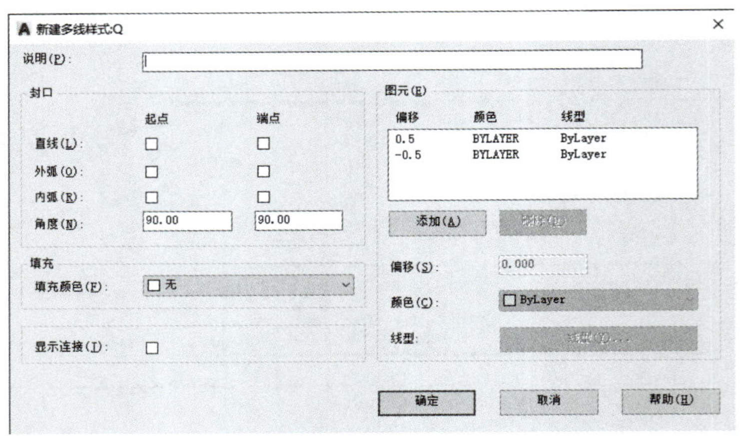

图 2.4.3–1 “新建多线样式：Q（墙体）”对话框

二、绘制墙体轮廓线

多线即多条平行线。在 AutoCAD 中，“多线”命令用于绘制一组平行线，在缺省状态下，可以绘制双线。在建筑制图中，“多线”命令具有广泛的应用，如绘制墙体、窗等，在使用时要注意合理选择对正、比例等参数。

启动“多线”命令的方法：在命令栏中输入“MLINE”并按 Enter 键或空格键确定（图 2.4.3–2）；或直接输入快捷命令“ML”并按 Enter 键或空格键确定。

多线样式设置完成后，在命令行中输入“ML”按回车键确定。命令执行后，将对正输入类型改为无，将输入多线比例改为墙厚“240”，如图 2.4.3–3 所示。设置完成后，在轴线网中指定多线起点，单击起点后按照图纸要求画出墙线。

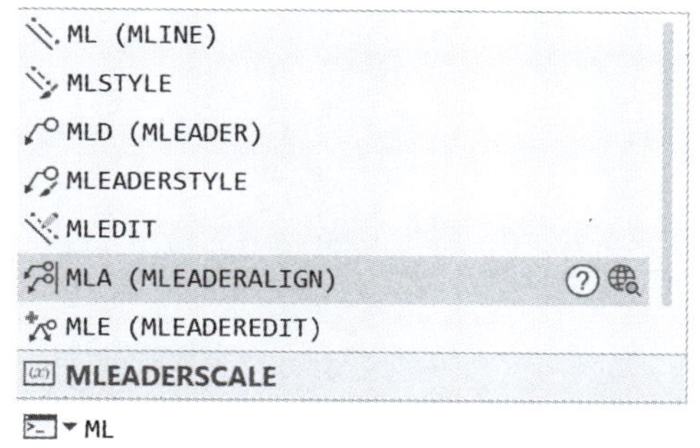

图 2.4.3–2　命令栏

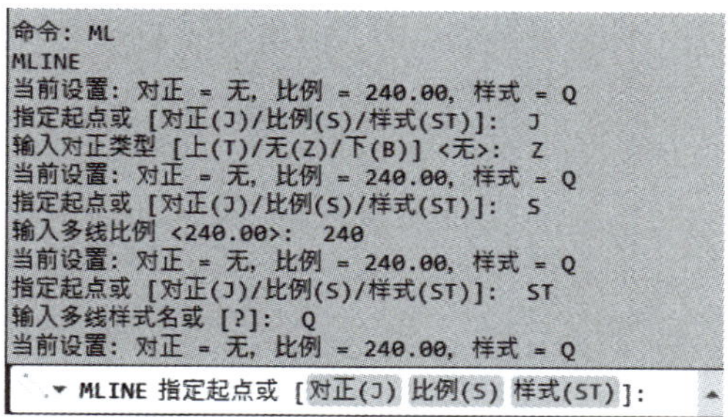

图 2.4.3–3　绘制墙体

三、修改墙体多线

双击需要修改的多线，在“多线编辑工具”对话框中选择需要完成的修改命令，先后选择要修改的多线，完成该命令，如图 2.4.3–4 所示。

四、分解墙体多线

启动“分解”命令的方法：在“功能区”单击“修改”面板中的“分解”按钮（图 2.4.3–5）；或在命令栏中输入“EXPLODE”并按 Enter 键或空格键确定（图 2.4.3–6）；或直接输入快捷命令“X”并按 Enter 键或空格键确定。实际绘图中可根据要求对墙体进行分解，如图 2.4.3–7 所示。

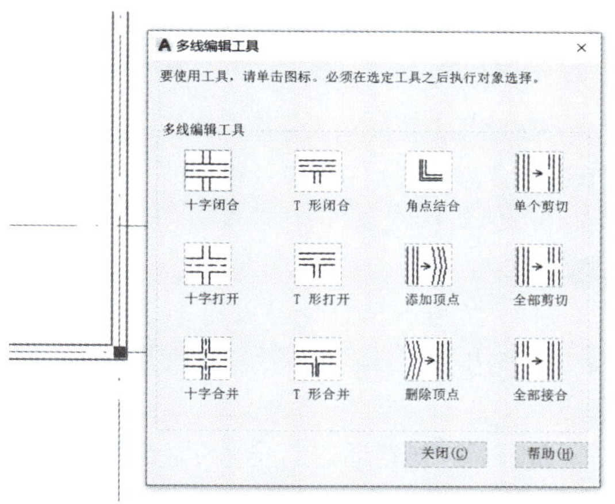

图 2.4.3–4　多线角点结合方式

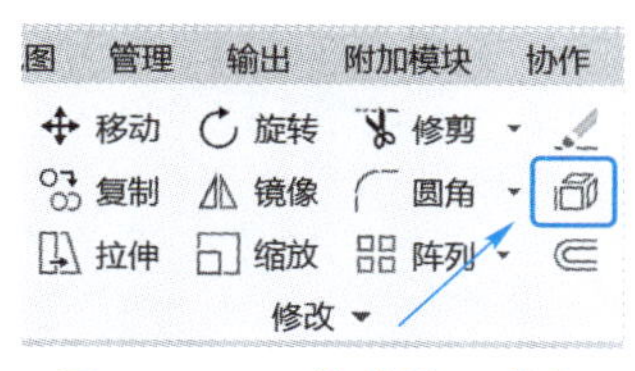

图 2.4.3–5　从功能区分解

图 2.4.3–6　从命令栏分解

完成的项目文件见“工作任务 2.4.3\ 墙体完成 .dwg”。

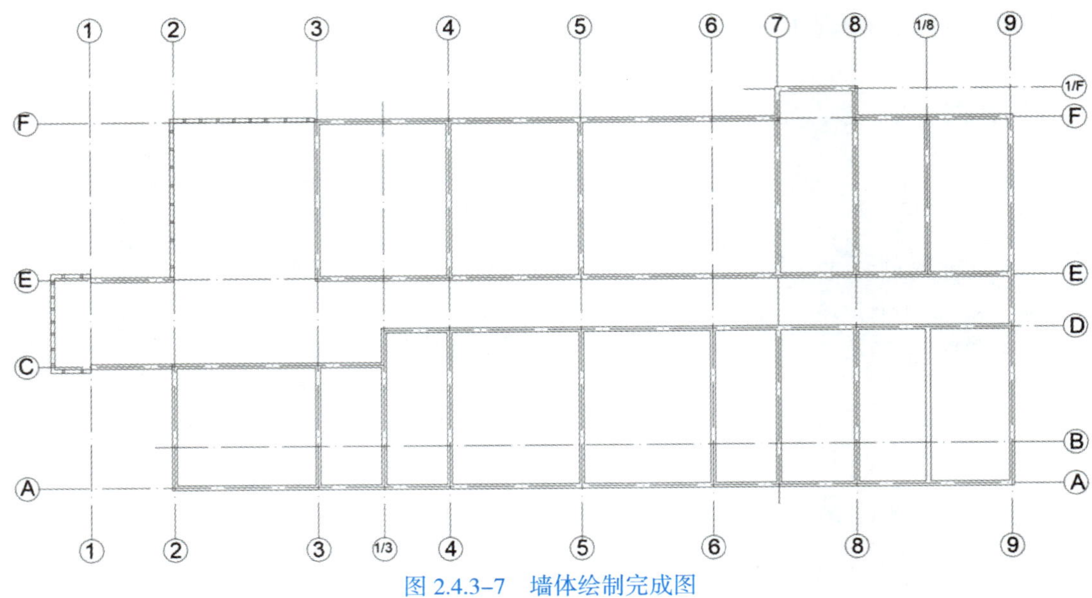

图 2.4.3-7 墙体绘制完成图

工作技能扩展与相关系统性知识

在绘图过程中，“分解”命令用于将一个对象分离成它的许多基本元素，即一条折线是由若干条线在它们的端点连接在一起构成的，若把它拆开，折线就会分解成各个单独的线，不再是一条折线。“分解”命令会将复合对象分解为其零部件，可以对其某一部分进行单独编辑。

使用“分解”命令可以将多个组合实体分解为单独的图元对象，可以分解的对象包括矩形、多边形、多段线、图块、图案填充、标注等。分解复合对象后，可以修改生成的每个单个对象。

2.4.3 技能扩展：分解命令

若对一个矩形进行分解，在未被分解前，单击矩形的一条边，则整个图形被选中。通过“分解”命令对矩形进行分解后，矩形的四条边可单独编辑，单击一条边，只有指定的边被选中，如图 2.4.3-8 所示。

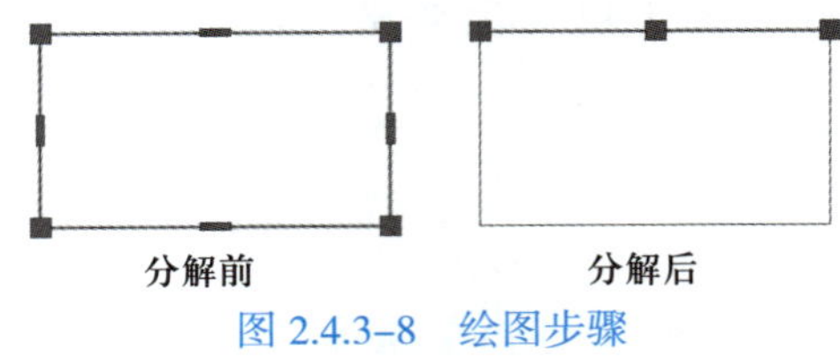

图 2.4.3-8 绘图步骤

习题与能力提升

2.4.3 操作练习绘制平面图墙体

操作练习

打开“习题与能力提升”文件夹中“一层平面图墙体绘制预备文件 .dwg”，绘制如图 2.4.2-17 所示的一层平面图的墙体。

完成的文件见“习题与能力提升\2.4.3 一层墙体平面图 .dwg”

工作任务 2.4.4　绘制柱

任务驱动与学习目标

序号	任务驱动	学习目标
1	绘制柱	掌握绘制柱轮廓线的方法
2	填充柱	掌握填充柱子的方法

工作任务解决步骤

2.4.4 工作任务解决步骤：绘制柱

一、绘制柱轮廓

打开“工作任务 2.4.3\ 墙体完成 .dwg”。

选择“柱”图层，在本图层下绘制柱子。

启动“矩形”命令的方法：在功能区单击“绘图”面板中的“矩形”按钮(图 2.4.4–1)；或输入“RECTANG”并按 Enter 键或空格键确定(图 2.4.4–2)；或直接输入快捷命令“REC”并按 Enter 键或空格键确定。

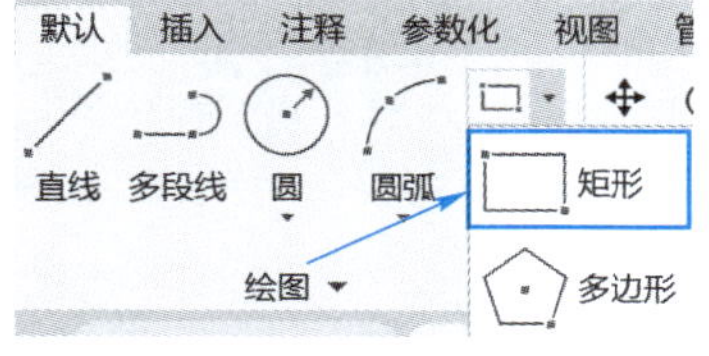

图 2.4.4–1　从功能区绘制矩形

图 2.4.4–2　从命令栏绘制矩形

“矩形”命令运行后，可以通过直接单击鼠标确定矩形的两个对角点，绘制一个随意大小的直角矩形，也可以确定矩形的第一个角点后，通过“尺寸(D)”命令选项绘制指定大小的矩形，指定矩形的长度输入 600，指定矩形的宽度输入 600，或是通过指定矩形另一个角点的坐标绘制指定大小的矩形。根据案例图纸，在墙角或墙体相接位置绘制墙柱，如图 2.4.4–3 所示。

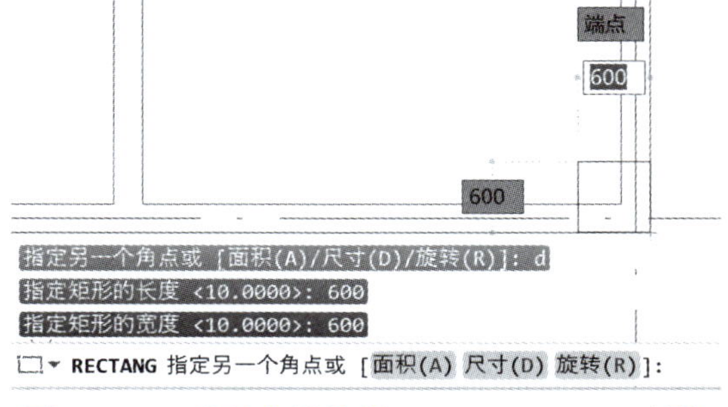

图 2.4.4–3　在墙角处绘制 600 mm × 600 mm 墙柱

二、绘制柱填充

在 AutoCAD 中，图案填充是单个复合对象，该对象使用直线、点、形状、实体填充颜色或渐变填充的图案覆盖指定的区域。若绘制物体的剖面或断面时，需要使用某一种图案来充满某个指定区域。图案填充常用于在剖视图中表现对象的材料类型，从而增加图形的可读性。通过“图案填充”命令，还可以为图形填充各式各样的效果图。

启动“图案填充”命令的方法：在“功能区”单击“绘图”面板中的“图案填充”按钮(图

2.4.4–4)；或在“命令栏”中输入“HATCH”并按 Enter 键或空格键确定(图 2.4.4–5)；或直接输入快捷命令“H”并按 Enter 键或空格键确定。

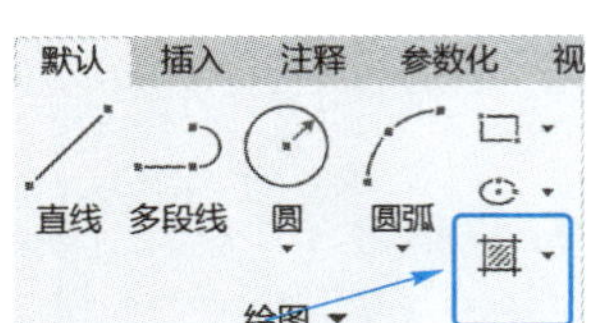

图 2.4.4–4 从功能区启动“图案填充”

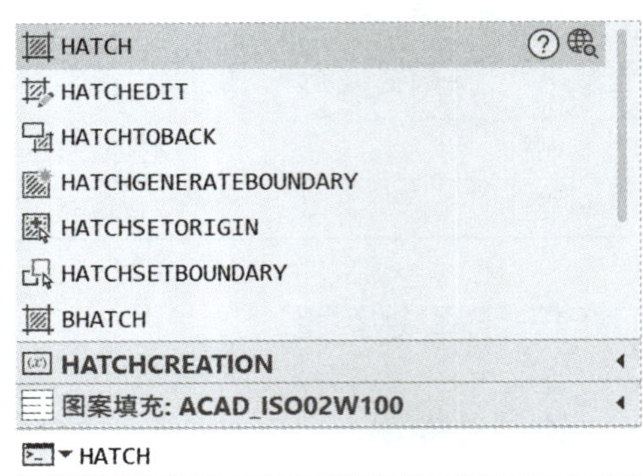

图 2.4.4–5 从命令栏启动“图案填充”

“图案填充”命令最简单的使用步骤是从功能区选择填充图案和比例，然后在对象完全封闭的任意区域内单击。使用前需要指定图案填充的比例因子，以控制其大小和间距，如图 2.4.4–6 所示。

图 2.4.4–6 图案填充创建功能区

“图案填充”命令启动后，弹出“图案填充和渐变色”对话框，在绘制的矩形中创建图形填充。通过单击“图案”下拉列表选择预定义图案，如图 2.4.4–7 所示。单击“样例”按钮，弹出“图案填充选项板”对话框，并选择要填充的图案类型，单击“确定”按钮，如图 2.4.4–8 所示。通过单击“添加：拾取点”按钮来选择边界，如图 2.4.4–9 所示。这将切换到绘图界面，单击鼠标左键在矩形内选择一个点。部分填充需要调整填充图案比例，以获得填充图案的最佳尺寸。单击“预览”按钮查看当前设置的图案填充效果。完成填充效果的柱子如图 2.4.4–10 所示。

完成的项目文件见“工作任务 2.4.4\柱完成 .dwg”。

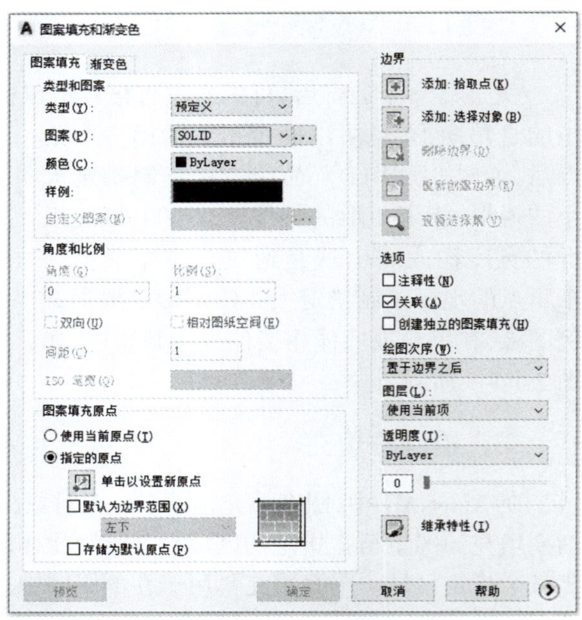

图 2.4.4–7 图案填充

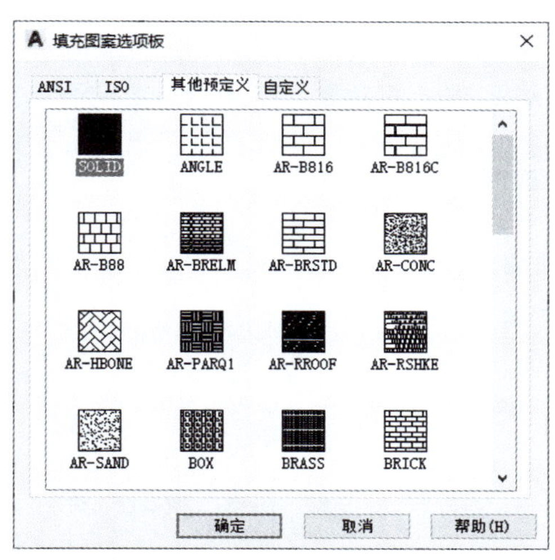

图 2.4.4–8　图案填充选项板

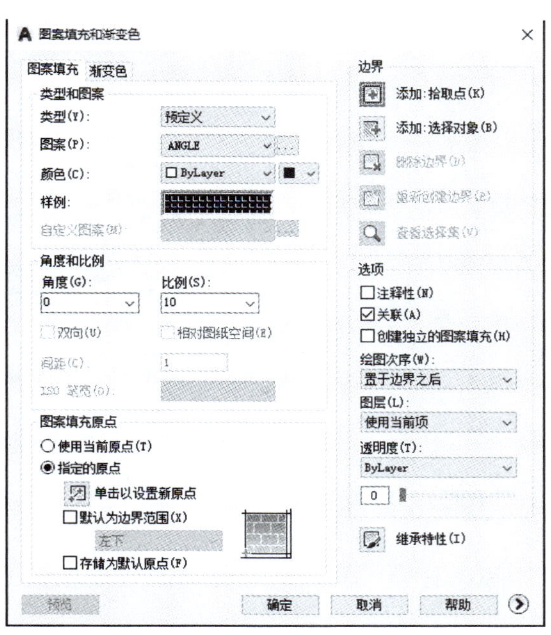

图 2.4.4–9　添加拾取点

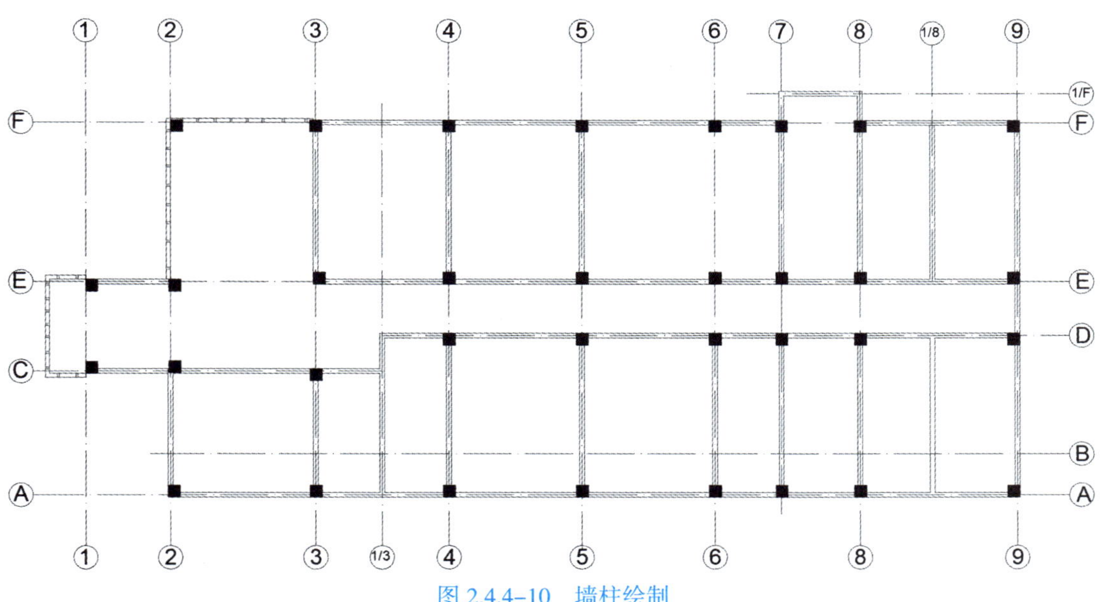

图 2.4.4–10　墙柱绘制

2.4.4　技能扩展：绘制圆角矩形

工作技能扩展与相关系统性知识

圆角矩形的绘制方法如下。

“矩形”命令运行后，通过“圆角(F)”命令选项绘制带圆角的矩形，并且可以指定矩形的大小和圆角大小，如图 2.4.4–11 所示。

```
命令:
命令: RECTANG
当前矩形模式: 圆角=10.0000
指定第一个角点或 [倒角(C)/标高(E)/圆角(F)/厚度(T)/宽度(W)]: F
指定矩形的圆角半径 <10.0000>:
指定第一个角点或 [倒角(C)/标高(E)/圆角(F)/厚度(T)/宽度(W)]:
指定另一个角点或 [面积(A)/尺寸(D)/旋转(R)]: D
指定矩形的长度 <500.0000>:
指定矩形的宽度 <200.0000>:
指定另一个角点或 [面积(A)/尺寸(D)/旋转(R)]:
```

图 2.4.4-11 圆角矩形绘制

2.4.4 操作练习 绘制平面图柱

习题与能力提升

操作练习

打开“习题与能力提升”文件夹中“一层柱子绘制预备文件 .dwg”，绘制如图 2.4.2-17 所示的一层平面图的柱子。

完成的文件见“习题与能力提升 \2.4.4 一层柱子平面图 .dwg”。

工作任务 2.4.5 创建门窗

任务驱动与学习目标

序号	任务驱动	学习目标
1	新建窗户多线样式	掌握新建窗户多线样式的方法
2	绘制门窗	1. 掌握绘制门的方法 2. 掌握创建门窗块的方法 3. 掌握插入门窗块的方法

2.4.5 工作任务解决步骤：绘制门窗

工作任务解决步骤

一、创建窗户多线样式

打开“工作任务 2.4.4\ 柱完成 .dwg”。

选择“门窗”图层，在本图层下绘制窗。绘制门窗前，应用“追踪”和“修剪”命令给墙体开门窗洞，然后再在洞口处绘制门窗。在命令行中输入“MLSTYLE”命令后按回车键确认，打开“多线样式”对话框，在“名称”文本框中输入多线样式的名称“窗”，单击“添加”按钮添加样式，如图 2.4.5-1 所示。

单击“多线特性”按钮，打开“多线特性”对话框，在“起点”和“端点”栏选中“直线”复选框，使绘制墙的端口闭合，然后单击“确定”按钮。在“偏移”文本框分别输入的值为

0.50、0.16、-0.16 和 -0.5。

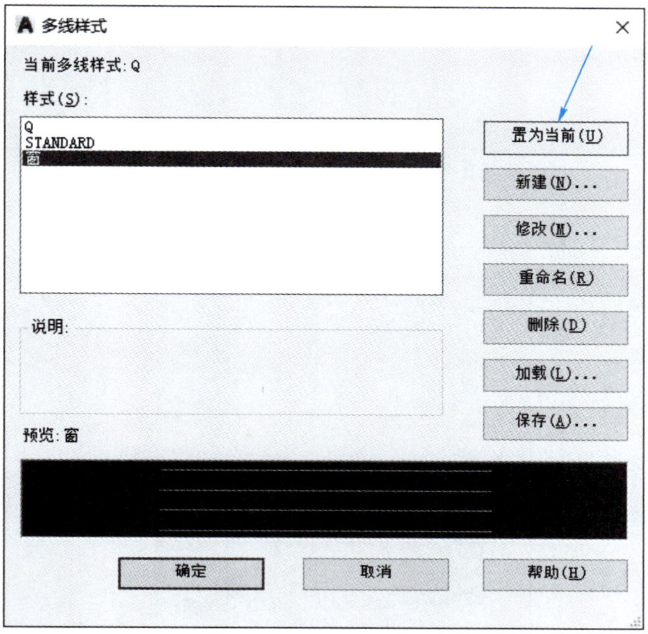

图 2.4.5-1　创建窗户“多线样式”对话框

二、绘制平开门

选择“门窗”图层，在本图层下绘制门。

启动“圆弧”命令的方法：在功能区单击“绘图”面板中的“圆弧”按钮(图 2.4.5-2)；或在命令栏中输入“ARC”并按 Enter 键或空格键确定(图 2.4.5-3)；或直接输入快捷命令“A”并按 Enter 键或空格键确定。

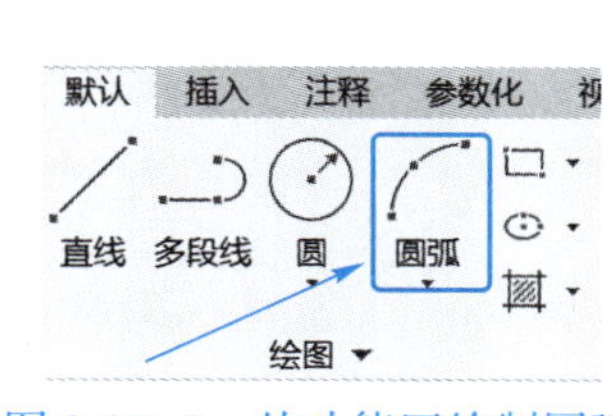

图 2.4.5-2　从功能区绘制圆弧

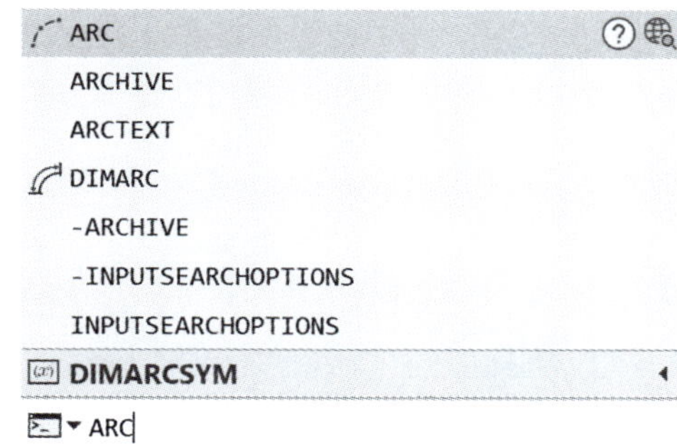

图 2.4.5-3　从命令栏绘制圆弧

圆弧的绘制有多种不同的方法。圆弧是按逆时针方向进行绘制的。可通过如图 2.4.5-4 所示的“圆弧”子菜单执行绘制圆弧操作。绘制矩形，以三点画弧的方式绘制门开启方向，如图 2.4.5-5 所示。

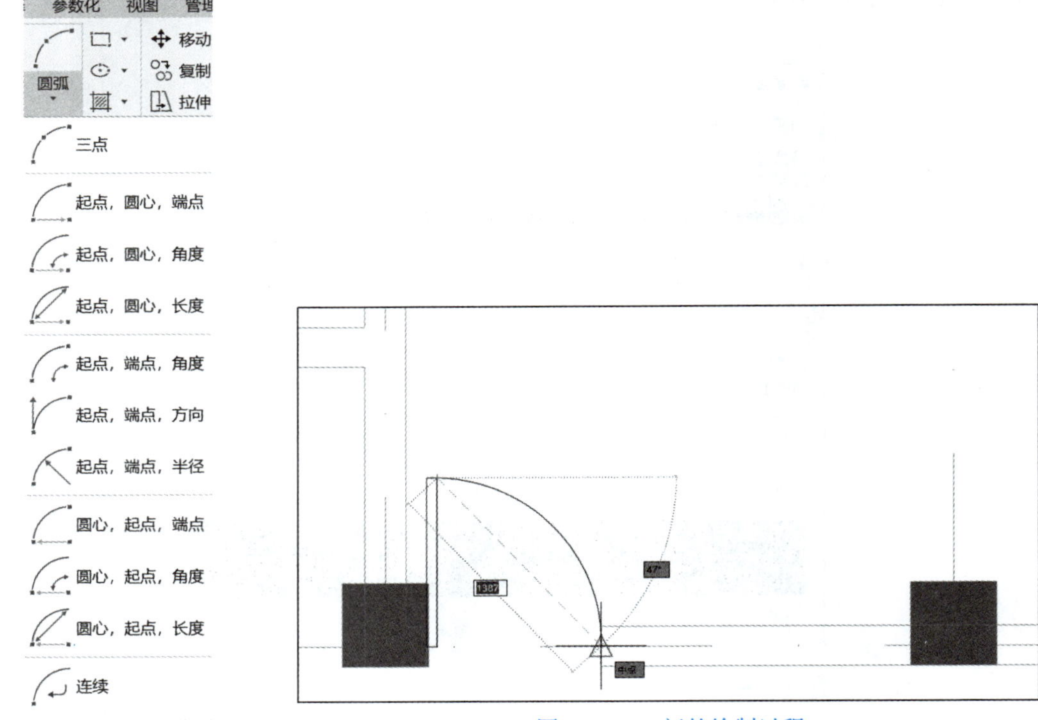

图 2.4.5–4 圆弧子菜单选项

图 2.4.5–5 门的绘制过程

三、创建块

启动“创建块”命令的方法：在功能区单击“块”面板中的“创建”工具按钮(图 2.4.5–6)；或在命令栏中输入“BLOCK”并按 Enter 键或空格键确定(图 2.4.5–7)；或直接输入快捷命令“B”并按 Enter 键或空格键确定。

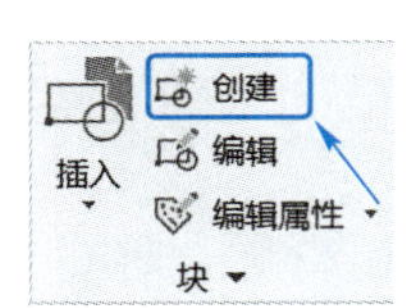

图 2.4.5–6 从功能区创建块

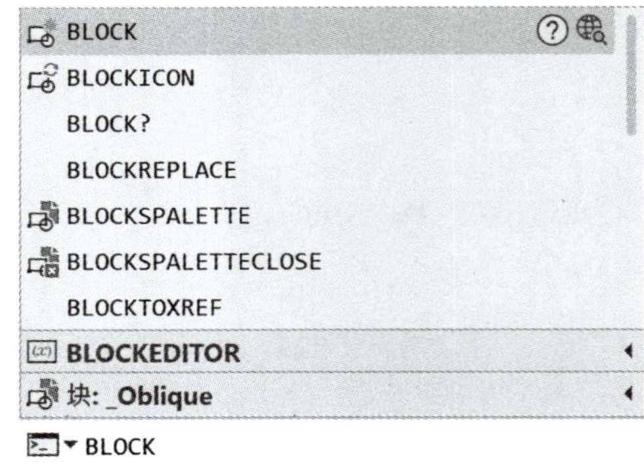

图 2.4.5–7 从命令栏创建块

启动“创建块”命令后，打开如图 2.4.5–8 所示的“块定义”对话框，在“名称”下拉选项中选择“平开门”。

在基点下，单击“拾取点”按钮，进入绘图区域选取左下角端点作为块基点，用于设置块的插入基点位置。单击鼠标右键确认回到“块定义”对话框，XY 坐标栏将显示基点坐标。在对话框“块单位”下拉菜单中选择“毫米”作为单位。

单击“选择对象”按钮，进入绘图区域选择组成块的所有线条，并单击鼠标右键确认，再次回到“块定义”对话框后选择“转换为块”。可以在说明栏里输入当前块的说明部分。单击“确定”按钮后，定义的平开门将保存到指定路径下完成创建块。

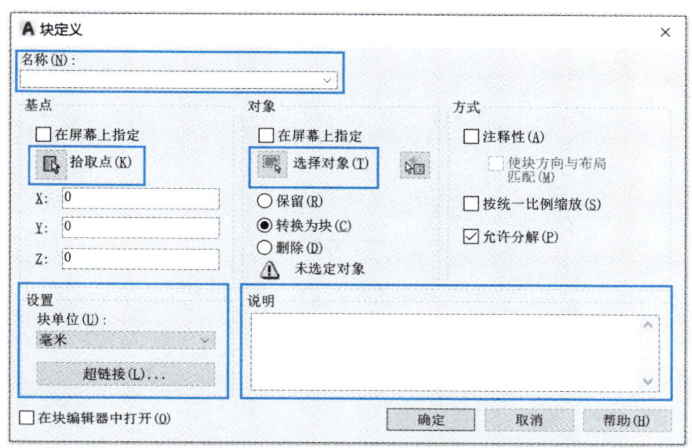

图 2.4.5-8　“块定义”对话框

四、插入块

启动“插入块”命令的方法：在功能区单击“块”面板中的“插入”工具按钮(图 2.4.5-9)；或在命令栏中输入“INSERT”并按 Enter 键或空格键确定(图 2.4.5-10)；或直接输入快捷命令“I”并按 Enter 键或空格键确定。

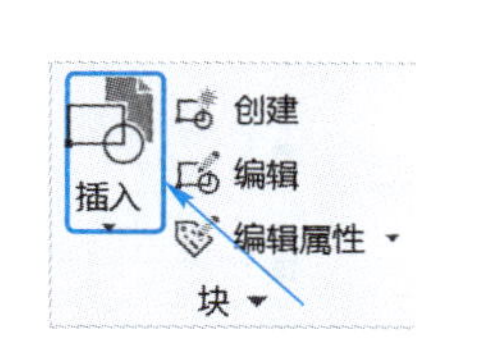

图 2.4.5-9　从功能区插入块

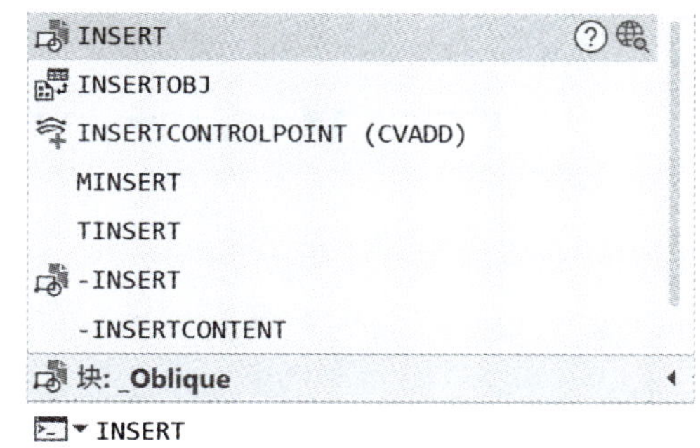

图 2.4.5-10　从命令栏插入块

启动“插入块”命令，打开插入块对话框，在当前图形块、最近图形中选择需要插入的块，如图 2.4.5-11 所示。

(1) 在“名称”下拉列表框，选择块或图形的名称，也可以单击其后的“浏览”按钮，打开“选择图形文件”对话框，选择要插入的块或外部图形平开门。

(2) 在“插入点”选项区域设置块的插入点位置，输入对应的坐标数值。

(3) 在“缩放比例”选项区域设置块的插入比例。可不等比例缩放图形，在 X、Y、Z 三个方向进行缩放。

(4) 在“旋转”选项区域设置块插入时的旋转角度。

(5) 选中“分解”复选框，可以将插入的块分解成组成块的各基本对象。

完成插入块的相关设置后，可在绘图区域插入块图。

在绘图区域，块将是可见的，鼠标指针将位于所插入图形指定的插入点。单击绘图界面上的一个点，然后插入块，如图 2.4.5–12 所示。根据门窗位置完成如图 2.4.5–13 所示门窗平面图。

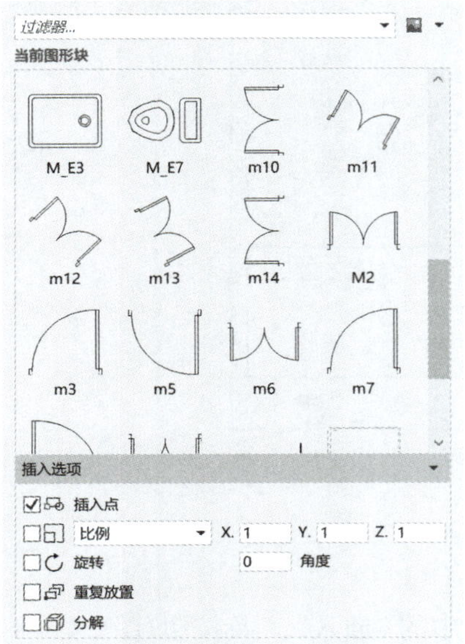

图 2.4.5–11 “插入块”对话框

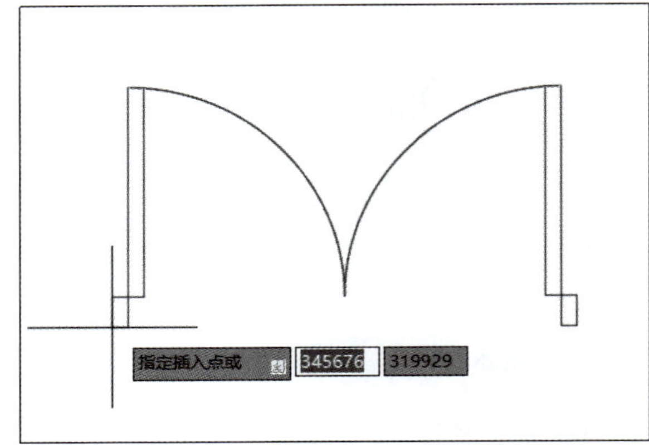

图 2.4.5–12 插入块步骤

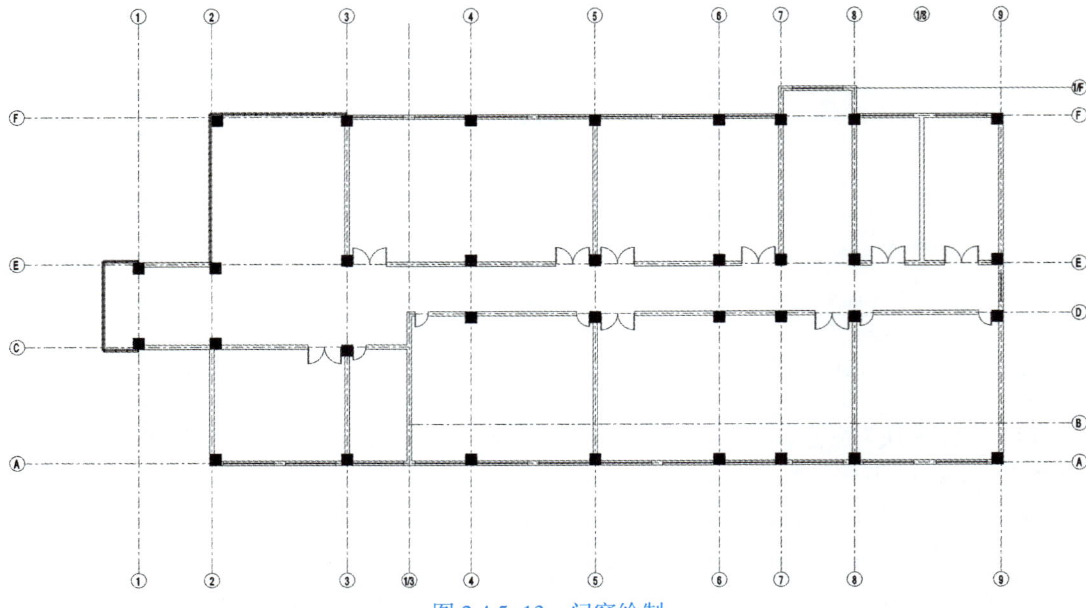

图 2.4.5–13 门窗绘制

完成的项目文件见“工作任务 2.4.5\ 门窗完成 .dwg”。

工作技能扩展与相关系统性知识

块是一个或多个对象组成的对象集合，常用于绘制复杂、重复的图形。一旦一组对象组合成块，就可以根据作图需要将这组对象插入到图中任意指定位置，而且还可以按不同的比例和旋转角度插入。在 AutoCAD 中，使用块可以提高绘图速度、节省存储空间，且便于修改图形。

同时，也可以把已有的图形文件以参照的形式插入到当前图形中（即外部参照），或是通过 AutoCAD 设计中心浏览、查找、预览、使用和管理 AutoCAD 图形、块、外部参照等不同的资源文件。

创建的块只能用于当前图形文件中，如果想要在其他图形文件中使用，需要写块。写块可将选定对象保存到指定的图形文件或将块转换为指定的图形文件。

启动“写块”命令的方法：在命令栏中输入“WBLOCK”并按 Enter 键或空格键确定（图 2.4.5-14）；或直接输入快捷命令“W”并按 Enter 键或空格键确定。

2.4.5　技能扩展：写“块”操作命令

启动“写块”命令后，将弹出“写块”对话框，如图 2.4.5-15 所示。

WBLOCK
ACADWBLOCKDIALOG
-WBLOCK
BWBLOCKAS
WBLOCK

图 2.4.5-14　命令栏

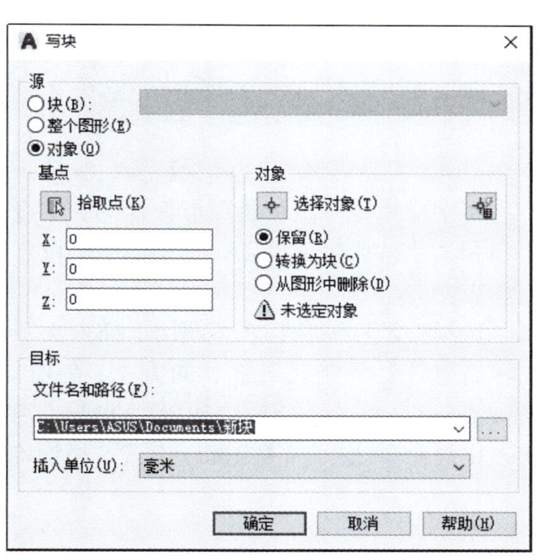

图 2.4.5-15　“写块”对话框

“源”选项区域：设置组成块的对象来源，具体如下。

（1）“块”：可以将使用“创建块”命令创建的块写入磁盘。

（2）“整个图形”：可以把全部图形写入磁盘。

（3）“对象”：可以指定需要写入磁盘的块对象。

“目标”选项区域：设置块的保存名称、位置。

在“目标”下，选择文件名和路径，添加名称为“平开门”的块，并确保插入单元设置为毫米。单击“确定”按钮，将在指定名称的目标文件夹中创建块。

2.4.5 操作练习绘制平面图门窗

习题与能力提升

操作练习

打开“习题与能力提升”文件夹中“一层门窗绘制预备文件 .dwg”，绘制如图 2.4.5–16 所示的一层平面图的门窗。

完成的文件见“习题与能力提升 \2.4.5 一层门窗平面图 .dwg”

工作任务 2.4.6 文字标注

任务驱动与学习目标

序号	任务驱动	学习目标
1	设置文字样式	掌握文字样式的设置方法
2	标注文字	掌握文字标注的编辑、修改方法

2.4.6 工作任务解决步骤：文字标注

工作任务解决步骤

一、文字样式设定

打开“工作任务 2.4.5\ 门窗完成 .dwg”。

文字样式是一组可随图形保存的文字设置的集合，文字样式包括字体、字号、倾斜角度、方向和其他特征等。可以在一个图形中设置多种文字样式，以便满足不同场合、不同对象的应用需要。

选择“文字”图层，在本图层下插入文字。

启动“文字样式”命令的方法：在功能区单击“注释”面板中的“文字样式”按钮(图 2.4.6–1)；或在命令栏中输入“STYLE”并按 Enter 键或空格键确定(图 2.4.6–2)；或直接输入快捷命令“ST”并按 Enter 键或空格键确定。

图 2.4.6–1 从功能区设置文字样式

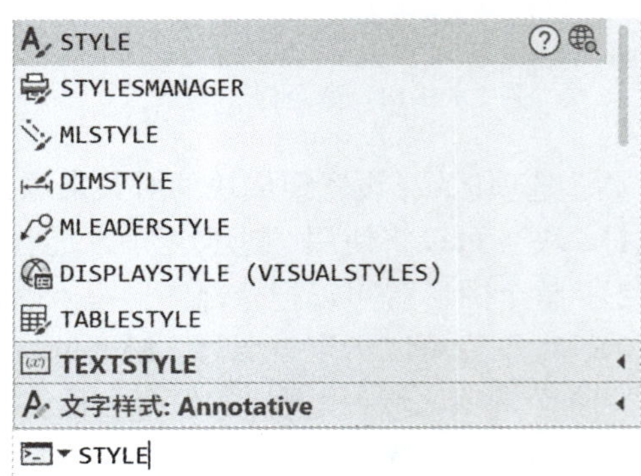

图 2.4.6–2 从命令栏设置文字样式

启动“文字样式”命令后，将打开如图 2.4.6–3 所示的“文本样式”对话框。单击“新建”按钮，输入一个新的样式名。最好使用与应用于此样式的字体名称相同的名称，即使用 Arial 的样式名称作为 Arial 的字体名称，单击“确定”按钮，如图 2.4.6–4 所示。单击已经新建的文字样式，单击“字体名”右侧的向下箭头并选择所需的字体，如图 2.4.6–5 所示。

单击“字体样式”右侧的向下箭头并选择所需的样式，通常使用常规选项，如图 2.4.6–6 所示。

设置字体的高度为 30 mm。如果设定了大于 0 的高度，则在使用该种文字样式注写文字时统一使用该高度，不再提示输入高度，如图 2.4.6–7 所示。

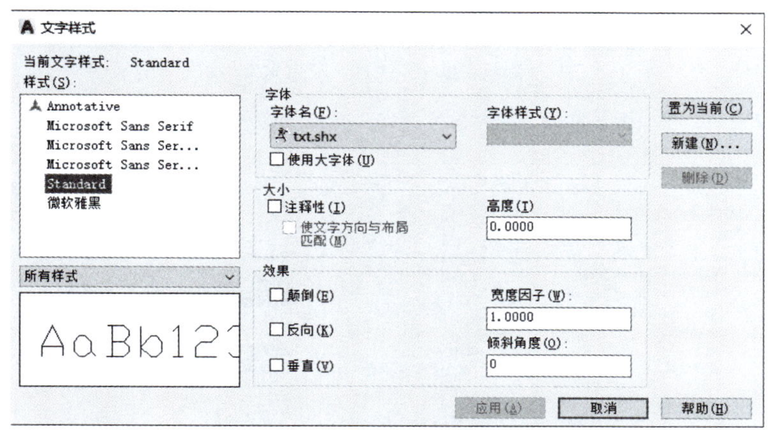

图 2.4.6–3　“文本样式”对话框

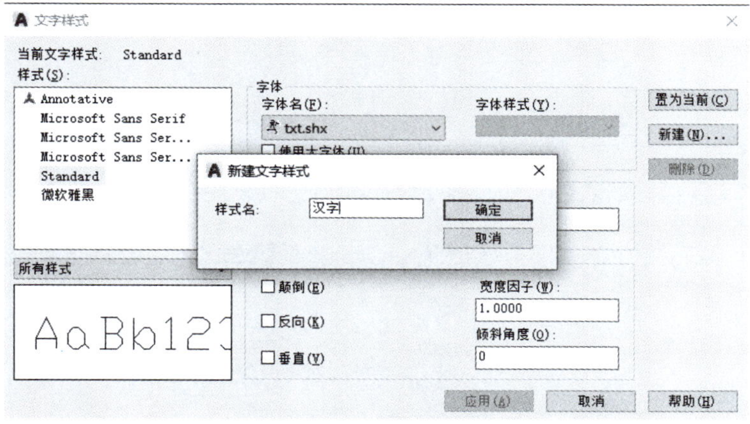

图 2.4.6–4　文本样式命名

完成上述操作后单击“应用”按钮，创建文本样式。

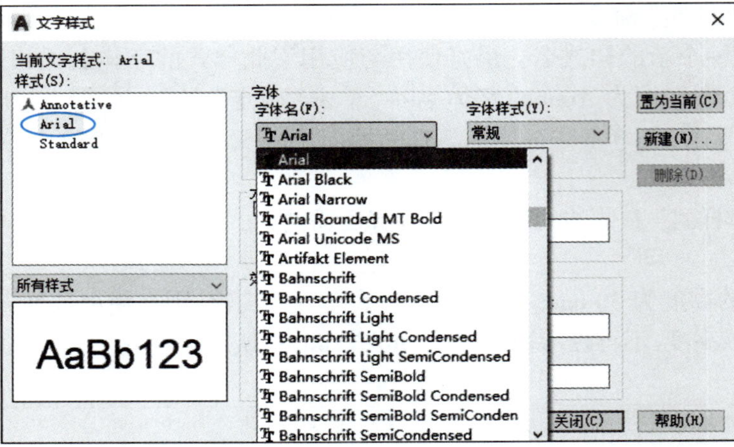

图 2.4.6–5 选择“字体名”

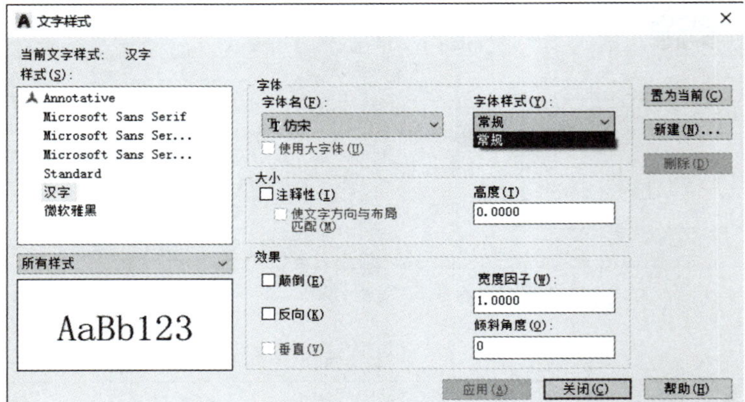

图 2.4.6–6 设置“字体样式”

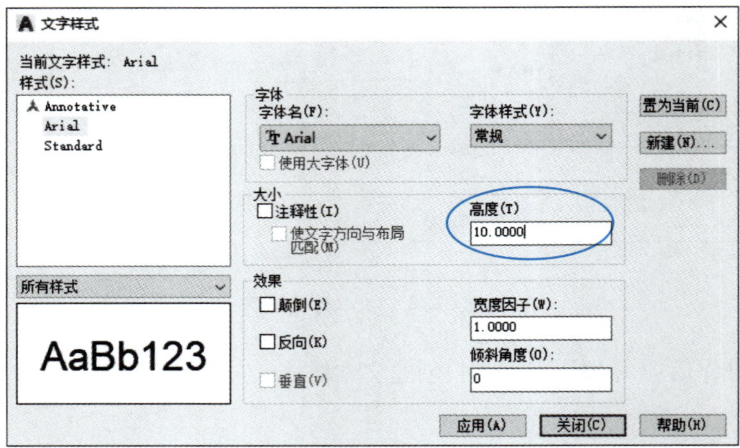

图 2.4.6–7 设置字体“高度”

二、单行文字注写

执行“单行文字”命令后，即可开始创建一行或多行文字，创建的每一行文字都是独立的对象，可以对其进行移动、格式设置或其他修改。

启动“单行文字”命令的方法：在功能区单击“注释”面板中的“单行文字”按钮(图 2.4.6–8)；或在命令栏中输入“DTEXT”并按 Enter 键或空格键确定(图 2.4.6–9)；或直接输入快捷命令“DT”并按 Enter 键或空格键确定。

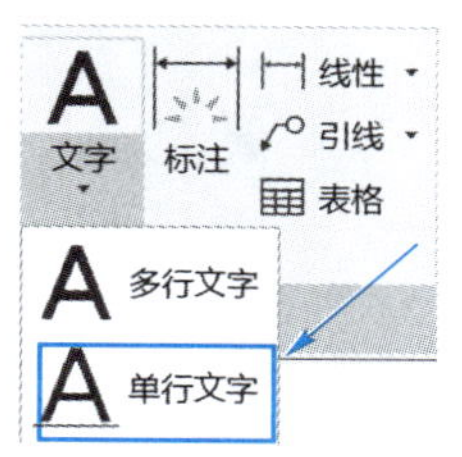

图 2.4.6–8　从功能区启动“单行文字”

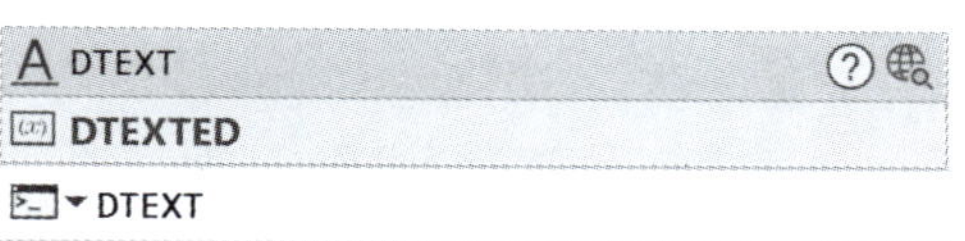

图 2.4.6–9　从命令栏启动“单行文字”

启动“单行文字”命令后，编辑如图 2.4.6–10 所示的文字。

图 2.4.6–10　绘制过程

执行“单行文字”命令后，先指定文字的起点，然后依次输入文字的高度和旋转角度。设置需要的数值后按 Enter 键确定，再输入需要的文字。在一行文字输入完成后按 Enter 键就可以输入下一行文字，再按一次 Enter 键可以完成文字输入。

执行“单行文字”命令后，在命令行中输入“S”，按 Enter 键确定。命令行显示当前的文字样式名。如果要查看文字样式列表框，输入“?”后按 Enter 键确定。此时系统弹出“AutoCAD 文本窗口 – 当前图纸名称”对话框，可以通过此对话框查看当前文字样式的设置属性。

执行“单行文字”命令后，在命令行中输入“J”，按 Enter 键确定。选择需要的对齐方式，若设置文字的对齐方式为“左上”，在命令行输入“TL”并按 Enter 键确定。然后指定文字的起点，依次输入文字的高度和旋转角度。设置需要的数值后按 Enter 键确定，在光标提示处输入需要的文字，输入完成后在空行处按 Enter 键结束命令。

三、复制文字标注

在绘制图纸时，若出现相同内容的图形，使用“复制”命令可快速对这些相同图形进行绘制，从而有效节省时间，提高工作效率。

启动“复制”命令的方法：在功能区单击“修改”面板中的“复制”按钮(图 2.4.6-11)；或在命令栏中输入“COPY”并按 Enter 键或空格键确定(图 2.4.6-12)；或直接输入快捷命令“CO”并按 Enter 键或空格键确定。

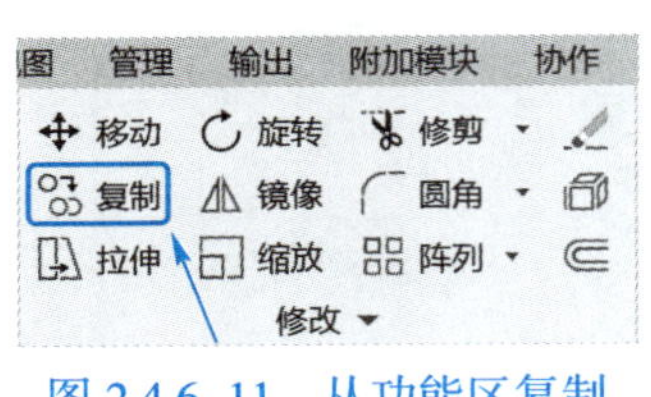

图 2.4.6-11 从功能区复制

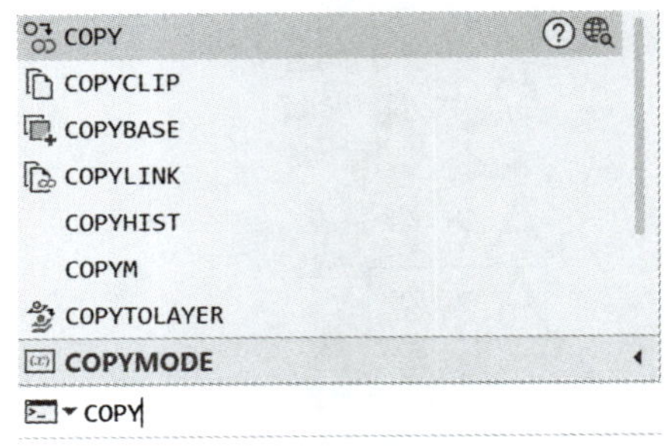

图 2.4.6-12 从命令栏复制

启动“复制”命令，选择所需复制的对象，按 Enter 键或单击鼠标右键完成对象选择。若不需要准确指定复制对象的距离，可单击鼠标左键指定复制对象的基点，再单击第二点直接对图形进行复制，或者通过捕捉特殊点，将对象复制到指定的位置。若在复制对象时，没有特殊点作为参照，又要准确指定目标对象和源对象之间的距离，可以输入具体的数值确定之间的距离或鼠标左键单击[位移(D)]输入坐标值，按 Enter 键或空格键确定以完成复制。平面图文字标注完成效果图如图 2.4.6-13 所示。

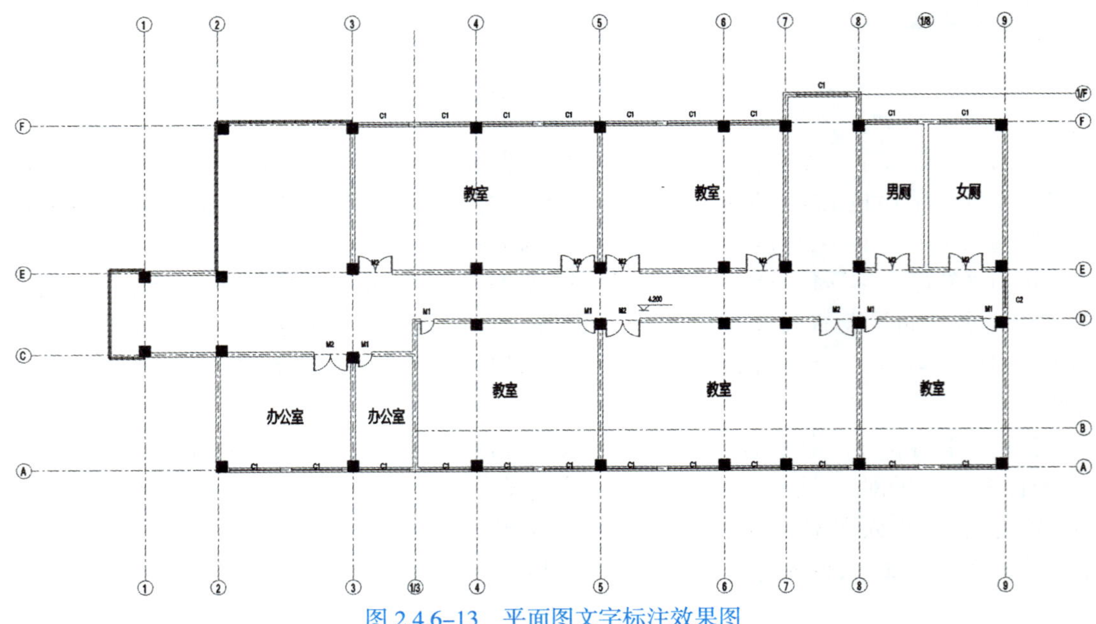

图 2.4.6-13 平面图文字标注效果图

完成的项目文件见“工作任务 2.4.6\ 文字标注完成 .dwg”。

工作技能扩展与相关系统性知识

2.4.6　技能扩展：编辑多行文字

编辑多行文字

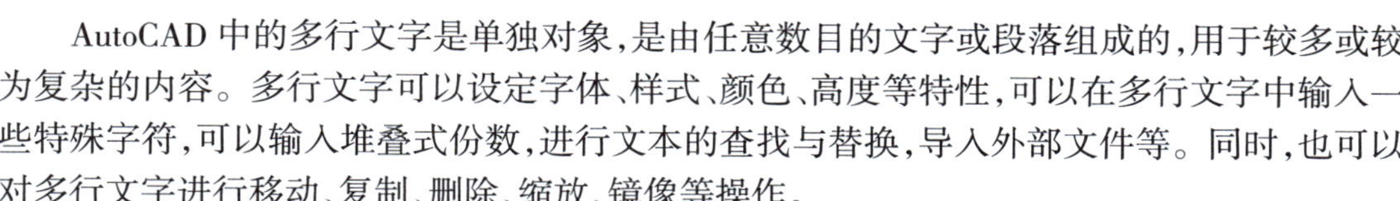

AutoCAD 中的多行文字是单独对象，是由任意数目的文字或段落组成的，用于较多或较为复杂的内容。多行文字可以设定字体、样式、颜色、高度等特性，可以在多行文字中输入一些特殊字符，可以输入堆叠式份数，进行文本的查找与替换，导入外部文件等。同时，也可以对多行文字进行移动、复制、删除、缩放、镜像等操作。

启动“多行文字”命令的方法：在功能区单击“注释”面板中的“多行文字”按钮(图 2.4.6–14)；或在命令栏中输入“MTEXT”并按 Enter 键或空格键确定(图 2.4.6–15)；或直接输入快捷命令“MT”并按 Enter 键或空格键确定。

启动“多行文字”命令后，编辑如图 2.4.6–16 所示的文字。

指定第一个角点：定义多行文本输入范围的一个角点。

指定对角点：定义多行文本输入范围的另一个角点。

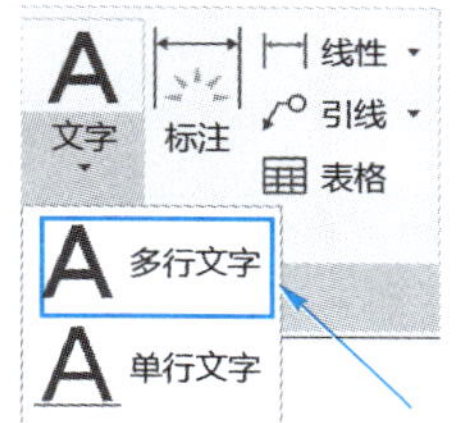

图 2.4.6–14　从功能区启动“多行文字”

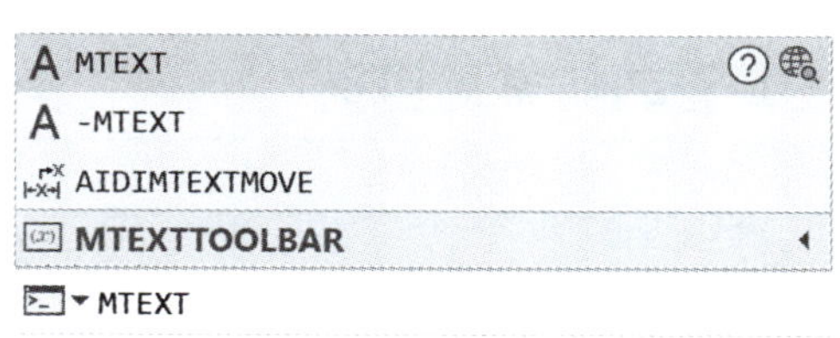

图 2.4.6–15　从命令栏启动“多行文字”

高度(H)：用于设定矩形范围的高度。

对正(J)：设置对齐方式。

行距(L)：设置行距类型。至少(A)：确定行间距的最小值；精确(E)：精确确定行距；输入行距比例或行距：输入行距或比例。

旋转(R)：指定旋转角度。

样式(S)：指定文字样式。

宽度(W)：定义矩形宽度，可输入宽度或直接选取一点来确定宽度。

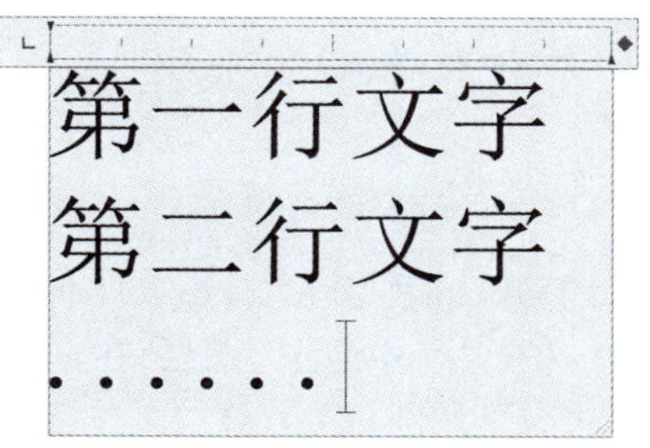

图 2.4.6–16　绘制过程

栏(C)：通过输入相关数值确定一个栏，在栏内输入文字。

利用“文字编辑器”设置所需要的文字样式和文字格式。在“多行文字”输入框内输入文字，也可利用“插入”面板中提供的按钮来添加一些特殊符号，还可以设置段落形式、对齐方式、部分字符的特殊格式，如图 2.4.6–17 所示。

图 2.4.6–17　功能栏

2.4.6 操作练习 1 平面图文字标注

习题与能力提升

操作练习 1

打开“习题与能力提升”文件夹中“平面图文字标注预备文件 .dwg”，绘制如图 2.4.2–17 所示的平面图的文字标注。

完成的文件见“习题与能力提升 \2.4.6 一层平面图文字标注 .dwg”。

操作练习 2

2.4.6 操作练习 2 全国职业院校技能大赛样题

参照 2022 年全国职业院校技能大赛高职组“建筑工程识图”赛项竞赛任务（三）建筑专业竣工图绘图（详见配套文件附件 2）样题绘制要求，设置如下要求的文字样式。

设置样式名为“汉字”，字体名为“仿宋”，宽高比为 0.7；设置样式名为“非汉字”，字体名为“Simplex”，宽高比为 0.7。

完成的文件见“习题与能力提升 \2.4.6 全国建筑工程识图大赛文字样式设置 .dwg”。

工作任务 2.4.7 尺寸标注

任务驱动与学习目标

序号	任务驱动	学习目标
1	创建标注样式	1. 了解尺寸标注的组成 2. 掌握标注样式的设置方法
2	标注尺寸	掌握尺寸标注的编辑、修改方法

2.4.7 工作任务解决步骤：绘制标高符号

工作任务解决步骤

一、绘制标高符号

打开“工作任务 2.4.6\ 文字标注完成 .dwg”。

选择“尺寸标注”图层，在本图层下绘制标高符号。标高符号的绘制涉及多个指令组合，可分别用圆（C）、直线（L）、单行文字（DT）3 个命令完成绘制，步骤如图 2.4.7–1 所示。

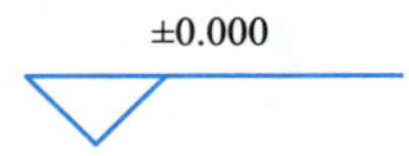

1.绘制圆，半径300 mm　2.绘制直线，形成倒三角形　3.绘制直线　4.删除圆形　5.dt单行文字输入标高数字

图 2.4.7–1 绘制标高符号的指令组合及步骤

2.4.7 工作任务解决步骤：平面图尺寸标注

二、尺寸标注

1. 创建标注样式

选择“尺寸标注”图层，在本图层下标注尺寸。

启动“尺寸标注”命令的方法：在功能区单击“注释”面板中的“管理标注样式”按钮（图 2.4.7–2）；或在命令栏中输入“DIMSTYLE”并按 Enter 键或空格键确定（图 2.4.7–3）；或直接输入快捷命令“D”并按 Enter 键或空格键确定。

启动“尺寸标注”命令，弹出“标注样式管理器”对话框，如图 2.4.7–4 所示，AutoCAD 默认尺寸样式是 ISO–25。创建一个新的标注样式，输入新样式名，单击“继续”按钮，如图 2.4.7–5 所示。

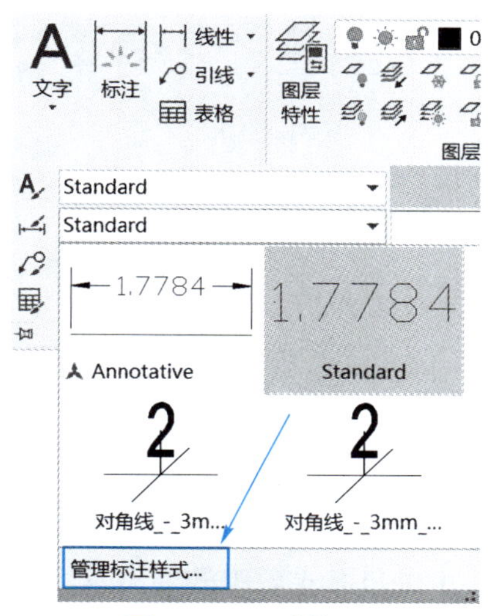

图 2.4.7–2　功能区

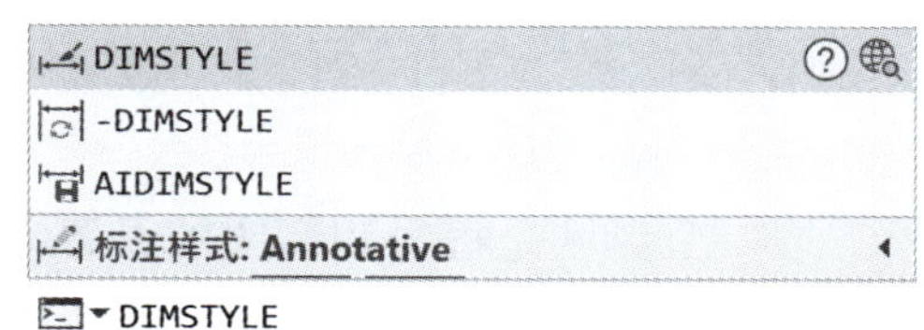

图 2.4.7–3　命令栏

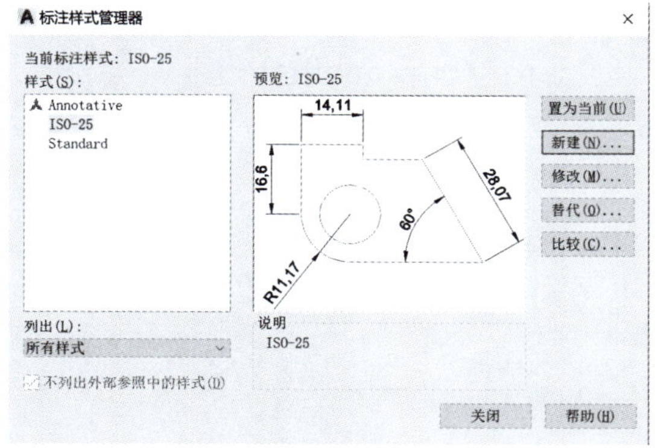

图 2.4.7–4　标注样式管理器

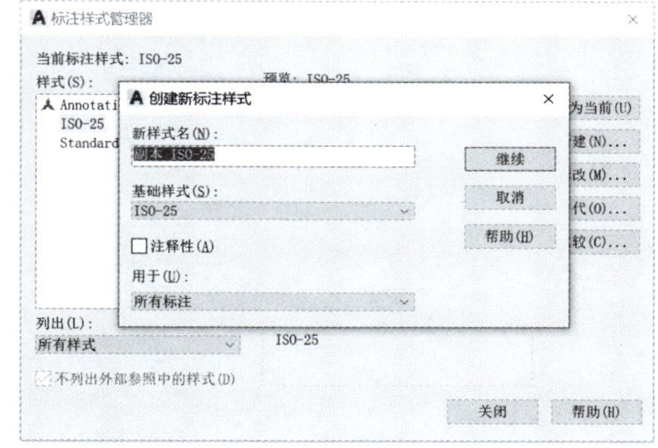

图 2.4.7–5　创建新标注样式

第一个区域是尺寸线的设置，可对图 2.4.7–6 中框出的内容进行修改设置，根据《房屋建筑制图统一标准》（GB/T 50001—2017），基线间距宜为 7~10 mm，尺寸界线一端应离开图样轮廓线不小于 2 mm，另一端应超出尺寸线 2~3 mm。

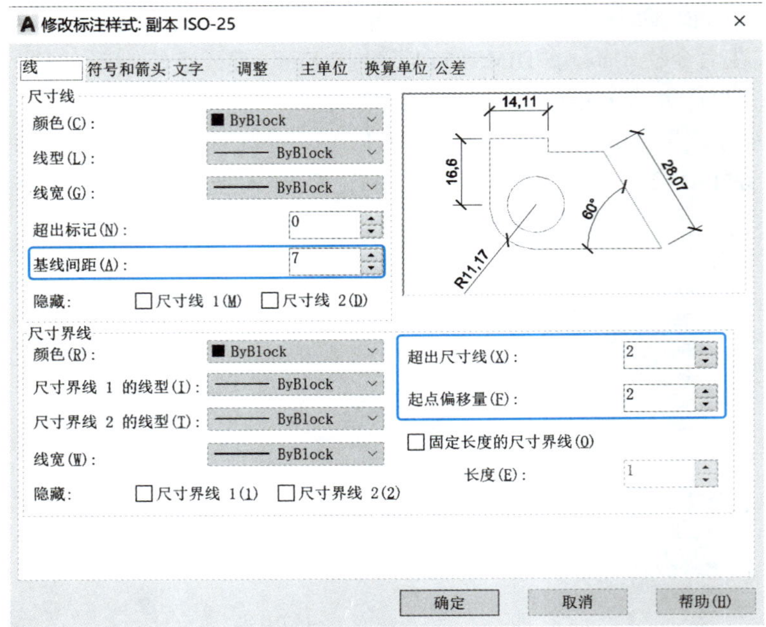

图 2.4.7–6 “线”选项卡设置

第二个区域是符号和箭头的设置，可对图 2.4.7–7 中框出的内容进行修改设置，箭头选项组里“第一个”和“第二个”选择“建筑标记”，设置尺寸线和引线箭头的类型及尺寸大小。

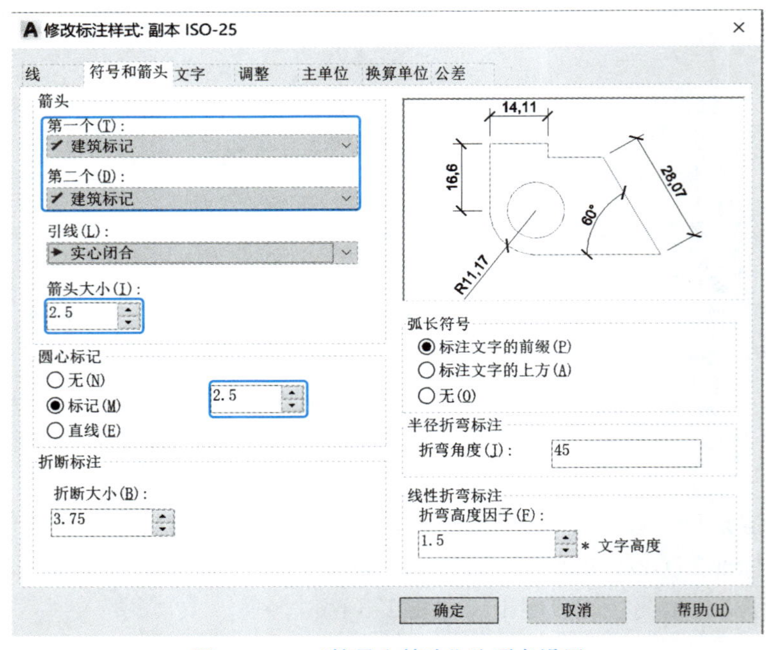

图 2.4.7–7 “符号和箭头”选项卡设置

第三个区域是文本设置,可对图 2.4.7–8 中框出的内容进行修改设置。

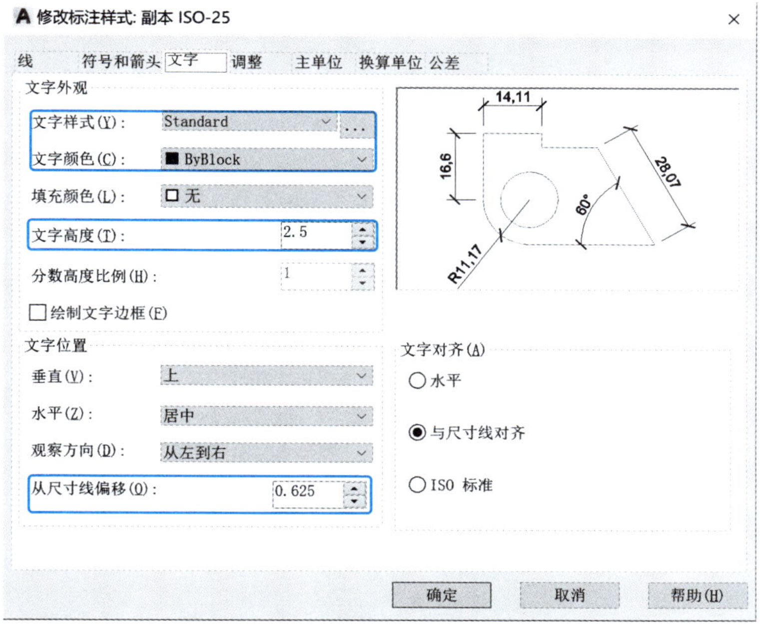

图 2.4.7–8　“文字”选项卡设置

第四个区域是调整设置,可对图 2.4.7–9 中框出的内容进行修改设置。设置使用全局比例时,对于 1∶100,比例设置为 100。

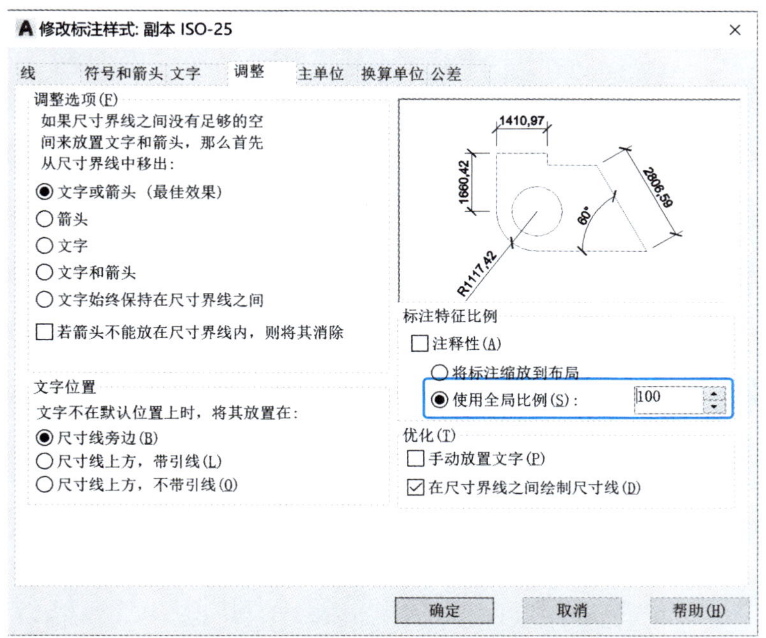

图 2.4.7–9　“调整”选项卡设置

第五个区域是主单位设置,可对图 2.4.7–10 中框出的内容进行修改设置,在此选项卡中可以设置主单位的格式与精度等属性。

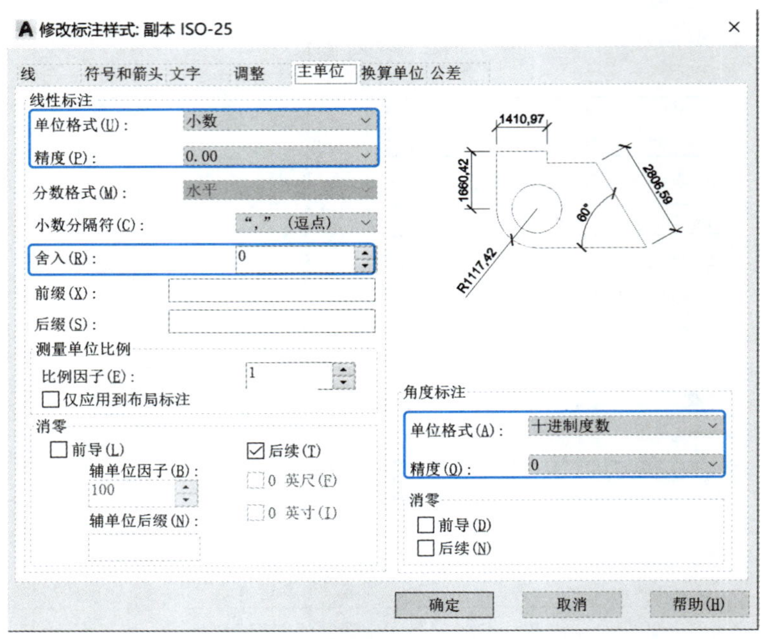

图 2.4.7–10 “主单位”选项卡设置

第六个区域是换算单位设置,在此选项卡中可以设置换算单位的格式和精度。勾选“显示换算单位”复选框,可对选项卡中的各项参数进行设置,如图 2.4.7–11 所示。

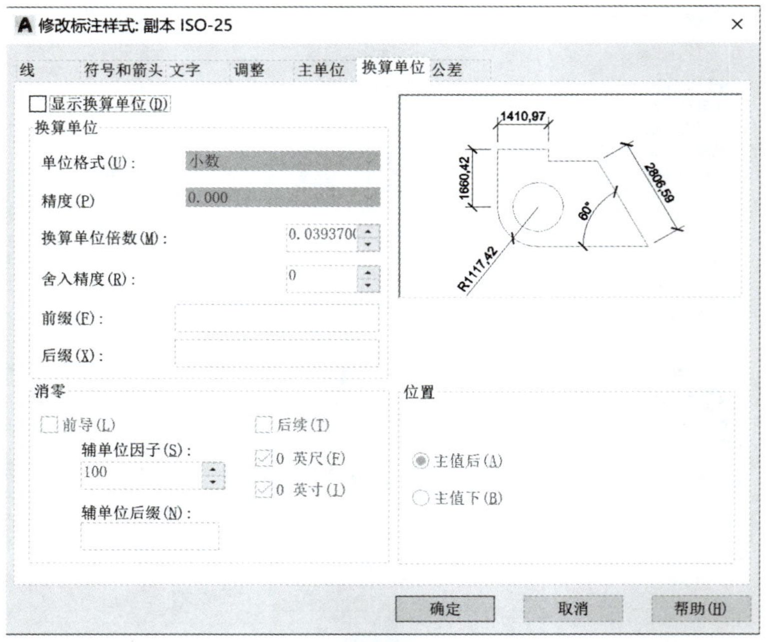

图 2.4.7–11 “换算单位”选项卡设置

单击创建的新样式，再点击“置为当前”按钮，并单击“关闭”按钮即完成样式设置，如图 2.4.7–12 所示。

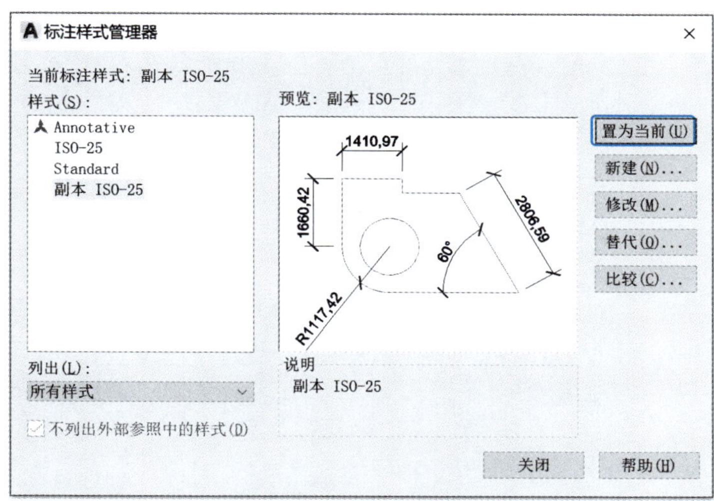

图 2.4.7–12　置为当前新标注样式

对创建的新的尺寸标注样式进行修改，使其符合建筑样式的尺寸标注。单击创建的新样式，单击“修改”按钮可修改标注样式，如图 2.4.7–13 所示。

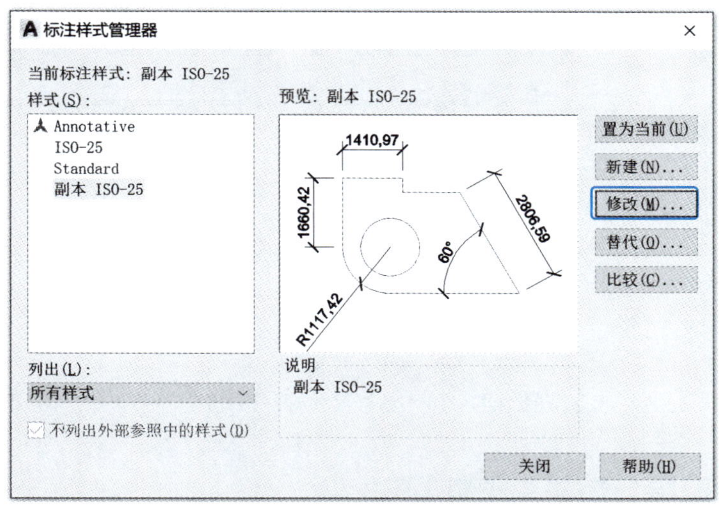

图 2.4.7–13　修改标注样式管理器中的设置

2. 线性标注

启动“线性”命令的方法：在“功能区”单击“注释”面板中的“线性”按钮(图 2.4.7–14)；或在“命令栏”中输入“DIMLINEAR”并按 Enter 键或空格键确定(图 2.4.7–15)。

完成轴号尺寸标注的效果图如图 2.4.7–16 所示。

完成的项目文件见“工作任务 2.4.7\ 尺寸标注完成 .dwg”。

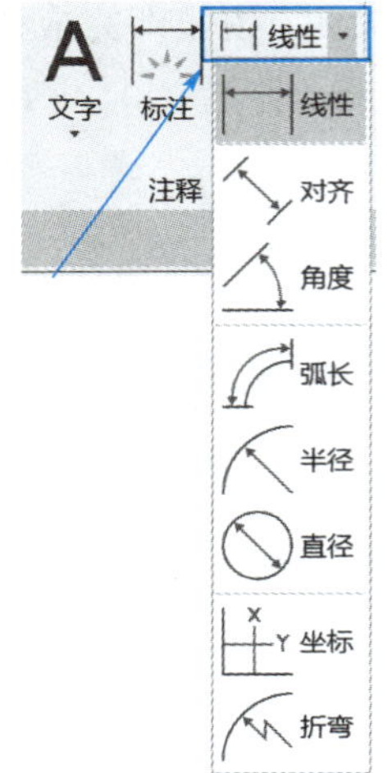

图 2.4.7-14 从功能区标注

图 2.4.7-15 从命令栏标注

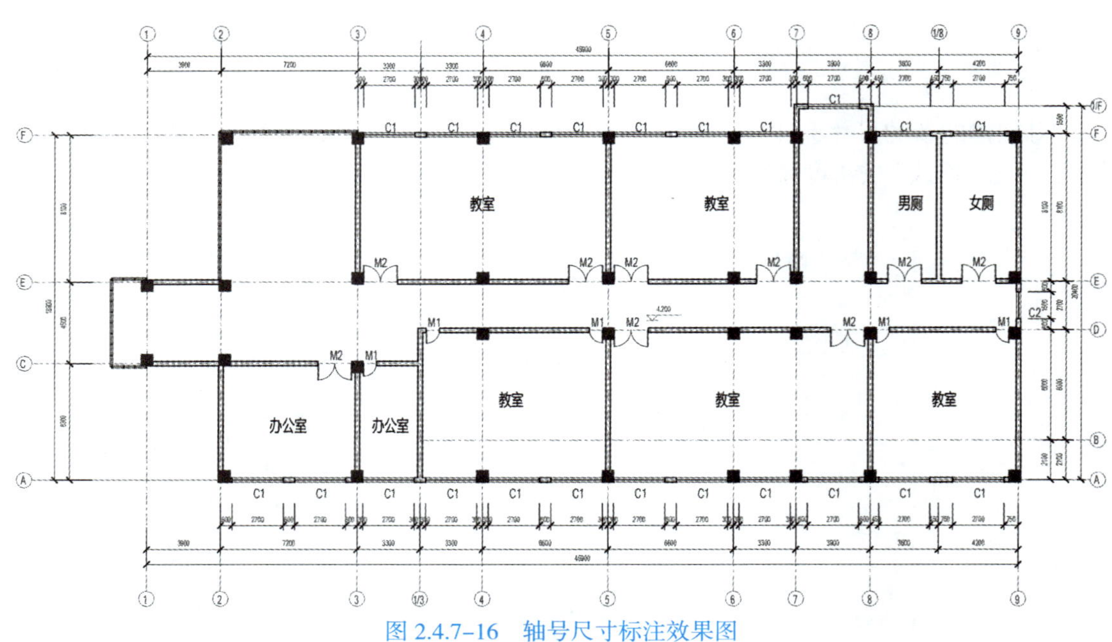

图 2.4.7-16 轴号尺寸标注效果图

2.4.7 技能扩展：连续标注

工作技能扩展与相关系统性知识

一、尺寸标注的组成

AutoCAD 中的“尺寸标注”命令可以精确地测量建筑物的尺寸，通过使用标注可以使图形更容易被理解。

一个尺寸标注基本组成元素包括尺寸线、尺寸界线、箭头和尺寸数字 4 个重要组成部分。

二、尺寸标注的规则

(1) 建筑物的真实大小应以图样上所标注的尺寸数值为依据，与图形的大小及绘图的准确度无关。

(2) 图样中的尺寸以毫米为单位，不需要标注计量单位的代号或名称。

(3) 图样中所标注的尺寸为该图样所表示的建筑物的最后完工尺寸，否则应另加说明。

(4) 建筑物的每一尺寸，一般只标注一次，并应标注在能够反映该建筑物最清晰的图形位置处。

三、连续标注

连续标注是首尾相连的多个标注。连续标注从指定标注的第二个尺寸界线引出第一个标注，接下来每一个连续标注都从前一个连续标注的第二个尺寸界线处开始标注。

启动“尺寸标注”命令的方法：在命令行中输入“DIMCONTINUE”。

启动命令前要先创建一个标注，以此标注设置的参数为准，依次选择第二个尺寸界线原点，对对象进行连续标注，如图 2.4.7–17 所示。

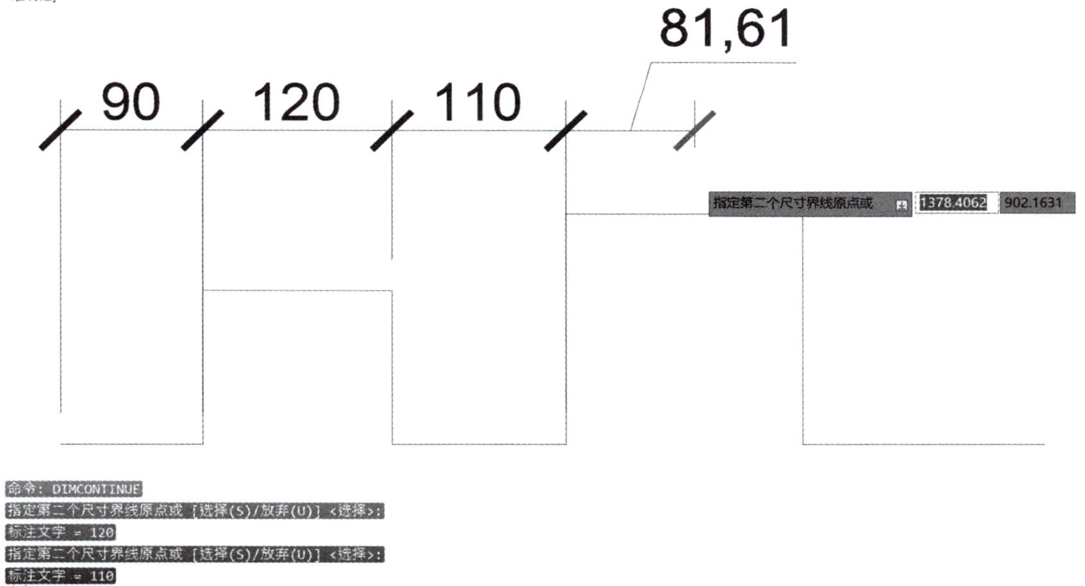

图 2.4.7–17　连续标注

习题与能力提升

操作练习 1

2.4.7　操作练习 1 平面图尺寸标注

打开“习题与能力提升”文件夹中“平面图尺寸标注预备文件 .dwg”，绘制如图 2.4.2–17 所示平面图的尺寸标注。

2.4.7　操作练习 2 全国职业院校技能大赛样题

完成的文件见“习题与能力提升 \2.4.7 一层平面图尺寸标注 .dwg”。

操作练习 2

参照 2022 年全国职业院校技能大赛高职组“建筑工程识图”赛项竞赛任务(三)建筑专业竣工图绘图(详见附件 2)样题绘制要求,设置如下要求的尺寸标注样式。

尺寸标注样式名为“尺寸”。文字样式选用“非汉字”,箭头大小为 1.2 mm,采用建筑标记基线间距 10 mm,尺寸界线偏移尺寸线 2 mm,尺寸界线偏移原点 5 mm,文字高度 3 mm,使用全局比例为 100。

完成的文件见“习题与能力提升 \2.4.7 全国建筑工程识图大赛尺寸样式设置 .dwg”。

2.5　思 想 提 升

港珠澳大桥的建设创下多项世界之最,体现了中国逢山开路、遇水架桥的奋斗精神,体现了中国综合国力、自主创新能力,体现了勇创世界一流的民族志气。这是一座圆梦桥、同心桥、自信桥、复兴桥。大桥建成通车,进一步坚定了我们对中国特色社会主义的道路自信、理论自信、制度自信、文化自信,充分说明社会主义是干出来的,新时代也是干出来的! 对港珠澳大桥这样的重大工程,既要高质量建设好,全力打造精品工程、样板工程、平安工程、廉洁工程,又要用好管好大桥,为粤港澳大湾区建设发挥重要作用。

港珠澳大桥工程具有规模大、工期短,技术新、经验少,工序多、专业广,要求高、难点多的特点,为全球已建最长跨海大桥,在道路设计、使用年限以及防撞防震、抗洪抗风等方面均有超高标准。港珠澳大桥全长 55 km,其中包含 22.9 km 的桥梁工程和 6.7 km 的海底隧道,隧道由东、西两个人工岛连接;桥墩 224 座,桥塔 7 座;桥梁宽度 33.1 m,沉管隧道长度 5 664 m、宽度 28.5 m、净高 5.1 m;桥面最大纵坡 3%,桥面横坡 2.5% 内、隧道路面横坡 1.5% 内;桥面按双向六车道高速公路标准建设,设计速度为 100 km/h,全线桥涵设计汽车荷载等级为公路 I 级,桥面总铺装面积 70 万平方米;通航桥隧满足近期 10 万吨、远期 30 万吨油轮通行;大桥设计使用寿命 120 年,地震设防烈度提高至九度,可抵御 16 级台风、30 万吨撞击以及珠江口 300 年一遇的洪潮。后续我们要把工程建设关键技术转化为行业标准和规范,将港珠澳大桥打造成为中国桥梁“走出去”的靓丽名片。

2.6　工作评价与工作总结

工作评价

序号	评分项目	分值	评价内容	自评	互评	教师评分	客户评分
1	设置图层和线型	10	1. 设置图层,5 分 2. 设置线型,5 分				
2	绘制轴网	10	1. 横轴,5 分 2. 纵轴,5 分				

续表

序号	评分项目	分值	评价内容	自评	互评	教师评分	客户评分
3	绘制墙体	15	1. 墙体多线样式,5 分 2. 墙体位置,5 分 3. 墙体修改,5 分				
4	绘制柱	15	1. 柱轮廓线,5 分 2. 柱位置,5 分 3. 柱填充,5 分				
5	绘制门窗	15	1. 窗多线样式,5 分 2. 门窗块,5 分 3. 门窗位置,5 分				
6	标注文字	15	1. 文字样式,10 分 2. 文字标注,5 分				
7	标注轴号尺寸	20	1. 轴号标注,10 分 2. 尺寸标注,10 分				
总结							

工作总结

目标		进步	欠缺	改进措施
知识目标	掌握图层和线型、墙体、柱、门窗绘制的相关知识;掌握文字、轴号尺寸标注的相关知识			
能力目标	根据客户要求完成 ××× 职业技术大学教学楼建筑平面图的绘制			
素质目标	遵守制图规则,具备严谨认真、精益求精、吃苦耐劳、勤学苦练的工匠精神,诚实守信、自觉守则的规则意识,勇于突破、大胆尝试的创新精神,以及协同合作、团结共进的团队精神			

项目 3 建筑立面图绘制

3.1 典型工作任务

按照《项目 3　工作任务书》的要求，绘制教学楼 CAD 建筑立面图，其中教学楼建筑立面图见本书配套文件。

项目 3　工作任务书	
技术要求	按照以下要求绘制教学楼 CAD 建筑立面图： 设计室外地坪标高为 –0.450 m，设计室内地坪标高为 ±0.000 m，共 5 层，每层层高为 4.2 m，女儿墙高为 1 200 mm。C1：2 700 mm × 2 100 mm，离地高度为 900 mm
交付内容	教学楼建筑施工图立面图 .dwg
工作任务	1. 设置图层和线型 2. 绘制外墙线 3. 绘制门窗 4. 绘制幕墙 5. 绘制立面标高
岗位标准	1. 制图员国家职业技能标准（职业编码：3-01-02-07） 2. 1+X 建筑工程识图职业技能等级标准
技术标准	《房屋建筑制图统一标准》（GB/T 50001—2017） 《总图制图标准》（GB/T 50103—2010） 《建筑制图标准》（GB/T 50104—2010） 《民用建筑设计统一标准》（GB 50352—2019）
工作成图 （参考图）	

3.2　工作岗位核心技能要求

根据制图员国家职业技能标准（职业编码：3-01-02-07）、1+X 建筑工程识图职业技能等级标准，对于建筑立面图绘制的技能要求和相关知识要求如下。

职业技能	工作内容	技能要求	相关知识要求
3. 建筑立面图绘制	3.1　二维专业图形绘制	能绘制简单的二维专业图形	3.1.1　图层设置的知识 3.1.2　工程标注的知识 3.1.3　调用图符的知识 3.1.4　属性查询的知识
	3.2　建筑立面图绘制	能根据任务要求，应用 CAD 绘图软件绘制中型建筑工程建筑立面图的指定内容	3.2.1　外墙面上所有的可见的构配件，如室外地坪线、台阶、坡道、花坛、勒脚、门窗、雨篷、阳台、雨水管、檐口、变形缝及其他可见附属设施等 3.2.2　外立面的装修做法、门窗、檐口高度及详图索引符号

3.3　知识导入与准备

一、建筑立面图基础知识

建筑立面图是房屋各个方向外墙面的视图，是利用正投影法从一个建筑物的前后、左右、上下等不同方向（根据物体复杂程度而定）分别互相垂直的投影面上来作投影。在施工图中，立面图主要用于表示建筑物的体型与外貌、立面各部分配件的形状和相互关系、立面装饰要求及构造做法等。立面图主要反映房屋的体型、门窗形式和位置、长宽高尺寸和标高等，在该视图中，只画可见轮廓线，不画内部不可见的虚线。

房屋有多个立面，为便于与平面图对照，每一个立面图下都应标注立面图的名称。立面图的命名有两种形式：有定位轴线的建筑物，宜根据两端的轴线来命名，如① ~ ④ 立面图，Ⓐ~Ⓕ立面图；没有定位轴线时，可按建筑物的方向命名。立面图的数量是根据房屋各立面的形状和墙面的装修要求确定的。当房屋各立面造型和墙面装修不同时，需要画出所有立面图。

二、建筑立面图的基本内容

(1) 画出室外地面线及房屋的勒脚、台阶、花池、门窗、雨篷、阳台、室外楼梯、墙柱、檐口、屋顶、落水管、墙面分格线等内容。门窗的形状、位置与开启方向是立面图中的主要内容。有些特殊门窗如不能直接选用标准图集，还应附有详图或大样图。

(2) 标注外墙各主要部位的标高。立面图的高度主要以标高的形式来表现，一般需要标注的位置有室外地面、台阶顶面、窗台、窗上口、阳台、雨篷、檐口、女儿墙顶、屋顶水箱间及楼梯间屋顶等的标高。

(3) 标注建筑物两端的定位轴线及其编号。详细的轴线尺寸以平面图为准，立面图中只画出两端的轴线，以明确位置。

(4) 标注索引符号。用文字说明外墙面装修的材料及其做法。通过标注详图索引，可以将复杂部分的构造另画详图来表达。

3.4 工作任务实施

任务驱动与学习目标

序号	任务驱动	学习目标
1	加载图层并设置线型比例	掌握建立图层和加载线型的方法
2	绘制立面外墙线	使用“直线”和“偏移”命令绘制立面外墙线
3	绘制立面门窗	使用“镜像”命令绘制门窗
4	绘制立面标高	1. 掌握绘制标高符号的方法 2. 掌握文字标注的方法

3.4 工作任务解决步骤：绘制立面墙线

工作任务解决步骤

一、绘制立面外墙线

1. 创建立面图图层

创建轴线、室外地坪、墙线、门窗、标高、幕墙图层，如图 3.4–1 所示。

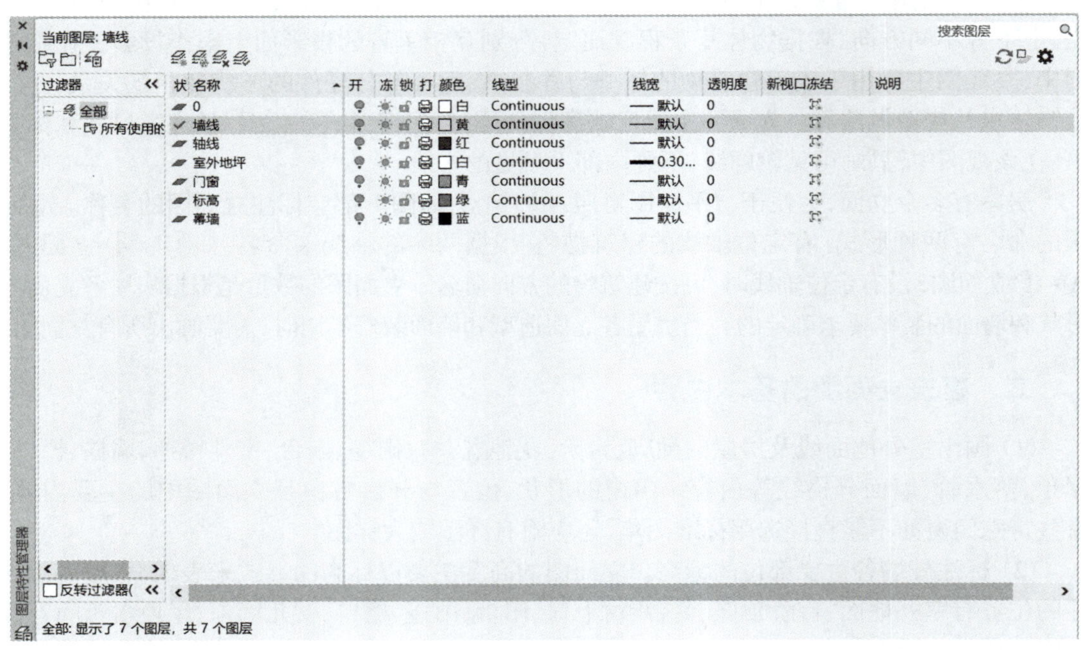

图 3.4–1 立面图图层

2. 创建室外地坪线

绘制轴线，用粗实线绘制室外地坪线，线宽设置为 0.3 mm，如图 3.4–2 所示。

图 3.4–2　室外地坪线和轴网

3. 绘制外墙线

设置“墙线”图层为当前层。启动“直线”命令绘制外墙轮廓线（“直线”命令详见项目 2）；用粗实线绘制整个建筑最外轮廓尺寸线；利用“直线”与“偏移”命令（“偏移”命令详见项目 2）完成立面外墙内部线条、装饰线条的绘制，如图 3.4–3 所示。

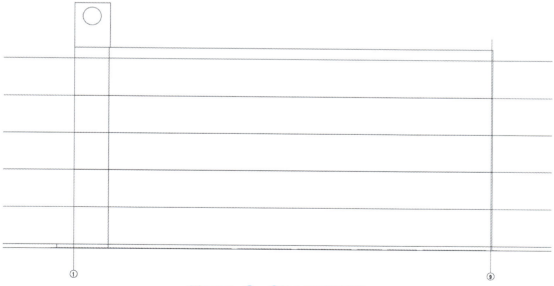

图 3.4–3　① ~ ⑨轴立面图外墙线

完成的项目文件见“工作任务 3.4\ ① ~ ⑨轴立面图外墙线完成 .dwg”。

3.4 工作任务解决步骤：绘制立面门窗

二、绘制立面的门窗

1. 绘制窗台线

设置“门窗”图层为当前图层。根据窗的离地高度绘制窗台线，窗的离地高度为 0.9 m，窗宽为 2 700 mm，如图 3.4–4 所示。

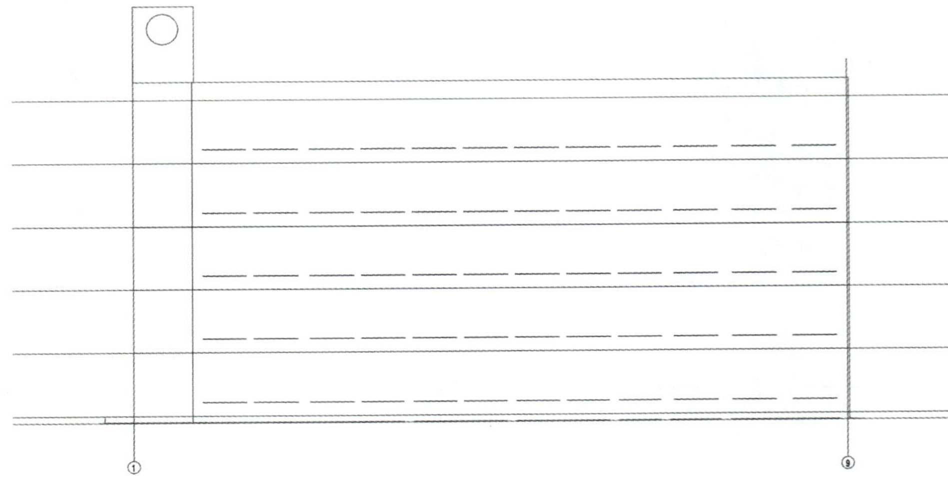

图 3.4–4 绘制外立面窗台线

完成的项目文件见“工作任务 3.4\ ① ~ ⑨轴立面图窗台线完成 .dwg”。

2. 绘制立面窗户

设置“门窗”图层为当前图层。利用“矩形”和“直线”命令绘制窗，然后将绘制的窗创建为外部块（“创建块”命令详见项目 2），块命名为“外部窗 1”，立面上其他类型的窗也可以创建为外部块。

设置“门窗”图层为当前图层。利用“插入块”命令，捕捉插入点，插入绘制好的窗块，如图 3.4–5 所示。

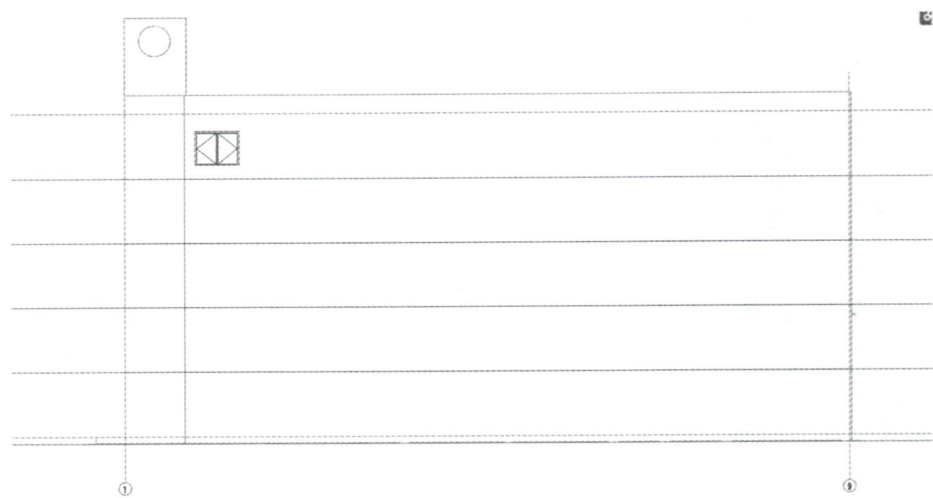

图 3.4–5 绘制外立面窗块

通过“复制”命令(“复制”命令详见项目 1)、“镜像”命令完成所有窗的绘制，如图 3.4–6 所示。

图 3.4–6　绘制外立面窗

完成的项目文件见“工作任务 3.4\ ① ~ ⑨轴立面图外立面窗完成 .dwg”。

3. 绘制立面幕墙

利用“直线”和“复制”命令完成立面幕墙的绘制。如图 3.4–7 所示。

3.4　工作任务解决步骤：绘制立面幕墙

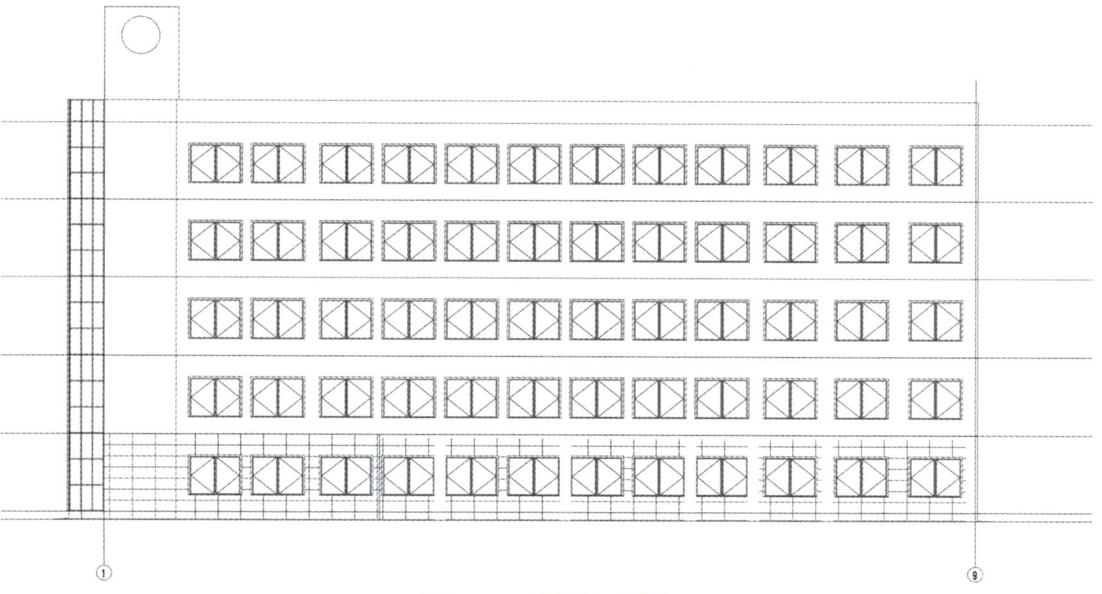

图 3.4–7　绘制立面幕墙

完成的项目文件见“工作任务 3.4\ ① ~ ⑨轴立面图幕墙完成 .dwg”。

3.4 工作任务解决步骤：绘制立面尺寸标高

三、绘制立面尺寸标高

绘制立面图尺寸标注及各层标高（标高和文字标注详见项目 2），如图 3.4–8 所示。绘制栏杆、旗杆等其他构件后完成南立面图的绘制。

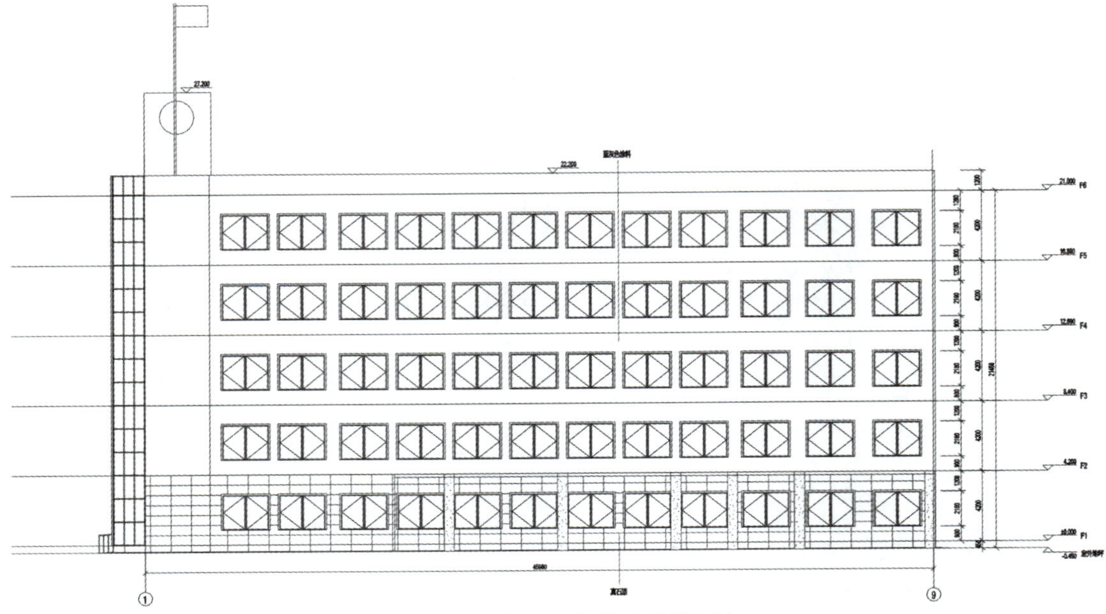

图 3.4–8 绘制立面标高及其他标注

完成的项目文件见“工作任务 3.4\ ① ~ ⑨轴立面图标高及其他标注完成 .dwg”。

3.4 技能扩展：“镜像”操作命令

工作技能扩展与相关系统性知识

一、“镜像”命令

“镜像”命令是创建对称对象的简单方法，基本上任何中心对称的图形对象都可以被镜像。在实际绘图过程中，对于对称图形，只需绘制其中的一半，然后镜像对象的另一半，不必绘制整个图形，可以节省大量时间。

启动“镜像”命令的方法：在“功能区”单击“修改”面板中的“镜像”按钮（图 3.4–9）；或在命令栏中输入“MIRROR”并按 Enter 键或空格键确定（图 3.4–10）；或直接输入快捷命令“MI”并按 Enter 键或空格键确定。

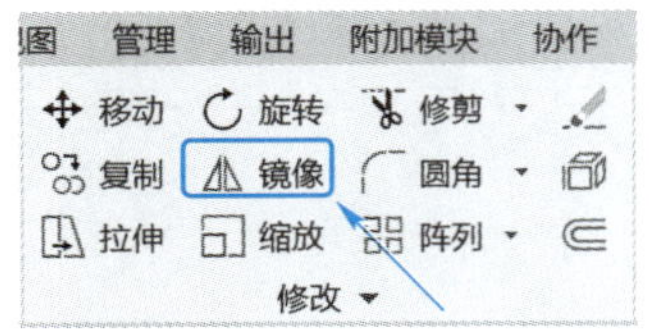

图 3.4–9 从功能区镜像

图 3.4–10 从命令栏镜像

使用“镜像”命令可以将选定的图形对象以某一对称轴镜像到该对称轴的另一边，还可以使用镜像复制功能将图形以某一对称轴进行镜像复制。启动该命令，选择所需镜像的对象，按 Enter 键或空格键确定，当指定镜像线的第一个点时，单击鼠标左键选择中心线上的一个点，对镜像线的第二个点做同样的操作。若镜像发生后需删除源对象，单击鼠标左键选择“是(Y)”；反之单击“否(N)”则保留源对象。使用“镜像”命令的结果如图 3.4–11 所示。

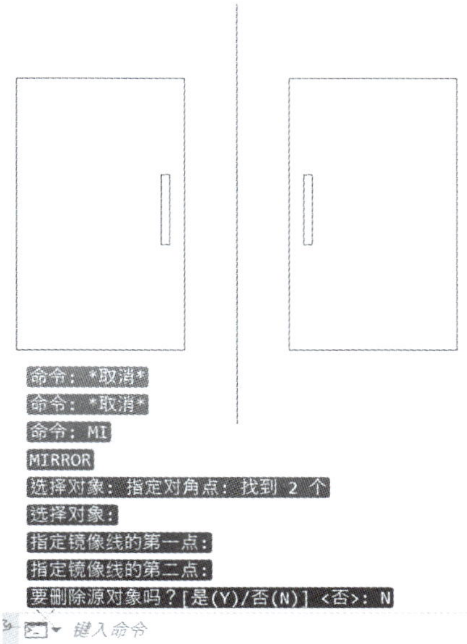

图 3.4–11　镜像绘图步骤

需注意的是，使用“镜像”命令需确定镜像对象的中心线，中心线不一定是一条物理线，也可以是两个已知的点。

二、“打断”命令

“打断”命令用于将一个实体打断为几部分。启动“打断”命令的方法：在“功能区”单击“修改”面板中的“打断”按钮（图 3.4–12）；或在命令栏中输入“BREAK”并按 Enter 键或空格键确定（图 3.4–13）；或直接输入快捷命令“BR”并按 Enter 键或空格键确定。

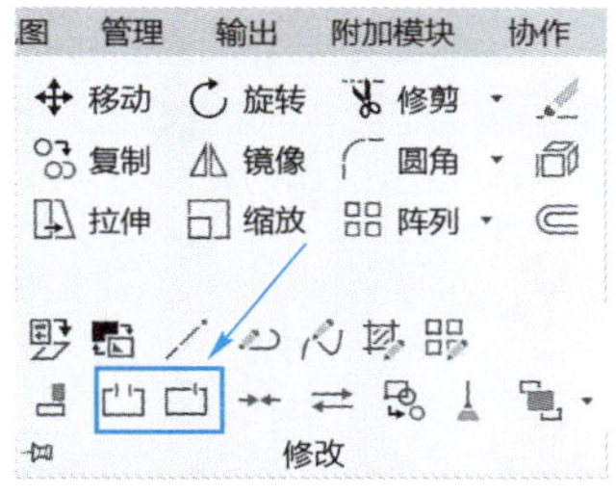

图 3.4–12　从功能区打断

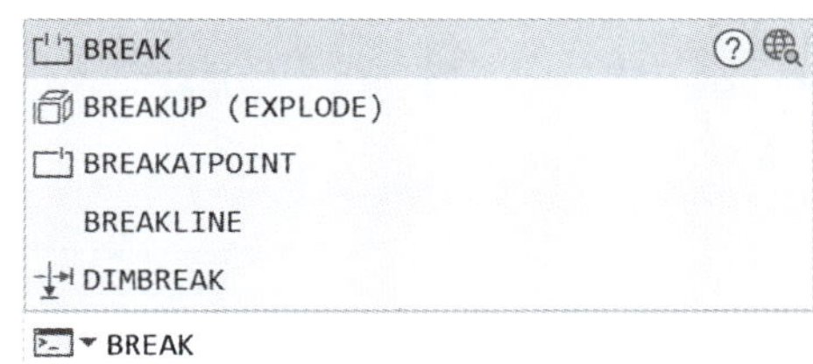

图 3.4–13　从命令栏打断

默认情况下，选择对象时单击的点作为第一个打断点。如果要重新选择第一个打断点，则在选择打断对象后在当前命令行中输入“F”并按 Enter 键或空格键确定，重新指定第一个打断点。然后再指定第二个打断点完成打断。有关命令序列参考如图 3.4–14 所示命令窗口。

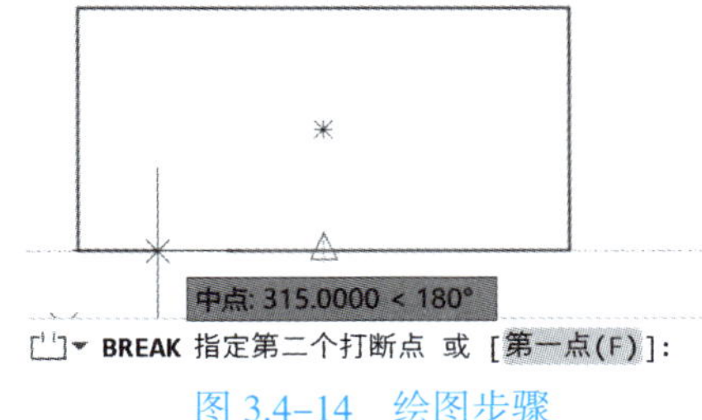

图 3.4–14　绘图步骤

3.4　技能扩展：“打断”操作命令

注意：

(1) 在选择对象时，只能使用点选的方式。

(2) 打断的对象，必须要有端点，否则无效。

(3) 在选择打断点时，起始点与结束点的长度不能大于起点与终点的长度。

3.4 操作练习绘制立面图

习题与能力提升

操作练习

抄绘如图 3.4–15 所示立面图。

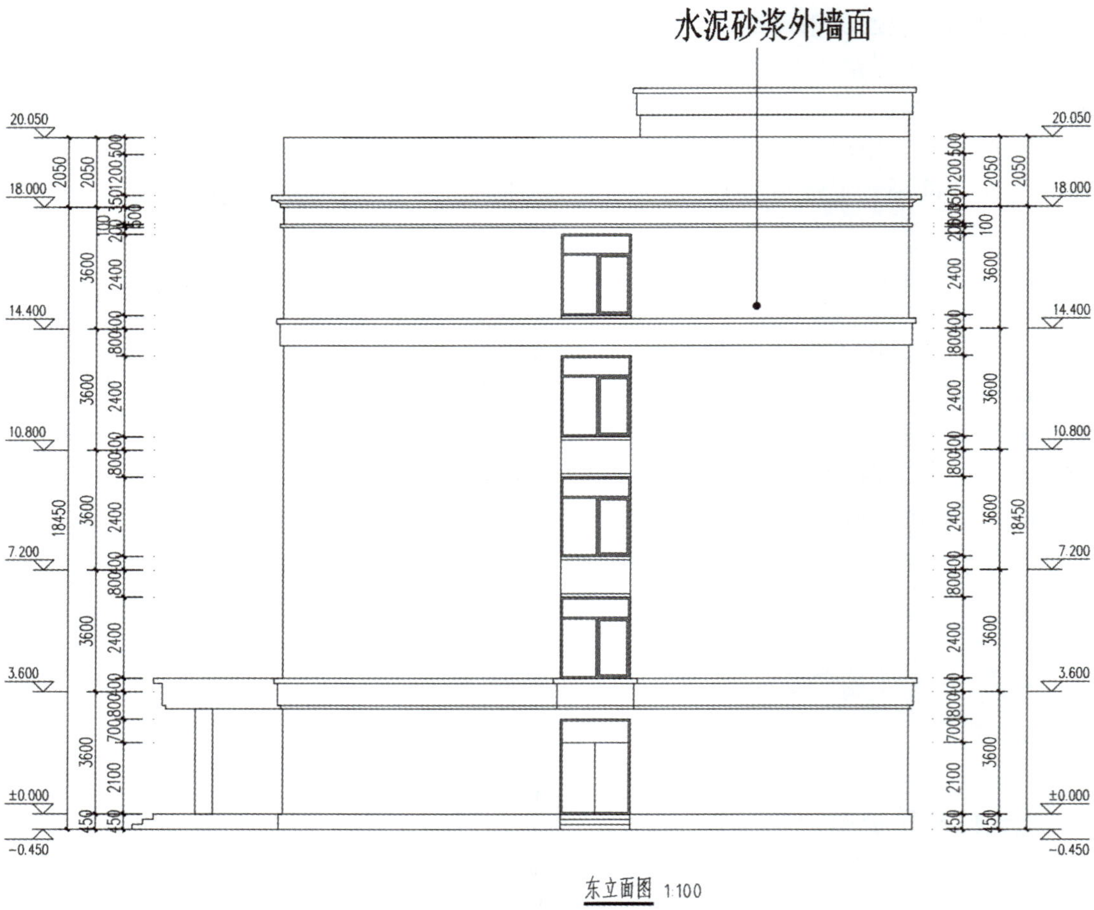

图 3.4–15 操作练习：立面图绘制

完成的文件见“习题与能力提升 \3.4 立面图绘制 .dwg”。

3.5 思 想 提 升

创新精神

学习 CAD 软件的目的是进行计算机制图，但实际上学习的收获不仅是学会了计算机制图，还改变了思维方式。AutoCAD 是通用计算机软件，也是学生较早接触到的制图软件之一，学习该软件之前，学生遇到专业问题时，首先想到的是用数学方法来解决，如测量控制点加密中的前方交会、距离交会，要获得交会点的坐标需要进行复杂的公式推导与计算。而学习了 AutoCAD 软件之后，只需在 AutoCAD 软件中绘制三条线就能把交会点定出并查询其坐标，易操作且易懂。因此，通过课程的学习，学生能够打破过去的惯性思维方式，遇到问题时不局限于数学思维，开始从制图的角度寻求解决问题的方案。在教学中应勇于突破、大胆尝试，用制图方法与理论解决专业问题，培养学生的创新思维与创造精神。

团队精神

教学过程中，对于综合性实践案例，学生分组完成。小组内部制订制图方案，明确分工，共同协商、讨论，协同完成制图任务，有助于培养学生的团队合作精神。

3.6　工作评价与工作总结

工作评价

序号	评分项目	分值	评价内容	自评	互评	教师评分	客户评分
1	设置图层和线型	5	1. 图层设置，2 分 2. 线型设置，3 分				
2	绘制外墙线	25	1. 轴线，10 分 2. 外墙线，15 分				
3	绘制立面门窗	30	1. 门窗尺寸，15 分 2. 门窗位置，15 分				
4	绘制幕墙	20	1. 幕墙尺寸，10 分 2. 幕墙位置，10 分				
5	绘制立面标高	20	1. 位置标注，10 分 2. 文字标注，10 分				
总结							

工作总结

目标		进步	欠缺	改进措施
知识目标	掌握外立面墙体轮廓线、门窗、幕墙等绘制的相关知识，掌握文字、标高尺寸标注的相关知识			
能力目标	根据客户要求完成 ××× 职业技术大学教学楼建筑立面图的绘制			
素质目标	逐步养成规范制图方式，并在法规要求下进行制图，传承制图文化历史，提升文化自信心、理解工匠精神内涵，从不同角度分析问题、观察事物，初步形成严谨的工作态度，由简入繁，学会递进式思考方式			

项目 4 建筑剖面图和详图绘制

4.1 典型工作任务

按照《项目 4 工作任务书》的要求，绘制教学楼 CAD 建筑剖面图和详图，其中教学楼建筑剖面图见本书配套文件。

项目 4 工作任务书	
技术要求	按照以下要求创建教学楼 CAD 建筑剖面图： 设计室外地坪标高为 –0.450 m，设计室内地坪标高为 ±0.000 m，共 5 层，每层层高为 4.2 m，女儿墙高为 1 200 mm。C1：2 700 mm × 2 100 mm，离地高度为 900 mm。踏步段的总级数为 14 级，长为 3 900 mm。一个踏步的宽为 300 mm，高为 150 mm
交付内容	教学楼建筑施工图剖面图 .dwg
工作任务	1. 设置图层和线型 2. 绘制剖面轮廓墙体 3. 绘制剖面门窗 4. 绘制楼梯梯段 5. 绘制剖面其他细部构件 6. 标注文字、尺寸、标高
岗位标准	1. 制图员国家职业技能标准（职业编码：3–01–02–07） 2. 1+X 建筑工程识图职业技能等级标准
技术标准	《房屋建筑制图统一标准》（GB/T 50001—2017） 《总图制图标准》（GB/T 50103—2010） 《建筑制图标准》（GB/T 50104—2010） 《民用建筑设计统一标准》（GB 50352—2019）

续表

<table>
<tr><th colspan="2">项目 4　工作任务书</th></tr>
<tr><td>工作成图（参考图）</td><td>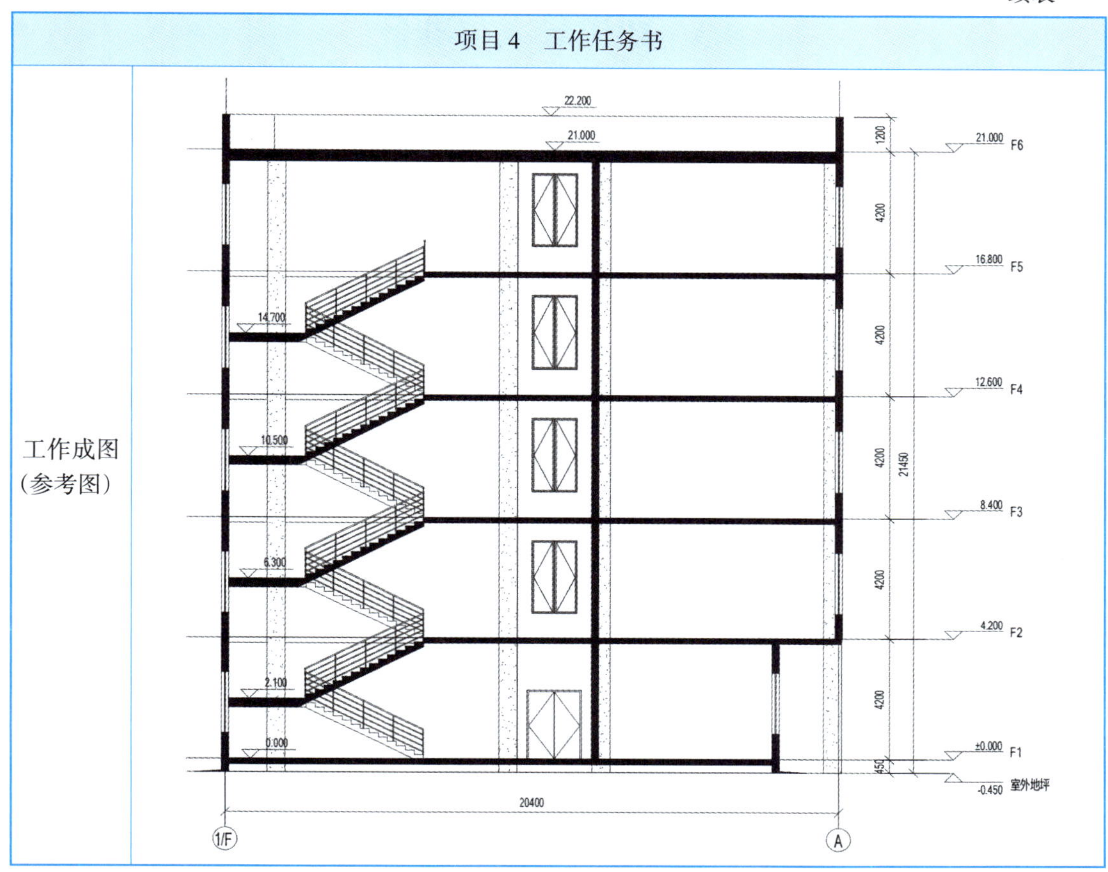
</td></tr>
</table>

4.2　工作岗位核心技能要求

根据制图员国家职业技能标准（职业编码：3-01-02-07）、1+X 建筑工程识图职业技能等级标准，对于建筑剖面图绘制的技能要求和相关知识要求如下。

<table>
<tr><th>职业技能</th><th>工作内容</th><th>技能要求</th><th>相关知识要求</th></tr>
<tr><td rowspan="2">4. 建筑剖面图绘制</td><td>4.1　二维专业图形绘制</td><td>能绘制简单的二维专业图形</td><td>4.1.1　图层设置的知识
4.1.2　工程标注的知识
4.1.3　调用图符的知识
4.1.4　属性查询的知识</td></tr>
<tr><td>4.2　建筑剖面图绘制</td><td>能根据任务要求，应用 CAD 绘图软件绘制中型建筑工程建筑剖面图的指定内容</td><td>4.2.1　建筑竖向空间构成、建筑高度、层数、每层的房间分隔情况
4.2.2　剖到的室外台阶、雨篷、室内外地面、楼板层、墙、屋顶、楼梯及其他剖到构件的构造索引与说明
4.2.3　建筑竖向的门窗等细部尺寸、楼层尺寸、总高度尺寸和主要部位标高、详图索引符号与详图的对应关系等</td></tr>
</table>

4.3 知识导入与准备

一、建筑剖面图基础知识

建筑剖面图是用一假想的竖直剖切平面，垂直于外墙将房屋剖开，移去剖切平面与观察者之间的部分作出剩下部分的正投影图，简称为剖面图。剖面图主要是表明建筑物内部在高度方面的情况，楼层分层、垂直方向的高度尺寸以及各部分的联系等情况的图样，同时也可以表示出建筑物所采用的结构型式。

剖面图的位置一般选择建筑内部做法有代表性和空间变化比较复杂的部位，并应通过门窗洞口及主要出入口、楼梯间或高度有特殊变化的部位。剖面的位置应在平面图上用剖切线标出。剖切线的长线表示剖切的位置，短线表示剖视方向，剖切位置的编号写在表示剖视方向的一侧。

二、建筑剖面图的基本内容

(1) 表示被剖切到的墙、柱、门窗洞口及其所属定位轴线。

(2) 未被剖切到的可见构配件。在剖面图中，主要表达的是剖切到构配件的构造及其做法，常用细实线来表示。未被剖切到的可见构配件，表达方式与立面图基本相同。

(3) 表示室内底层地面、各层楼面及楼层面、屋顶、门窗、楼梯、阳台、雨篷、防潮层、踢脚板、室外地面、散水、明沟及室内外装修等剖到或能见到的内容。

(4) 标出尺寸和标高。在剖面图中，要标注相应的标高及尺寸，其规定如下：

① 标高。应标注被剖切到的所有外墙门窗口的上下标高，室外地面标高，檐口、女儿墙顶以及各层楼地面的标高。

② 尺寸。应标注门窗洞口高度、层间高度及总高度，室内还应标注内墙上门窗洞口的高度以及内部设施的定位、定形尺寸。

(5) 表示楼地面、屋顶各层的构造。一般可用多层共用引出线说明楼地面、屋顶的构造层次和做法。如果另画详图或已有构造说明(如工程做法表)，则在剖面图中用索引符号引出说明。

(6) 对于剖面图中不能用图样表达清楚的地方，应加以适当的施工说明作为注释。

4.4 工作任务实施

任务驱动与学习目标

序号	任务驱动	学习目标
1	绘制剖面轮廓墙体、门窗	1. 掌握绘制剖面墙体的方法 2. 掌握绘制剖面门窗的方法
2	绘制楼梯梯段	1. 掌握“阵列”命令绘制楼梯踏步的方法 2. 掌握绘制剖面楼梯段的方法

续表

序号	任务驱动	学习目标
3	绘制剖面其他细部构件	1. 掌握绘制栏杆、扶手的方法 2. 掌握绘制剖面其他细部构件的方法
4	标注文字、尺寸、标高	1. 掌握标注剖面文字的方法 2. 掌握标注剖面尺寸的方法 3. 掌握标注剖面标高的方法

工作任务解决步骤

一、绘制剖面轮廓墙体、门窗

设置剖面图图层，如图 4.4–1 所示。利用“多线”命令分别在墙柱、楼板、门窗图层下，绘制墙体、楼板、门窗构件，如图 4.4–2 所示。

当前图层: 0

过滤器　全部　所有使用的

状	名称	开	冻	锁	打	颜色	线型	线宽	透明度	新视口冻结	说明
✓	0					白	Continuous	—— 默认	0		
	标注					绿	Continuous	—— 默认	0		
	楼板					白	Continuous	—— 默认	0		
	楼梯					洋红	Continuous	—— 默认	0		
	门窗					青	Continuous	—— 默认	0		
	墙柱					黄	Continuous	—— 默认	0		
	轴线					红	Continuous	—— 默认	0		
	栏杆					21	Continuous	—— 默认	0		

图 4.4–1　剖面图图层设置

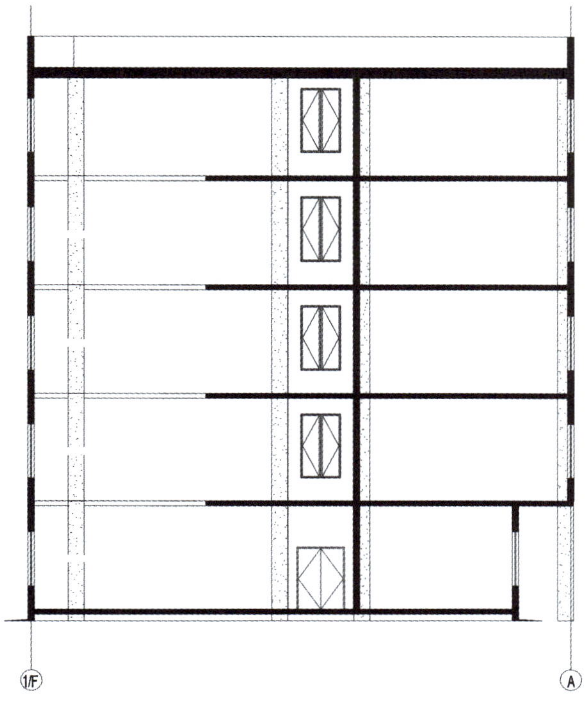

图 4.4–2　剖面图墙体、楼板、门窗绘制

完成的项目文件见“工作任务 4.4\ 绘制剖面图墙体、楼板、门窗完成 .dwg”。

二、绘制楼梯梯段

“阵列”命令是一种以矩形或圆形对称模式重复对象的有用方法，分为矩形阵列、环形阵列和路径阵列。如重复一排停车位上的行标记，或重复建筑物网格上的列。

启动“阵列”命令的方法：在“功能区”单击“修改”面板中的“阵列”按钮（图 4.4–3）；或在命令栏中输入“ARRAY”并按 Enter 键或空格键确定（图 4.4–4）；或直接输入快捷命令“AR”并按 Enter 键或空格键确定。

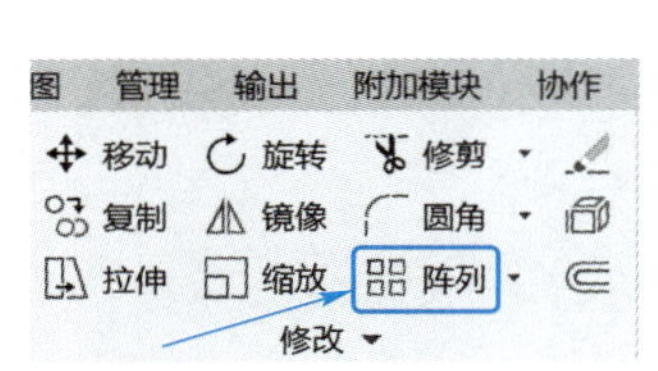

图 4.4–3 从功能区启动“阵列”

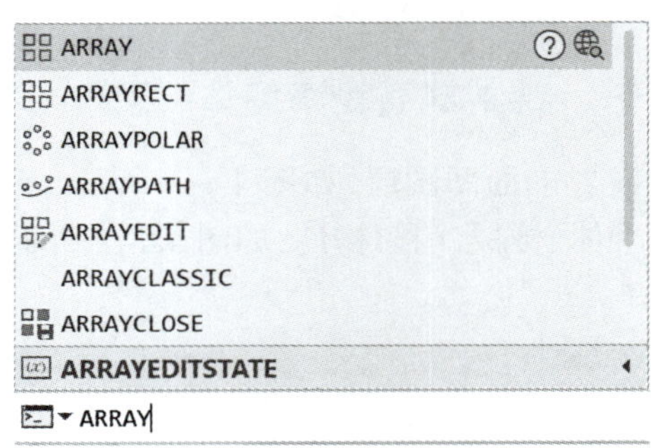

图 4.4–4 从命令栏启动“阵列”

楼梯梯段绘制可用“阵列”命令完成。利用“直线”命令绘制踏步踢面与踏面，如图 4.4–5 所示。调用“阵列”命令弹出“阵列”对话框，如图 4.4–6 所示。

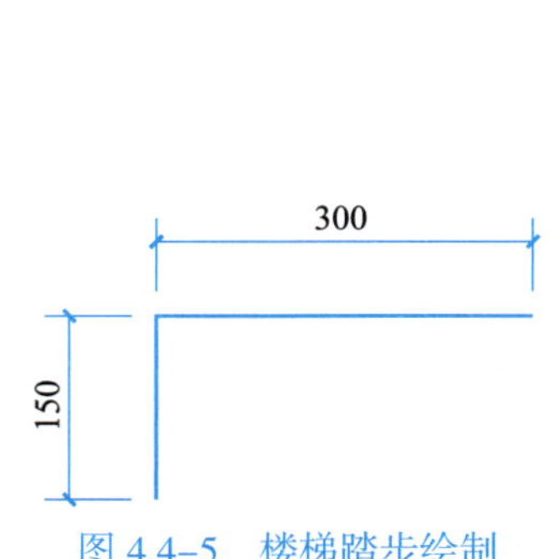

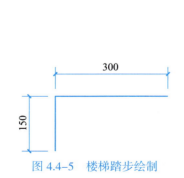

图 4.4–5 楼梯踏步绘制

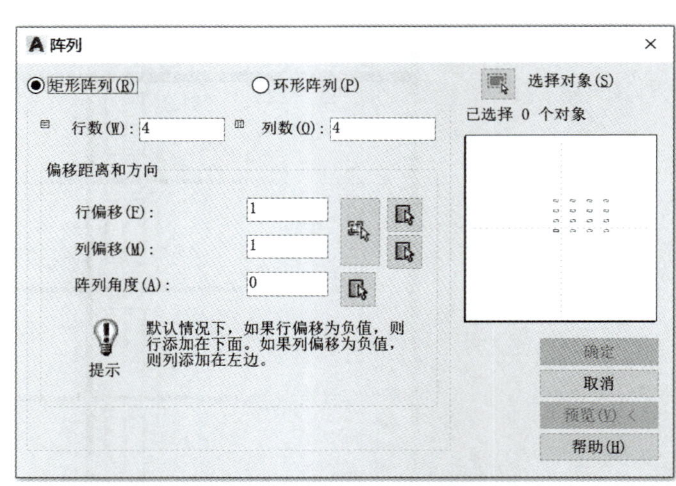

图 4.4–6 “阵列”对话框

选择矩形阵列，在“列数”中输入踏步级数，分别利用“拾取行间距”“拾取列间距”“拾取角度”获得偏移距离和方向。对话框右侧视口可观察阵列形状。选择要阵列的对象后，单击“确定”按钮完成绘制，如图 4.4–7、图 4.4–8 所示。

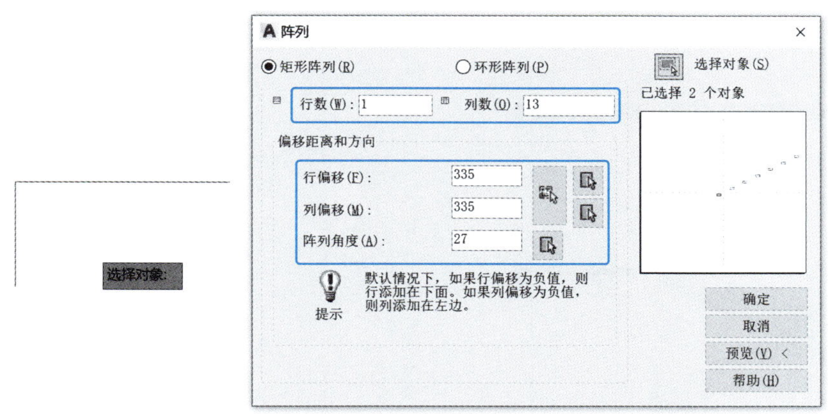

图 4.4–7　踏步“阵列”命令设置

矩阵阵列是将对象分布到任意行、列和层的组合。行是在水平线中重复出现的一组对象。列是在一条垂直线上重复出现的一列对象。行和列的偏移距离是在每个方向上所生成结果的中心到中心的距离。

根据案例要求，利用“多线”（ML）、“直线”（L）、“填充”（H）等命令完成其他构件绘制，绘图过程如图 4.4–9~ 图 4.4–11 所示。

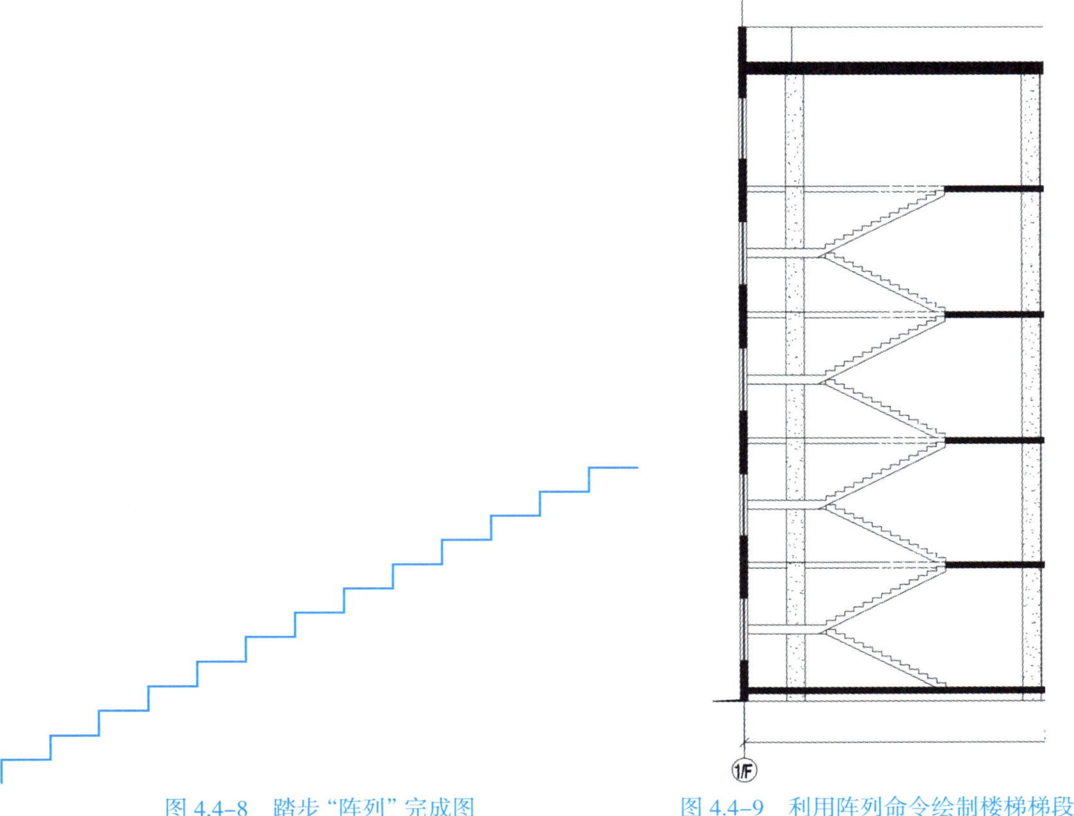

图 4.4–8　踏步“阵列”完成图

图 4.4–9　利用阵列命令绘制楼梯梯段

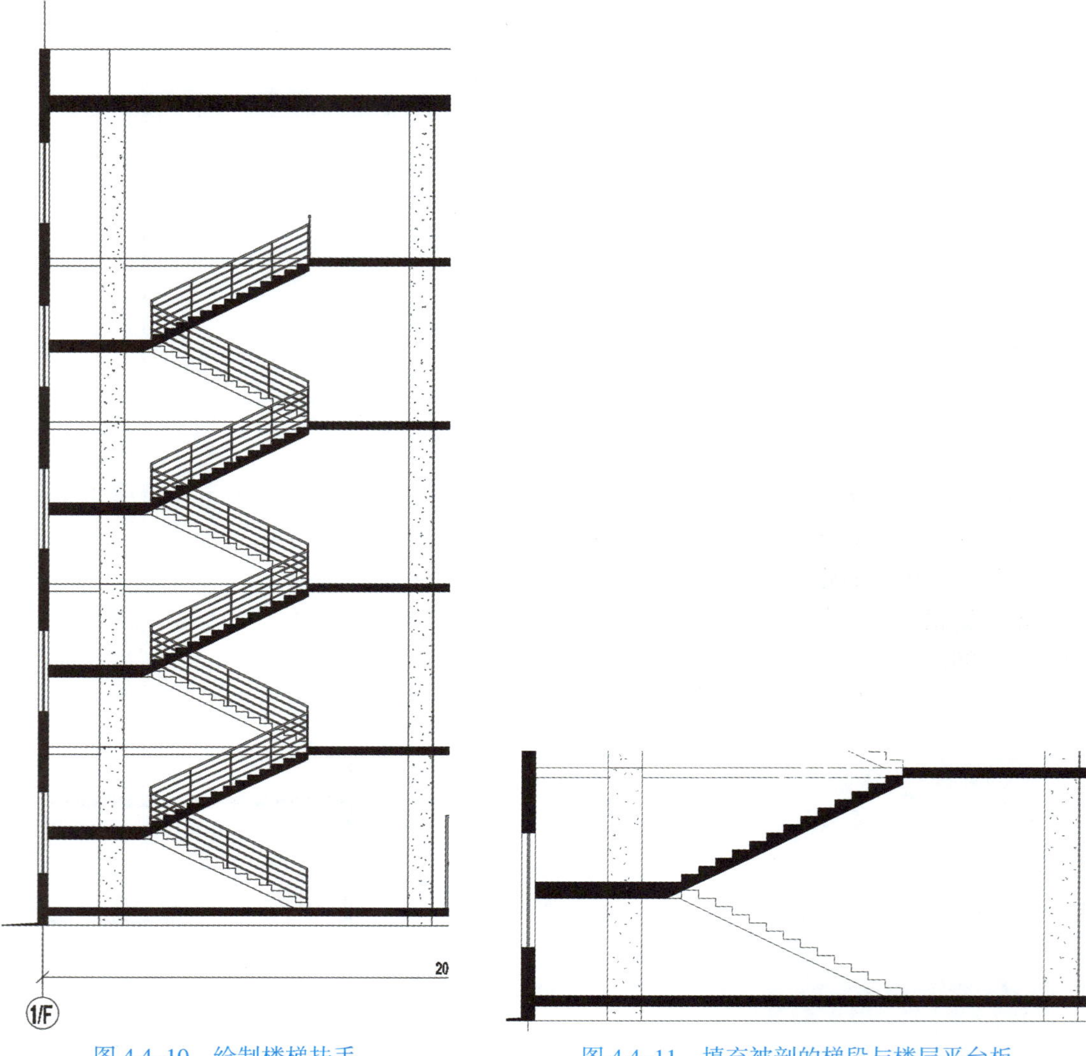

图 4.4–10 绘制楼梯扶手

图 4.4–11 填充被剖的梯段与楼层平台板

完成的项目文件见“工作任务 4.4\ 剖面图楼梯段完成 .dwg”。

三、标注剖面图尺寸及标高

标注剖面图中楼层和中间休息平台标高以及各层层高尺寸(标高和文字标注详见项目 2),如图 4.4–12 所示。

完成的项目文件见“工作任务 4.4\ 剖面图尺寸及标高完成 .dwg”。

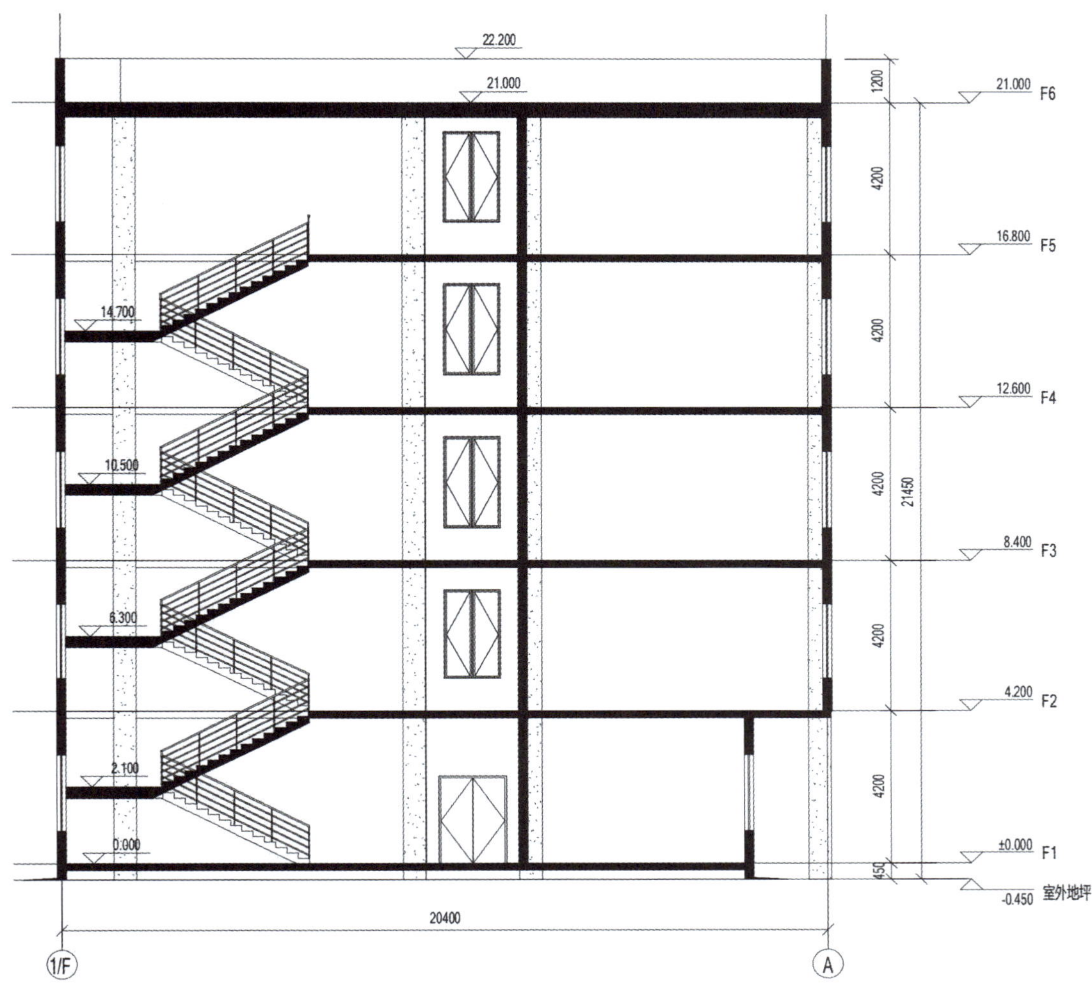

图 4.4-12　绘制楼梯

工作技能扩展与相关系统性知识

1. 阵列的具体绘制方法

阵列是按照行和列的规律分布对象的副本，如图 4.4-13 所示。

启动“阵列”命令，单击鼠标左键选择所需阵列的对象，按 Enter 键或空格键确定，然后单击鼠标左键选择阵列类型“矩形（R）”后创建“阵列创建”对话框，通过修改对话框里的列数、行数、列间距、行间距、选取基点等完成列阵的参数设置，鼠标左键单击“关闭列阵”按钮完成列阵，如图 4.4-14、图 4.4-15 所示。

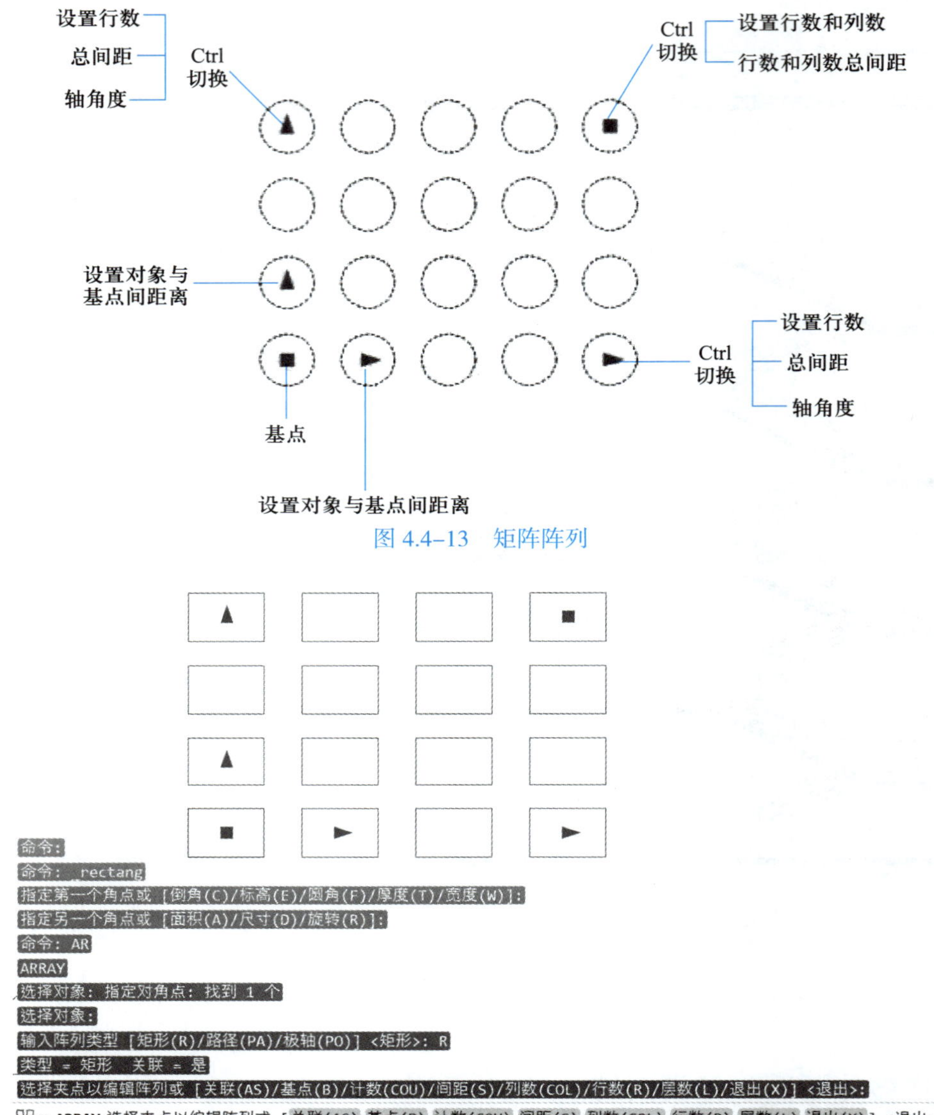

图 4.4–13 矩阵阵列

图 4.4–14 矩形阵列操作命令

默认 插入 注释 参数化 视图 管理 输出 附加模块 协作 精选应用 阵列创建

矩形 类型 | 列数: 4 介于: 615 总计: 1845 列 | 行数: 4 介于: 405 总计: 1215 行 | 级别: 1 介于: 1 总计: 1 层级 | 关联 基点 特性 | 关闭阵列 关闭

图 4.4–15 阵列创建

2. 建筑详图绘制

建筑详图的绘制方法与剖面图的绘制方法类似，绘制完成的墙身大样详图文件见“工作任务 4.4\ 建筑详图 .dwg”。

习题与能力提升

4.4 操作练习 绘制剖面图

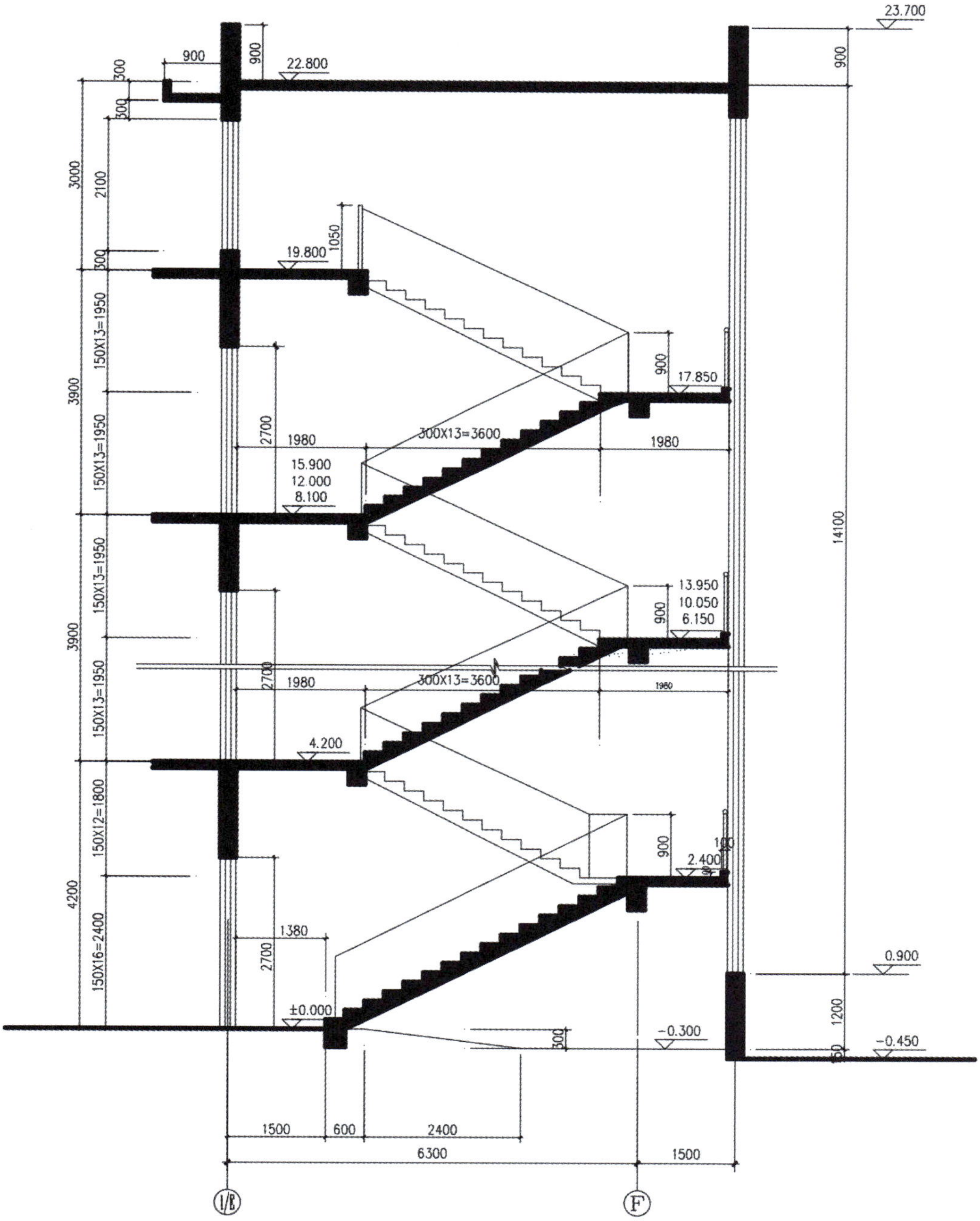

操作练习

抄绘如图 4.4-16 所示剖面图。

图 4.4-16　操作练习：剖面图绘制

完成的文件见“习题与能力提升\4.4 剖面图绘制 .dwg”。

4.5 思想提升

制图员国家职业技能标准（职业编码：3–01–02–07）。

制图员：使用绘图仪器、设备，根据工程或产品的设计方案、草图和技术性说明，绘制其正图（原图）、底图及其他技术图样的人员。

本职业共设四个等级，分别为初级（国家职业资格五级）、中级（国家职业资格四级）、高级（国家职业资格三级）、技师（国家职业资格二级）。

制图员职业守则如下。

(1) 忠于职守，爱岗敬业。

(2) 讲究质量，注重信誉。

(3) 积极进取，团结协作。

(4) 遵纪守法，讲究公德。

4.6 工作评价与工作总结

工作评价

序号	评分项目	分值	评价内容	自评	互评	教师评分	客户评分
1	设置图层和线型	5	1. 图层设置，2 分 2. 线型设置，3 分				
2	绘制剖切到的构件线	20	1. 墙体，5 分 2. 楼板，5 分 3. 其他构件，10 分				
3	绘制剖切到的门窗	20	1. 门窗尺寸，10 分 2 门窗位置，10 分				
4	绘制剖切到的楼梯梯段	20	1. 梯段尺寸和位置，10 分 2. 梯板尺寸和位置，10 分				
5	绘制剖面其他细部构件	20	1. 类型设置，10 分 2. 柱位置，10 分				
6	标注文字、尺寸、标高	15	1. 尺寸标注，5 分 2. 标高标注，5 分 3. 文字标注，5 分				
总结							

工作总结

目标		进步	欠缺	改进措施
知识目标	掌握剖面墙体轮廓线、门窗、楼梯等绘制的相关知识，掌握文字、标高、尺寸标注的相关知识			
能力目标	根据客户要求完成 ××× 职业技术大学教学楼建筑剖面图的绘制			
素质目标	逐步养成规范制图方式，并在法规要求下进行制图，传承制图文化历史，提升文化自信心、理解工匠精神内涵，从不同角度分析问题、观察事物，初步形成严谨的工作态度，由简入繁，学会递进式思考方式			

项目 5　出图与打印

5.1　典型工作任务

按照《项目 5　工作任务书》的要求，完成教学楼 CAD 建筑平面图、立面图和剖面图的出图打印，其中教学楼建筑平面图、立面图、剖面图见本书配套文件。

项目 5　工作任务书	
技术要求	按照以下要求完成教学楼 CAD 建筑平面图、立面图、剖面图出图与打印： 将项目 2~ 项目 4 绘制的某教学楼工程的平面图、立面图、剖图输出打印。建筑图形的输出是整个设计过程的最后一步，即将设计的成果展示在图纸上。AutoCAD 提供了图形输入与输出接口，不仅可以将其他应用程序处理好的数据传送给 AutoCAD，以显示其图形，还可以将在 AutoCAD 中绘制好的图形打印出来，或者把它们的信息传送给其他应用程序
交付内容	教学楼建筑施工图平面图、立面图、剖面图打印
工作任务	1. 生成视口 2. 页面设置 3. 出图打印
岗位标准	1. 制图员国家职业技能标准（职业编码：3-01-02-07） 2. 1+X 建筑工程识图职业技能等级标准
技术标准	《房屋建筑制图统一标准》（GB/T 50001—2017） 《总图制图标准》（GB/T 50103—2010） 《建筑制图标准》（GB/T 50104—2010） 《民用建筑设计统一标准》（GB 50352—2019）
工作成图 （参考图）	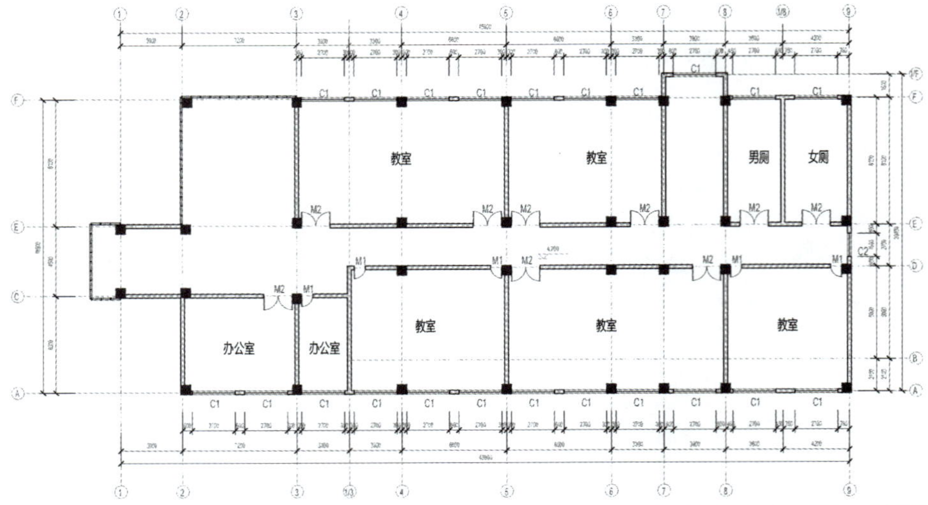

5.2　工作岗位核心技能要求

根据制图员国家职业技能标准(职业编码: 3-01-02-07)(2002 版)、1+X 建筑工程识图职业技能等级标准,对于出图打印的技能要求和相关知识要求如下。

职业技能	工作内容	技能要求	相关知识要求
5. 出图打印	5.1　绘图设备与打印样式设置	5.5.1　能按照工作任务要求对模型空间、图纸(布局)空间进行参数设置 2.5.2　能按照工作任务要求对浮动视口进行参数设置	5.5.1　掌握模型空间、图纸空间参数设置的方法 5.5.2　掌握视口参数设置的方法

5.3　知识导入与准备

1. 模型空间和图纸空间

在 AutoCAD 中,进行绘图操作时,需要在模型空间和图纸空间中进行绘制。这两种空间的区别在于:模型空间针对的是图形实体空间,是指创建工程模型的空间。图纸空间则是针对图纸布局空间。一般情况下,二维和三维图形的绘制与编辑工作都是在模型空间下进行的,模型空间提供了绘图区域。

2. 模型空间和图纸空间的切换

在 AutoCAD 中,模型空间和图纸空间的切换可通过绘图区底部的选项来实现。单击“模型或图纸空间”选项卡,即可对模型空间和图纸空间(布局空间)进行切换,选择“布局 1”或“布局 2”选项卡可切换至图纸空间(布局空间);也可以在“布局”选项卡上单击鼠标右键,然后单击激活“模型”选项卡;还可以通过双击布局视口的内部或外部,在图纸空间和模型空间之间进行切换,如图 5.3-1 所示。

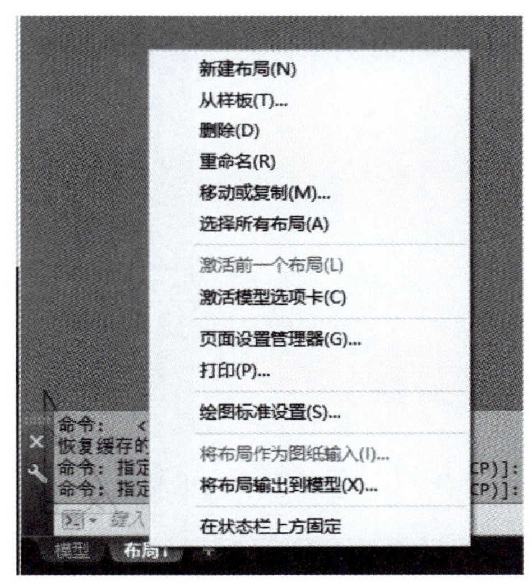

图 5.3-1　图纸空间转模型空间

5.4　工作任务实施

任务驱动与学习目标

序号	任务驱动	学习目标
1	能按照工作任务要求对模型空间、图纸(布局)空间进行参数设置	掌握模型空间、图纸空间参数设置的方法

续表

序号	任务驱动	学习目标
2	能按照工作任务要求对浮动视口进行参数设置	掌握视口参数设置的方法
3	能够对图纸进行打印设置	1. 掌握图纸打印设置的方法 2. 掌握打印图纸的方法

工作任务解决步骤

一、生成视口

布局视口是在图纸空间中创建的对象,用于显示模型空间的缩放视图。一个布局内可以设置多个视口。所有视口内的图形都能够打印。在图 5.4–1 中,模型空间处于活动状态,而且可以从当前布局视口进行访问。

5.4 工作任务解决步骤:生成视口

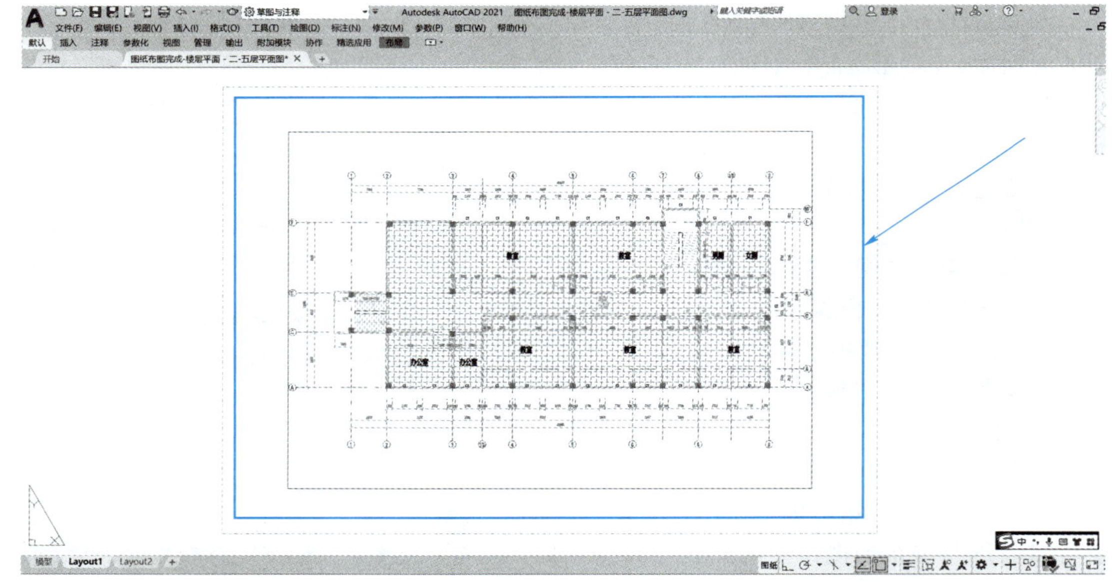

图 5.4–1 生成视口

在布局中,当模型空间处于活动状态时,可以进行平移和缩放,也可以在“模型”选项卡上执行任何其他操作。可以使用“MVIEW”命令在图纸空间中创建其他布局视口,使用多个布局视口,可以以相同或不同的比例显示模型空间的多个视图。

在“绘图布局”选项卡中创建视图。要创建一个视口,首先单击布局选项卡,如图 5.4–2 所示。

启动“创建视口”命令的方法:单击“生成视口”工具按钮(图 5.4–3);或在命令栏中输入“MVIEW”并按 Enter 键或空格键确定(图 5.4–4);或直接输入快捷命令“MV”并按 Enter 键或空格键确定。

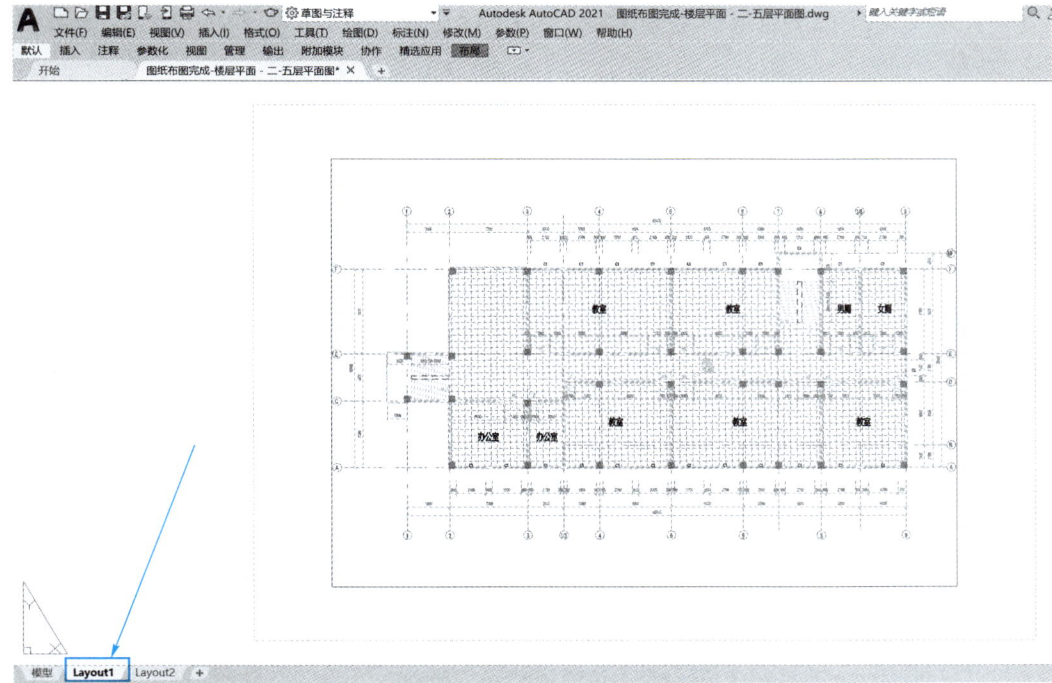

图 5.4–2　布局选项卡

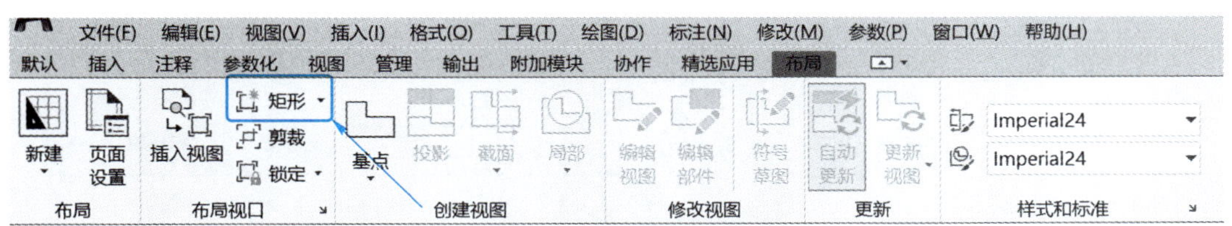

图 5.4–3　从功能区创建视口

可以使用任何闭合的形状（如矩形、圆形）来创建一个视口。启动“MVIEW”命令并选择“对象”选项，模型空间信息将在视口中可见。

图 5.4–4　从命令栏创建视口

在绘图布局中，可以在工作表布局、图纸空间或视口模型空间内绘制。双击鼠标左键进入视口的模型空间进行编辑。在视窗外双击鼠标左键或者单击模型 / 图纸回到图纸空间。

在“模型”与“布局”视口中绘制图形结果一致，可根据实际选择在其中任何一个模块中进行绘制。

二、比例列表

绘图中需根据实际比例需要进行绘制，可通过视口的比例设置实现不同比例图纸的呈现。

启动“比例例表”命令的方法：在“状态区”单击“SCALE-CUSTOM”工具按钮

(图 5.4–5)或在命令栏中直接输入快捷命令“SCALELISTEDIT”并按 Enter 键或空格键确定(图 5.4–6)。

命令执行后,将打开“编辑图形比例”对话框(图 5.4–7),单击“添加”按钮,将在现有比例尺的基础上增加 1 : 200(图 5.4–8),单击“确定”按钮。

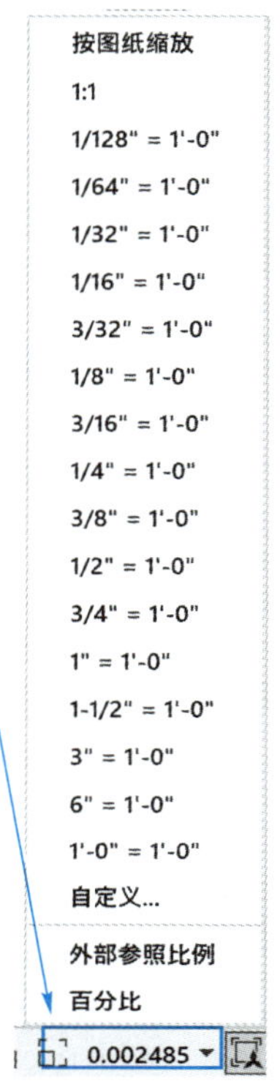

图 5.4–5　状态栏视口比例

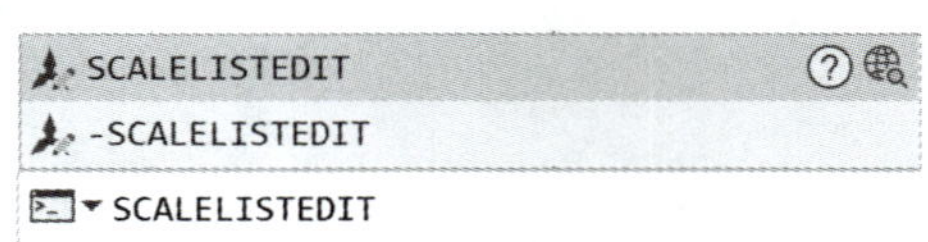

图 5.4–6　状态栏图形比例

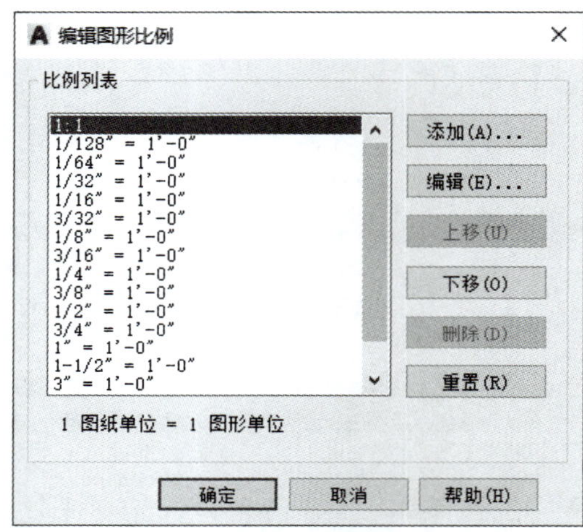

图 5.4–7　“编辑图形比例”对话框(一)

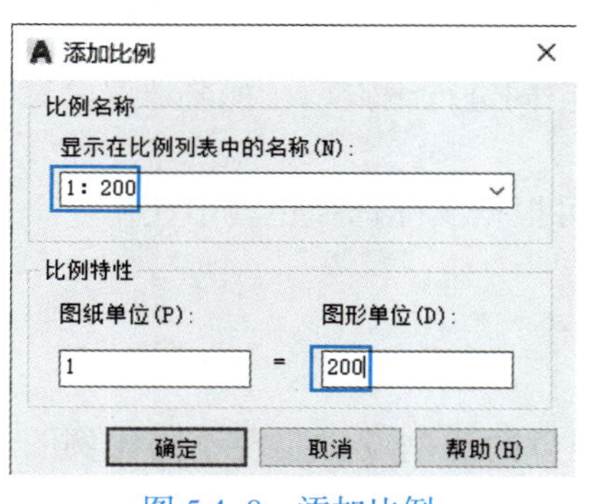

图 5.4–8　添加比例

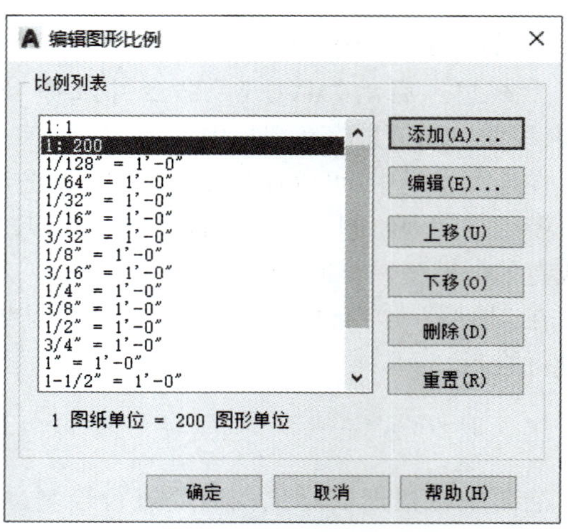

图 5.4–9　“编辑图形比例”对话框(二)

新增加的比例尺将显示在“编辑图形比例”对话框中(图 5.4–9),单击“确定”按钮结束。

三、出图打印页面设置

5.4 工作任务解决步骤:出图打印页面设置

图纸打印前,需进行打印页面的打印样式、打印设备、图纸的大小、图纸的打印方向及打印比例等参数设置。

页面设置可以在模型空间和纸张空间布局中创建,创建方法:在“文件”菜单栏下选择“打印”,单击“页面设置”,如图 5.4–10 所示;或打开“布局选项卡”,鼠标右键单击“当前布局”选项卡并选择“页面设置管理器”,如图 5.4–11 所示。

图 5.4–10 屏幕菜单

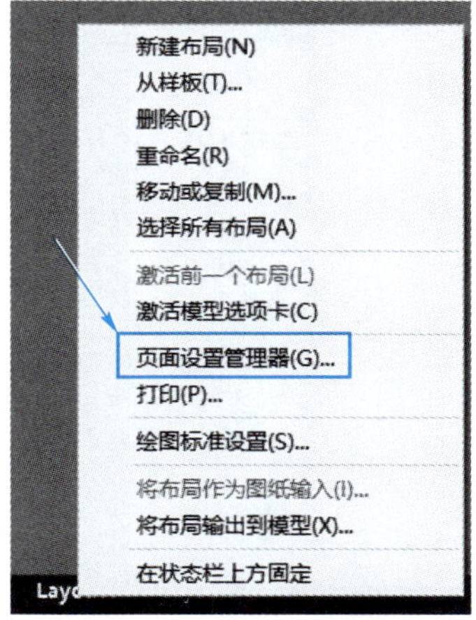

图 5.4–11 布局选项卡

鼠标右键单击“布局”,新建页面设置,打开如图 5.4–12 所示的“页面设置管理器”对话框。

根据实际要求,命名新建的页面设置,如图 5.4–13 所示。

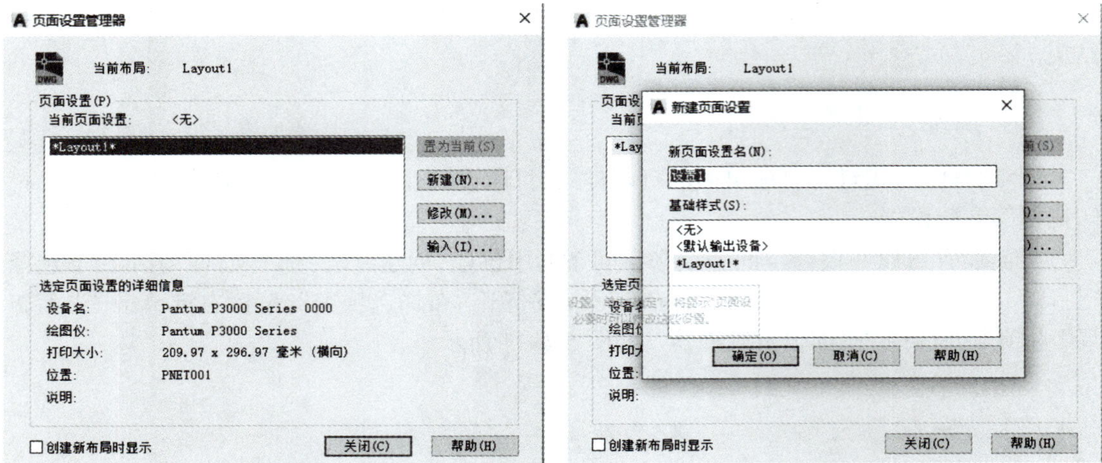

图 5.4-12 “页面设置管理器”对话框　　图 5.4-13 新建页面设置

设置“页面设置”中相关参数，并保存页面设置，如图 5.4-14 所示。

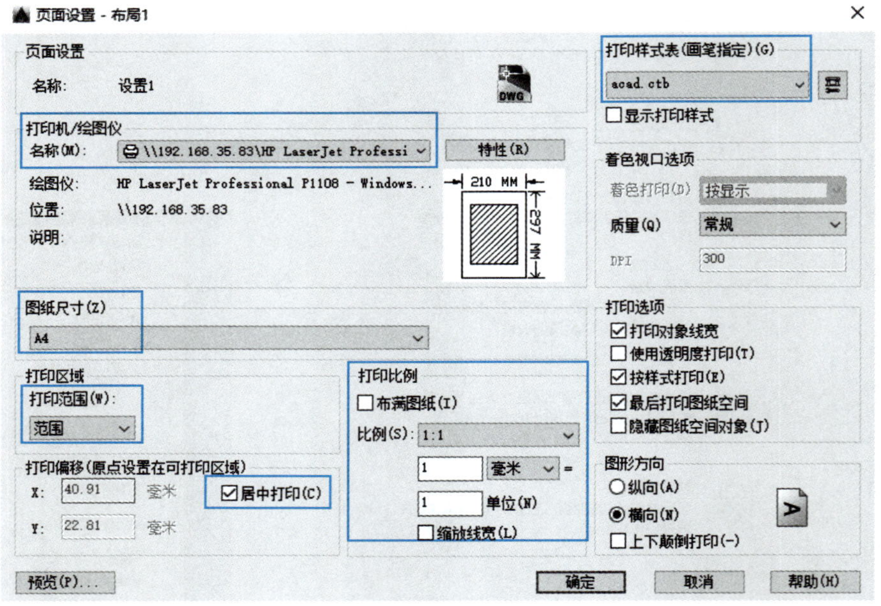

图 5.4-14 修改页面设置

四、从布局选项卡发送绘图

启动“打印”命令，选择所需的页面设置，单击“打印”按钮。

启动“打印”命令的方法：单击菜单栏下“打印”命令组下的相关命令(图 5.4-15)；或鼠标右键单击“当前布局”选项卡并选择“打印”(图 5.4-16)。

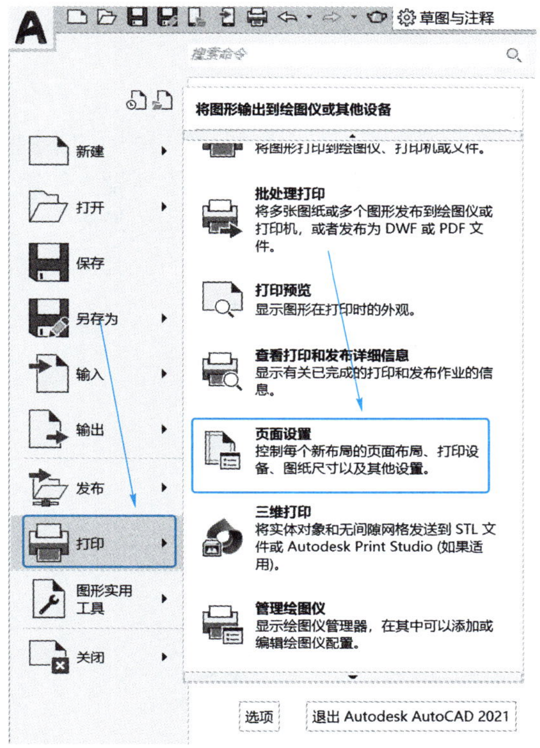

图 5.4–15　屏幕菜单

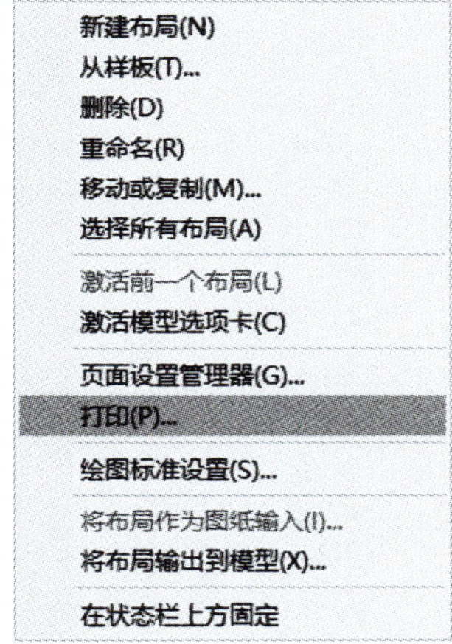

图 5.4–16　布局选项卡命令

在弹出的“打印”对话框中单击“页面设置”下拉框，选择所需的页面设置，如图 5.4–17 所示。加载以前定义的所有设置。常用页面设置，可单击“应用到布局”按钮以实现该设置自动加载。

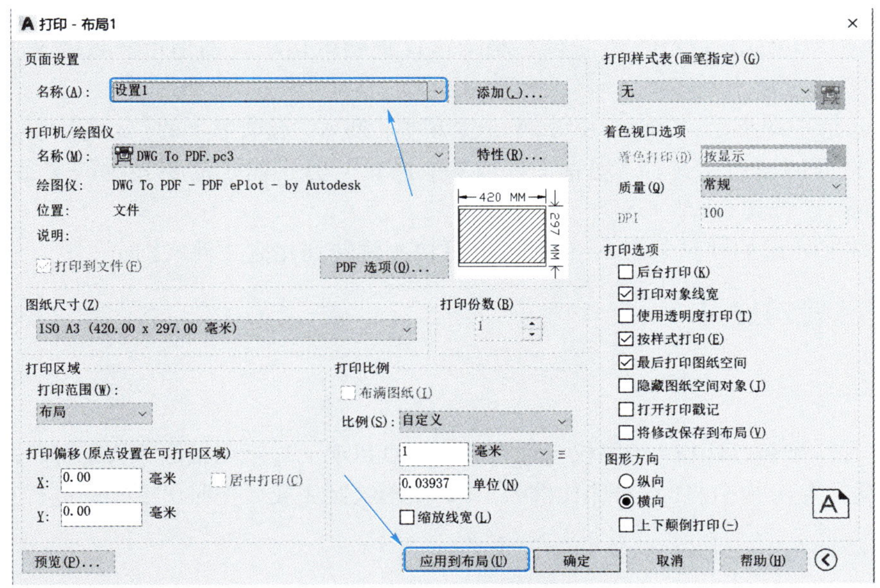

图 5.4–17　“打印”对话框

5.4 技能扩展：设置打印样式和颜色

工作技能扩展与相关系统性知识

1. 样式表和颜色表

通过“打印样式表编辑器”设置打印颜色和线宽。将“打印样式”列表框中的不同颜色项，通过“特性”选项组中的“颜色”项设为黑色（打印颜色），并将“线宽”项设为使用对象线宽。可以选择新的 ctb 文件，以便它为每种颜色应用绘图厚度，如图 5.4–18 所示。

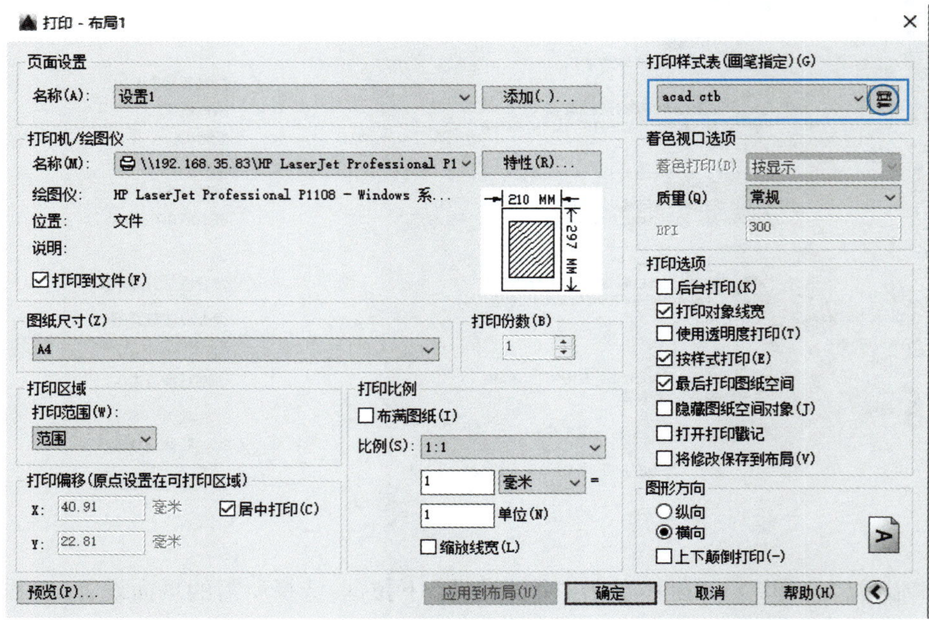

图 5.4–18 调整画笔设置

2. 设置 CAD 超链接

在 AutoCAD 使用过程中，若需将绘制图形设置超链接跳转到指定网页或文件，具体操作如下：

① 单击选中图形后，按 Ctrl+K 键，单击菜单栏“插入”选项卡下的“超链接”；

② 在打开的窗口中选择“现有文件或 web 网页”，分别输入需要显示的文字和网页地址，单击“确定”按钮；

③ 按住 Ctrl 键的同时单击一下图形，即可快速跳转到相应文件或网页。

5.4 操作练习 1 打印设置

习题与能力提升

操作练习 1

打印设置：配置打印机 / 绘图仪名称为 DWG TO PDF.pc3；纸张幅面为 A2、横向；可打印区域页边距设置为 0；单色打印；打印比例为 1∶1，图形绘制完成后按照出图比例进行布局出图。

操作练习 2

模型空间、布局空间设置参数：

(1) 在模型空间和布局空间分别按 1 : 1 比例放置符合制图国家标准的 A2 横向图框，并按照出图比例进行缩放。设置布局名称为“PDF-A2”。

(2) 按照出图比例设置视口大小，并锁定浮动视口比例及大小尺寸。

5.4　操作练习 2　模型、布局参数设置

5.5　思想提升

建筑信息化发展

近年来，新技术的发展为建筑信息化创造了技术基础，随着 BIM、大数据等信息化技术在建筑行业的应用持续落地，建筑业也在面临不断重构。新一代 BIM 技术与项目精细化管理结合，提供可视化、全维度的管理手段；数字化协同和移动互联技术实现办公室人员到现场人员的无纸化办公；物联网和通信技术的迭代提高了建筑业采集、处理、分析数据的效率，实现经营效率的大幅提升。

各种技术的应用为建筑业的数字化带来更进一步的可实现性。建筑业摆脱传统粗放式的发展模式，走可持续发展之路，需要在建筑信息技术引领下，以新型工业化与信息化的深度融合打造绿色建筑，对建筑业全产业链进行更新、改造和升级，数字化建造是建筑业转型升级的必然方向。

5.6　工作评价与工作总结

工作评价

序号	评分项目	分值	评价内容	自评	互评	教师评分	客户评分
1	生成视口	60	1. 模型空间设置，15 分 2. 图纸空间设置，15 分 3. 视口参数设置，15 分 4. 生成视口，15 分				
2	打印出图	40	1. 打印页面设置，30 分 2. 打印出图，10 分				
总结							

工作总结

目标		进步	欠缺	改进措施
知识目标	掌握生成视口、打印设置、打印出图的相关知识			
能力目标	根据客户要求完成 ××× 职业技术大学教学楼建筑图纸的打印			

续表

目标		进步	欠缺	改进措施
素质目标	培养工程伦理思维、创新思维能力，正确认识、分析、处理问题能力，爱岗敬业、乐于奉献、追求卓越的职业道德			

模块 2

建筑 BIM 技术

项目 6 Revit 建筑建模

6.1 典型工作任务

按照《项目 6 工作任务书》的要求，创建教学楼建筑 BIM 模型，其中教学楼建筑施工图见本书配套文件。

项目 6 工作任务书	
技术要求	创建教学楼 BIM 模型要求如下： 1. 项目基本信息 客户为 ××× 职业技术大学，项目名称为 ××× 职业技术大学教学楼，项目地址为山东省青岛市 ××× 区 ××× 路 ××× 号，项目编号为 20220233，审定人为宋 ×××，该项目于 2022 年 9 月 10 日发布。项目的组织单位为 ××× 工程咨询有限公司，该公司为甲级资质，作者为宋 ×××。 2. 建筑 BIM 模型创建 外墙：一楼墙体构造为真石漆 20 mm+ 混凝土砌块 200 mm + 白色涂料 20 mm，其中真石漆面层的颜色为 RGB 217 202 168、1 200 mm × 600 mm 分缝；二楼及以上外墙构造为蓝灰色涂料 20 mm + 混凝土砌块 200 mm+ 白色涂料 20 mm，其中蓝灰色涂料面层的颜色为 RGB 220 228 231。 内墙：构造为白色涂料 20 mm+ 混凝土砌块 200 mm+ 白色涂料 20 mm。 楼板：构造为瓷砖 10 mm + 水泥砂浆 30 mm+ 钢筋混凝土 150 mm，其中瓷砖面层的颜色为 RGB251 243 227、600 mm × 600 mm 分缝。 柱：截面尺寸 600 mm × 600 mm，材质为现浇混凝土。 窗：C1，双扇窗，宽度 2 700 mm、高度 2 100 mm，底高度 900 mm；C2，双扇窗，宽度 1 500 mm、高度 2 500 mm，底高度 900 mm。 门：M1，单扇门，宽度 700 mm、高度 2 100 mm；M2，双扇门，宽度 1 800 mm、高度 2 400 mm。 屋顶：厚度 400 mm，材质为现浇混凝土。 楼梯及栏杆：西侧楼梯为 28 阶、踏步宽度 260 mm、梯段宽度 2 000 mm，东侧楼梯为 28 阶、踏步宽度 300 mm、梯段宽度 1 650 mm，楼梯栏杆高度 900 mm、五楼楼梯末端栏杆高度 1 100 mm。

续表

项目 6 工作任务书	
技术要求	幕墙：幕墙高度 22.2 m，竖向竖梃间距 600 mm、横向竖梃间距 1 400 mm，竖梃为"矩形竖梃：50 mm × 150 mm"，幕墙门为双扇推拉无框铝门中的"有横档"类型门。 屋顶优化：女儿墙高 1 200 mm，在北侧女儿墙上设计"× × × 职业技术大学教学楼 C 楼"文字，屋顶设置旗帜
交付内容	教学楼建筑 BIM 模型 .rvt
工作任务	1. 新建项目与初步设置 2. 创建标高轴网 3. 创建墙体 4. 创建楼板 5. 创建柱 6. 创建门窗 7. 楼层编辑及创建屋顶 8. 创建楼梯、栏杆扶手、洞口 9. 创建幕墙及幕墙门窗 10. 建筑优化及创建其他建筑常用图元
岗位标准	1. 建筑信息模型技术员国家职业技能标准（职业编码：4-04-05-04） 2. "1+X" BIM 职业技能等级标准
技术标准	1.《建筑信息模型应用统一标准》（GB/T 51212—2016） 2.《建筑信息模型设计交付标准》（GB/T 51301—2018）
工作成图（参考图）	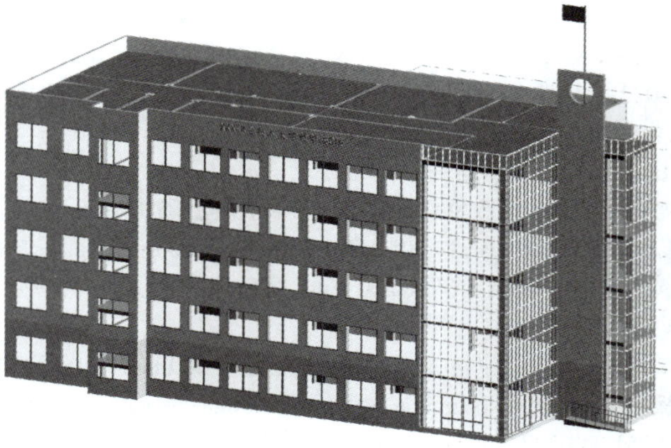

6.2 工作岗位核心技能要求

建筑信息模型技术员国家职业技能标准（职业编码：4-04-05-04），三级（高级工）对于 Revit 建筑建模的技能要求和相关知识要求如下。

职业技能	工作内容	技能要求	相关知识要求
1. 项目准备	1.1　建模环境设置	1.1.1　能根据建筑信息模型建模要求选择合适的软硬件 1.1.2　能独立解决建筑信息模型建模软件安装过程中的问题 1.1.3　能提出样板文件设置需求	1.1.1　建筑信息模型建模软硬件选择方法 1.1.2　建筑信息模型建模软件安装出现问题的解决方法 1.1.3　项目样板设置方法
	1.2　建模准备	1.2.1　能针对建模流程提出改进建议 1.2.2　能解读建模规则并提出改进建议 1.2.3　能审核相关专业建模图纸并反馈图纸问题	1.2.1　交付成果要求 1.2.2　建模流程要求 1.2.3　建模规则要求 1.2.4　建模图纸审核方法
2. 模型创建与编辑	2.1　创建基准图元	2.1.1　能根据专业需求,创建符合要求的标高、轴网等空间定位图元 2.1.2　能根据创建自定义构件库要求,熟练创建参照点、参照线、参照平面等参照图元	2.1.1　相关专业制图基本知识 2.1.2　建模规则要求 2.1.3　基准图元类型选择与创建方法
	2.2　创建模型构件	2.2.1　能使用建筑信息模型建模软件创建建筑专业模型构件,如:墙体、门窗、幕墙、建筑柱、建筑楼板、天花板、屋顶、楼梯、坡道、台阶、栏杆、扶手等,精度满足施工图设计及深化设计要求 2.2.2　能使用建筑信息模型建模软件创建结构专业模型构件,如:结构柱、结构墙、梁、结构板、基础、承台、桁架、网壳、预制楼梯、预制叠合板、钢筋、预留孔洞等,精度满足施工图设计及深化设计要求	2.2.1　建筑工程制图基本知识 2.2.2　建筑工程建模规则要求 2.2.3　建筑专业知识 2.2.4　结构专业知识 2.2.5　精度满足施工图设计及深化设计要求的土建专业模型构件创建方法

6.3　知识导入与准备

一、BIM 概述

1. BIM 的定义

(1) 国际 BIM 联盟对 BIM 的定义。建筑智慧国际联盟(buildingSMART International,简称 bSI)对 BIM 的定义是:BIM 是英文短语的缩写,它表示了以下 3 个不同但相互联系的功能。

建筑信息模型化(Building Information Modeling):是生成建筑信息并将其应用于建筑的设计、施工及运营等全生命周期的商业过程,它允许相关方借助于不同技术平台的互操作性,同时访问相同的信息。

建筑信息模型(Building Information Model):是设施的物理和功能特性的数字化表达,可以用作设施的相关参与方共享的信息知识源,成为包括策划等在内的设施全生命周期的可靠决策的基础。

建筑信息管理(Building Information Management):是通过利用数字模型中的信息对商业过程进行的组织和控制,目的是提高资产全生命周期信息共享的效果,其好处包括集中而直观的沟通、方案的早期比选、可持续性、有效的设计、专业集成、现场控制、竣工资料等,从而可用于有效地开发资产从策划到退役全生命周期的过程和模型。

(2) 我国国家标准对 BIM 的定义。我国《建筑信息模型应用统一标准》(GB/T 51212—2016)、《建筑信息模型施工应用标准》(GB/T 51235—2017)对 BIM 的定义均为:在建设工程及设施全生命周期内,对其物理和功能特性进行数字化表达,并依此设计、施工、运营的过程和结果的总称。

2. BIM 的内涵

BIM 技术涵盖了几何学、空间关系、地理信息系统、各种建筑组件的性质及数量等信息,整合了建筑项目全生命周期不同阶段的数据、过程和资源,是对工程对象的完整描述。BIM 技术具有面向对象、基于三维几何模型、包含其他信息和支持开放式标准 4 个关键特征。

(1) 面向对象。BIM 以面向对象的方式表示建筑,使建筑成为大量实体对象的集合。例如,一栋建筑包含大量的结构构件、填充墙等,用户的操作对象将是这些实体对象,而不再是点、线、面等几何元素。

(2) 基于三维几何模型。建筑物的三维几何模型可以如实地表示建筑对象,并反映对象之间的拓扑关系。相对于二维图形的表达方式,三维模型更能直观地显示建筑信息,计算机可以自动对这些信息进行加工和处理,而不需人工干预。例如,软件自动计算生成建筑面积、体积等数据。

(3) 包含其他信息。基于三维几何模型的建筑信息中包含属性值信息,该功能使得软件可以根据建筑对象的属性值对其数量进行统计、分析。例如,选择某种型号的窗户,软件将自动统计、生成该型号门窗的数量。

(4) 支持开放式标准。建筑施工过程的参与者众多,不同专业、不同软件支持不同的数据标准。BIM 技术通过支持开放式的数据标准,使得建筑全生命周期内各个阶段产生的信息在后续阶段中都能被共享应用,避免了信息的重复录入。

因此,可以说 BIM 不是一件事物,也不是一种软件,而是一项涉及整个建造流程的活动。

二、Revit 软件

BIM 价值的实现借助于软件来完成,Revit 软件是当前阶段民用建筑普及率最高的一款 BIM 核心建模软件。

1. Revit 软件概述

Revit 是 Autodesk 公司一套系列软件的名称。Autodesk Revit 提供支持建筑设计、MEP 工程设计和结构工程的工具,介绍如下。

(1) Revit Architecture:Revit 软件可以按照建筑师和设计师的思考方式进行设计,因此,可以提供更高质量、更加精确的建筑设计。通过使用专为支持建筑信息模型工作流而构建的工具,可以获取并分析概念,并可通过设计、文档和建筑保持工程师的视野。强大的建筑设计工具可帮助工程师捕捉和分析概念,以及保持从设计到建筑的各个阶段的一致性。

(2) Revit Structure：Revit 软件为结构工程师和设计师提供了工具，可以更加精确地设计和建造高效的建筑结构。为支持建筑信息建模（BIM）而构建的 Revit 可帮助工程师使用智能模型，通过模拟和分析深入了解项目，并在施工前预测其性能。使用智能模型中固有的坐标和一致信息，可提高文档设计的精确度。专为结构工程师构建的工具可帮助工程师更加精确地设计和建筑高效的建筑结构。

(3) Revit MEP：Revit 向暖通、电气和给排水（MEP）工程师提供工具，可以进行更复杂的建筑机电设计，并导出更高效的建筑机电系统。在整个建筑生命周期中使用信息丰富的模型以支持建筑机电系统的设计与建造。

2. Revit 软件的特性

Revit 面向建筑信息模型（BIM）而构建，支持可持续设计、碰撞检测、施工规划和建造，同时帮助工程师、承包商与业主更好地沟通协作。设计过程中的所有变更都会在相关设计与文档中自动更新，实现更加协调一致的流程，获得更加可靠的设计文档。

Revit 全面创新的概念设计功能有助于工程师进行自由形状建模和参数化设计，并且还可以对早期设计进行分析。可以快速创建三维形状，交互地处理各个形状。可以利用内置的工具进行复杂形状的概念澄清，为建造和施工准备模型。随着设计的持续推进，Revit 能够围绕复杂的形状自动构建参数化框架，并为工程师提供更高的创建控制能力、精确性和灵活性。从概念模型到施工文档的整个设计流程都可以在一个直观环境中完成。

三、BIM 与 CAD 的优势比较

CAD 技术让工程师从手工绘图转向计算机辅助制图，实现了工程设计领域的第一次信息革命。但此信息技术对产业链的支撑作用是断点的，各个领域和环节之间没有关联，从产业整体来看，信息化的综合应用明显不足。BIM 是一种技术、方法、过程，它既包括建筑物全生命周期的信息模型，又包括建筑工程管理行为的模型，它将两者进行结合来实现集成管理，它的出现将可能引发整个 AEC（Architecture/Engineering/Construction）领域的第二次革命。

Revit 软件作为 BIM 主流核心建模软件与 CAD 软件的优势比较见表 6.3–1。

表 6.3–1 Revit 软件与 CAD 软件的优势比较

面向对象	CAD 软件	Revit 软件
基本元素	基本元素为点、线、面，无专业意义	基本元素如墙、窗、门等，不但具有几何特性，同时还具有建筑物理特征和功能特征
修改图元位置或大小	需要再次画图，或者通过“拉伸”命令调整大小	所有图元均为参数化建筑构件，附有建筑属性；在“族”的概念下，只需要更改属性，就可以调节构件的尺寸、样式、材质、颜色等
各建筑元素间的关联性	各个建筑元素之间没有相关性	各个构件是相互关联的，例如删除一面墙，墙上的窗和门跟着自动删除；删除一扇窗，墙上原来窗的位置会自动恢复为完整的墙
建筑物整体修改	需要对建筑物各投影面依次进行人工修改	只需进行一次修改，则与之相关的平面、立面、剖面、三维视图、明细表等都自动修改

续表

面向对象	CAD 软件	Revit 软件
建筑信息的表达	提供的建筑信息非常有限，只能将纸质图纸电子化	包含了建筑的全部信息，不仅提供形象可视的二维和三维图纸，而且提供工程量清单、施工管理、虚拟建造、造价估算等更加丰富的信息

6.4 工作任务实施

工作任务 6.4.1 新建项目与初步设置

任务驱动与学习目标

序号	任务驱动	学习目标
1	使用给定的样板文件新建 Revit 项目文件	掌握选择软件自带的“建筑样板”新建一个项目文件的方法
2	对项目基本信息进行设置	掌握在软件中设置项目信息的方法
3	对项目文件和样板文件进行区分	1. 掌握项目文件和样板文件的含义 2. 掌握项目文件和样板文件的后缀名 3. 掌握样板文件默认位置的设置方法
4	打开或关闭“项目浏览器”和“属性”面板	1. 了解 Revit 工作界面包含的应用程序按钮、属性选项板、项目浏览器等内容 2. 了解打开或关闭“项目浏览器”和“属性”面板的方法

6.4.1 工作任务解决步骤：新建项目与初步设置

工作任务解决步骤

一、新建 revit 项目文件

双击桌面上生成的 Revit 快捷图标，打开软件之后，软件界面的左上角有“模型”的“打开”和“新建”，以及“族”的“打开”和“新建”，如图 6.4.1–1 所示。

单击“模型”的“新建”，在弹出的“新建项目”对话框中，选择“建筑样板”，单击“确定”按钮，如图 6.4.1–2 所示。

图 6.4.1–1　启动 Revit 的主界面

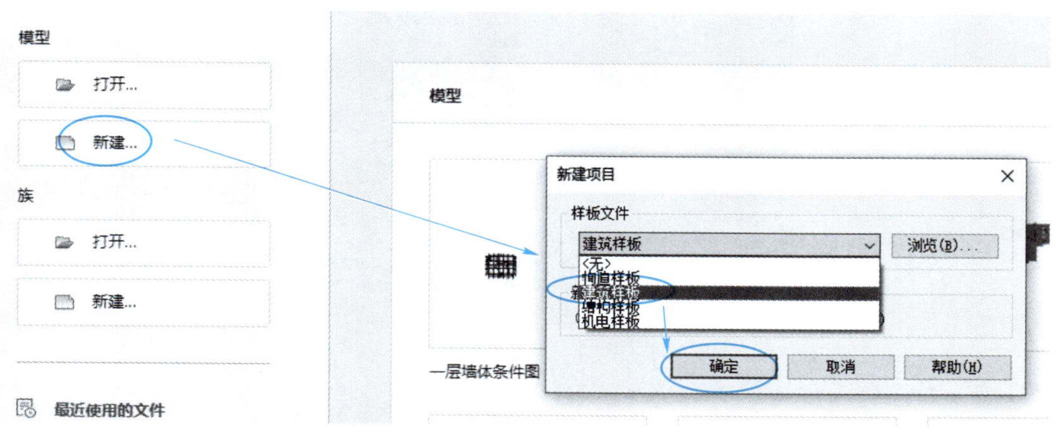

图 6.4.1–2　“新建项目”对话框

注意:

若计算机中无“建筑样板”，或者单击“确定”按钮后显示的立面符号是图 6.4.1–3 所示的矩形和三角形，这说明该建筑样板为德国建筑样板，则需要选择重新载入中国建筑样板。载入建筑样板的方式为：单击图 6.4.1–2 中的“浏览”按钮，选择随书文件“工作任务 6.4.1/系统自带样板文件”文件夹中的“DefaultCHSCHS”文件，单击“确定”按钮打开。

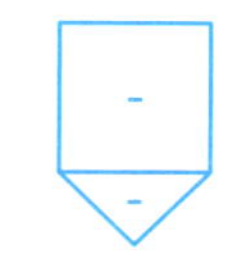

图 6.4.1–3　矩形和三角形的立面符号（德国建筑样板）

二、项目基本信息设置

单击“管理”选项卡“设置”面板中的“项目信息”工具，设置“组织名称”为“× × × 工程咨询有限公司”，“组织描述”为“甲级”，“建筑名称”为“× × × 职业技术大学教学楼”，作者“宋 × × ×”，“项目发布日期”为“2022 年 9 月 10 日”，“项目状态”为“完成”，“客户姓名”为“× × × 职业技术大学”，“项目地址”为“山东省青岛市李沧区九水东路 599 号”，“项目名称”为“× × × 职业技术大学教学楼”，“项目编号”为“20220233”，“审定”为“宋 × × ×”，如图 6.4.1–4 所示，单击“确定”按钮后退出。

提示：

“项目地址”的输入方式：单击“项目地址”栏，右侧会出现一个小按钮，单击该按钮，在弹出的“编辑文字”对话框中输入项目地址信息。

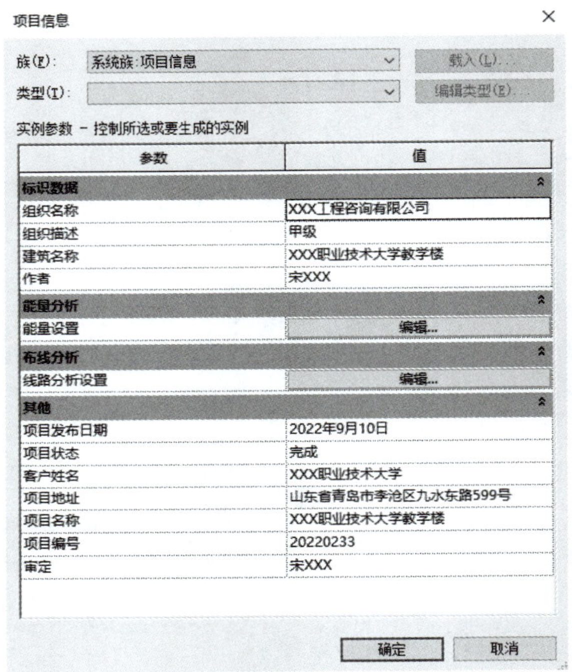

图 6.4.1–4 项目基本信息设置

三、保存 revit 项目文件

单击程序左上角“保存”命令，或使用 Ctrl+S 快捷方式进行保存，设置文件名为“项目信息完成”，单击右下角“选项”按钮，设置“最大备份数”为“1”（图 6.4.1–5），单击“保存”按钮后退出。

完成的项目文件见“工作任务 6.4.1\ 项目信息完成 .rvt”。

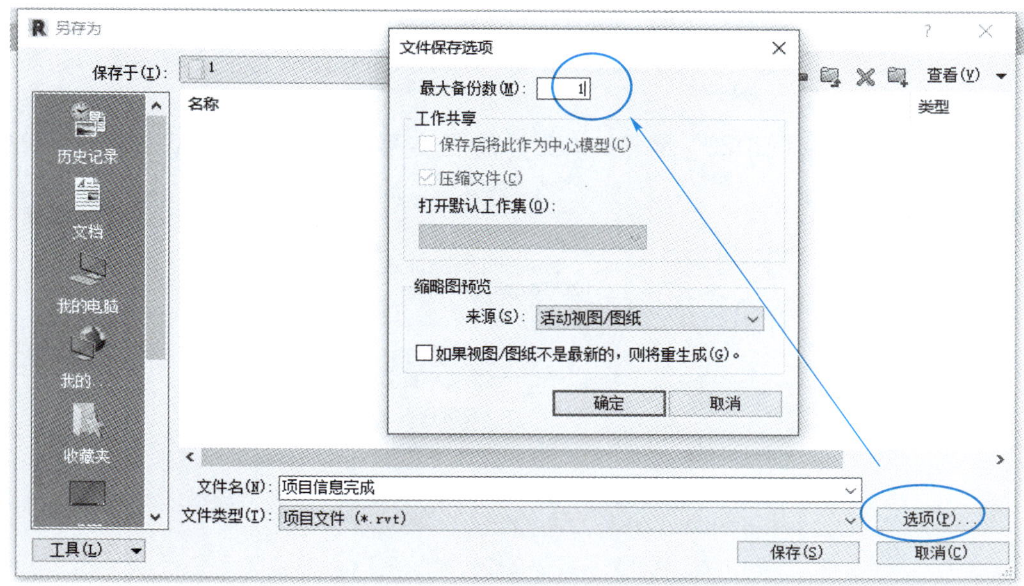

图 6.4.1–5　保存

工作技能扩展与相关系统性知识

6.4.1　技能扩展：Revit 项目文件与样板文件

一、Revit“项目文件”与“样板文件”

1. 项目文件与样板文件的区别

(1) 项目文件。在 Revit 中，所有的设计信息都被存储在一个后缀名为“.rvt”的“项目文件”中。项目就是单个设计信息数据库——建筑信息模型，包含了建筑的所有设计信息（从几何图形到项目数据），包括建筑的三维模型、平面图、立面图、剖面图及节点视图、各种明细表、施工图图纸以及其他相关信息。这些信息包括用于设计模型的构件、项目视图和设计图纸。

对模型的一处进行修改，该修改可以自动关联到所有相关区域（如所有的平面视图、立面视图、剖面视图、明细表等）中。

例如，图 6.4.1–5 保存的文件“项目信息设置完成 .rvt”为项目文件。

(2) 样板文件。Revit 需要以一个后缀名为“.rte”的文件作为项目样板，才能新建一个项目文件，这个“.rte”格式的文件称为“样板文件”。

Revit 的样板文件功能同 AutoCAD 的“.dwt”文件，样板文件中定义了新建的项目中默认的初始参数，如项目默上认的度量单位、默认的楼层数量的设置、层高信息、线型设置、显示设置等。可以自定义自己的样板文件，并保存为新的 .rte 文件。

例如，图 6.4.1–2 中选择的“建筑样板”为样板文件。

2. 样板文件的位置

正常安装的情况下，软件默认样板文件的储存路径为“C:\ProgramData\Autodesk\RVT 2020\Templates\China”。软件自带的“建筑样板文件”为该路径下的“DefaultCHSCHS”文件，“结构样板文件”为该路径下的“Structural Analysis–DefaultCHSCHS”文件，“构造样板文件或施工样板文件”为该路径下的“Construction–DefaultCHSCHS”文件，如图 6.4.1–6 所示。

注意：

路径中的“RVT 2020”是 Revit 软件的版本号，若为 Revit 2021 版本，则为“RVT 2021”。

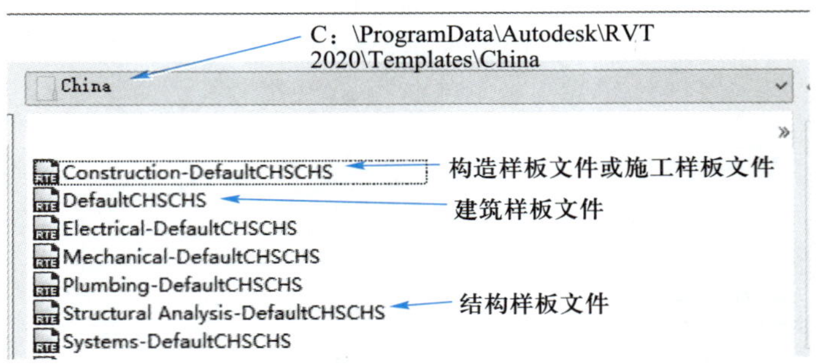

图 6.4.1–6 软件默认样板文件的储存路径和文件说明

3. 样板文件位置的设置方法

单击左上角“文件”，单击右下角“选项”按钮，如图 6.4.1–7 所示。在弹出的“选项”面板中单击“文件位置”，在右侧“名称”栏输入样板文件名称、在“路径”栏浏览到相应样板文件，单击“确定”按钮退出。设置完成的样板文件如图 6.4.1–8 所示。

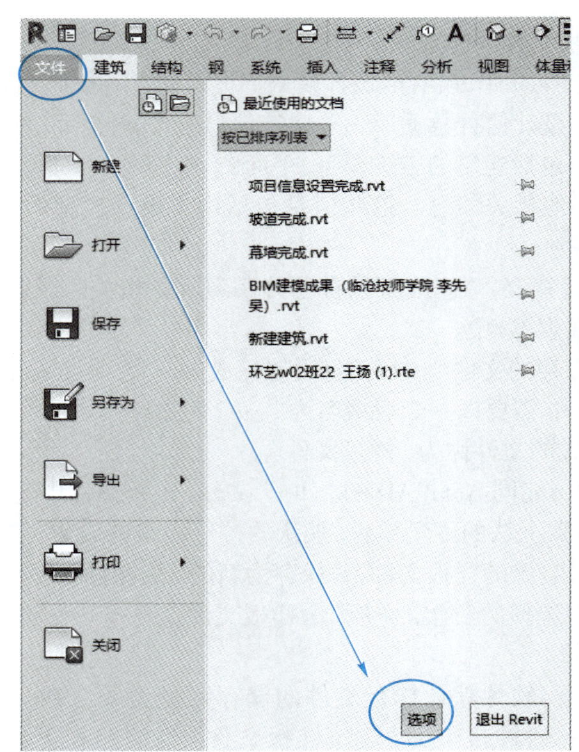

图 6.4.1–7 选项

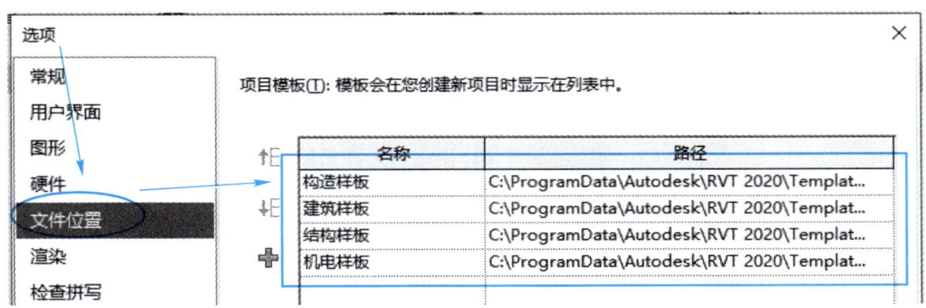

图 6.4.1–8　设置完成的样板文件位置

设置完成后，按照图 6.4.1–2 选择的建筑样板即为“C：\ProgramData\Autodesk\RVT 2020\Templates\China”该路径下的“DefaultCHSCHS”文件。

6.4.1　技能扩展：Revit 工作界面

二、Revit 工作界面

新建一个项目文件后，进入 Revit 的工作界面，如图 6.4.1–9 所示。

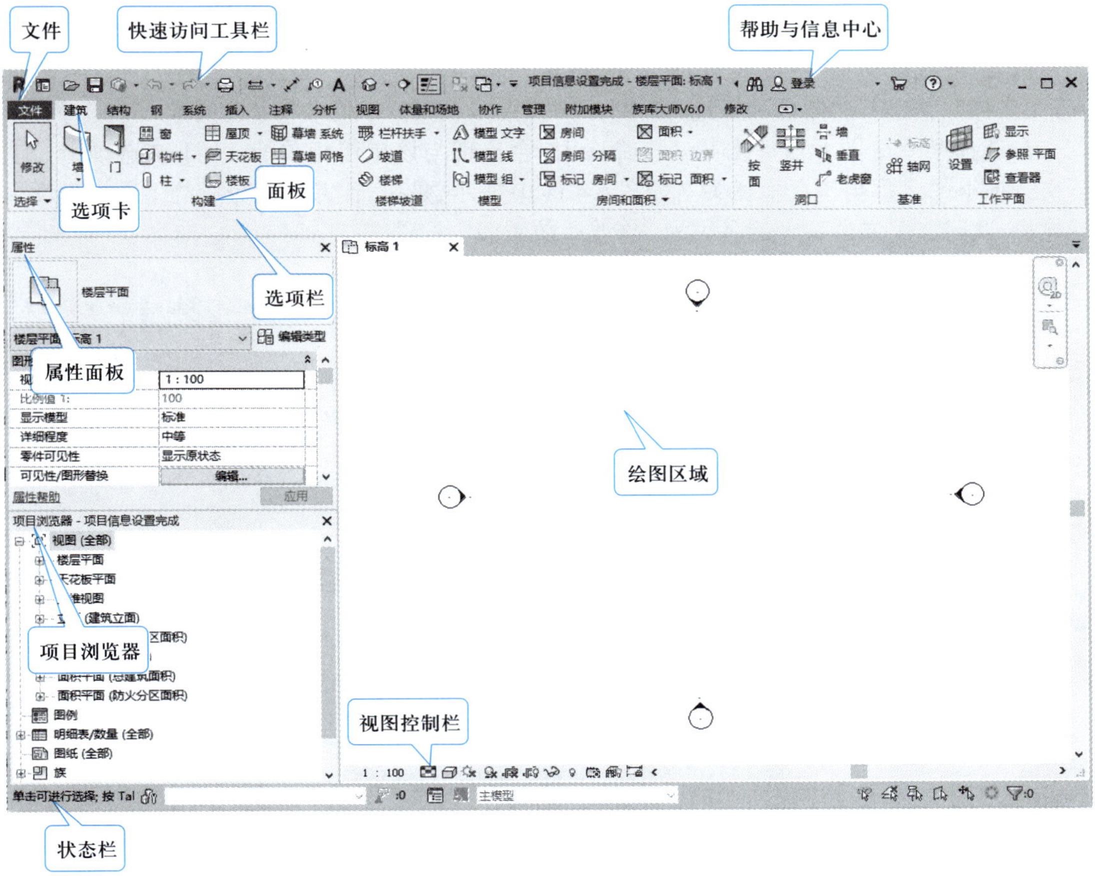

图 6.4.1–9　Revit 工作界面

1. 文件

文件内有“新建”“保存”“另存为”“导出”等选项。单击“另存为”，可将项目文件另存为新的项目文件（“.rvt” 格式）或新的样板文件（“.rte” 格式）。

单击“文件” 按钮，单击左下角的“选项” 按钮，进入程序的“选项” 设置，可进行如下操作。

(1) “常规” 选项：设置保存自动提醒时间间隔，设置用户名，设置日志文件数量等。

(2) “用户界面” 选项：配置工具和分析选项卡，设置快捷键。

(3) “图形” 选项：设置背景颜色，设置临时尺寸标注的外观。

(4) “文件位置” 选项：设置项目样板文件路径、族样板文件路径，设置族库路径。

2. 快速访问工具栏

快速访问工具栏包含一组默认工具，可以对该工具栏进行自定义，使其显示最常用的工具。

3. 帮助与信息中心

(1) 搜索：在前面的框中输入关键字，单击“搜索” 按钮即可得到需要的信息。

(2) 登录：单击登录到 Autodesk 360 网站以访问与桌面软件集成的服务。

(3) Autodesk App Store：启动 Autodesk App Store 网站。

4. 选项卡及其面板

选项卡提供创建项目或族所需的全部工具，有“建筑”“结构”“钢”“系统”“插入”“注释”“分析”“体量和场地”“协作”“视图”“管理”“修改”等选项卡。

在选择某一个图元或单击某一个命令时，会出现与该操作相关的“上下文选项卡”，上下文选项卡的名称与该操作相关。如图 6.4.1–10 所示，是执行“墙” 命令后的上下文选项卡的显示，此时上下文选项卡的名称为“修改 | 放置墙”。

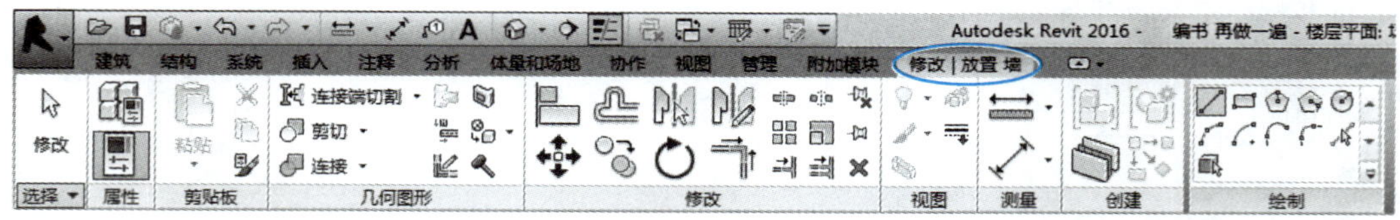

图 6.4.1–10 上下文选项卡

5. 选项栏

“选项栏” 位于“面板” 的下方、“绘图区域” 的上方。其内容根据当前命令或选定图元的变化而变化，从中可以选择子命令或设置相关参数。

如执行“墙” 命令时，会出现图 6.4.1–11 所示的选项栏。

图 6.4.1–11 选项栏

6. 属性面板

通过属性面板，可以查看和修改用来定义 Revit 中图元属性的参数。

启动 Revit 时，“属性” 选项板处于打开状态并固定在绘图区域左侧项目浏览器的上方。图 6.4.1–12 所示是执行“墙” 命令后显示的属性面板。

打开或关闭属性面板有以下两种方式。

第一种方式：单击“视图”选项卡下“窗口”面板中的“用户界面”下拉菜单，勾选或取消勾选“属性”即可打开或关闭属性面板，如图 6.4.1–13 所示。

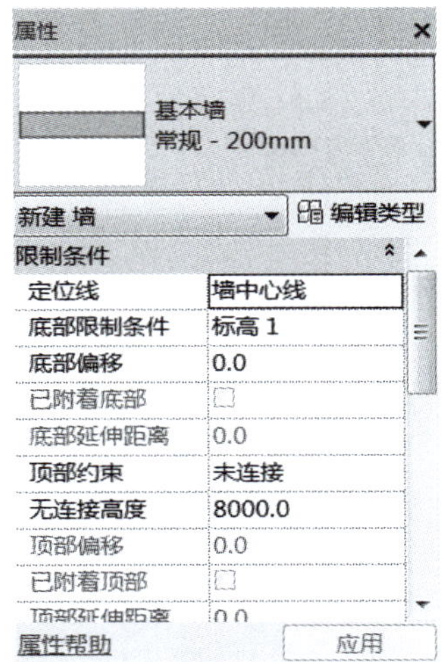

图 6.4.1–12　属性面板

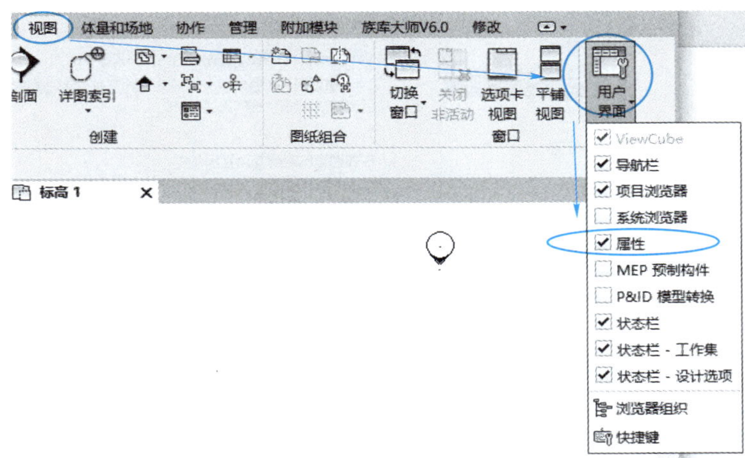

图 6.4.1–13　在“用户界面”中打开属性面板

第二种方式：单击“修改”选项卡下“属性”面板中的“属性”，可打开或关闭属性面板，如图 6.4.1–14 所示。

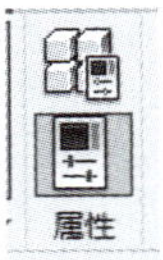

属性

图 6.4.1–14　属性

7. 项目浏览器

Revit 把所有的视图（含平面图、立面图、三维视图等）、图例、明细表、图纸，以及明细表、族等分类放在“项目浏览器”中统一管理，如图 6.4.1–15 所示。双击某个视图名称即可打开相应视图，右键单击视图名称，有“复制视图”“重命名”“删除”等命令。

项目浏览器打开或关闭的方法：与属性面板打开或关闭的方法类似，如图 6.4.1–13 所示，单击“视图”选项卡下“窗口”面板中的“用户界面”，进行“项目浏览器”的打开或关闭。

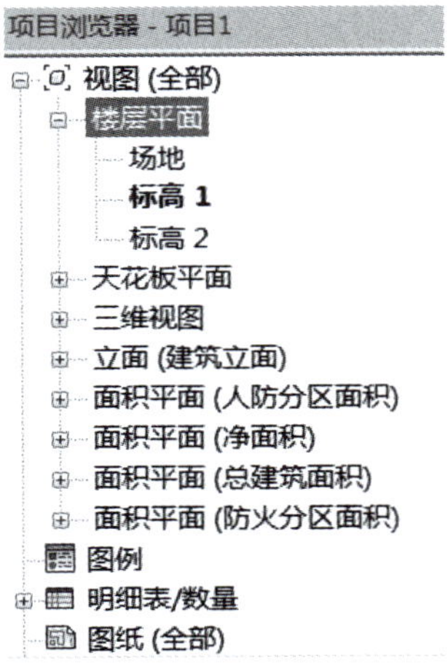

项目浏览器 - 项目1
视图 (全部)
楼层平面
场地
标高 1
标高 2
天花板平面
三维视图
立面 (建筑立面)
面积平面 (人防分区面积)
面积平面 (净面积)
面积平面 (总建筑面积)
面积平面 (防火分区面积)
图例
明细表/数量
图纸 (全部)

图 6.4.1–15　项目浏览器

8. 视图控制栏

视图控制栏位于绘图区域下方。单击“视图控制栏”中的相应按钮，即可设置视图的比例、详细程度、模型图形样式、阴影、渲染、裁剪区域、隐藏 \ 隔离等。

9. 状态栏

状态栏位于 Revit 工作界面的左下方。使用某一命令时，状态栏会提供相关的操作提示。鼠标停在某个图元或构件上时，该图元会高亮显示，同时状态栏会显示该图元或构件的族及类型名称。

10. 绘图区域

绘图区域是 Revit 软件进行建模操作的区域，绘图区域背景的默认颜色是白色。

单击左上角“文件”进入到“选项”对话框，在“图形”选项卡中的“背景”选项中可以更改背景颜色(图 6.4.1–16)。

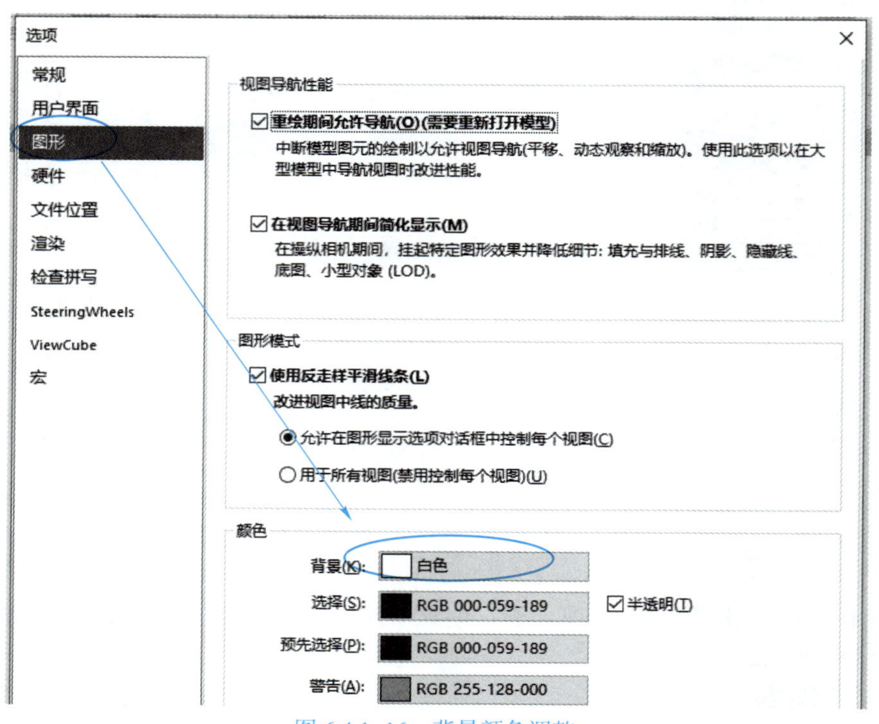

图 6.4.1–16 背景颜色调整

习题与能力提升

操作练习 1

使用 Revit 软件自带的中国建筑样板新建一个项目文件。

操作练习 2

在电脑中找到 Revit 软件自带样板文件的位置，并在“选项”中对样板文件进行设置。

操作练习 3

关闭“属性面板”和“浏览器面板”，再次调出“属性面板”和“浏览器面板”。

工作任务 6.4.2　创建标高轴网

任务驱动与学习目标

序号	任务驱动	学习目标
1	创建教学楼工程的标高	1. 掌握使用“标高”命令创建标高的方法 2. 掌握使用编辑命令（如“复制”“阵列”等命令）创建标高的方法 3. 掌握标高编辑的方法
2	创建教学楼工程的轴网	1. 掌握使用“轴网”命令创建轴网的方法 2. 掌握使用“复制”命令形成新轴网的方法 3. 掌握轴线的编辑方法，包括轴线的属性选项板、位置的调整、编号的修改、编号的显示和隐藏等 4. 掌握弧形轴线和多段轴线创建的方法

工作任务解决步骤

6.4.2　工作任务解决步骤：创建标高

一、创建标高

1. 修改标高 2 的标高值与标高名称

打开“工作任务 6.4.1\ 项目信息设置完成 .rvt”。

双击“项目浏览器”面板中“立面视图”中的“南立面”（图 6.4.2–1），打开南立面视图。

向前滚动滚轮可以实现绘图区域的扩大，向后滚动滚轮可实现绘图区域的缩小，按住鼠标滚轮不动并移动鼠标可实现绘图区域的平移。使用该操作将绘图区域缩放至标高 2 标头处，如图 6.4.2–2 所示，双击“4.000”，将其改为“4.200”，按 Enter 键，并按 ESC 键退出。此时，标高 2 的标高值改为 4.200 m。

同理，采用双击的修改方法，分别双击“标高 2”和“标高 1”名称，将其名称分别修改为“F2”和“F1”，在弹出的“是否希望重命名相应视图”的对话框中单击“是”。

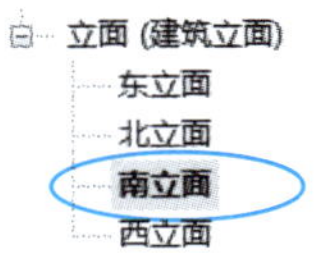

立面 (建筑立面)
东立面
北立面
南立面
西立面

图 6.4.2–1　进入“南立面”视图

F1、F2 标高创建完毕。

2. 创建其余标高

方法一：使用“标高”命令直接创建标高

单击“建筑”选项卡下“基准”面板中的“标高”命令（图 6.4.2–3），或执行“LL”标高创建快捷命令。

如图 6.4.2–4 所示，单击上下文选项卡“绘制”面板“线”命令，采用“拾取线”绘制，偏移量改为“4200”，光标停在 F2 标高偏上一点，当出现上部预览时单击 F2，即可生成位于 F2 标高上方 4 200 mm 处的 F3 标高。

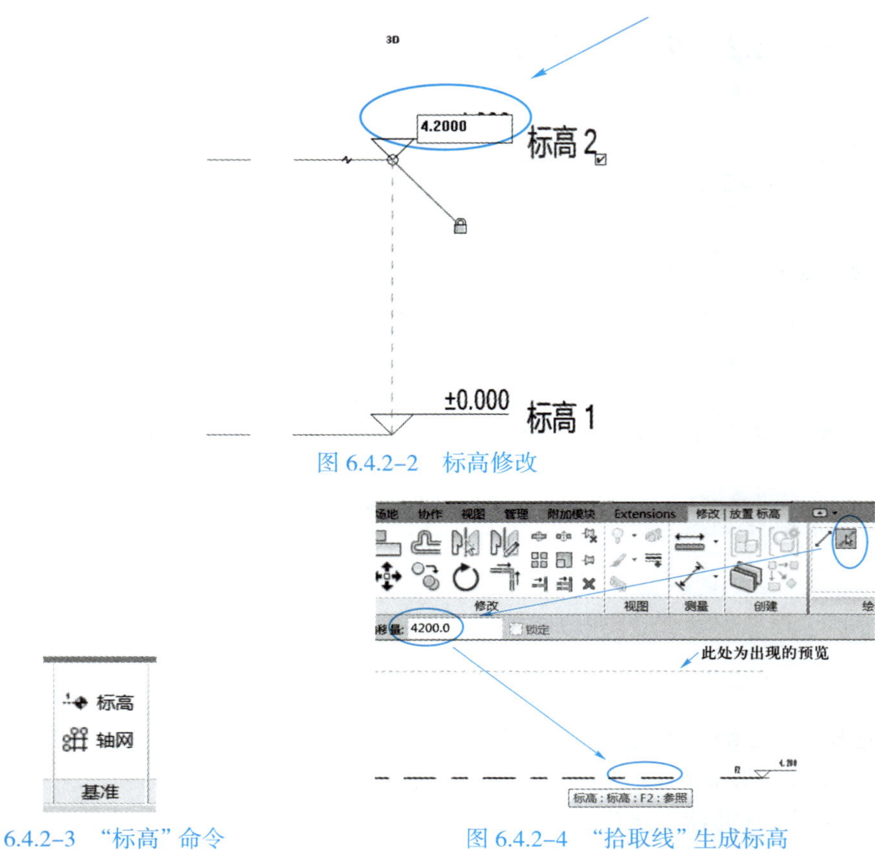

图 6.4.2-2 标高修改

图 6.4.2-3 “标高”命令

图 6.4.2-4 “拾取线”生成标高

采用类似的方法生成 F4 至 F6 标高，以及室外地坪标高。生成室外地坪标高时，需要在绘图区域选择创建的“室外地坪”标高，在“属性”面板将其类型修改为“下标头”（图 6.4.2-5）。

创建完成的标高如图 6.4.2-6 所示。

完成的项目文件见随书文件“工作任务 6.4.2\ 标高完成 .rvt”。

方法二：使用编辑命令创建标高，需再生成楼层平面

使用“复制”“阵列”等编辑命令生成标高，但该方法需要重新生成楼层平面视图，方法如下。

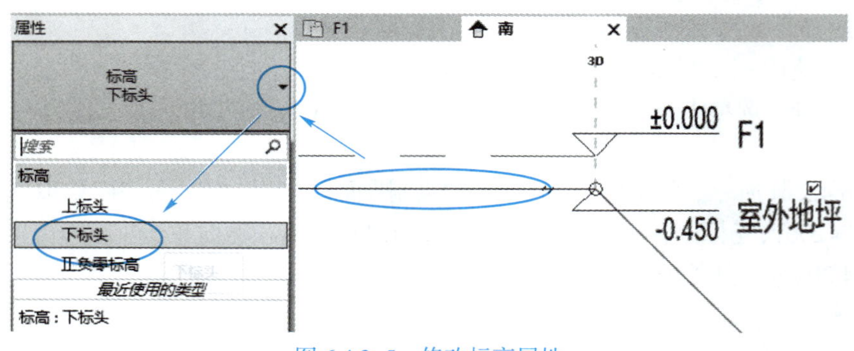

图 6.4.2-5 修改标高属性

选择“F2”，执行“CO”（即复制）命令，或者单击上下文选项卡中的“复制”，对 F2 进行复制形成 F3 至 F6。也可执行“AR”（即阵列）命令，或者单击上下文选项卡中的“阵列”，对 F2 进行阵列形成 F3 至 F6；阵列完成后需选择阵列形成的标高进行“解组”。“复制”“阵列”命令如图 6.4.2–7 所示。

单击“视图”选项卡下“创建”面板中的“平面视图”下拉菜单的“楼层平面”命令（图 6.4.2–8），选择生成的标高，单击“确定”按钮。此时，在“项目浏览器”的“楼层平面”中才会生成相应楼层平面。

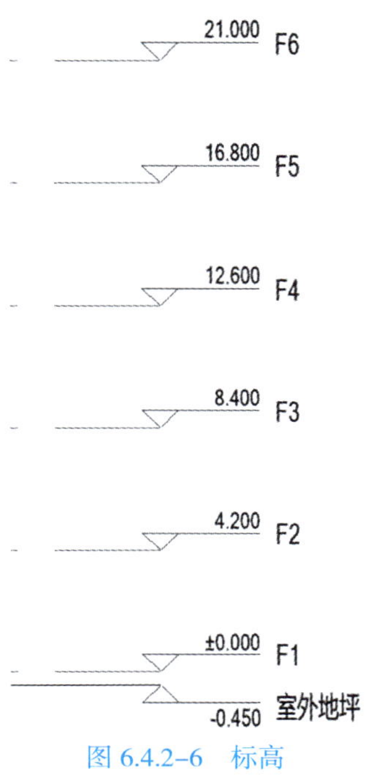

图 6.4.2–6　标高

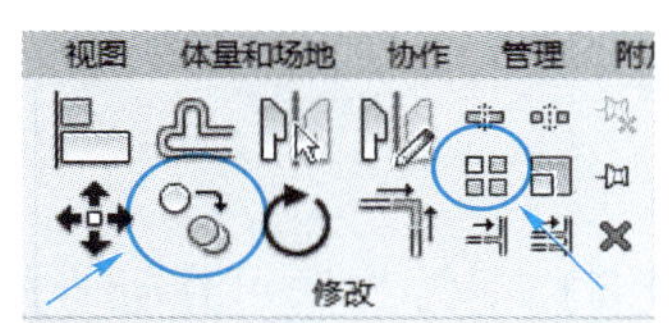

图 6.4.2–7　执行复制或阵列命令

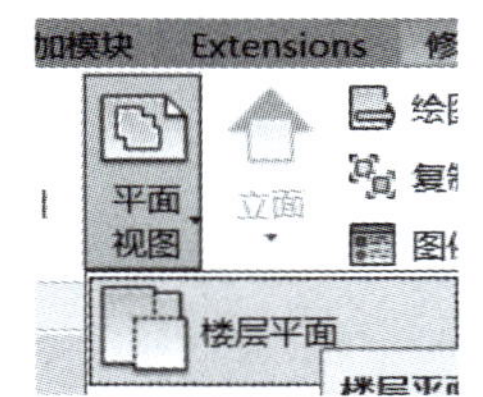

图 6.4.2–8　执行“楼层平面”命令

说明：

使用“标高”命令创建的标高会自动生成楼层平面视图，使用“复制”“阵列”等编辑命令创建的标高不会自动生成楼层平面视图，需另执行楼层平面生成命令。

二、创建轴网

6.4.2 工作任务解决步骤：创建轴网

双击“项目浏览器”面板中“楼层平面”下的“F1”（图 6.4.2–9），打开首层平面视图。

单击“建筑”选项卡“基准”面板中的“轴网”工具或执行“GR”快捷命令，属性栏选择“6.5 mm 编号”，单击“编辑类型”，“类型属性”对话框中勾选“平面视图轴号端点 1”、非平面视图符号设置为“底”，如图 6.4.2–10 所示，单击“确定”按钮退出。

此时注意到状态栏显示“单击可输入轴网起点”，因此移动光标到绘图区域左下角单击鼠标左键捕捉一点作为轴线起点，然后向上移动光标一段距离后，单击鼠标左键确定轴线终点，按 ESC 键两次退出轴网创建命令，创建后的轴网如图 6.4.2–11 所示。

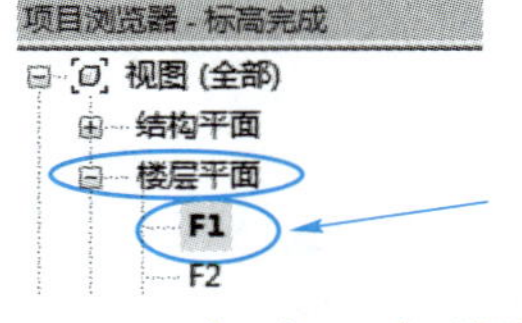

图 6.4.2-9 打开 F1 平面视图

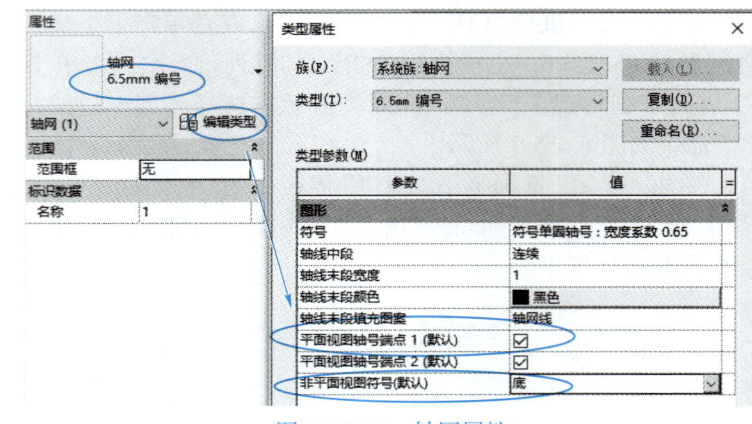

图 6.4.2-10 轴网属性

若轴号名称不为“1”，可在轴号的名称上双击，改轴号的名称为“1”，如图 6.4.2-12 所示，按 Enter 键确认。

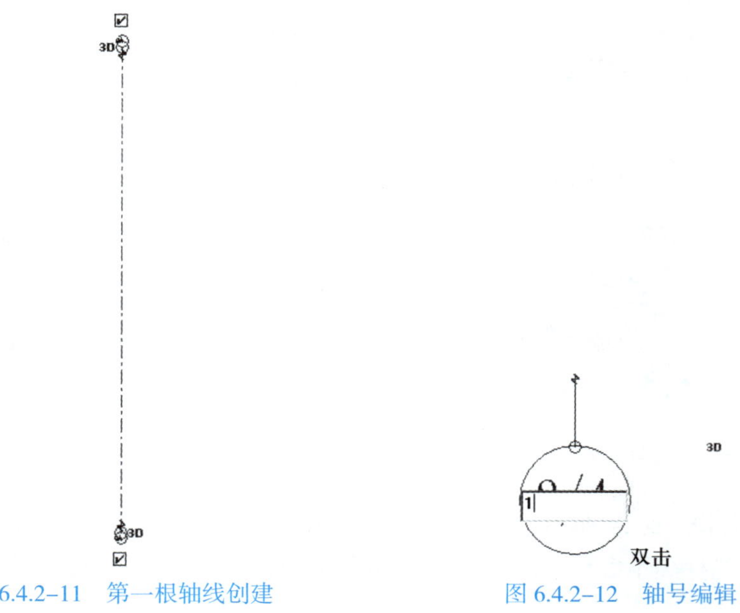

图 6.4.2-11 第一根轴线创建

图 6.4.2-12 轴号编辑

单击选择轴线①，单击“修改”选项卡下“修改”面板中的“复制”命令（或执行“CO”快捷命令），勾选选项栏“约束”和“多个”，水平向右复制 3 900、7 200、6 600、6 600、6 600、3 300、3 900、7 800 分别创建轴线②、③、④、⑤、⑥、⑦、⑧、⑨，按 ESC 两次退出轴网“复制”命令，如图 6.4.2-13 所示。

同理，创建横向定位轴线：先在下方创建一根水平轴线，将其名称改为“A”，再利用“复制”命令，向上复制 2 100、4 200、1 800、2 700、8 100 分别创建轴线Ⓑ、Ⓒ、Ⓓ、Ⓔ、Ⓕ；创建完成的轴网如图 6.4.2-14 所示。

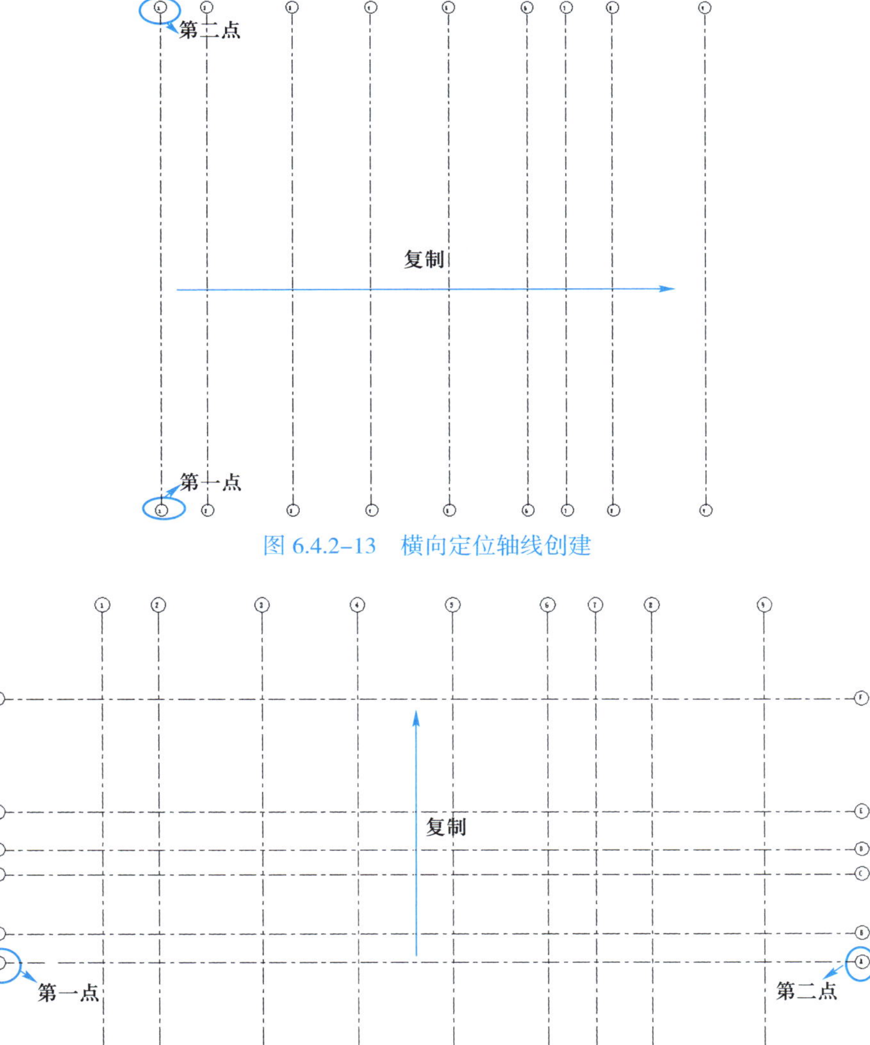

图 6.4.2–13　横向定位轴线创建

图 6.4.2–14　创建的轴网

注意：

若轴线不交叉，可选择其端点，向外拖动直至相互交叉；采用同样方法，选择立面符号，可将其拖至轴线外部。

创建附加轴线：采用相同的方法，将Ⓕ轴向上复制 1 500 mm 创建轴网并改名为“1/F”，③轴向右复制 3 300 mm 创建 (1/3) 轴，⑧轴向右复制 3 600 mm 创建 (1/8) 轴，创建完成的轴网如图 6.4.2–15 所示。

修改轴线标头：在绘图区域选择Ⓑ轴，取消Ⓑ轴左端编号的勾选，并解锁（图 6.4.2–16），拖动Ⓑ轴左端的小圆圈，将Ⓑ轴左端点拖拽至 (1/3) 轴，松开鼠标，如图 6.4.2–17 所示。

采用同样的方法，修改Ⓒ轴、Ⓓ轴、(1/F) 轴、(1/3) 轴、⑦轴、(1/8) 轴，修改完成后的轴网如图 6.4.2–18 所示。

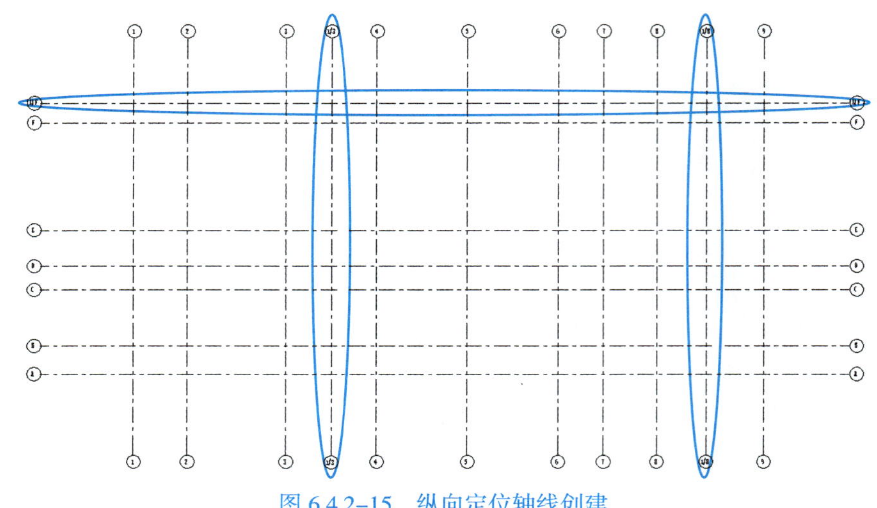

图 6.4.2-15 纵向定位轴线创建

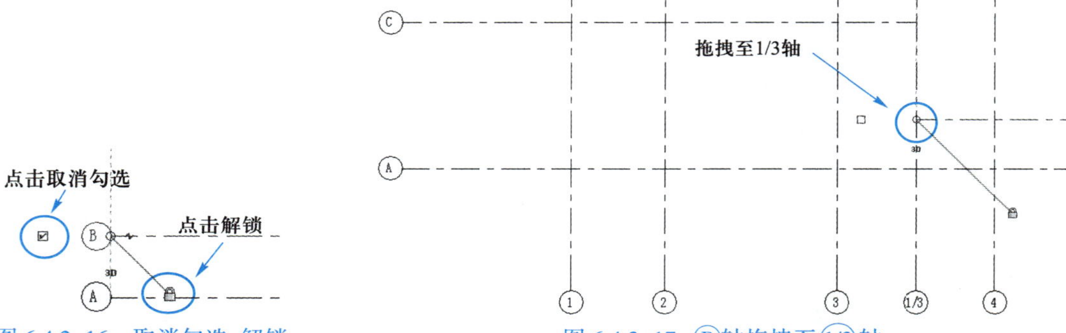

图 6.4.2-16 取消勾选、解锁

图 6.4.2-17 Ⓑ轴拖拽至Ⓒ轴

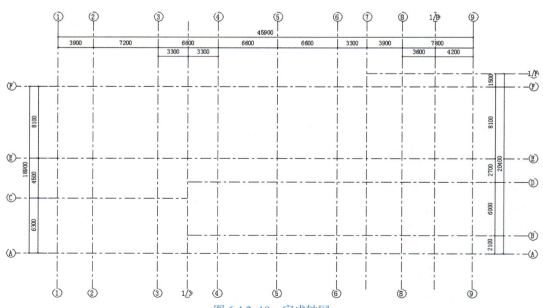

图 6.4.2-18 完成轴网

选择所有的轴线，单击“修改 / 轴网”上下文选项卡中的“影响范围”，勾选所有的楼层平面，单击“确定”按钮，如图 6.4.2–19 所示。此时其他楼层平面的轴线将与 F1 层平面图的轴线完全相同。

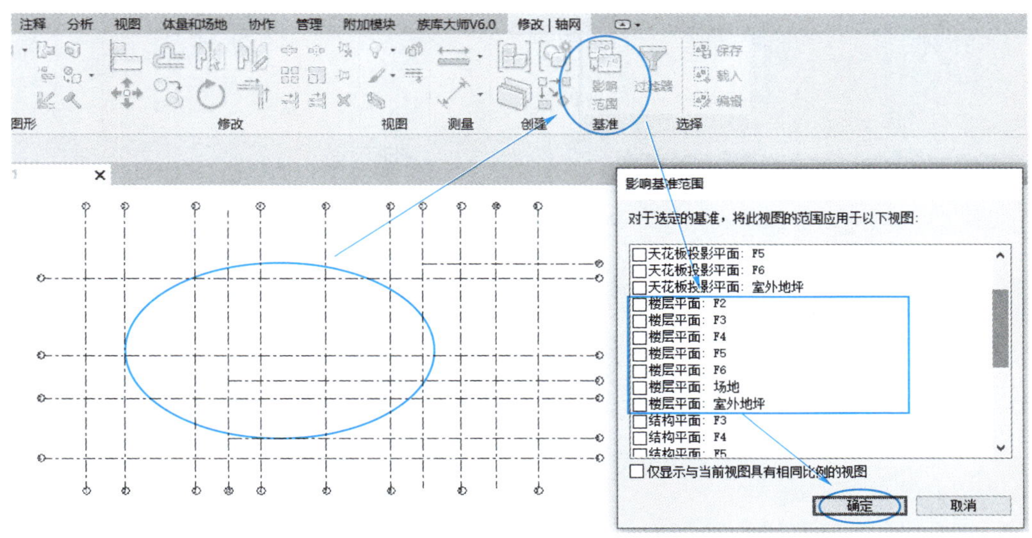

图 6.4.2–19 影响范围

完成的项目文件见“工作任务 6.4.2\ 标高轴网完成 .rvt”。

说明：

创建轴网的顺序是先创建主轴线（①轴、②轴、Ⓐ轴、Ⓑ轴等），再创建附加轴线（1/F轴、1/3轴等），最后再创建两端无轴号的轴线，以避免轴号重复。

工作技能扩展与相关系统性知识

6.4.2 技能扩展：标高编辑与轴网编辑

一、标高编辑

标高图元的组成包括：标高值、标高名称、对其锁定开 / 关、对齐指示线、弯折、拖拽点、2D/3D 转换、标高符号显示 / 隐藏、标高线。

单击拾取标高“F2”，从“属性”选项板的“类型选择器”下拉列表中选择“下标高”类型，标头自动向下翻转方向。

选择任意一根标高线，会显示临时尺寸、一些控制符号和复选框，如图 6.4.2–20 所示，可以编辑其尺寸值、单击并拖拽控制符号可整体或单独调整标高标头位置、控制标头隐藏或显示、偏移标头等。

二、轴网编辑

1. 轴网的属性面板

在放置轴网时或在绘图区域选择轴线时，可通过“属性”选项板选择或修改轴线类型（图 6.4.2–21）。

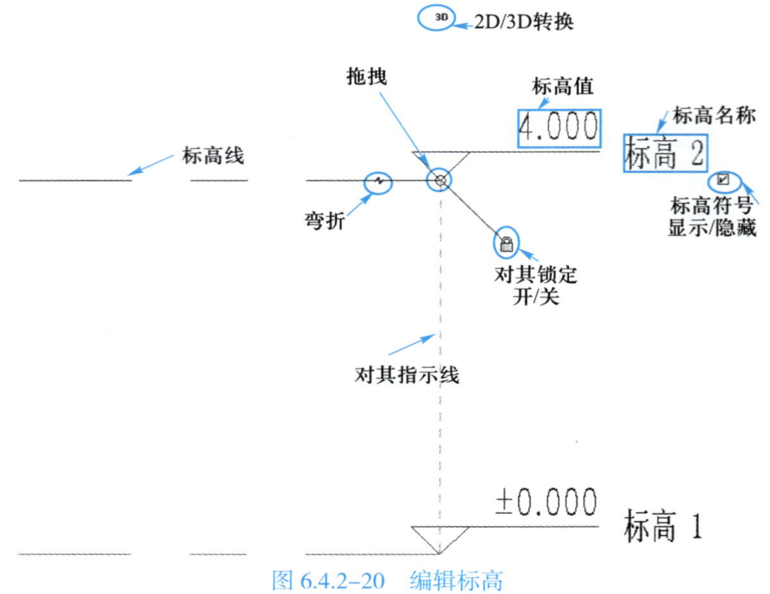

图 6.4.2–20 编辑标高

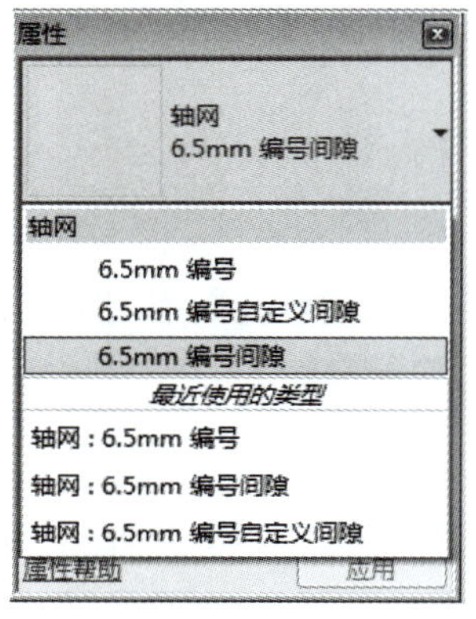

图 6.4.2–21 类型选择器

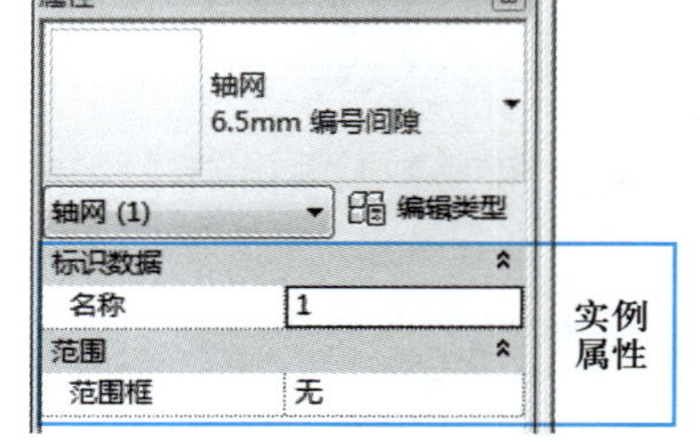

图 6.4.2–22 实例属性

同样，可对轴线的实例属性和类型属性进行修改。

• 实例属性：对实例属性进行修改仅会对当前所选择的轴线有影响。可设置轴线的“名称”和“范围框”（图 6.4.2–22）。

• 类型属性：单击“编辑类型”按钮，弹出“类型属性”对话框（图 6.4.2–23），对类型属性的修改会对和当前所选轴线同类型的所有轴线有影响，相关参数如下。

（1）符号。从下拉列表中可选择不同的轴网标头族。

（2）轴线中段。若选择“连续”，轴线按

类型属性

族(F)： 系统族：轴网 载入(L)...

类型(T)： 6.5mm 编号间隙 复制(D)...

重命名(R)...

类型参数

参数	值
图形	
符号	符号_单圆轴号：宽度系数 0.65
轴线中段	无
轴线末段宽度	1
轴线末段颜色	■ 黑色
轴线末段填充图案	轴网线
轴线末段长度	25.0
平面视图轴号端点 1 (默认)	☐
平面视图轴号端点 2 (默认)	☑
非平面视图符号(默认)	底

图 6.4.2–23 类型属性

常规样式显示；若选择“无”，则将仅显示两段的标头和一段轴线，轴线中间不显示；若选择“自定义”，则将显示更多的参数，可以自行定义轴线线型、颜色等。

(3) 轴线末端宽度。可设置轴线宽度为 1~16 号线宽。

(4) 轴线末端颜色。可设置轴线颜色。

(5) 轴线末端填充图案。可设置轴线线型。

(6) 平面视图轴号端点 1(默认)、平面视图轴号端点 2(默认)。勾选或取消勾选这两个选项，即可显示或隐藏轴线起点和终点标头。

(7) 非平面视图符号(默认)。该参数可控制在立面、剖面视图上轴线标头的上下位置。可供选项有“顶”“底”“两者”(上下都显示标头)或“无”(不显示标头)。

2. 调整轴线位置

单击轴线，会出现这根轴线与相邻两根轴线的间距(蓝色临时尺寸标注)，单击间距值可修改所选轴线的位置，如图 6.4.2-24 所示。

3. 修改轴线编号

单击轴线，然后单击轴线名称，可输入新值(可以是数字或字母)以修改轴线编号。也可以选择轴线，在“属性”选项板上的“名称”栏输入新名称，来修改轴线编号。

4. 调整轴号位置

有时相邻轴线间隔较近，轴号重合，这时需要将某条轴线的编号位置进行调整。选择现有的轴线，单击“添加弯头”拖曳控制柄(图 6.4.2-25)，可将编号从轴线中移开。

选择轴线后，可通过拖曳模型端点修改轴网，如图 6.4.2-26 所示。

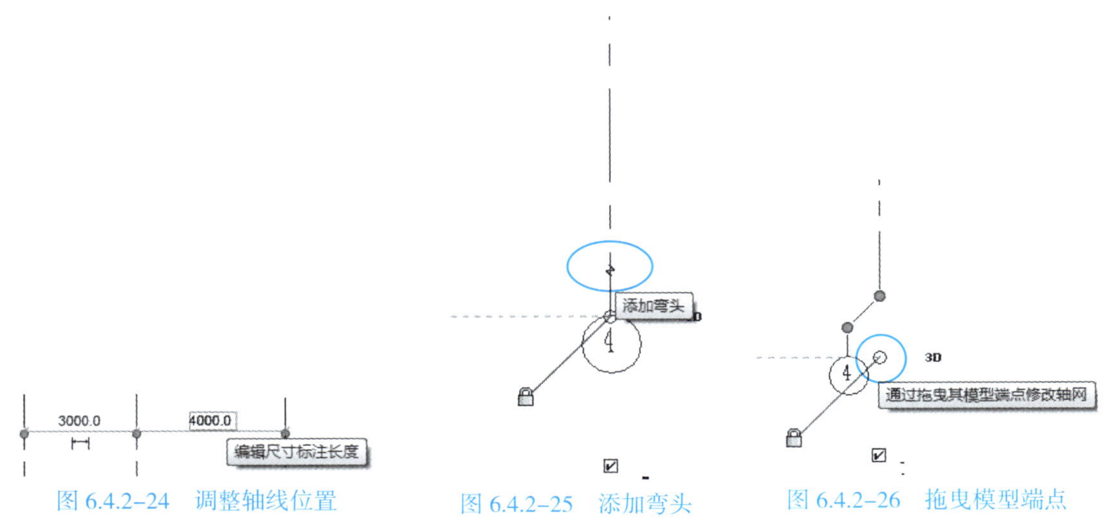

图 6.4.2-24　调整轴线位置　　图 6.4.2-25　添加弯头　　图 6.4.2-26　拖曳模型端点

5. 显示和隐藏轴网编号

选择一条轴线，会在轴网编号附近显示一个复选框。勾选或取消勾选该复选框，可显示或隐藏轴网标号(图 6.4.2-27)。也可选择轴线后，单击“属性”选项板上的“编辑类型”，对轴号可见性进行修改(图 6.4.2-28)。

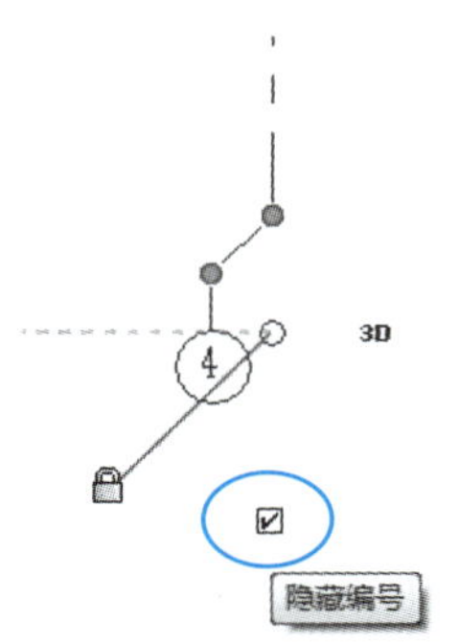

图 6.4.2–27 隐藏编号

类型参数

参数	值
图形	
符号	符号_单圆轴号：宽度系数 0.65
轴线中段	无
轴线末段宽度	1
轴线末段颜色	黑色
轴线末段填充图案	轴网线
轴线末段长度	25.0
平面视图轴号端点 1 (默认)	☐
平面视图轴号端点 2 (默认)	☑
非平面视图符号(默认)	底

图 6.4.2–28 轴号可见性修改

三、弧形轴线和多段轴线的创建

执行“轴网”命令，上下文选项卡“绘制”面板如图 6.4.2–29 所示，可以进行如下操作：① 选择“起点 – 终点 – 半径弧”或“圆心 – 端点弧”工具，可以创建弧形轴线；② 单击“多段”工具，可以创建一根既有直线又有弧线的轴线，该轴线创建完成后需要单击“完成编辑模式”。

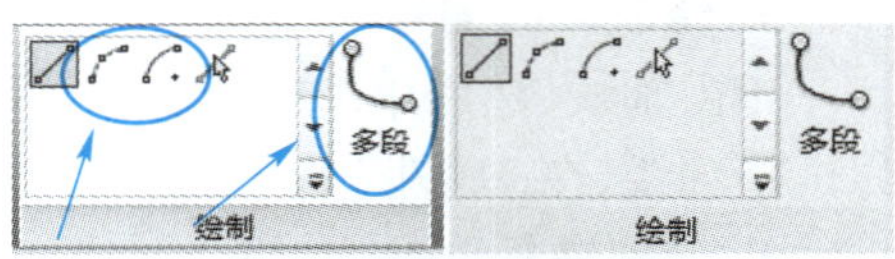

图 6.4.2–29 弧形轴线和多段轴线的创建

习题与能力提升

操作练习 1

使用 Revit 软件自带的“建筑样板 .rte”新建一个项目文件，按照图 6.4.2–30 创建标高。

6.4.2 操作练习 1 创建标高

操作练习 2

在操作练习 1 的基础上，按照图 6.4.2–31 创建轴网。

6.4.2 操作练习 2 创建轴网

6.300 标高 3

3.300 标高 2

±0.000 标高 1

图 6.4.2–30 标高

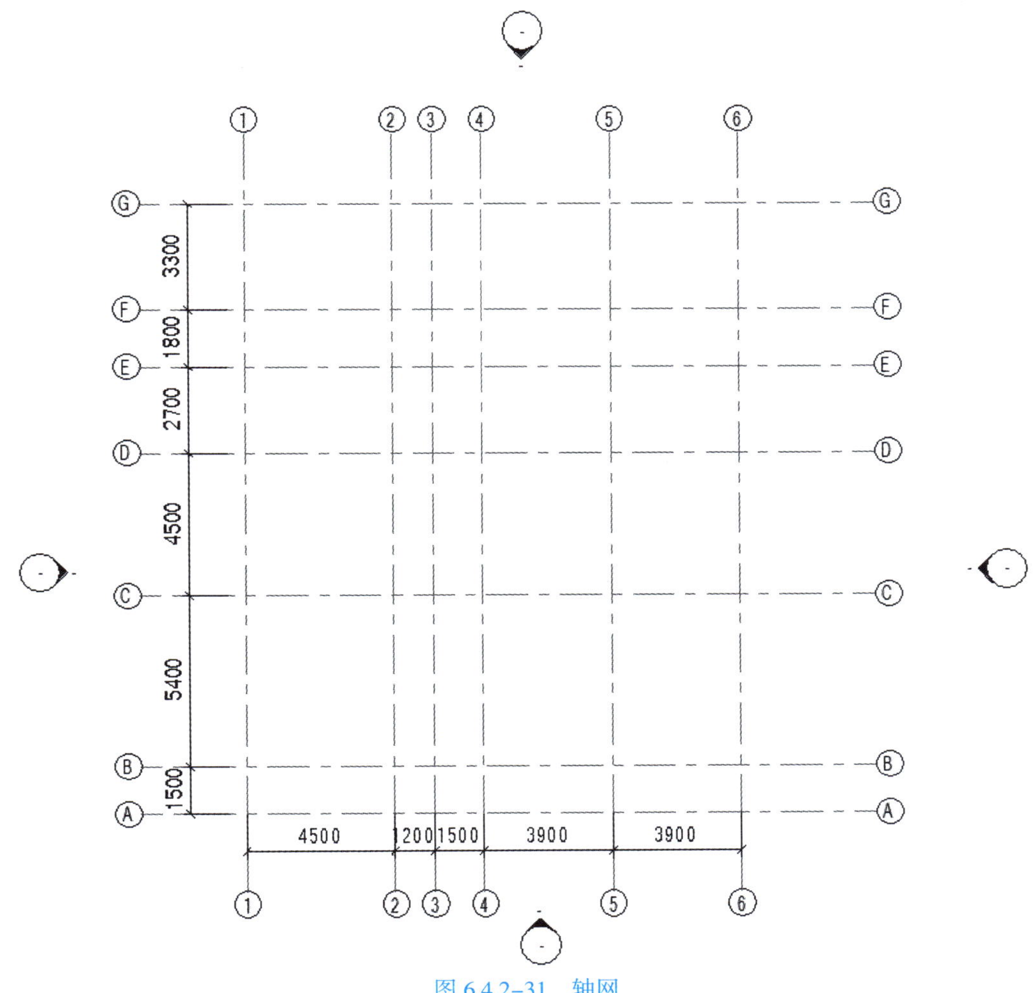

图 6.4.2-31　轴网

工作任务 6.4.3　创建墙体

任务驱动与学习目标

序号	任务驱动	学习目标
1	创建教学楼项目的外墙和内墙	1. 掌握创建教学楼工程外墙的方法 2. 掌握创建教学楼工程内墙的方法
2	对墙体的构造层进行设置	1. 掌握复制新的墙体类型的方法 2. 掌握插入新的构造层的方法 3. 掌握修改构造层的方法
3	设置“真石漆”材质	掌握材质浏览器的图形设置中的“着色”“表面填充图案”“截面填充图案”设置

续表

序号	任务驱动	学习目标
4	使用墙体属性和上下文选项卡对墙体进行修改	1. 掌握墙体定位线设置的方法 2. 掌握对墙体实例属性进行修改的方法 3. 掌握包络层设置的方法 4. 掌握绘制弧形墙体、圆形墙体、矩形墙体、多边形墙体的方法
5	创建复合墙	了解创建复合墙的方式方法
6	创建叠层墙	了解创建叠层墙的方式方法

6.4.3 工作任务解决步骤：创建外墙

工作任务解决步骤

Revit 的墙体属于主体图元，它不仅是建筑空间的分隔主体，而且也是门窗、墙饰条与分割缝、卫浴灯具等设备的承载主体，即在创建门窗、墙饰条等构件前需要先创建墙体。同时墙体构造层设置及其材质设置，不仅影响着墙体在三维、透视和立面视图中的外观表现，也直接影响着后期施工图设计中墙身大样、节点详图等视图中墙体截面的显示。

一、创建新的墙体构造类型

打开"工作任务 6.4.2/ 标高轴网完成 .rvt"，双击"项目浏览器"下"楼层面"中的"F1"，进入 F1 楼层平面视图。

单击"建筑"选项卡"构建"面板"墙：建筑"工具，或执行"WA"快捷命令。墙体构造层设置方法如下。

单击属性面板的"编辑类型"，在弹出的"类型属性"面板中单击"复制"按钮，在弹出的"名称"对话框中输入名称为"一层 _ 外墙 _ 真石漆"，单击"确定"按钮，如图 6.4.3–1 所示。

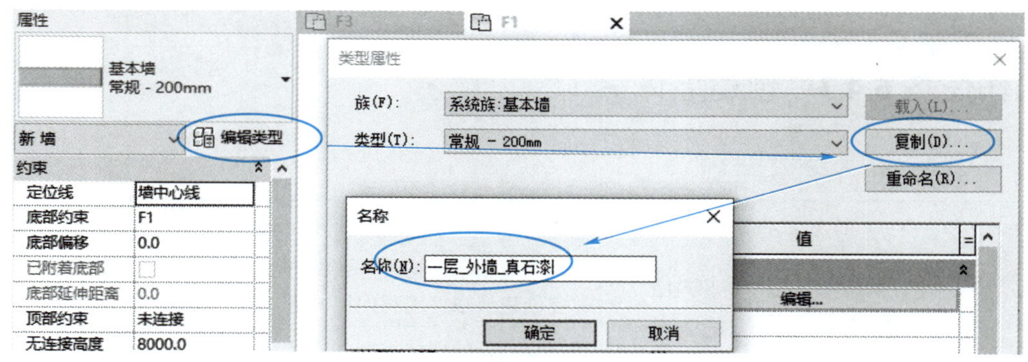

图 6.4.3–1 复制新的墙体类型

单击"结构"中的"编辑"（图 6.4.3–2），在弹出的"编辑部件"对话框中，连续单击两次"插入"按钮，会出现两个新建的构造层次，分别选择新插入的两个构造层，单击"向上"或"向下"按钮，使两个新插入的构造层位于"核心边界"以外，如图 6.4.3–3 所示。

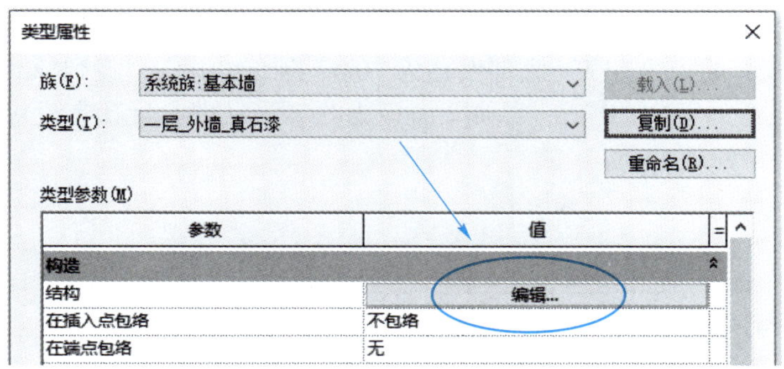

图 6.4.3-2　单击“编辑”

单击第一个构造层的材质，在弹出的“材质浏览器”对话框中单击左下角的“新建”，将新建出的材质名称修改为“真石漆”，单击“确定”按钮(图 6.4.3-4)。此时，第一个构造层的材质已设置为“真石漆”。

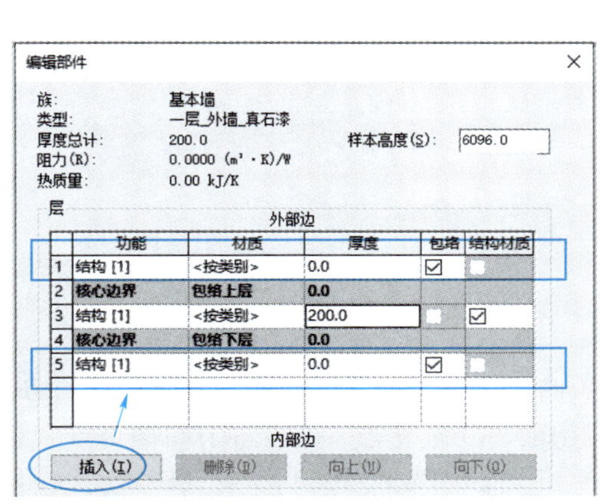

图 6.4.3-3　调整构造层位置

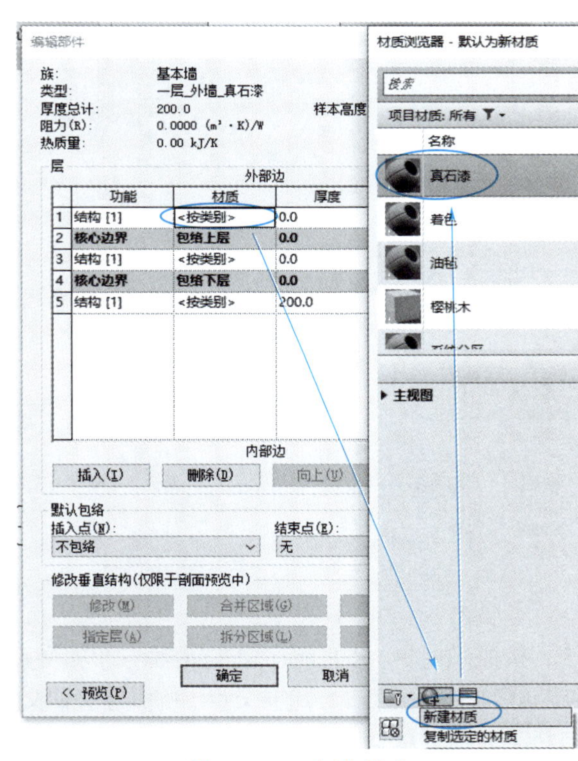

图 6.4.3-4　新建材质

采用同样的方法，将其他两个构造层的材质分别设置为“混凝土砌块”和“白色涂料”，并设置内外两个构造层的名称、厚度分别为“面层 1 [4]”“20.0”和“面层 2 [5]”“20.0”，如图 6.4.3-5 所示。单击“确定”按钮两次退出类型属性编辑对话框。

二、创建外墙

按照图 6.4.3-6，单击“建筑”选项卡“构建”面板“墙”下拉箭头中的“墙：建筑墙”工具或执行“WA”快捷命令，“属性”面板中选择墙体类型为“一层 _ 外墙 _ 真石漆”、定位线为“墙中心线”、底部约束为“F1”、底部偏移为“0.0”、顶部约束为“直到标高：F2”、顶部偏移为“0.0”。此时注意上下文选项卡“绘制”面板为“直线”绘制，且状态栏提示“单击可输入墙起始点”。

层

外部边

	功能	材质	厚度	包络	结构材质
1	面层 1 [4]	真石漆	20.0	☑	☐
2	**核心边界**	**包络上层**	**0.0**		
3	结构 [1]	混凝土砌块	200.0	☐	☑
4	**核心边界**	**包络下层**	**0.0**		
5	面层 2 [5]	白色涂料	20.0	☑	☐

图 6.4.3-5 功能、材质、厚度设置

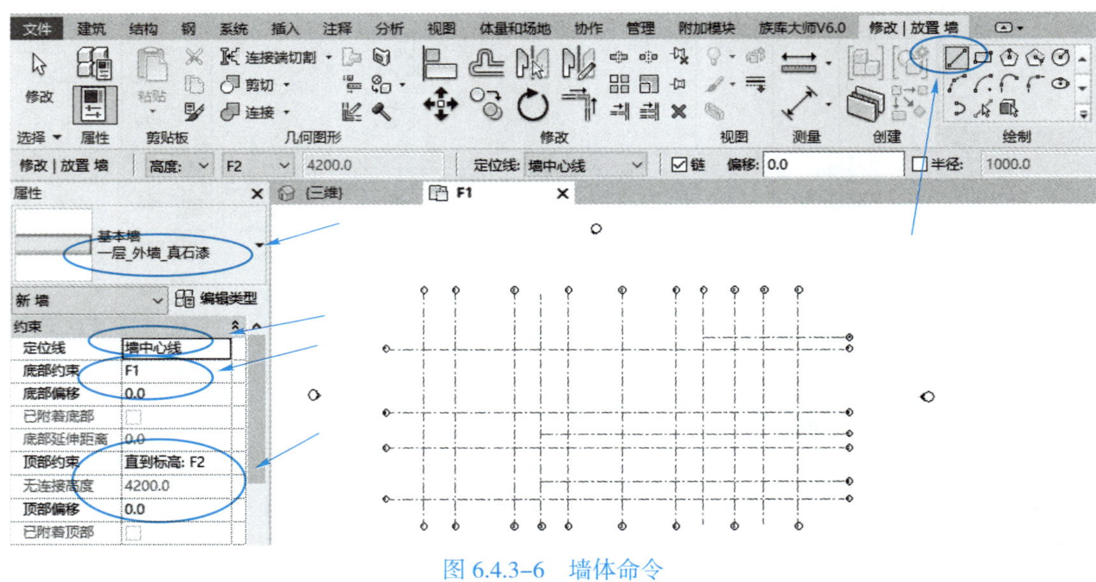

图 6.4.3-6 墙体命令

按照顺时针方向，顺序单击Ⓕ轴与③轴交点、Ⓕ轴与⑦轴交点、(1/F)轴与⑦轴交点、(1/F)轴与⑧轴交点、Ⓕ轴与⑧轴交点、Ⓕ轴与⑨轴交点、Ⓑ轴与⑨轴交点、Ⓑ轴与(1/3)轴交点、Ⓐ轴与(1\3)轴交点、Ⓐ轴与②轴交点、Ⓒ轴与②轴交点、Ⓒ轴与①轴交点，按 ESC 键一次，此时仅退出“连续创建墙体”命令，尚未完全退出“墙体创建”命令；继续单击Ⓔ轴与①轴交点、Ⓔ轴与②轴交点，按 ESC 键两次，退出墙体创建命令。外墙创建完毕。

创建完成的一层外墙平面图如图 6.4.3-7 所示。

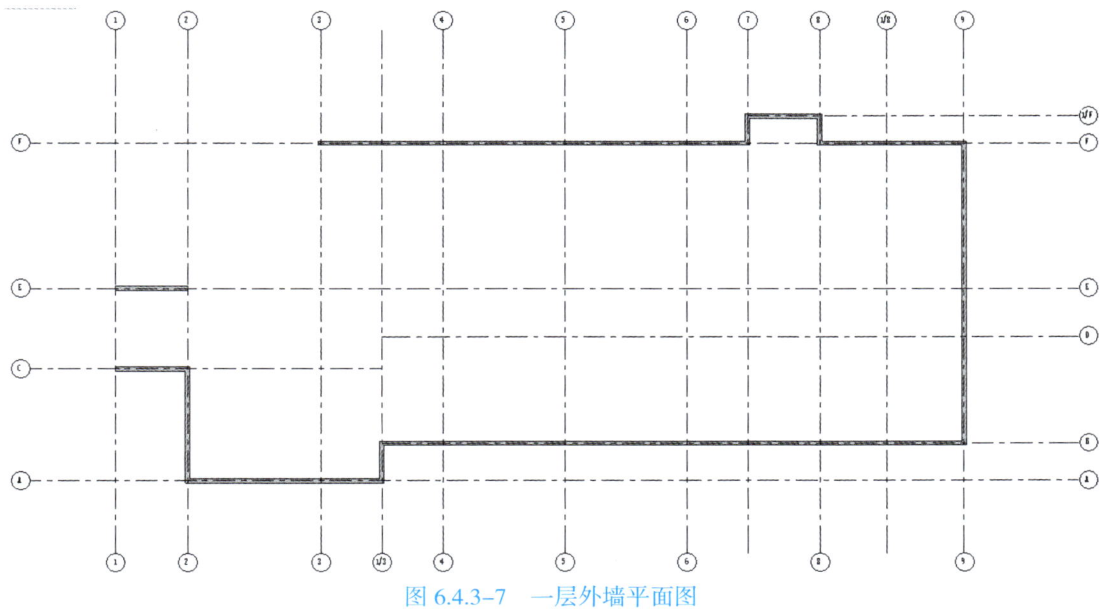

图 6.4.3-7　一层外墙平面图

三、创建内墙

执行“WA”墙体创建命令，复制出名为“一层 _ 内墙 _ 白色涂料”的墙体类型，设置内部和外部的构造层均为“白色涂料”，如图 6.4.3-8 所示。单击“确定”按钮两次退出“编辑部件”对话框。

6.4.3　工作任务解决步骤：创建内墙

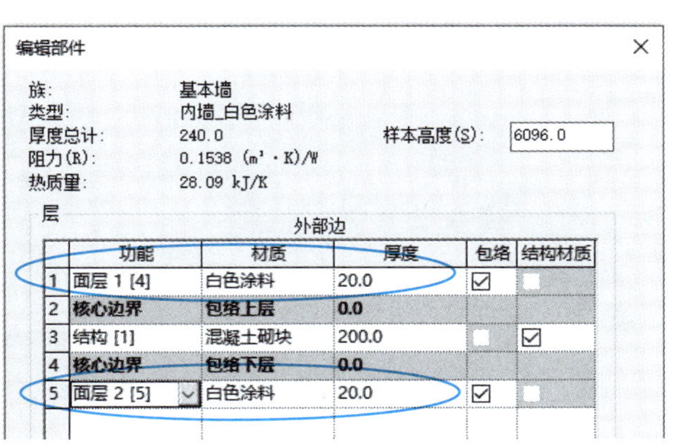

图 6.4.3-8　选择内墙类型属性

内墙绘制方法与外墙绘制方法相同，创建完成的一层墙体平面如图 6.4.3-9 所示。

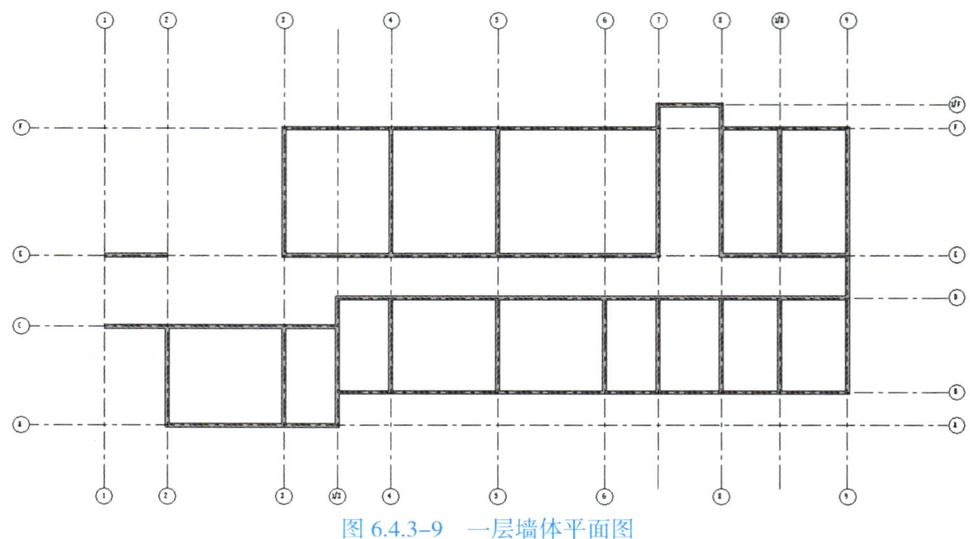

图 6.4.3–9 一层墙体平面图

四、材质设置

6.4.3 工作任务解决步骤：材质设置

1. 真石漆材质的图形设置

单击某一面外墙，进入到真石漆的材质浏览器中，按照图 6.4.3–10 所示，设置颜色为“RGB 217 202 168”，单击“表面填充图案”，在弹出的“填充样式”对话框中选择“模型”，并新建填充图案名为“1 200×600”，设置线角度为“0”、线间距 1 为“600 mm”、线间距 2 为“1 200 mm”。单击“确定”按钮两次退回到“材质浏览器”对话框中，并设置图案下方的颜色为“RGB 0 0 0”。

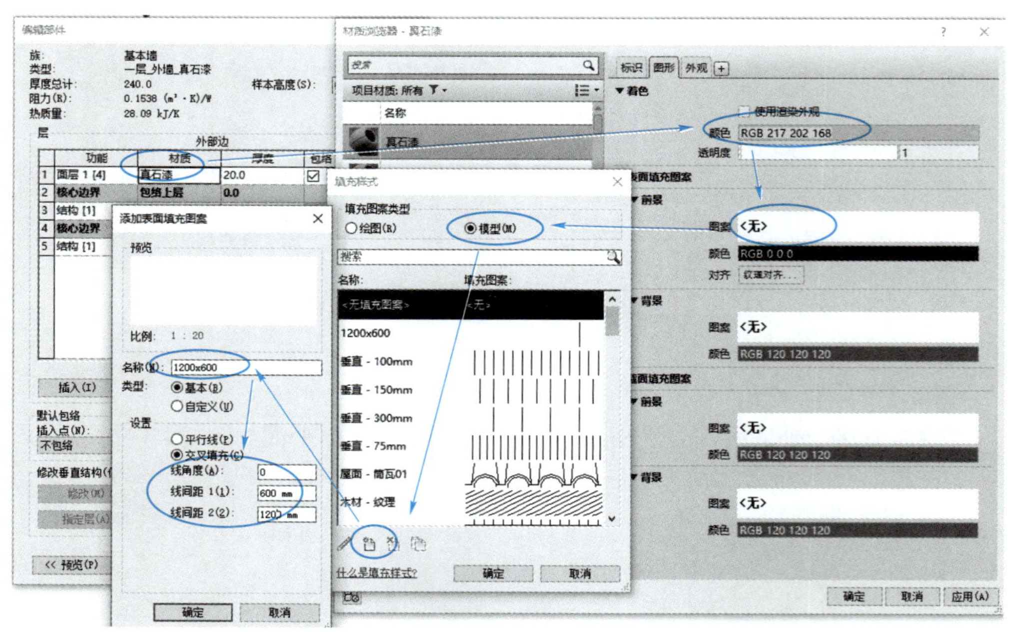

图 6.4.3–10 “图形”设置

单击“确定”按钮两次退出材质设置。此时真石漆材质设置完成，在三维视图中观察到外墙建筑表现如图 6.4.3–11 所示。

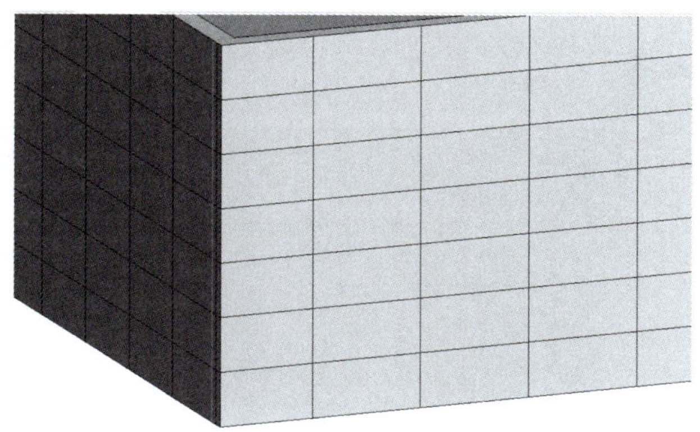

图 6.4.3–11　真石漆外墙的建筑表现

2. 白色涂料材质的图形设置

单击某一面外墙，进入白色涂料的材质浏览器中，设置颜色为“RGB 255 255 255”如图 6.4.3–12 所示，单击“确定”按钮退出材质设置。

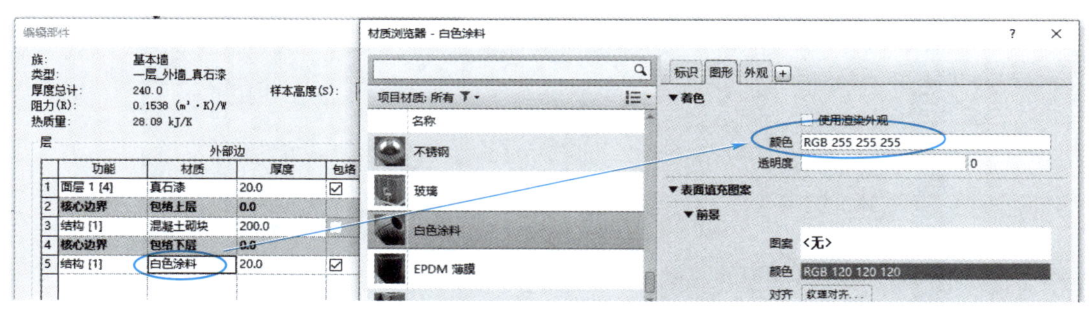

图 6.4.3–12　白色涂料材质设置

创建完成的内墙见“工作任务 6.4.3\ 外墙内墙完成 .rvt”。

工作技能扩展与相关系统性知识

6.4.3　技能扩展：墙体属性

一、墙体属性

1. 墙体定位线设置

定位线是指在绘制墙体过程中，绘制路径与墙体的哪个面进行重合。有墙中心线(默认值)、核心层中心线、面层面：外部、面层面：内部、核心面：外部、核心面：内部六个选项(图 6.4.3–13)，各种定位方式的含义如下。

① “墙中心线”：墙体总厚度中心线。

② “核心层中心线”：墙体结构层厚度中心线。

③ “面层面：外部”：墙体外面层外表面。

④“面层面：内部”：墙体内面层内表面。

⑤“核心面：外部”：墙体结构层外表面。

⑥“核心面：内部”：墙体结构层内表面。

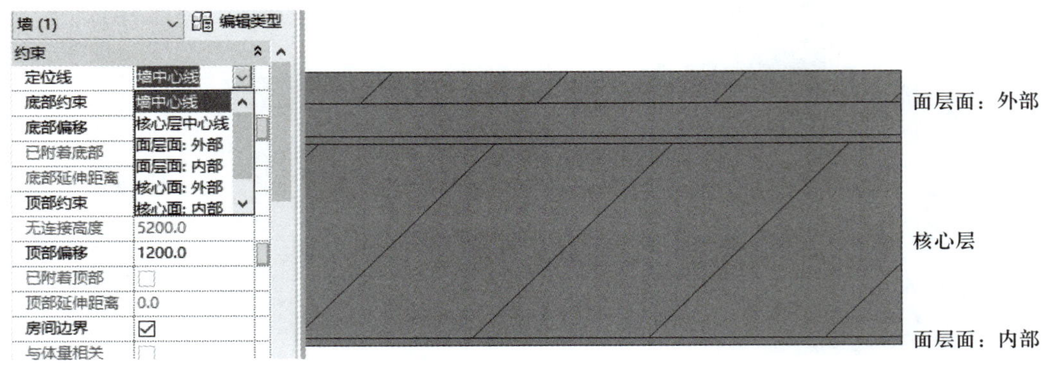

图 6.4.3–13 墙体定位线

选择单个墙，出现蓝色圆点指示其定位线。如图 6.4.3–14 所示是“定位线”为“面层面：外部”，且墙是从左到右绘制的结果。

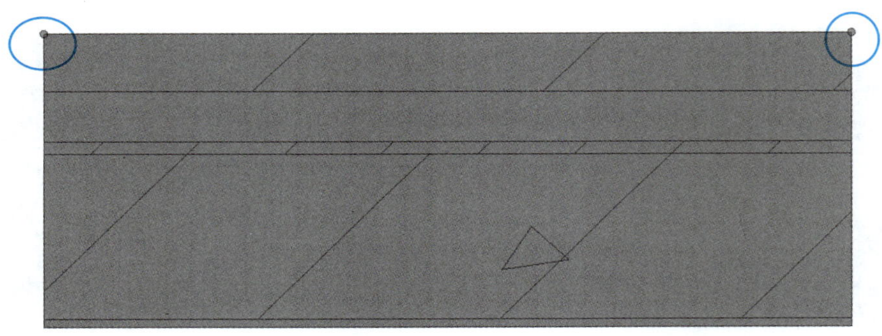

图 6.4.3–14 墙体定位线为面层面：外部

【小贴士】 当视图的详细程度设置为“中等”或“精细”时，才会显示墙体的构造层次。

2. 包络设置

打开“任务 3\ 墙体构造层教学 – 完成 .rvt”，单击快速访问工具栏中的“粗线细线转换”工具。

选中墙体，单击“属性”面板中的“编辑类型”，修改“在端点包络”为“外部”或“内部”，即可修改墙体端点的包络形式(图 6.4.3–15)。

创建完成的项目文件见“任务 3\ 墙体外部包络 – 完成 .rvt”“第 3 章 \ 墙体内部包络 – 完成 .rvt”。

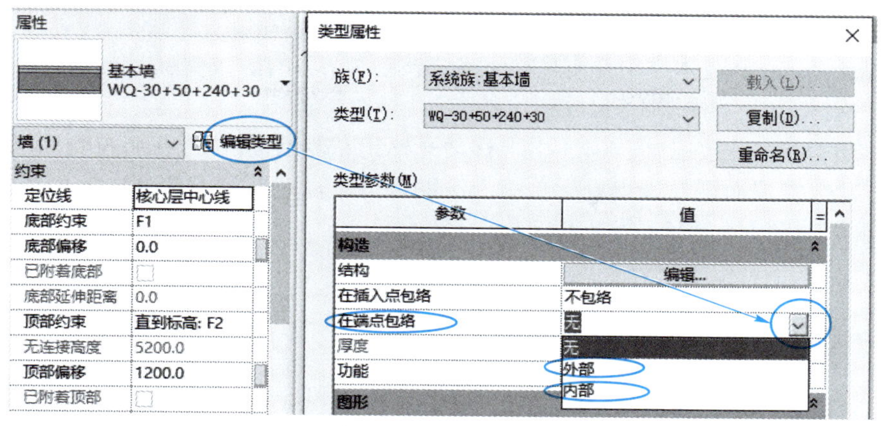

图 6.4.3-15 包络设置

说明:

在"在插入点包络"和"在端点包络"的下拉菜单中可以选择"无"(该选项为默认选项)"外部""内部""两者",这些选项可以控制在墙体门窗洞口和断点处核心面内外图层的包络方式。

二、绘制弧形、圆形墙体、多边形等墙体

单击"墙"工具时,默认的绘制方法是"修改｜放置墙"上下文选项卡下"绘制"面板中的"直线"工具,"绘制"面板中还有"矩形""多边形""圆形""弧形"等绘制工具,可以绘制直线墙体或弧形墙体。

使用"绘制"面板中"拾取线"工具,可以拾取图形中的线来放置墙。线可以是模型线、参照平面或某个图元(如屋顶、幕墙嵌板和其他墙)的边缘线。

【小贴士】 在绘图过程中,可根据"状态栏"提示,绘制墙体。

三、创建复合墙

复合墙是指由多种平行的层构成的墙。它既可以由单一材质的连续平面构成(例如胶合板),也可以由多重材质组成(如石膏板、龙骨、隔热层、气密层、砖和壁板)。另外,构件内的每个层都有其特殊的用途。例如,有些层用于结构支座,而另一些层则用于隔热。可采用以下步骤创建复合墙。

创建如图 6.4.3-16 所示的一个构造层中有两种材质的复合墙。

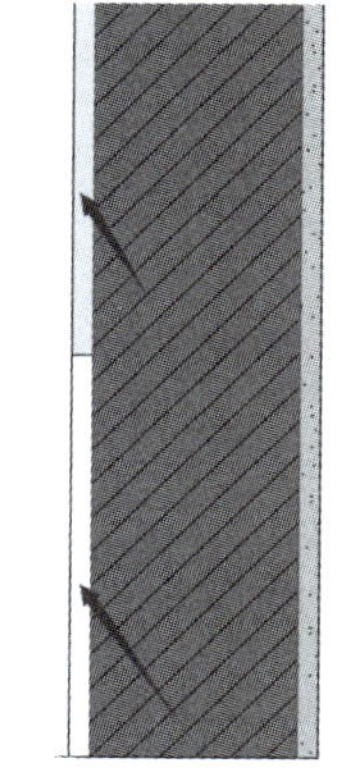

图 6.4.3-16 复合墙

6.4.3 技能扩展:复合墙

操作步骤:

打开"任务 3\ 复合墙 – 教学 .rvt"。

在绘图区域中选择墙。在"属性"面板上,单击"编辑类型",进入"类型属性"对话框。

单击"类型属性"对话框左下角的"预览"按钮,打开预览窗格。在预览窗格下,选择"剖面:修改类型属性"(图 6.4.3-17)。

单击“结构”参数对应的“编辑”，进入“编辑部件”对话窗。

【小贴士】 每个墙体类型都有两个名为“核心边界”的层，这些层不可修改，也没有厚度。它们一般包拢着结构层，是尺寸标注的参照。

单击“拆分区域”按钮(图 6.4.3–18)，移动光标到左侧预览框中，在墙左侧面层上捕捉一点进行单击，会发现面层在该点处拆分为上下两部分。注意此时右侧栏中该面层的“厚度”值变为“可变”(图 6.4.3–19)。

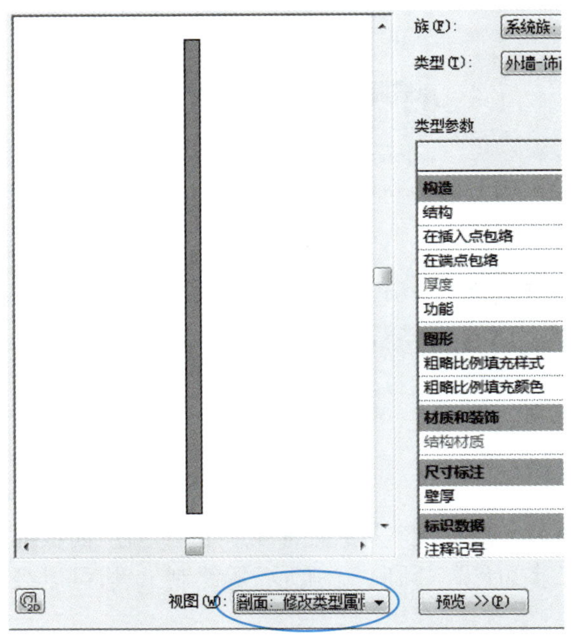

图 6.4.3–17 在剖面下进行预览

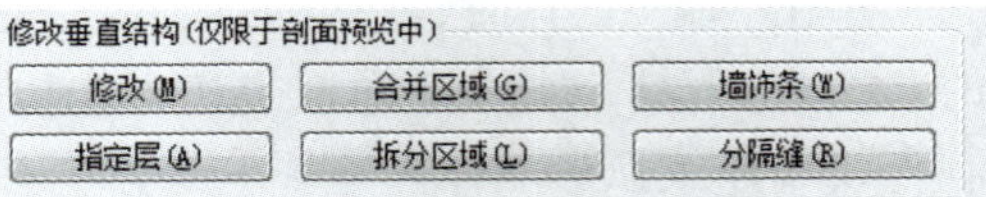

图 6.4.3–18 “拆分区域”工具

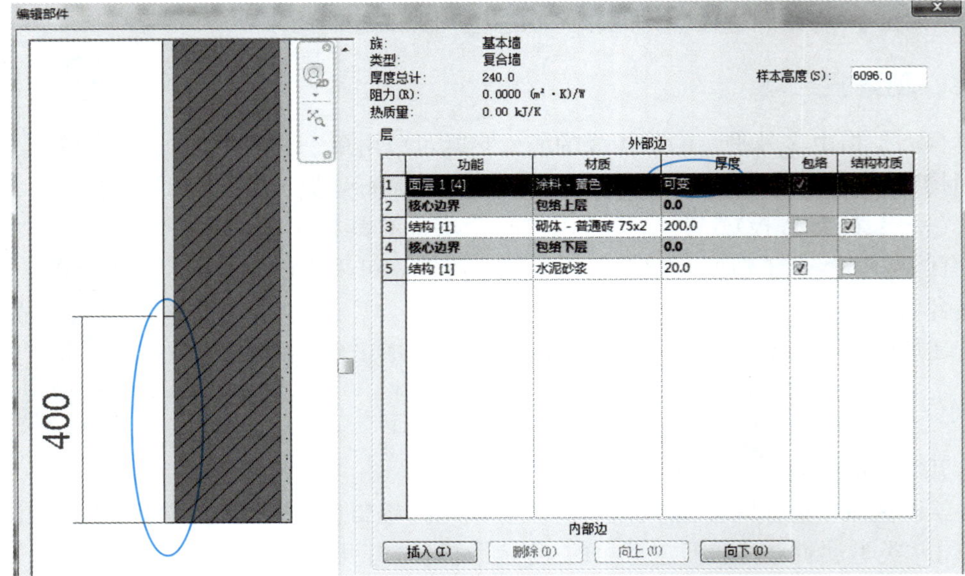

图 6.4.3–19 拆分面

单击“修改”按钮，单击选择拆分边界线，编辑蓝色临时尺寸可以调整拆分位置。

在右侧栏中加入一个新的构造层，功能修改为“面层 1［4］”，材质修改为“涂料 – 白色”，厚度“0.0”保持不变（图 6.4.3–20）。

层

外部边

	功能	材质	厚度	包络	结构材质
1	面层 1 [4]	涂料 -白色	0.0	☑	☐
2	面层 1 [4]	涂料 - 黄色	可变	☑	☐
3	**核心边界**	**包络上层**	**0.0**		
4	结构 [1]	砌体 - 普通砖 75x2	200.0	☐	☑
5	**核心边界**	**包络下层**	**0.0**		
6	结构 [1]	水泥砂浆	20.0	☑	☐

图 6.4.3–20　新插入一个构造层

选择新插入的这个构造层，单击“指定层”按钮，移动光标到左侧预览框中拆分的面上单击，会将“涂料 – 白色”面层材质指定给拆分的面。注意此时刚创建的面层和原来的面层“厚度”都变为“20 mm”（图 6.4.3–21）。

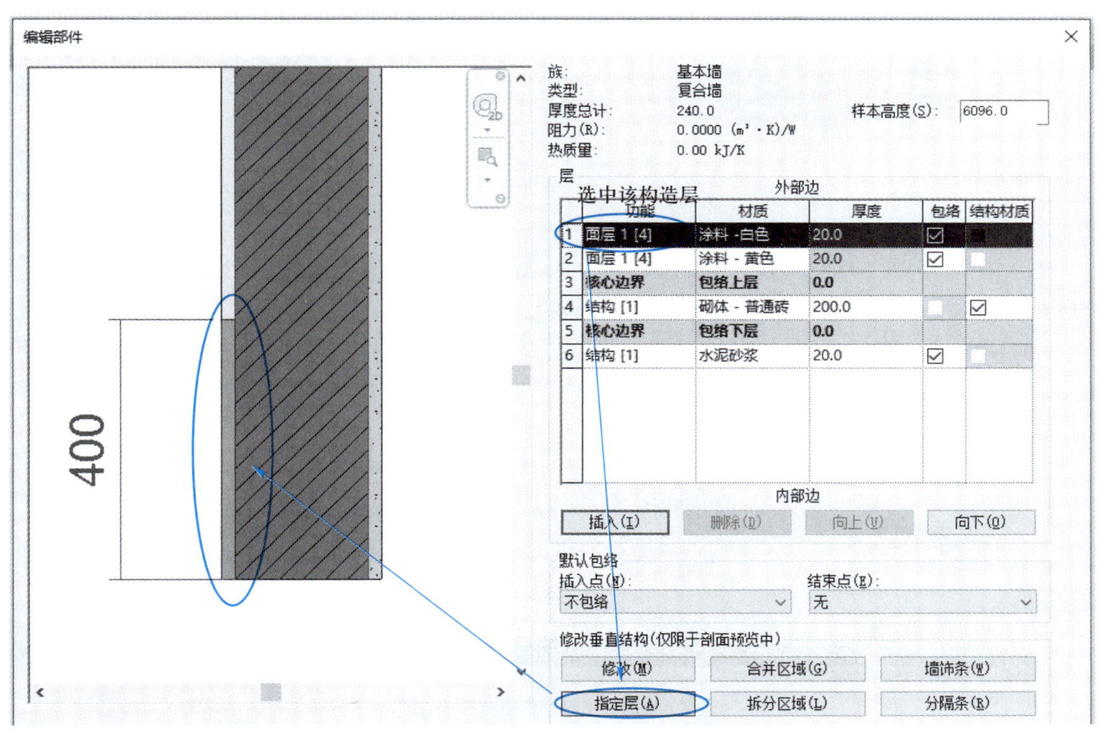

图 6.4.3–21　“指定层”后的墙体结构

单击“确定”按钮关闭所有对话框后，该墙变成了外涂层有两种材质的复合墙类型。

创建完成的文件见“工作任务 6.4.3\ 复合墙 – 完成 .rvt”。

6.4.3 技能扩展：叠层墙

四、创建叠层墙

Revit 中有专用于创建叠层墙的“叠层墙”系统族，这些墙包含一面接一面叠在一起的两面或多面子墙。子墙在不同的高度可以具有不同的墙厚度。叠层墙中所有子墙都被附着，其几何图形相互连接，如图 6.4.3–22 所示。

要定义叠层墙的结构，可执行下列步骤。

(1) 访问墙的类型属性。若第一次定义叠层墙，可打开项目浏览器的“族”选项卡下“墙”扩展菜单的“叠层墙”，在某个叠层墙类型上单击鼠标右键，然后单击“创建实例”选项（图 6.4.3–23）。然后在“属性”选项板上，单击“编辑类型”。

若已将叠层墙放置在项目中，可在绘图区域中选择它，然后在“属性”选项板上，单击“编辑类型”。

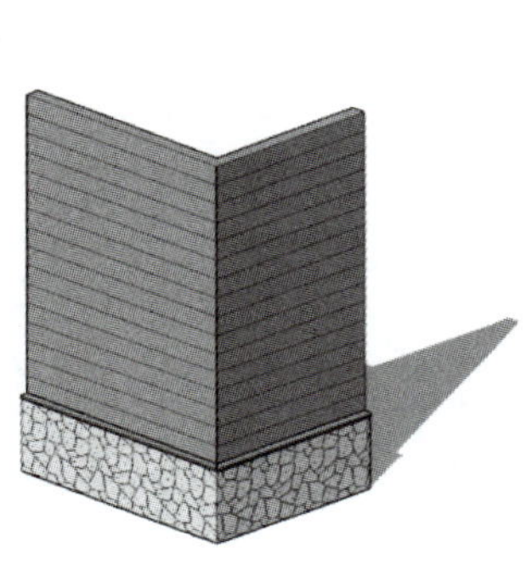

图 6.4.3–22 叠层墙

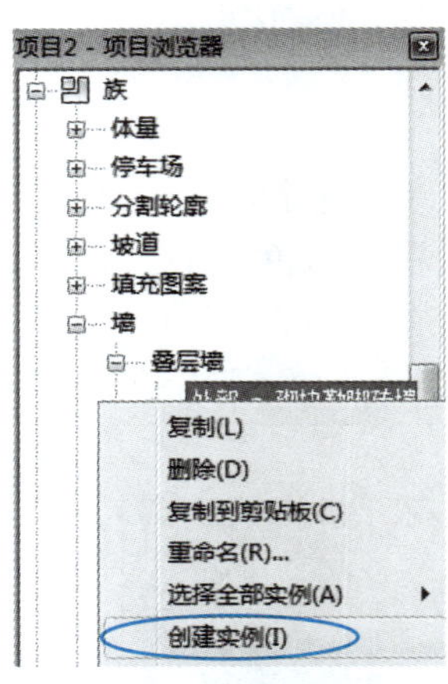

图 6.4.3–23 创建叠层墙实例

(2) 在弹出的“类型属性”对话框中，单击“预览”打开预览窗格，用以显示选定墙类型的剖面视图。对墙所做的所有修改都会显示在预览窗格中。

(3) 单击“结构”参数对应的编辑命令，以打开“编辑部件”对话框。在对话框中，需要输入“偏移”“样本高度”，以及“类型”表中的“名称”“高度”“偏移”“顶”“底部”“翻转”值，如图 6.4.3–24 所示。

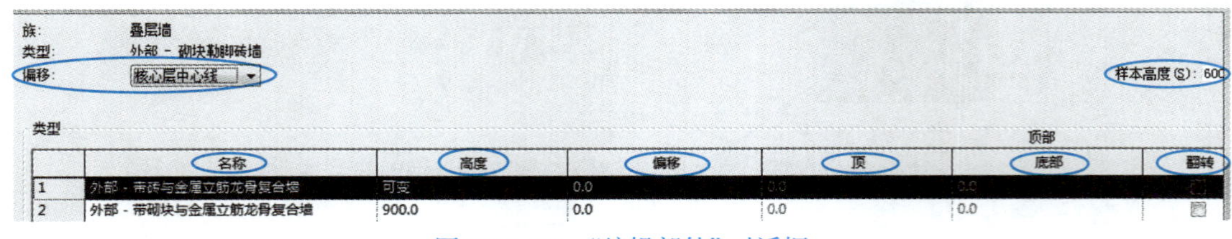

图 6.4.3–24 “编辑部件”对话框

6.4.3 技能扩展：构件材质设置

五、构件材质设置

以真石漆材质为例，说明材质的设置。

在“真石漆”的材质浏览器中,右侧包含“标识”“图形”“外观”三个对话框,默认位置是“图形”对话框。

1. “图形”对话框

“图形”对话框含“着色”“表面填充图案”“截面填充图案”(图 6.4.3–25)。

(1) 着色。此颜色是“着色”模式(图 6.4.3–26)下显示的图形颜色,与渲染后的颜色无关。单击“颜色”或“透明度”,可进行相应设置。(注:若勾选“颜色”上方的“使用渲染外观”,则使用“外观”对话框中的外观设置。)

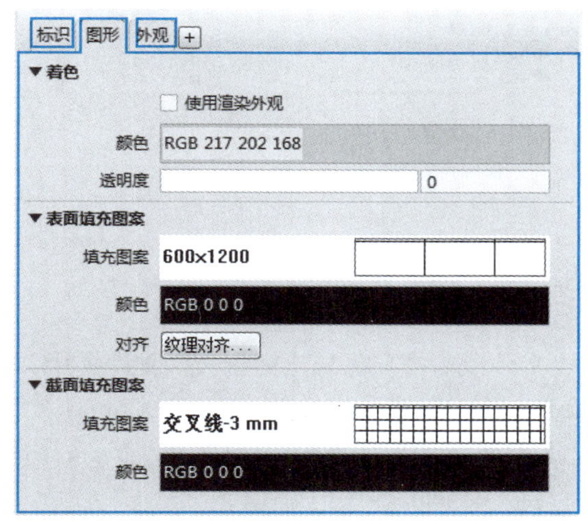

图 6.4.3–25 “材质浏览器”中的“图形”对话框

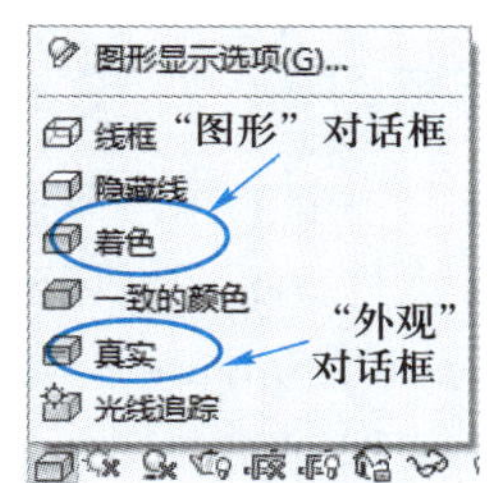

图 6.4.3–26 “着色”模式的选择

(2) 表面填充图案。它是指模型的“表面”填充样式,在三维视图和各立面都可以显示,也是“着色”模式下显示的图形颜色,与渲染后的颜色无关。单击“填充图案”“颜色”“对齐”,可进行相应设置。(注:单击“填充图案”,进入“填充样式”对话框,下方的“填充图案类型”应选择“模型”类型。该类型中,模型各个面填充图案的线条会和模型的边界线保持相同的固定角度,且不会随着绘图比例的变化而变化。)

(3) 截面填充图案。它是指构件在剖面图中被剖切到时,显示的截面填充图案,如剖面图中的墙体需要实体填充时,需要设置该墙体的“截面填充图案”为“实体填充”,而不是设置“表面填充图案”。平面图上需要黑色实体填充的墙体也需要将“截面填充图案”设置为“实体填充”,因为平面图默认为标高向上 1 200 的横切面(注:只有详细程度为中等或精细时才可见)。单击“填充图案”“颜色”,可进行相应设置。

2. “外观”对话框

“外观”部分为“渲染”设置,是在“视觉样式”为“真实”的条件下显示的外观。

单击“替换此资源”可打开“资源浏览器”对话框,双击选择相应资源,回到“外观”对话框进行与该资源相对应的“外观”“饰面凹凸”“风化”等的设置(图 6.4.3–27)。

3. “标识”对话框

在“标识”对话框中可设置材质名称、说明信息、产品信息、注释信息等。

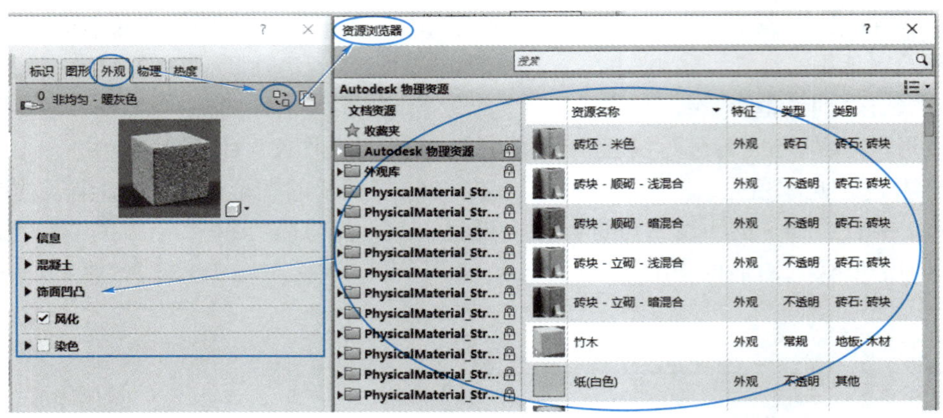

图 6.4.3–27 “外观”设置

习题与能力提升

6.4.3 操作练习 1 创建墙体

操作练习 1

打开上一个工作任务操作练习 2 的完成文件或者“习题与能力提升”文件夹中“墙体练习预备文件 .rvt”，按照图 6.4.3–28 创建墙体。其中，外墙构造为普通砖 90 mm+ 空气层 76 mm+ 涂抹层 0 mm+ 胶合板 19 mm+ 混凝土砌块结构层 190 mm+ 石膏板 12 mm，内墙构造为石膏板 12 mm+ 混凝土砌块 190 mm+ 石膏板 12 mm。

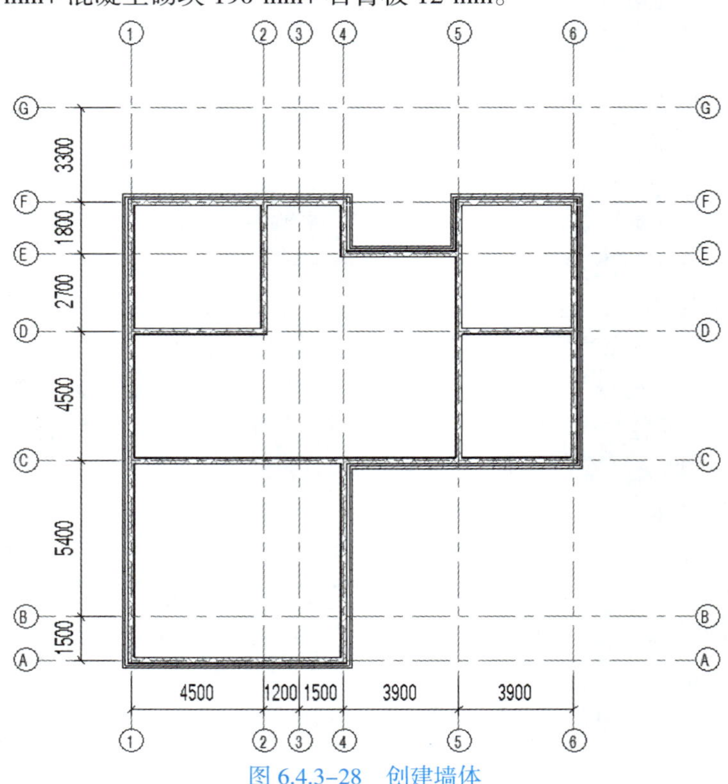

图 6.4.3–28 创建墙体

操作练习 2

6.4.3　操作练习 2 墙体构造

创建一面构造层为“5 mm 黄色涂料 +30 mm 水泥砂浆 +50 mm 保温层 +240 mm 普通砖 + 20 mm 水泥砂浆 +5 mm 白色涂料”的墙，该墙高 3 m、长 5 m。

操作练习 3

使用上题中的外墙类型，创建一面高 3 m、弧半径 4 m、弧度 90° 的弧形墙体。

6.4.3　操作练习 3 弧形墙

工作任务 6.4.4　创建楼板

任务驱动与学习目标

序号	任务驱动	学习目标
1	创建平楼板	1. 掌握创建教学楼项目一楼楼板的方法； 2. 掌握使用“TR”（“修剪”）命令修剪楼板边界线的方法
2	修改楼板	1. 掌握在“属性”选项板上修改楼板的类型、标高等值的方法； 2. 掌握编辑楼板草图的方法
3	创建斜楼板	了解使用“坡度箭头”创建斜楼板的方法

工作任务解决步骤

6.4.4　工作任务解决步骤：创建楼板

一、楼板构造层和材质设置

双击打开“工作任务 6.4.3\ 外墙内墙完成 .rvt”，进入 F1 楼层平面视图。

单击“建筑”选项卡“构建”面板“楼板”下拉菜单“楼板：建筑”工具。

单击属性面板的“编辑类型”，复制出“楼板 _ 瓷砖”类型，按照图 6.4.4-1 设置楼板的构造层，其中“瓷砖”材质为新建材质，颜色为 RGB 251 243 227，黑色 600×600 分缝（图 6.4.4-2）；“钢筋混凝土”材质为新建材质；水泥砂浆为软件原有材质。

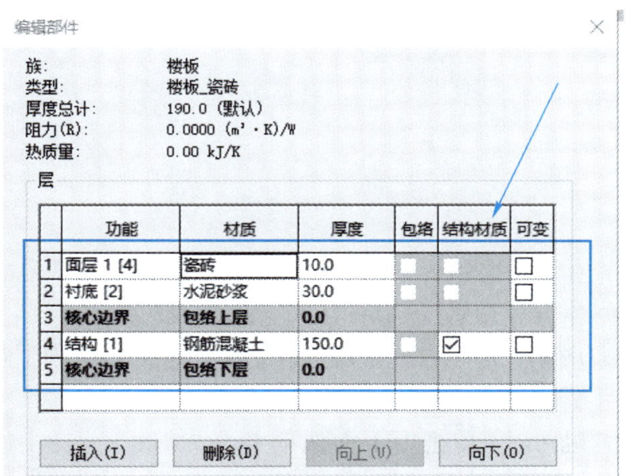

编辑部件

族：楼板
类型：楼板_瓷砖
厚度总计：190.0（默认）
阻力(R)：0.0000 (m²·K)/W
热质量：0.00 kJ/K

层

	功能	材质	厚度	包络	结构材质	可变
1	面层 1 [4]	瓷砖	10.0			☐
2	衬底 [2]	水泥砂浆	30.0			☐
3	核心边界	包络上层	0.0			
4	结构 [1]	钢筋混凝土	150.0		☑	☐
5	核心边界	包络下层	0.0			

插入(I)　删除(D)　向上(U)　向下(O)

图 6.4.4-1　楼板的构造层

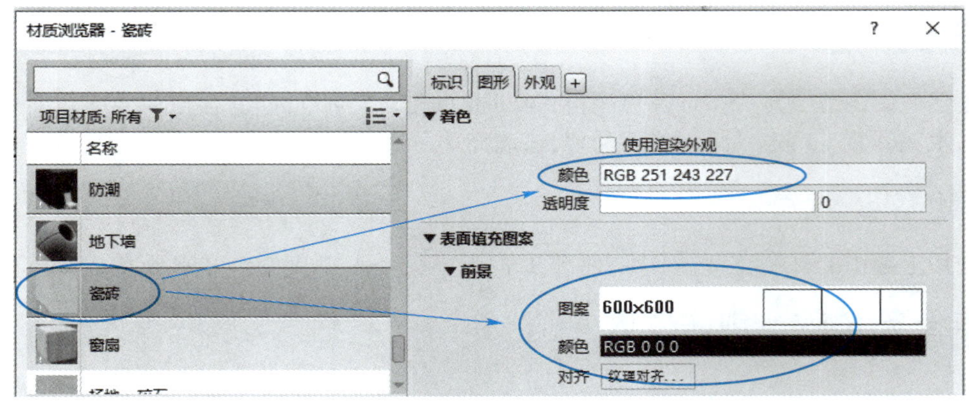

图 6.4.4-2　瓷砖材质的“图形”设置

二、绘制楼板

单击“修改｜创建楼层边界”上下文选项卡中“边界线”绘制的“拾取墙”命令(图 6.4.4-3)；鼠标停在外墙偏室外的一侧进行单击，可拾取该墙体边界；依次单击所有外墙形成如图 6.4.4-4 所示的楼板边界线；按 ESC 键，退出创建楼板“边界线”命令。注意：此时尚未退出创建楼板操作。

图 6.4.4-3　边界线绘制方式的“拾取墙”命令

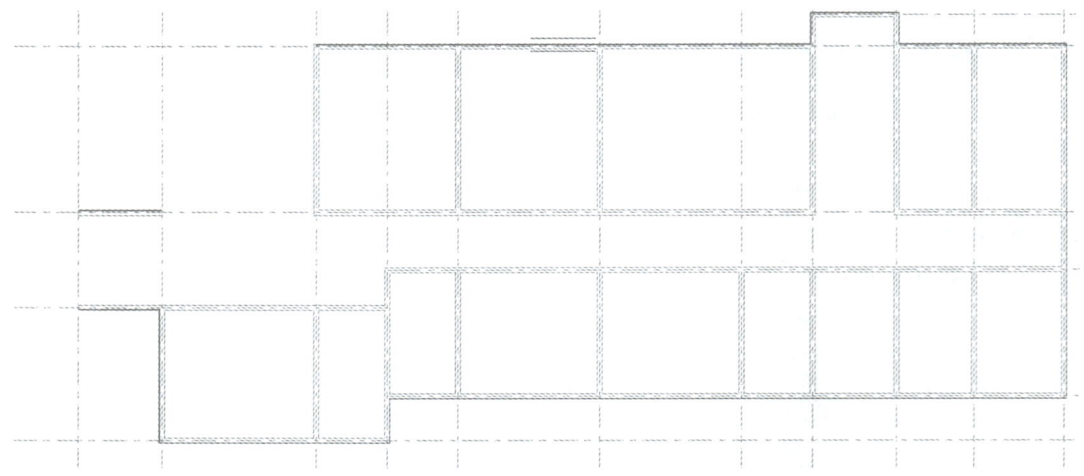

图 6.4.4-4　拾取墙形成的边界线

继续单击“修改｜创建楼层边界”上下文选项卡中“边界线”中的“拾取线”命令(图 6.4.4-5)，将边界线的创建方式更改为“拾取线”，单击轴线②；再将左上角“偏移量”改为“1 800”，光标停在轴线①偏左的一侧单击轴线①，形成轴线①左侧 1 800 mm 处的边界线，形成的两条边界线为图 6.4.4-6 中的两条竖线。

使边界线首尾相连的方法：单击上下文选项卡下“修改”面板中的“修剪 / 延伸为角”工具或执行“TR”快捷命令，按照图 6.4.4-6 依次单击 1 点、2 点，2 点、3 点，3 点、4 点，4 点、

5 点，修剪完的边界线如图 6.4.4–7 所示。

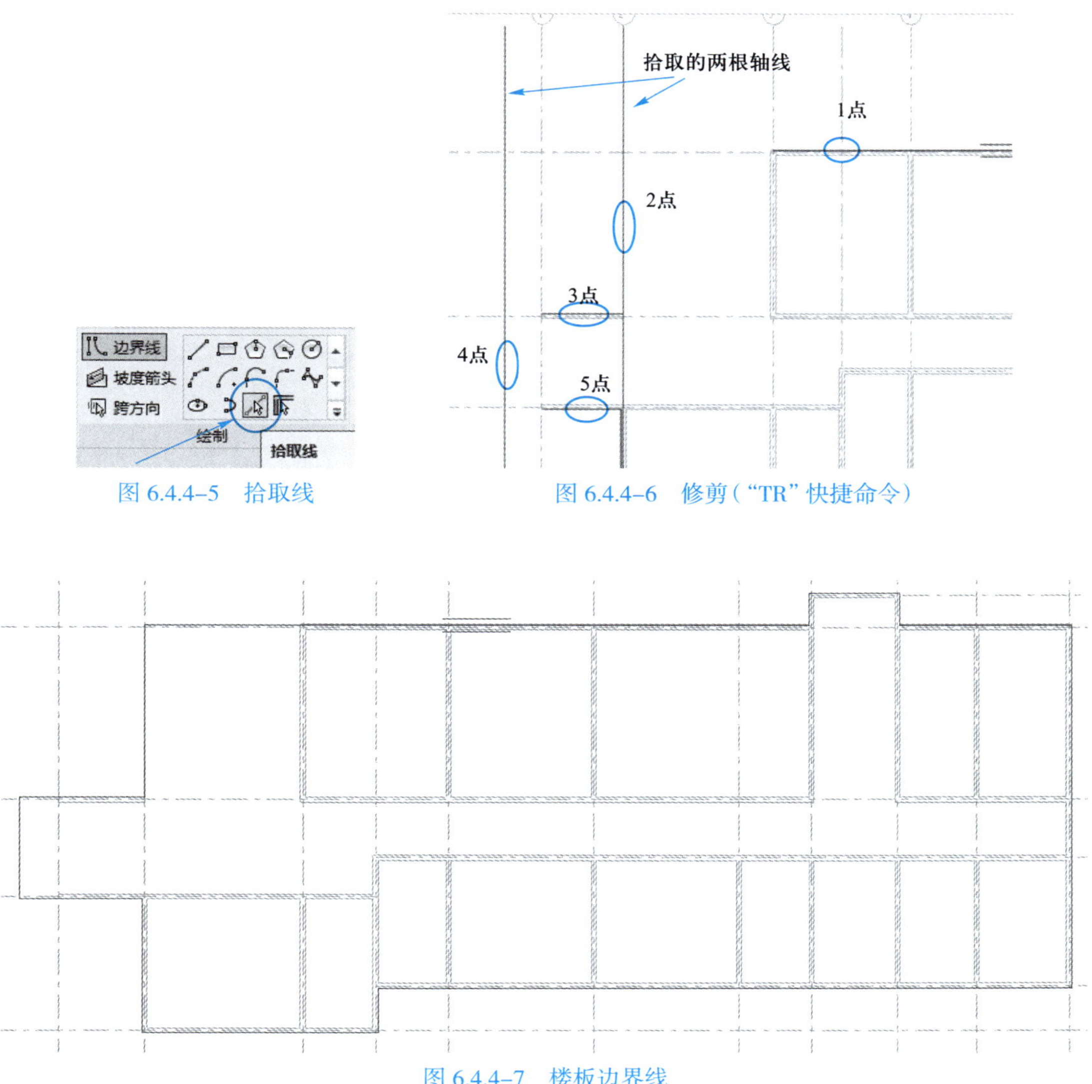

图 6.4.4–5　拾取线

图 6.4.4–6　修剪（“TR” 快捷命令）

图 6.4.4–7　楼板边界线

单击上下文选项卡“模式”面板中的“完成编辑模式”，楼板创建完毕。三维视图如图 6.4.4–8 所示。

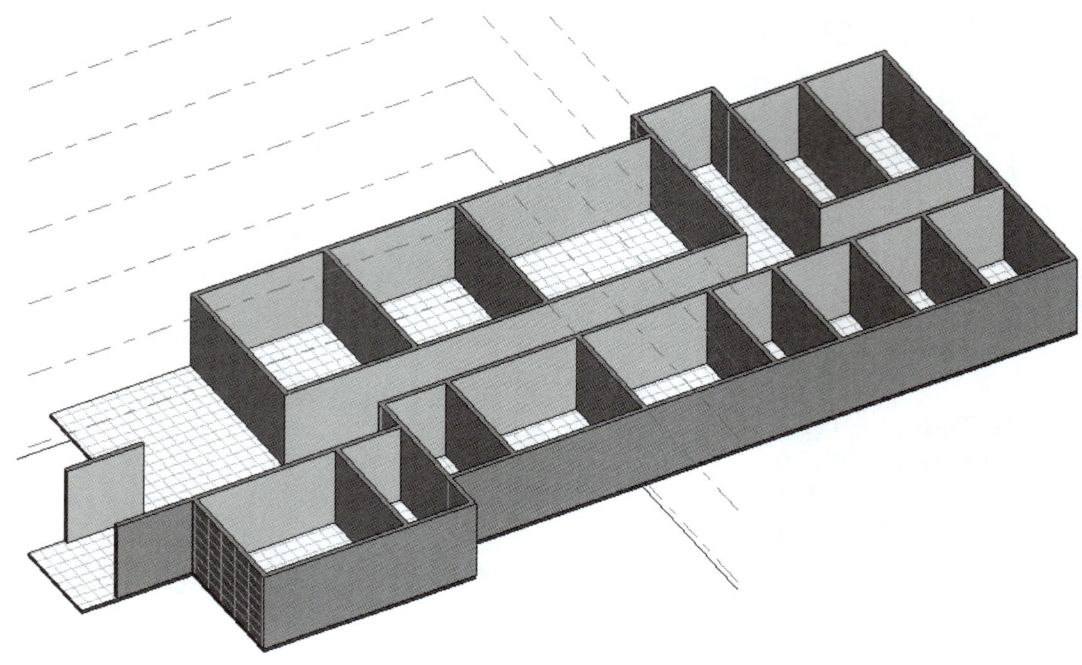

图 6.4.4–8 一层楼板三维视图

完成的项目文件见“工作任务 6.4.4\ 楼板完成 .rvt”。

楼板的边界线必须是首尾相连、闭合状态的，且不应有多余的边界线。若边界线未闭合，单击“完成”时会有错误提示。在弹出的错误对话框中单击“显示”，会看到有错误的地方。在弹出的错误对话框中单击“继续”，可退出对话框，对楼板边界再进行修改。

工作技能扩展与相关系统性知识

6.4.4 技能扩展：修改楼板和创建斜楼板

一、修改楼板

（1）选择楼板，在“属性”选项板上修改楼板的类型、标高等值。

（2）编辑楼板草图：在平面视图中，选择楼板，然后单击“修改 | 楼板”选项卡“模式”面板“编辑边界”命令。

可用“修改”面板中的“偏移”“移动”“删除”等命令对楼板边界进行编辑，或用“绘制”面板中的“直线”“矩形”“弧形”等命令绘制楼板边界。

修改完毕，单击“模式”面板中的“√完成编辑模式”命令。

二、创建斜楼板

在绘制或编辑楼层边界时，单击“绘制”面板中的“绘制箭头”命令（图 6.4.4–9），根据状态栏提示，单击一次指定其起点（尾），再次单击指定其终点（头）。箭头“属性”选项板的“指定”下拉菜单有两种选择：坡度、尾高。

若选择“坡度”（图 6.4.4–10），设置“最低处标高”①（楼板坡度起点所处的楼层，一般为“默认”，即楼板所在楼层）、“尾高度偏移”②（楼板坡度起点标高距所在楼层标高的差值）和“坡度”③（楼板倾斜坡度）（图 6.4.4–11）。单击“√”完成编辑模式。

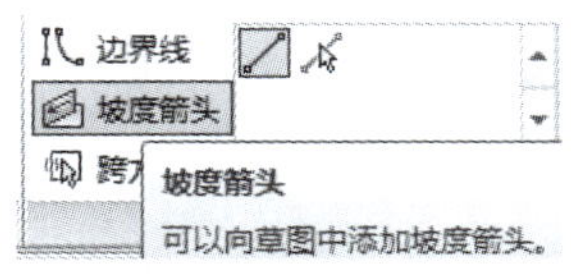

图 6.4.4–9　坡度箭头

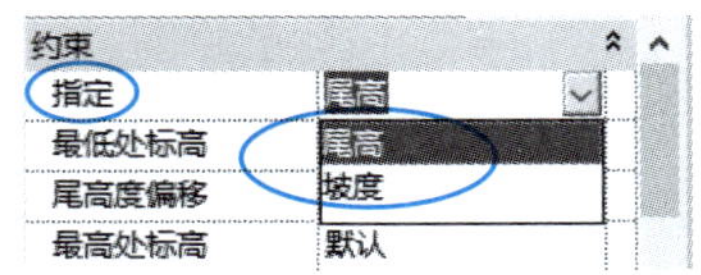

图 6.4.4–10　选择“坡度”

注意：

坡度箭头的起点（尾部）应位于一条定义边界的绘制线上。

若选择“尾高”（图 6.4.4–12），设置“最低处标高”①、“尾高度偏移”②、“最高处标高”③（楼板坡度终点所处的楼层）和“头高度偏移”④（楼板坡度终点标高距所在楼层标高的差值）。单击“√”完成编辑模式。

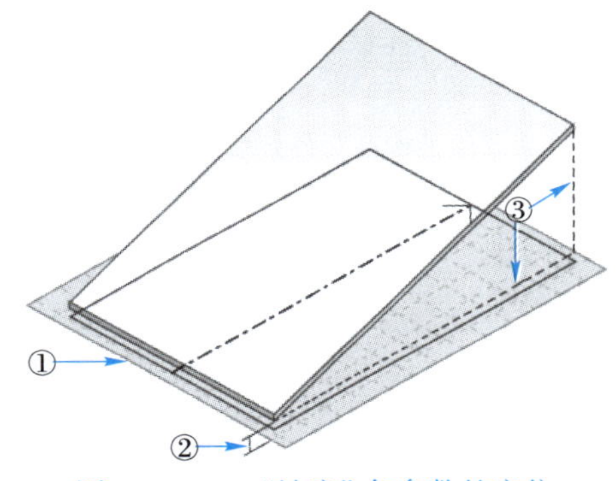

图 6.4.4–11　“坡度”各参数的定位

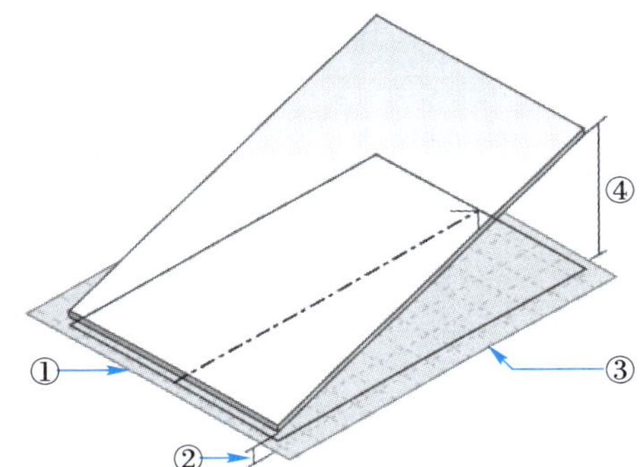

图 6.4.4–12　“尾高”各参数的定位

习题与能力提升

打开“习题与能力提升”文件夹中的“楼板练习预备文件 .rvt”，按照图 6.4.4–13 创建楼板。其中，楼板类型为“常规 –150 mm”。

6.4.4　操作练习 创建楼板

图 6.4.4–13 楼板

工作任务 6.4.5 创建柱

任务驱动与学习目标

序号	任务驱动	学习目标
1	创建结构柱	1. 掌握创建结构柱的方法 2. 掌握使用“AL”（对齐）命令使结构柱对齐到墙体的方法 3. 掌握柱子附着与分离的方法
2	区分建筑柱、结构柱	1. 了解结构柱创建的两种方法 2. 了解建筑柱、结构柱的区别

6.4.5 工作任务解决步骤：创建结构柱

工作任务解决步骤

一、结构柱类型的新建

打开“工作任务 6.4.4\ 楼板完成 .rvt”，进入 F1 楼层平面视图。

单击“建筑”选项卡“构建”面板“柱”下拉菜单中的“结构柱”，或执行快捷命令“CL”；单击属性面板的“编辑类型”，单击“载入”，定位到“C：\ProgramData\Autodesk\RVT 2020\Libraries\China\ 结构 \ 柱 \ 混凝土”下的“混凝土 – 矩形 – 柱”（图 6.4.5–1），单击“打开”按钮。

在类型属性面板复制出新的类型，命名为“矩形柱 _600 × 600”，设置 b 和 h 值均为“600”（图 6.4.5–2），单击“确定”按钮。

二、放置结构柱

选项栏选择“高度”“F2”（图 6.4.5–3），设置柱子“混凝土 – 现场浇注混凝土”材质的“截面填充图案”为“实体填充”（图 6.4.5–4）。

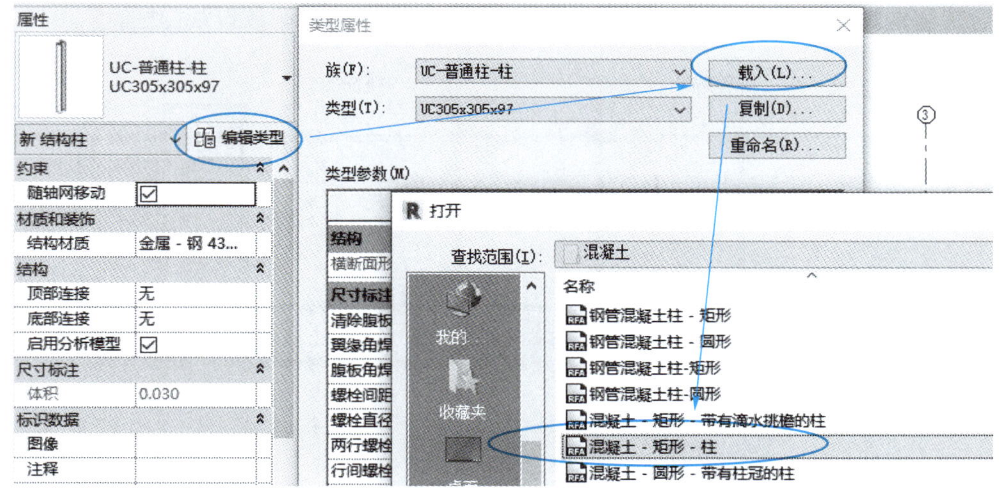

图 6.4.5–1　载入定位到“混凝土 – 矩形 – 柱”

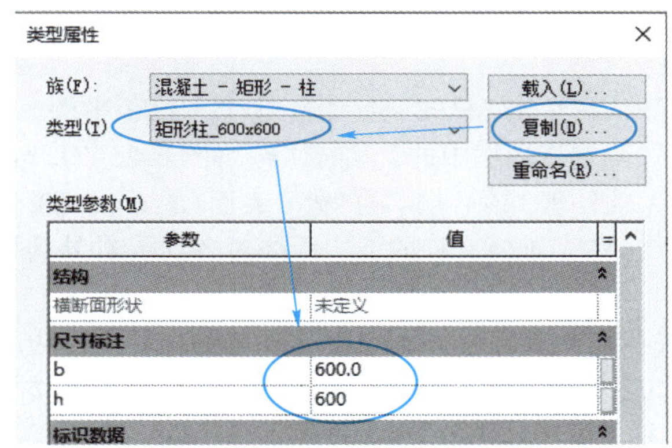

图 6.4.5–2　复制出“矩形柱 _600 × 600”新类型并设置参数

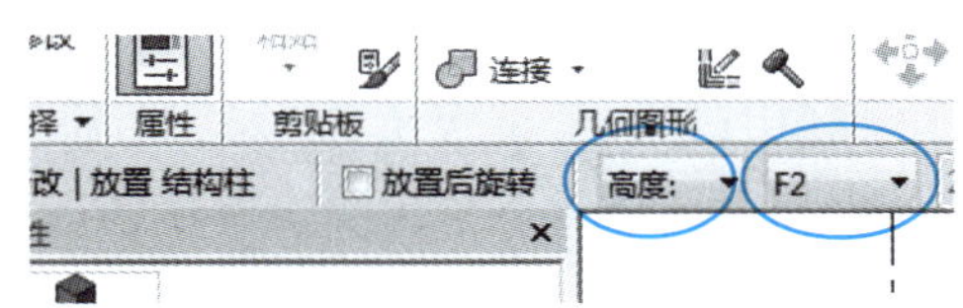

图 6.4.5–3　属性修改

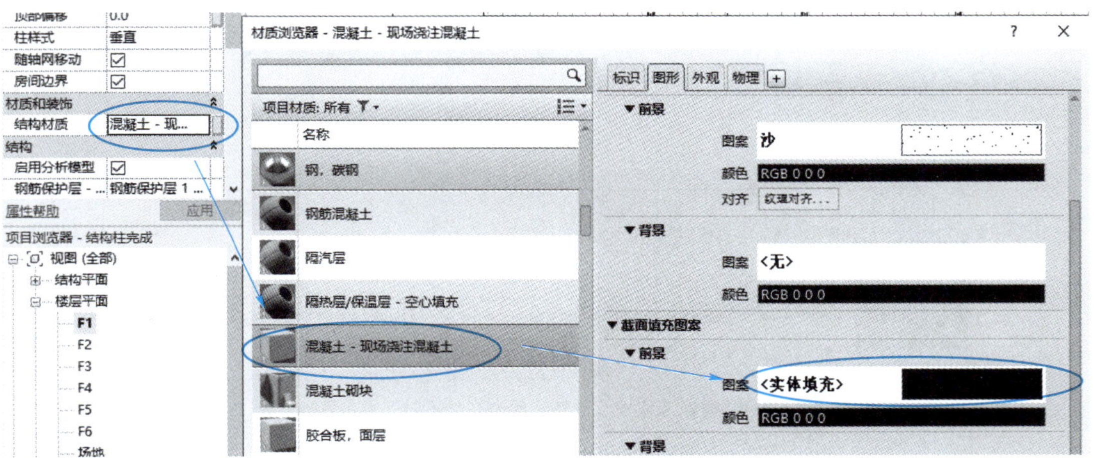

图 6.4.5–4　设置“截面填充图案”为“实体填充”

设置完成后，按照图 6.4.5-5 所示在轴网交点处单击鼠标左键放置结构柱。

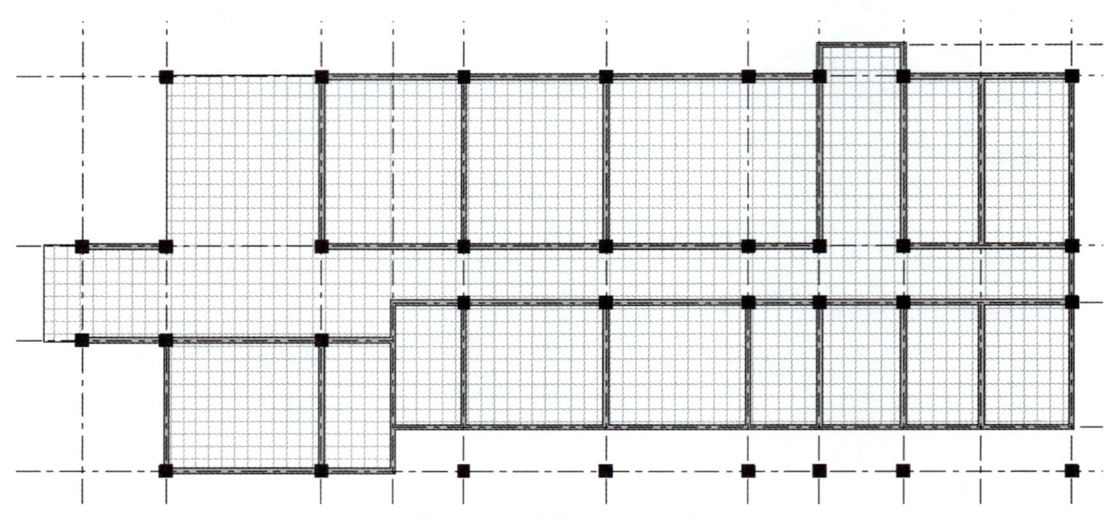

图 6.4.5-5 轴网交点放置柱

利用“对齐”工具使外部柱子不突出于外墙：单击“修改”选项卡“修改”面板中的“对齐”工具（图 6.4.5-6），或执行快捷命令“AL”，勾选选项栏中的“多重对齐”（图 6.4.5-7），“首选”项改为“参照核心层表面”，光标移到Ⓐ轴外墙“核心层”的“外”表面（图 6.4.5-8），然后鼠标再依次单击Ⓐ轴所有柱子的下边缘线，将Ⓐ轴所有柱的下边缘线对齐到Ⓐ轴外墙核心层外边缘线，按 ESC 键两次结束该命令。

利用该方法，再次执行“对齐”命令，使所有的外墙柱子不突出于外墙的核心层外边缘线、内部走廊柱子不突出于走廊墙体的核心层外边缘线，使Ⓕ轴、②轴柱子边界对齐一楼楼板边界，完成的柱平面图如图 6.4.5-9 所示，柱三维图如图 6.4.5-10 所示。

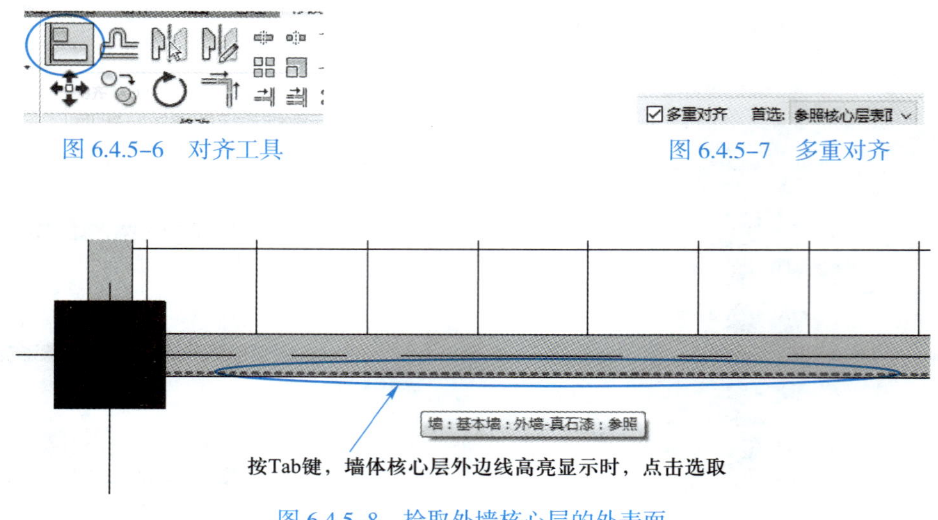

图 6.4.5-6 对齐工具

图 6.4.5-7 多重对齐

图 6.4.5-8 拾取外墙核心层的外表面

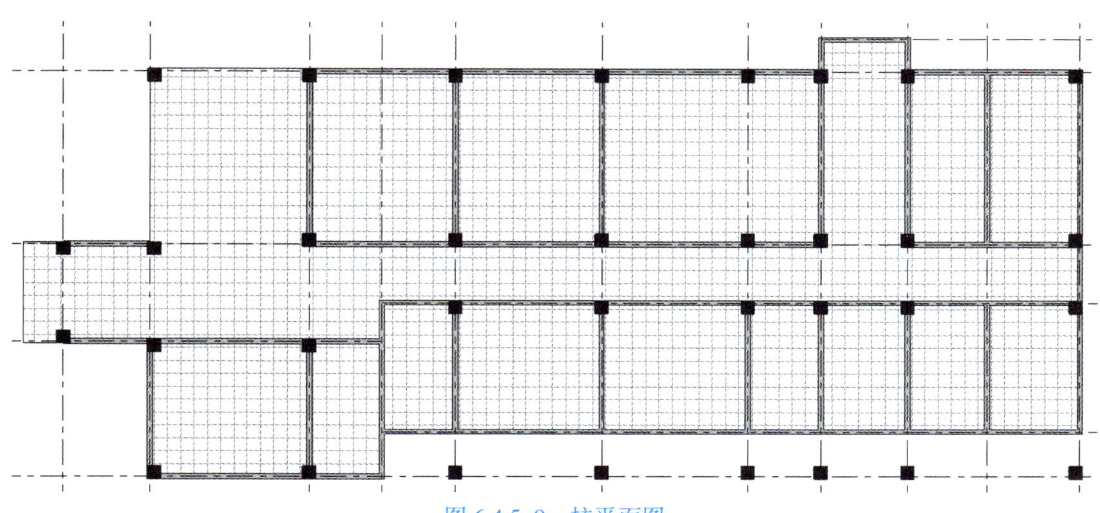

图 6.4.5-9 柱平面图

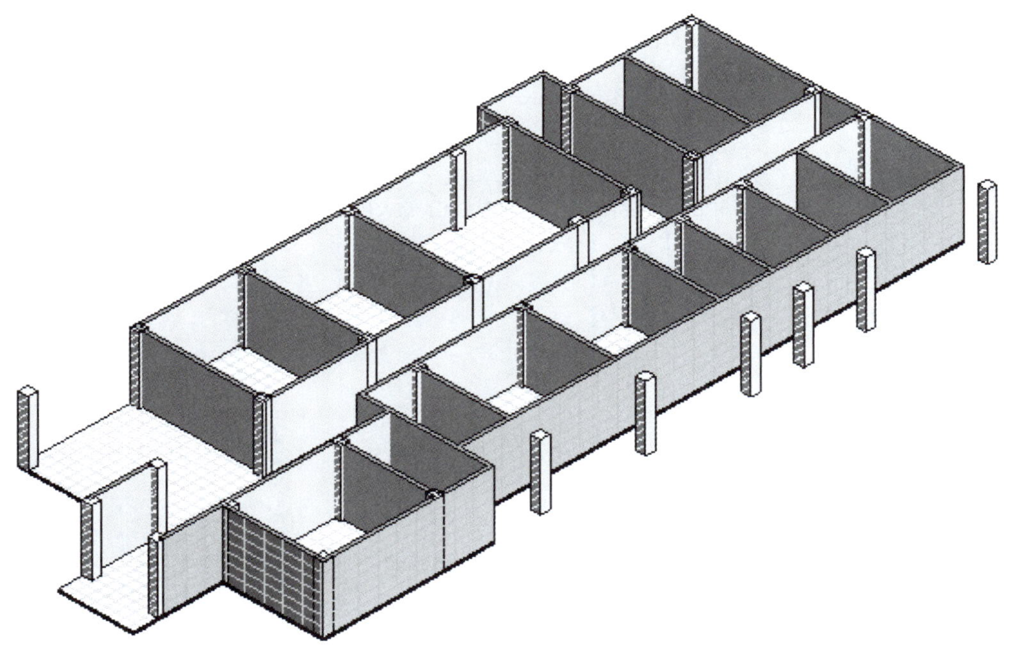

图 6.4.5-10 柱三维视图

完成的项目文件见“工作任务 6.4.5\ 结构柱完成 .rvt”。

工作技能扩展与相关系统性知识

6.4.5 技能扩展：柱子的附着与分离

一、柱子的附着与分离

与其他构件相同，选择柱子，可从“属性”选项板对其类型、底部或顶部位置进行修改。同样，可以通过选择柱对其拖曳，以移动柱。

柱不会自动附着到其顶部的屋顶、楼板和天花板上，需要进行一下修改。

1. 附着柱

选择一根柱(或多根柱)时,可以将其附着到屋顶、楼板、天花板、参照平面、结构框架构件,以及其他参照标高,步骤如下。

在绘图区域中,选择一个或多个柱。单击“修改 | 柱”上下文选项卡下“修改柱”面板中的“附着顶部 / 底部”工具。选项栏如图 6.4.5-11 所示。

图 6.4.5-11 附着工具

(1) 选择“顶”或“底”作为“附着柱”值,以指定要附着柱的哪一部分。

(2) 选择“剪切柱”“剪切目标”或“不剪切”作为“附着样式”值。

(3)“目标”指的是柱要附着上的构件,如屋顶、楼板、天花板等。“目标”可以被柱剪切,柱可以被目标剪切,或者两者都不可以被剪切。

(4) 选择“最小相交”“相交柱中线”或“最大相交”作为“附着对正”值。

(5) 指定“从附着物偏移”。“从附着物偏移”用于设置要从目标偏移的一个值。

不同情况下的剪切示意图如图 6.4.5-12 所示。

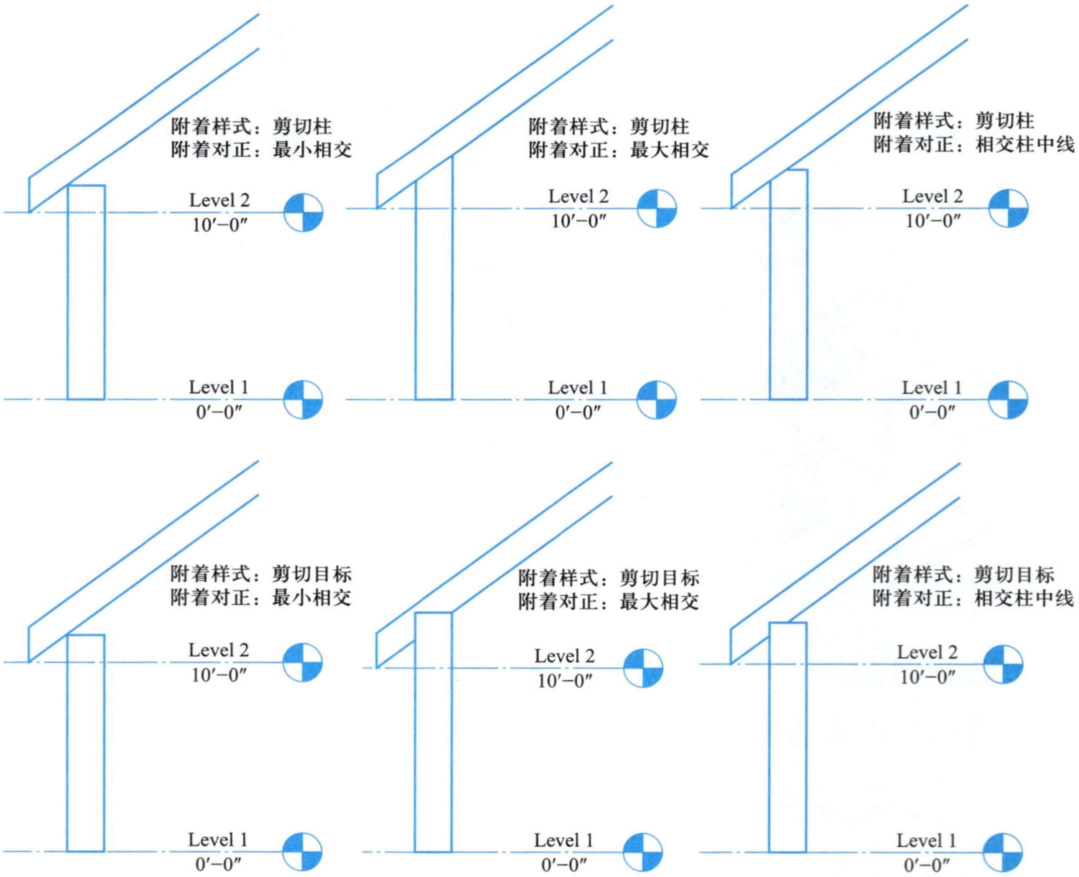

图 6.4.5-12 剪切示意图

在绘图区域中,根据状态栏提示,选择要将柱附着到的目标(如屋顶或楼板等)。

2. 分离柱

在绘图区域中，选择一个或多个柱。单击“修改 | 柱”上下文选项卡下“修改柱”面板中的“分离顶部 / 底部”命令，单击要从中分离柱的目标。

如果将柱的顶部和底部均与目标分离，单击选项栏上的“全部分离”即可。

6.4.5　技能扩展：创建其他结构构件

二、其他结构构件创建

1. 结构梁

结构专业建模要选择“结构样板”进行新建项目，即启动 Revit 时需要选择“结构样板”进行创建（图 6.4.5–13）。

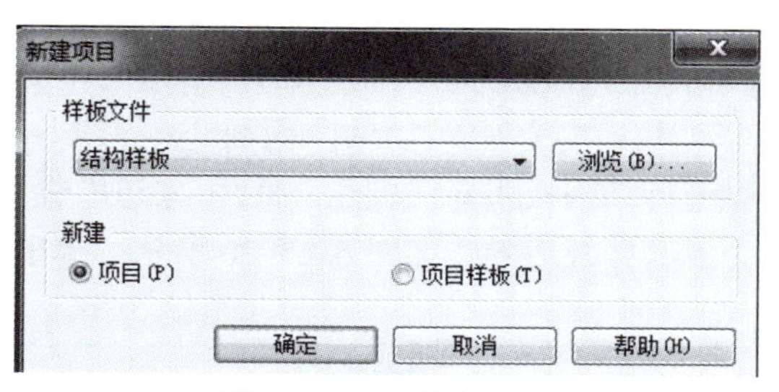

图 6.4.5–13　结构样板

结构模型也是先创建标高、轴网，再创建结构柱、结构梁、结构板、基础等。标高、轴网、结构柱的创建同前章节，不再赘述，直接打开已经创建完成的一层柱文件模型，从结构梁的创建开始讲解。

打开“工作任务 6.4.5\ 一层结构柱模型完成 .rvt”，进入 F2 楼层平面视图。

单击“结构”选项卡“结构”面板中的“梁”工具（图 6.4.5–14）；在属性面板选择“混凝土 – 矩形梁 300 × 600 mm”，结构材质改为“混凝土，现场浇注 –C30”（图 6.4.5–15）；在柱子所在的轴网交点处绘制梁，再使用“对齐”工具（快捷命令“AL”）使梁边与柱边对齐，完成的结构梁模型如图 6.4.5–16 所示。

图 6.4.5–14　“梁”工具

图 6.4.5–15　梁属性修改

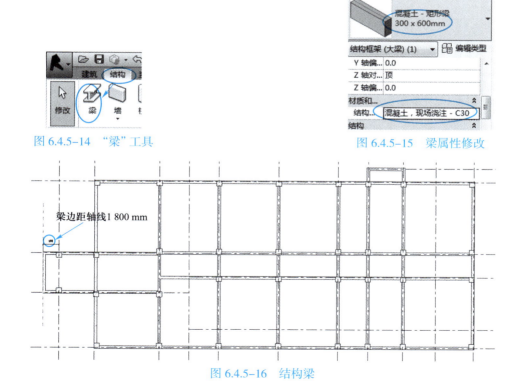

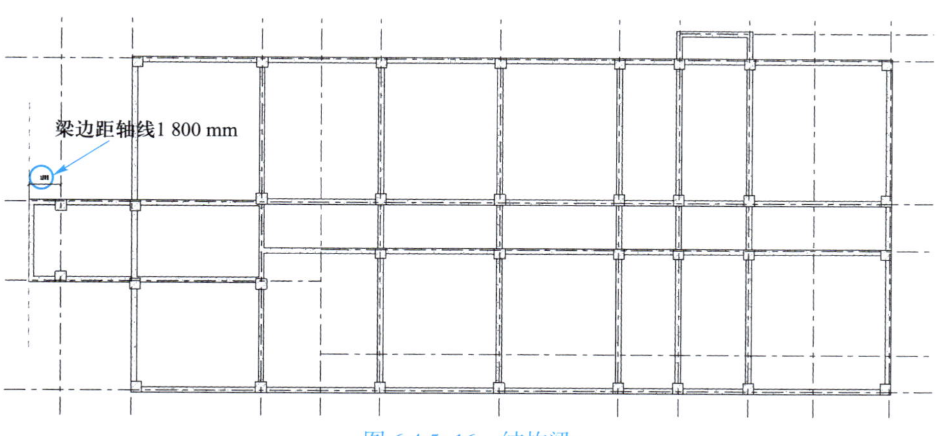

图 6.4.5–16　结构梁

完成的结构梁模型见“工作任务 6.4.5\ 创建一层结构梁模型完成 .rvt”。

2. 结构板

进入到 F2 楼层平面视图。

单击“结构”选项卡“结构”面板中的“楼板：结构”工具(图 6.4.5–17),在属性面板单击“编辑类型”,单击“复制”,复制出名称为“120 mm”结构板,再继续单击“编辑”,将结构材质改为“混凝土,现场浇注 –C20”、结构层厚度改为“120”(图 6.4.5–18),单击“确定”按钮退出。单击上下文选项卡“绘制”面板“边界线”中的“拾取支座”工具(图 6.4.5–19),单击所有外围梁进行结构板边界线创建。使用“修剪”命令(快捷命令为“TR”),使结构板边界线首尾相连,完成的楼板边界线如图 6.4.5–20 所示。单击“完成编辑”按钮,完成结构板的创建。

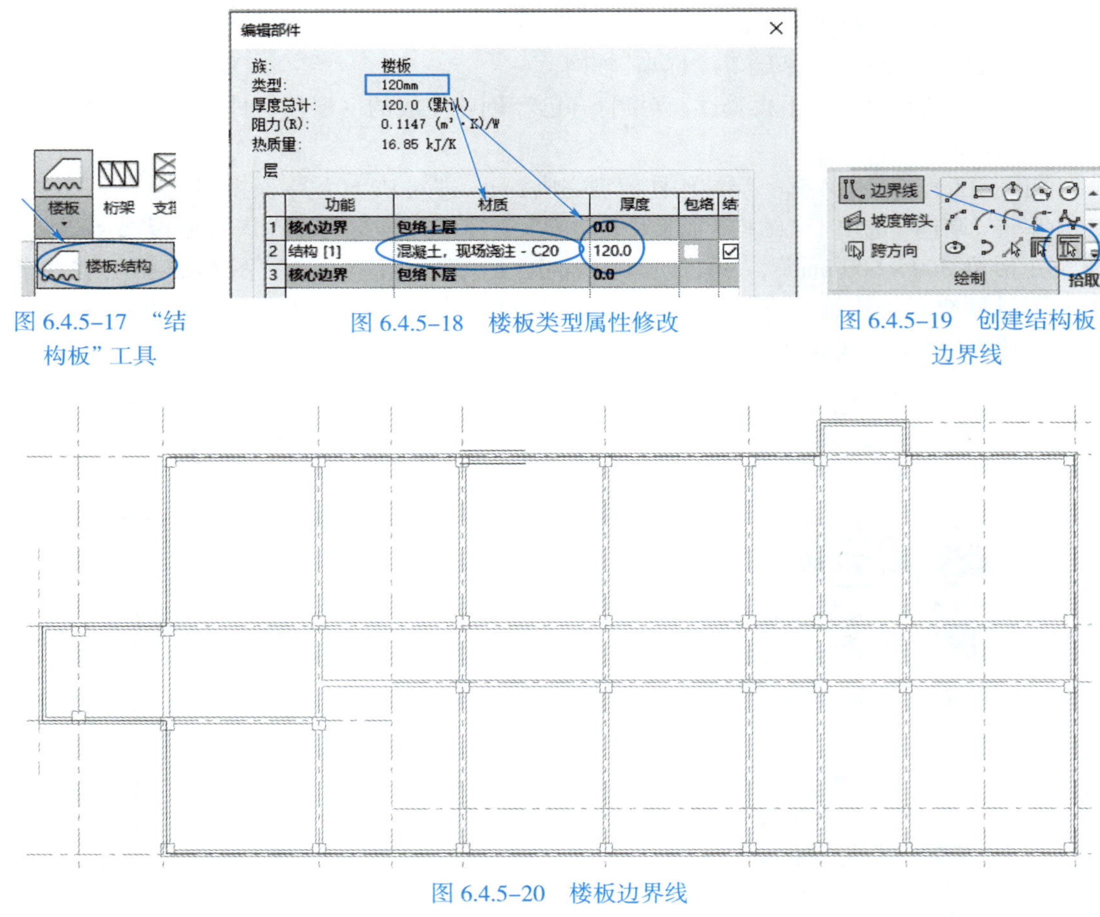

图 6.4.5–17 “结构板”工具

图 6.4.5–18 楼板类型属性修改

图 6.4.5–19 创建结构板边界线

图 6.4.5–20 楼板边界线

3. 结构基础

首先复制出二至五层,并修改一层柱的底高度,再创建基础。具体操作步骤如下。

(1) 复制出二至五层,修改一层柱的底高度。选中所有模型图元,单击上下文选项卡“剪贴板”面板中的“复制到剪贴板”工具,再单击“粘贴”下拉工具中的“与选定的标高对齐”,在弹出的“选择标高”对话框中选择“F3”“F4”“F5”“F6”,单击“确定”按钮(图 6.4.5–21)。图 6.4.5–22 是视觉样式在“着色”条件下的一至五层结构模型。

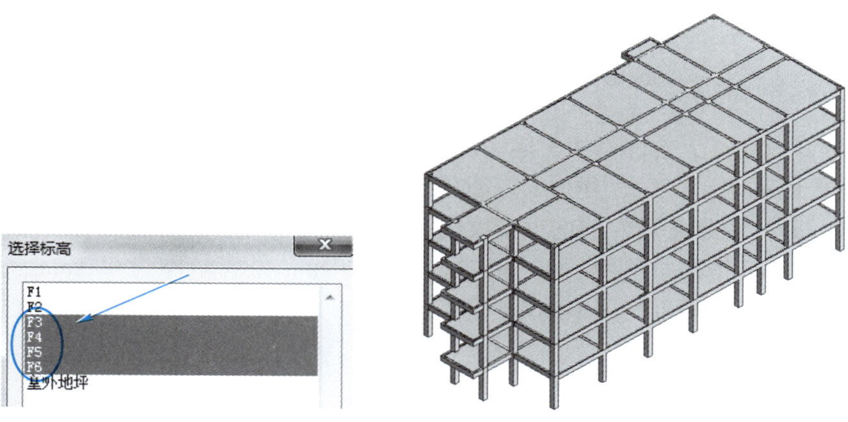

图 6.4.5-21　复制、粘贴　　图 6.4.5-22　一层至五层结构模型

按照图 6.4.5-23，选择一层的所有结构柱，在属性面板修改“底部偏移”为“-700”。

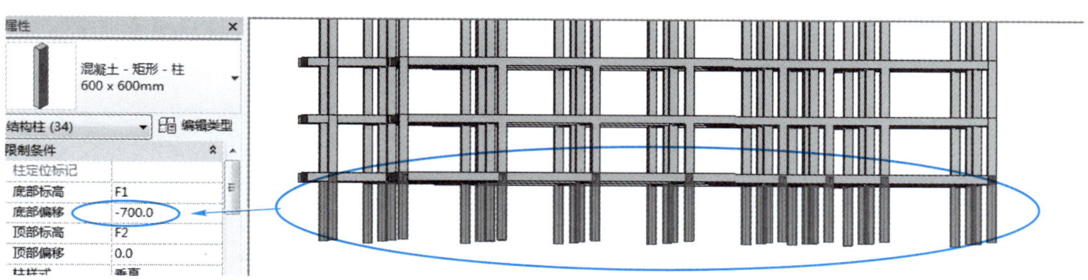

图 6.4.5-23　修改一层结构柱底高度

(2) 基础创建。进入 F1 平面视图，单击“结构”选项卡“基础”面板中的“独立”基础(图 6.4.5-24)，在属性面板选择“独立基础 2 400 mm × 1 800 mm × 450 mm”基础，单击上下文选项卡“多个”面板中的“在柱处”(图 6.4.5-25)，选择所有结构柱，单击“完成”按钮。创建完成的结构模型如图 6.4.5-26 所示。

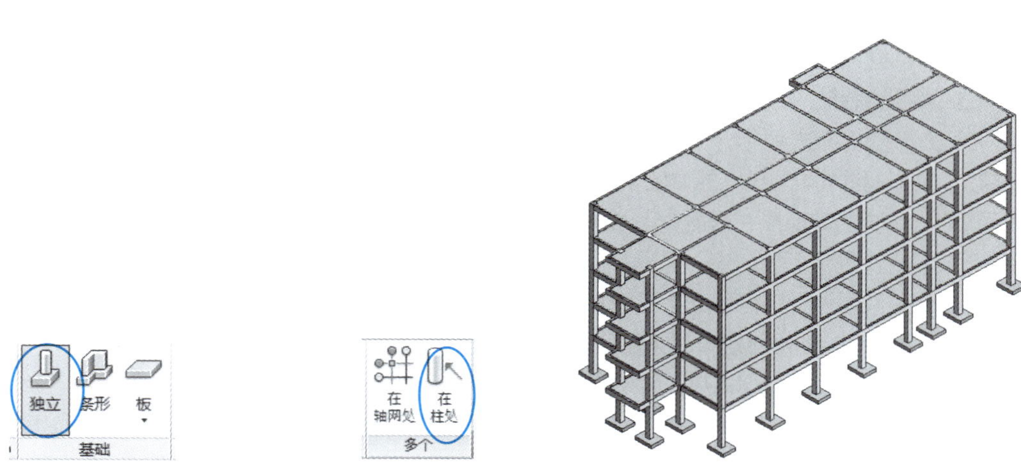

图 6.4.5-24　“独立基础”工具　　图 6.4.5-25　在柱处　　图 6.4.5-26　结构模型

创建完成的基础模型见“工作任务 6.4.5\ 全部结构模型完成 .rvt”。

三、结构钢筋创建

Revit 可以为混凝土构件添加实体钢筋，如混凝土梁、板、柱、基础、墙等。一般有 4 个步骤：设置混凝土保护层厚度、创建剖面视图、放置钢筋、钢筋显示。

此处以位于一层顶①轴左侧的框架梁配筋为例说明结构钢筋的创建。该梁箍筋为双肢箍，箍筋为 HPB300 钢筋、直径 8 mm，加密区间距 100 mm、加密范围为 900 mm，非加密区间距 200 mm；纵筋、侧面腰筋为 HRB400 钢筋；拉筋为 8 HPB300。

6.4.5 技能扩展：创建结构钢筋

1. 钢筋保护层设置

打开“工作任务 6.4.5\ 结构模型完成 .rvt”。

单击“结构”选项卡下“钢筋”面板中的“保护层”，单击选项栏右侧的“编辑保护层设置”（图 6.4.5-27），可以复制、删除、修改保护层。

图 6.4.5-27 保护层设置

对这个图元或者这个面的保护层厚度进行指定（图 6.4.5-28）。

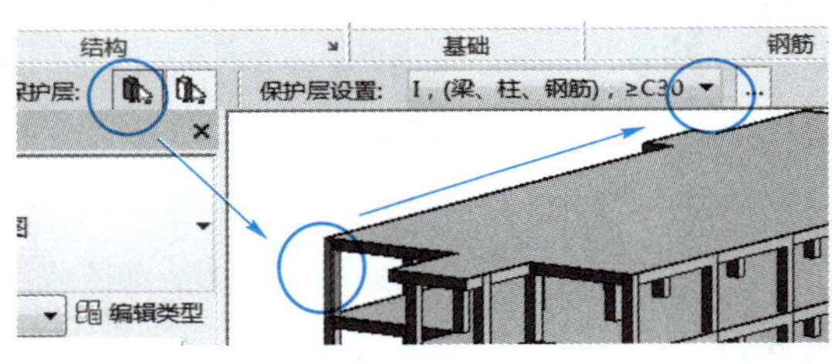

图 6.4.5-28 修改保护层

2. 创建剖面视图

进入到 F2 结构平面视图。单击“视图”选项卡下“创建”面板中的“剖面”工具，在①轴左侧创建“剖面 1”剖面视图，如图 6.4.5-29 所示。

3. 放置箍筋

单击“结构”选项卡下的“钢筋”工具，在钢筋形状浏览器中选择合适的钢筋类型，在上下文选项卡（图 6.4.5-30）的“放置平面”面板选择合适的放置平面、在“放置方向”面板设置适宜的放置方向、在“钢筋集”面板选择正确的钢筋布局。设置完成后，单击梁截面可设置钢筋。设置完成后按 ESC 键退出。

放置完成后可在合适的视图中调整钢筋位置。

使用该方法依次创建梁的箍筋、纵筋、拉筋，创建完成的箍筋如图 6.4.5-31 所示，创建完成的梁钢筋断面如图 6.4.5-32 所示。

4. 钢筋显示

在绘图区域选择创建完成的钢筋，在属性面板单击“视图可见性状态”一栏中的“编辑”按钮（图 6.4.5-33），在弹出的“钢筋图元视图可见性状态”对话框中，可以对钢筋在不同视图中的显示状态进行设置，如勾选三维视图中的“清晰的视图”“作为实体查看”，如图 6.4.5-34 所示。

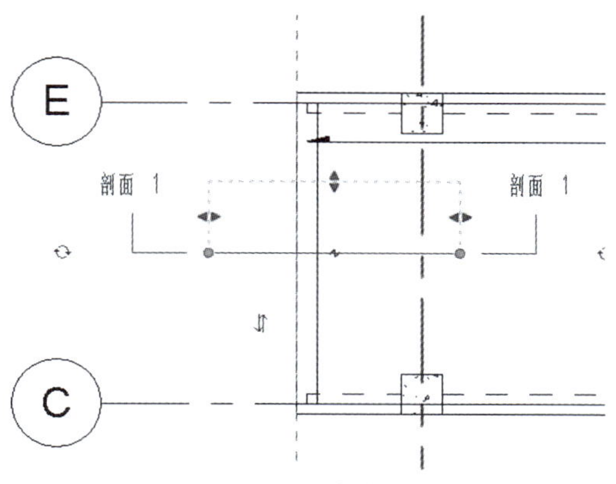

图 6.4.5-29 添加剖面视图

图 6.4.5-30 钢筋创建设置

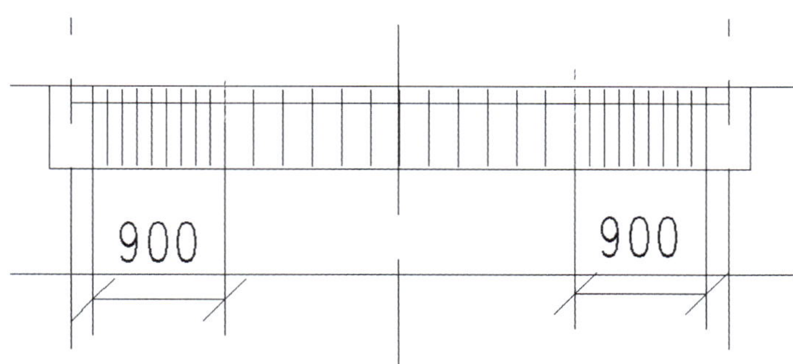

图 6.4.5-31 创建完成的箍筋

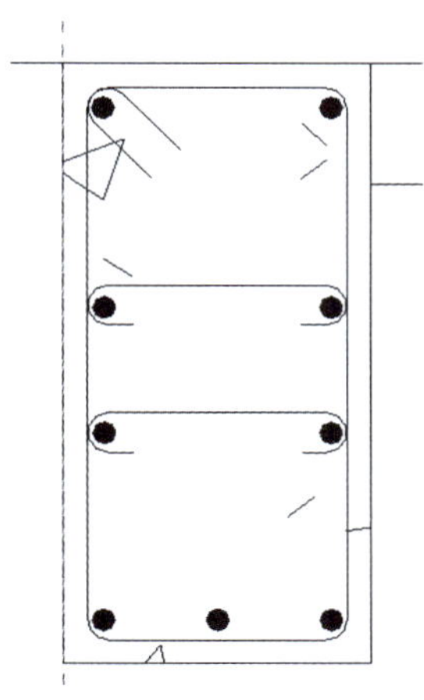

图 6.4.5-32 梁钢筋断面图

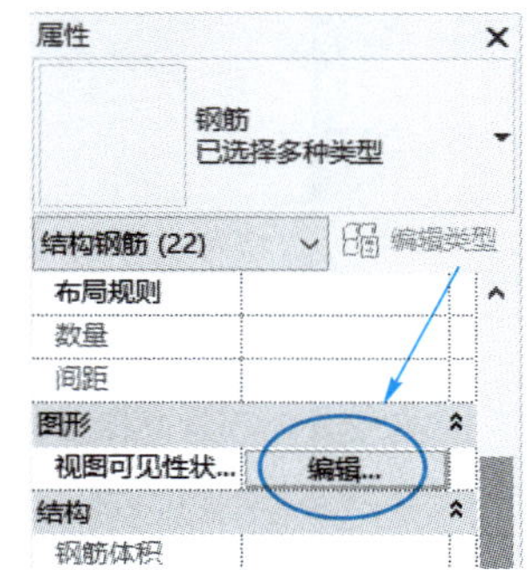

图 6.4.5-33 钢筋可见性状态按钮

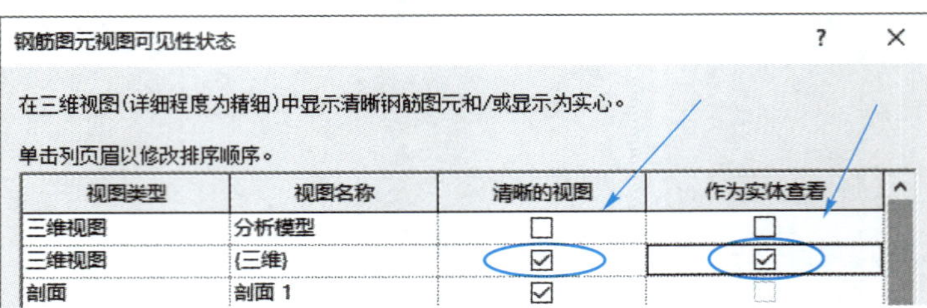

图 6.4.5-34　钢筋可见性状态设置

完成后进入三维视图，将“详细程度”设为“精细”，“视觉样式”设置为“真实”，钢筋的显示效果如图 6.4.5-35 所示。

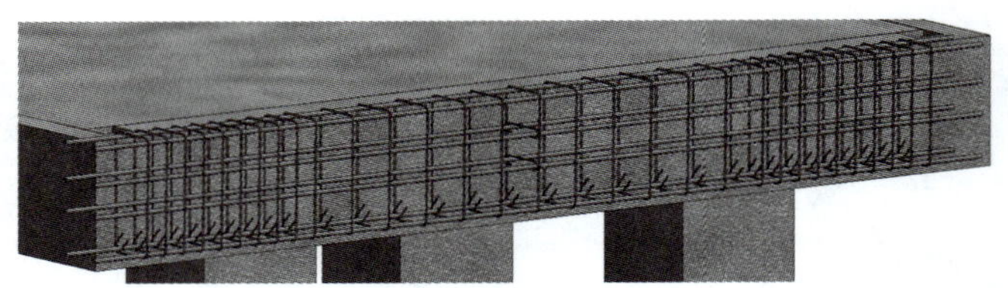

图 6.4.5-35　钢筋显示效果

创建完成的文件见“工作任务 6.4.5\ 梁钢筋模型完成 .rvt”。

习题与能力提升

6.4.5　操作练习 1 创建柱

操作练习 1

创建一根高度为 3.6 m 的结构柱，该结构柱下部 2 m 范围为 500 mm × 500 mm 的混凝土柱，上部为 300 mm × 300 mm 的混凝土柱。

6.4.5　操作练习 2 创建一层柱

操作练习 2

打开“习题与能力提升”文件夹中“结构柱练习预备文件 .rvt”，按照图 6.4.5-36 创建柱。其中，柱截面尺寸为 600 mm × 600 mm。

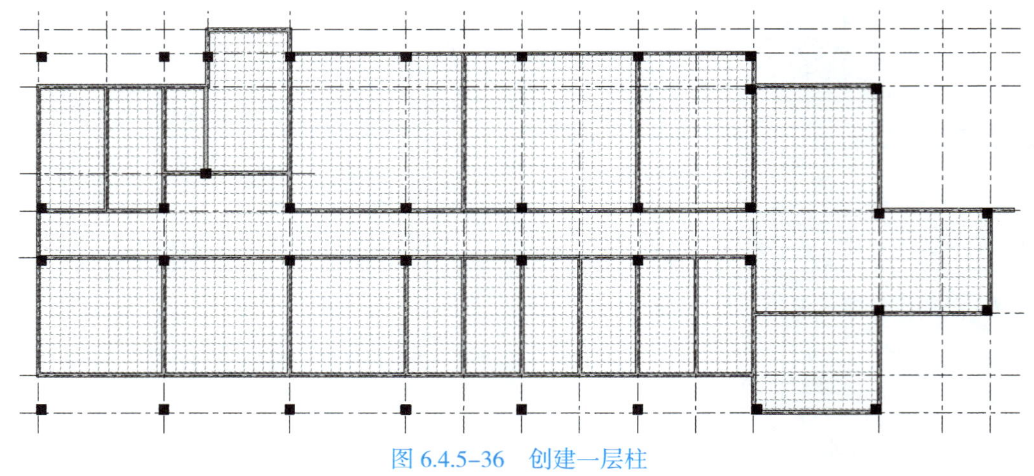

图 6.4.5-36　创建一层柱

工作任务 6.4.6　创建门窗

任务驱动与学习目标

序号	任务驱动	学习目标
1	创建门窗	1. 掌握创建教学楼工程门窗的方法 2. 掌握调整门窗位置和方向的方法
2	编辑门窗	1. 掌握修改门窗属性的方法 2. 掌握复制新的门窗类型的方法
3	载入新类型的门窗	掌握通过"载入族"载入新门窗的方法

6.4.6　工作任务解决步骤：创建一楼门窗

工作任务解决步骤

一、创建窗

1. 载入新类型

打开"工作任务 6.4.5\ 结构柱完成 .rvt"，进入到 F1 楼层平面视图。

单击"建筑"选项卡下"构建"面板中的"窗"工具，或执行"WN"快捷命令；单击属性面板的"编辑类型"，单击"载入"按钮，定位到"C:\ProgramData\Autodesk\RVT 2020\Libraries\China\ 建筑 \ 窗 \ 普通窗 \ 平开窗"下的"双扇平开 – 带贴面"，打开；在类型属性面板复制出新的类型，命名为"C1"，设置宽度为"2 700"、高度为"2 100"、类型标记为"C1"，单击"确定"按钮，如图 6.4.6–1 所示。

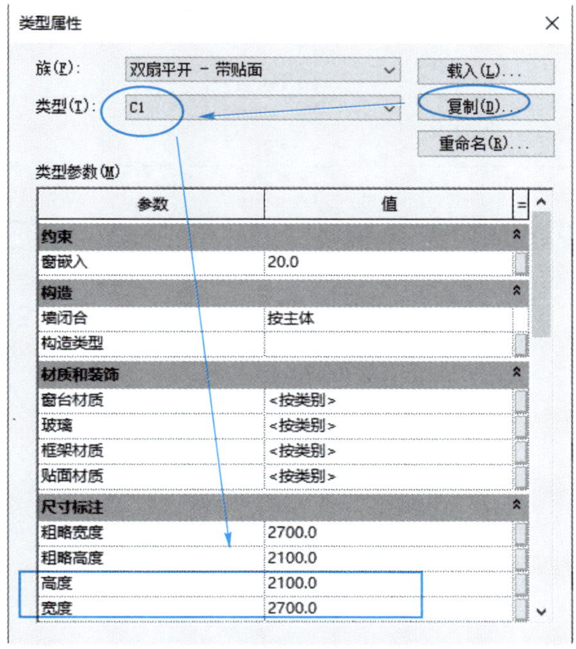

图 6.4.6–1　复制出新类型并设置参数

2. 放置窗

在属性面板设置窗的底高度为“900”，在上下文选项卡“标记”面板单击“在放置时进行标记”，在Ⓐ轴墙上进行单击放置窗 C1（图 6.4.6–2）。按 ESC 键两次，退出放置窗命令。

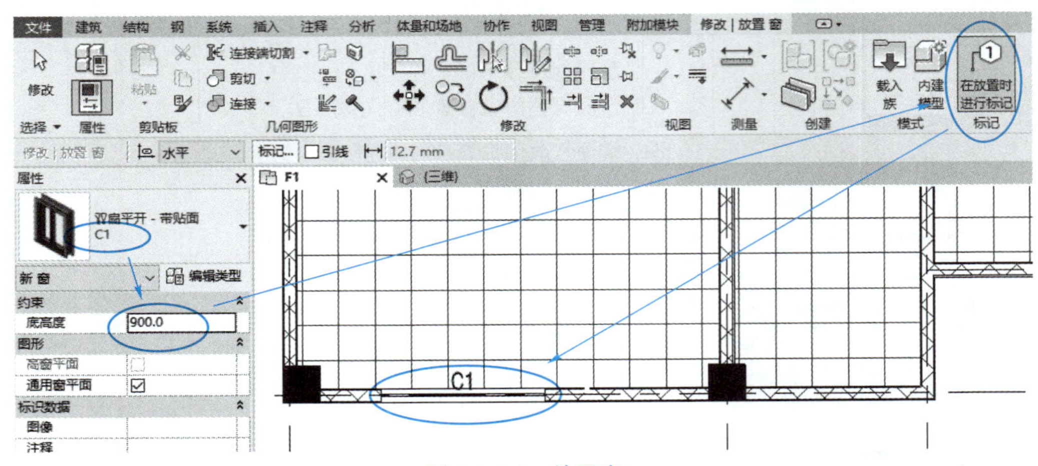

图 6.4.6–2 放置窗

3. 窗位置修改

在绘图区域单击选择上一步中创建的窗 C1，会出现翻转实例面箭头和蓝色临时尺寸线。如图 6.4.6–3 所示，单击翻转实例面箭头，确保蓝色箭头位于窗户外部；单击蓝色临时尺寸线，将左侧端点拖动至②轴处，尺寸数字更改为“600”，按 ESC 键完成窗 C1 位置的修改。

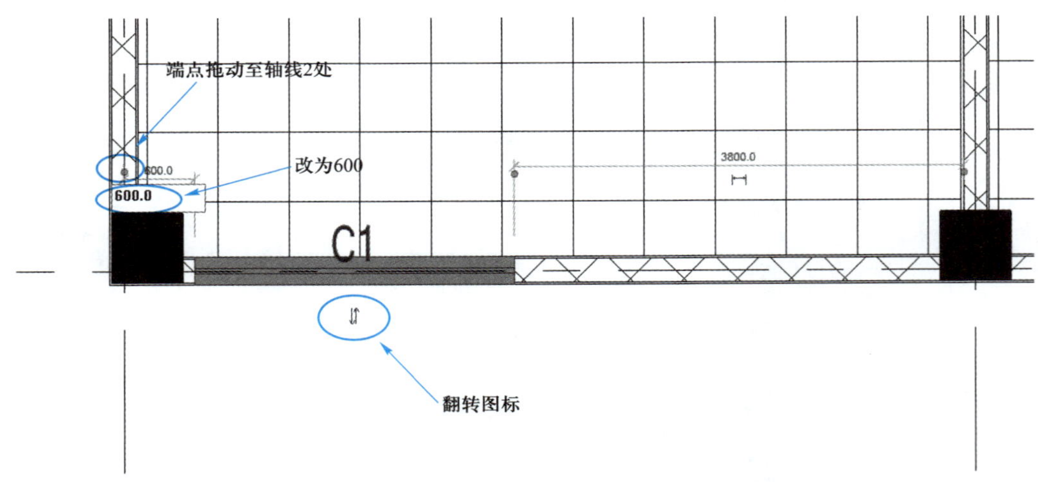

图 6.4.6–3 窗位置属性的修改

同理，完成其余窗的创建。其中，C2 为双扇窗，宽度为 1 500 mm，高度为 2 500 mm，底高度为 900 mm，门窗定位如图 6.4.6–4 所示。

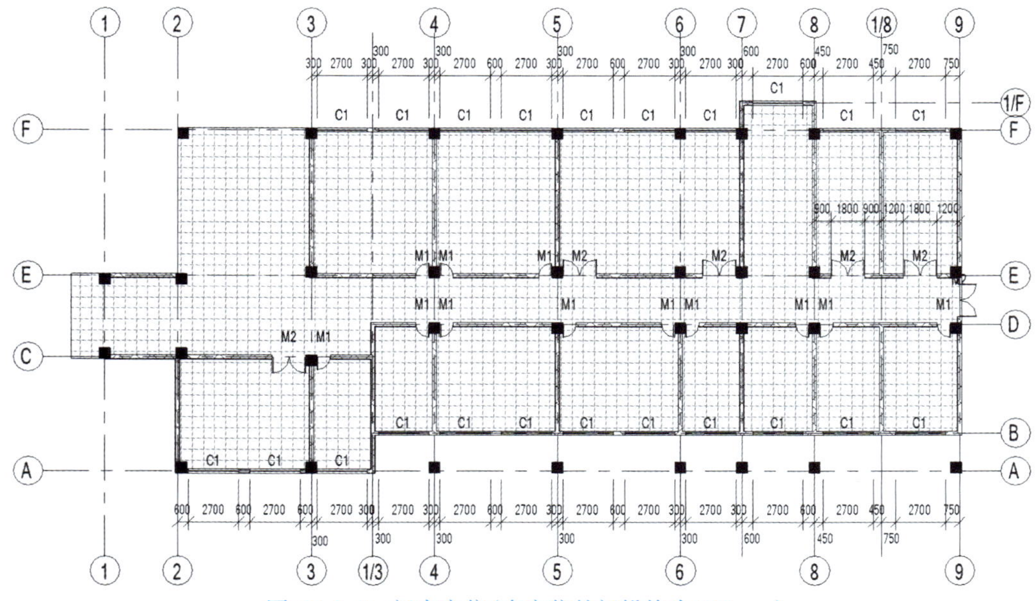

图 6.4.6-4　门窗定位(未定位的门垛均为 300 mm)

二、创建门

1. 载入新类型

单击“建筑”选项卡下“构建”面板中的“门”工具,或执行“DR”快捷命令;单击属性面板的“编辑类型”,载入“C:\ProgramData\Autodesk\RVT 2020\Libraries\China\ 建筑 \ 门 \ 普通门 \ 平开门 \ 双扇”下的“双面嵌板木门 1”;在类型属性面板复制出新的类型,命名为“M2”,设置宽度为“1 800”、高度为“2 400”、类型标记为“M2”,单击“确定”按钮,如图 6.4.6-5 所示。

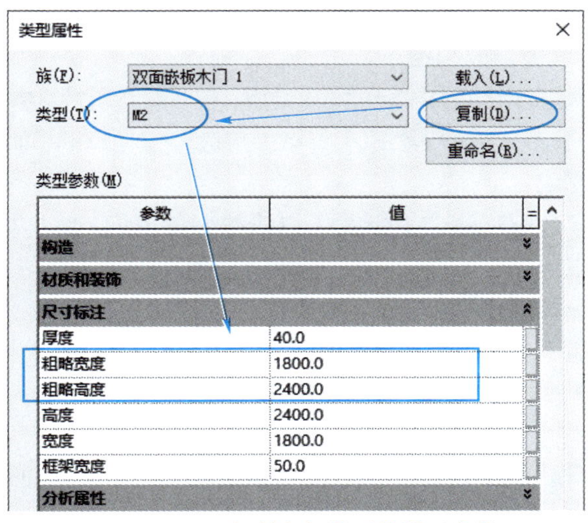

图 6.4.6-5　复制出新类型并设置参数

2. 放置门

在上下文选项卡“标记”面板单击“在放置时进行标记”；在Ⓒ轴墙体靠近③轴侧进行单击放置门 M2；按 ESC 键两次，退出创建门命令。

3. 门位置修改

在绘图区域单击选择上一步中创建的门 M2，会出现两个翻转实例面箭头和蓝色临时尺寸线。如图 6.4.6-6 所示，单击翻转实例面箭头，确保门向室内开启；单击蓝色临时尺寸线，将右侧端点拖动至③轴处，尺寸数字更改为“300”，按 ESC 键完成门 M2 位置的修改。

同理，创建其他门，其中 M1 为“单嵌板镶玻璃门 1”、类型标记为“M1”、宽度为“900”、高度为“2 100”。完成后的一层门窗三维视图如图 6.4.6-7 所示。

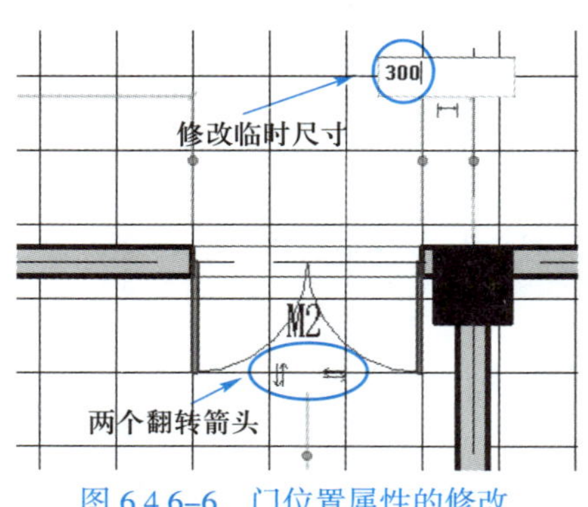

图 6.4.6-6 门位置属性的修改

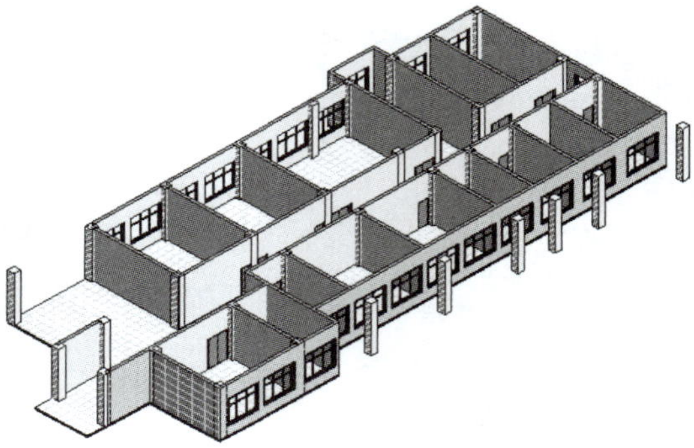

图 6.4.6-7 一层门窗三维视图

完成的项目文件见“工作任务 6.4.6\ 门窗完成 .rvt”。

工作技能扩展与相关系统性知识

一、门窗编辑

6.4.6 技能扩展：门窗编辑和载入

1. 通过“属性”选项板修改门窗

选择门窗，在“类型选择器”中修改门窗类型；在“实例属性”中修改“限制条件”“构造”“材质和装饰”等值；在“类型属性”中修改“构造”“材质和装饰”“尺寸标注”等值。

2. 在绘图区域内修改

选择门窗，通过单击左右箭头、上下箭头以修改门的方向，通过单击临时尺寸标注并输入新值，以修改门的定位。

3. 将门窗移到另一面墙内

选择门窗，单击“修改 | 门”上下文选项卡下“主体”面板中的“拾取新主体”命令，根据状态栏提示，将光标移到另一面墙上，单击以放置门。

4. 门窗标记

在放置门窗时，单击“修改 | 放置门”上下文选项卡下“标记”面板中的“在放置时进行

标记”命令，可以指定在放置门窗时自动标记门窗；也可以在放置门窗后，单击“注释”选项卡下“标记”面板中的“按类别标记”对门窗逐个标记，或单击“全部标记”对门窗一次性全部标记。

二、门窗载入

在“插入”选项卡下“从库中载入”面板里，单击“载入族”命令（图 6.4.6–8），弹出“载入族”对话框，选择“建筑”文件夹下“门”或“窗”文件夹中的某一类型的窗载入到项目中（图 6.4.6–9）。

图 6.4.6–8 载入族

图 6.4.6–9 门窗文件夹

注意：

系统默认族文件所在的位置为 C：\ProgramData\Autodesk\RVT 2020\Libraries\China。

习题与能力提升

操作练习 1

6.4.6 操作练习 1 创建窗

打开“习题与能力提升”文件夹中的“门窗练习预备文件 .rvt”，按照图 6.4.6–10 创建窗。

操作练习 2

6.4.6 操作练习 2 创建门

打开“习题与能力提升”文件夹中的“门窗练习预备文件 .rvt”，按照图 6.4.6–11 创建门窗。

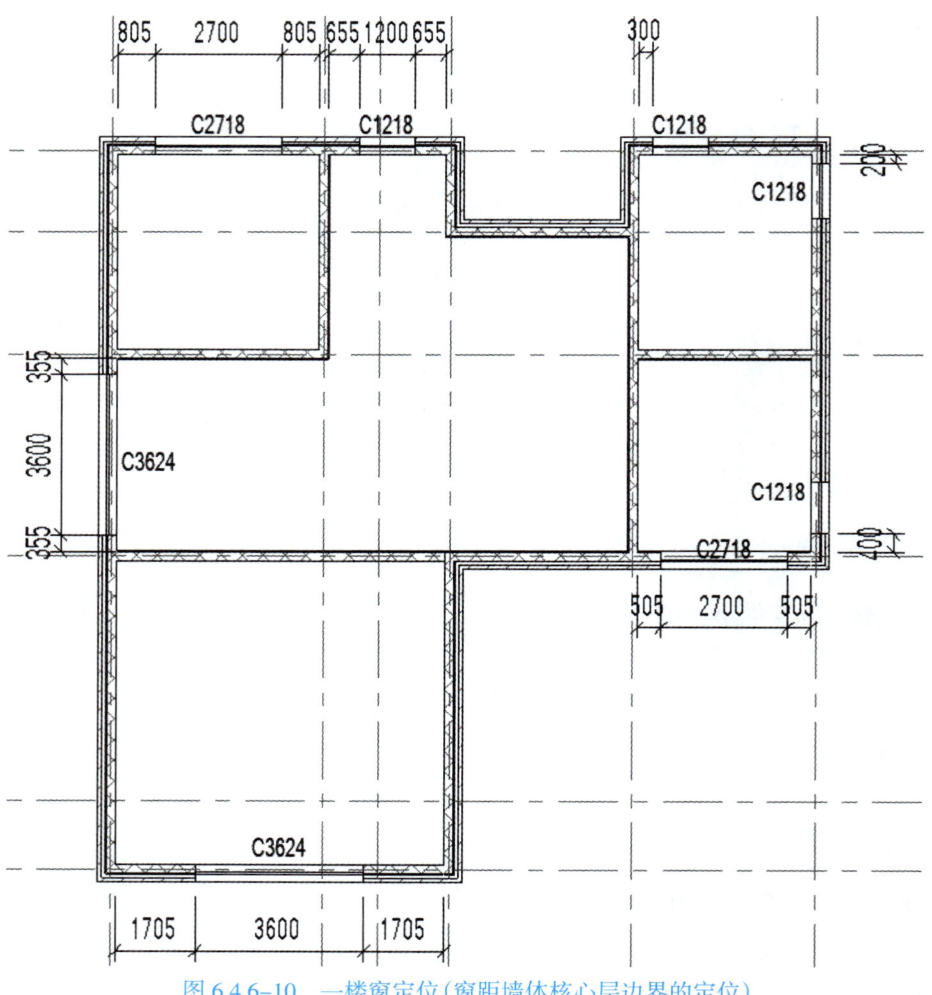

图 6.4.6-10 一楼窗定位(窗距墙体核心层边界的定位)

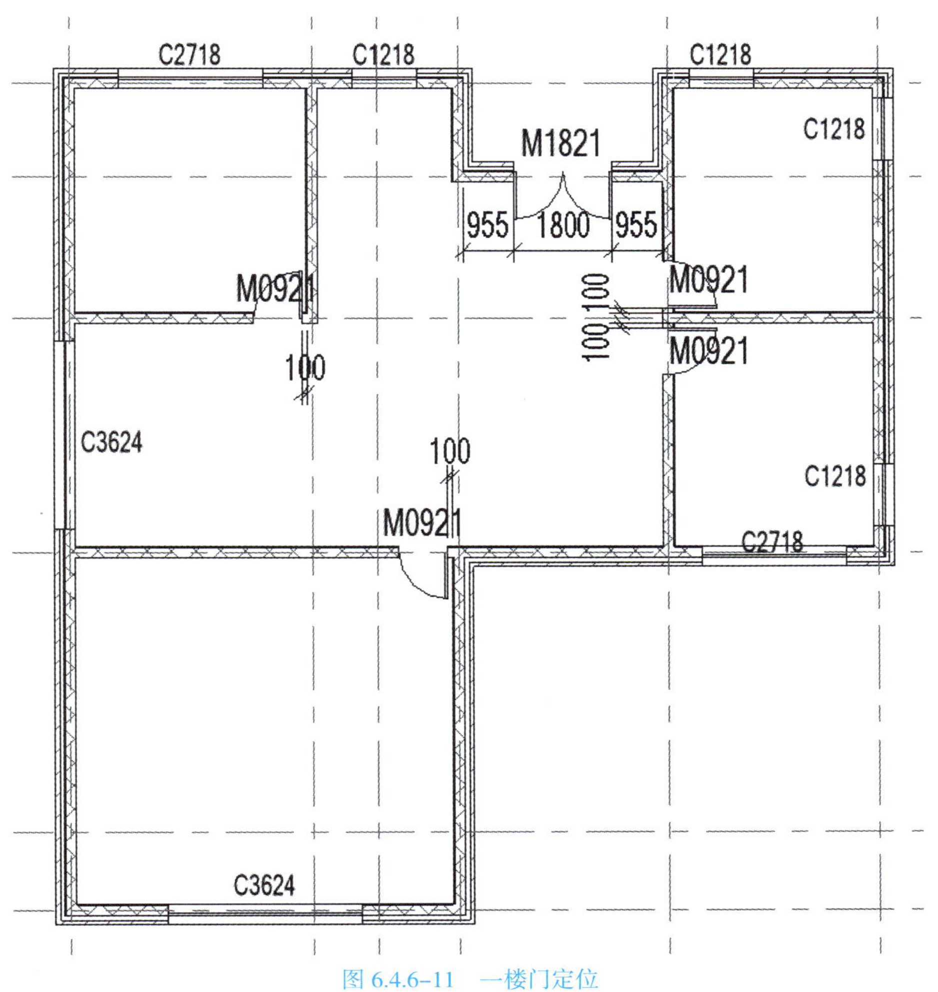

图 6.4.6–11　一楼门定位

工作任务 6.4.7　楼层编辑及创建屋顶

任务驱动与学习目标

序号	任务驱动	学习目标
1	创建教学楼工程中的二层至五层	1. 掌握复制一层形成二层，并对二层墙体进行修改的方法 2. 掌握复制二层形成三至五层的方法
2	创建教学楼工程中的屋顶	掌握创建迹线屋顶的方法
3	创建拉伸屋顶	1. 掌握使用“拉伸屋顶”创建屋顶的方法 2. 掌握对拉伸屋顶的拉伸尺寸进行修改的方法
4	创建玻璃斜窗	1. 了解创建玻璃斜窗的方法 2. 了解编辑玻璃斜窗的方法
5	创建老虎窗屋顶	了解使用坡度箭头创建老虎窗屋顶的方法

6.4.7 工作任务解决步骤：创建二层至五层

工作任务解决步骤

一、创建二层至五层

1. 复制一层形成二层

打开“工作任务 6.4.6\ 门窗完成 .rvt”，进入 F1 楼层平面视图。

选择所有的实体图元，单击上下文选项卡中的“过滤器”工具，按照图 6.4.7–1 所示，只勾选实体图元，取消勾选门窗标记、轴网等非实体图元，单击“确定”按钮完成过滤器的筛选。

单击上下文选项卡中的“复制到粘贴板”工具，单击“粘贴”下拉箭头，选择“与选定的标高对齐”工具（图 6.4.7–2），在弹出的“选择标高”面板中单击“F2”再单击“确定”按钮。

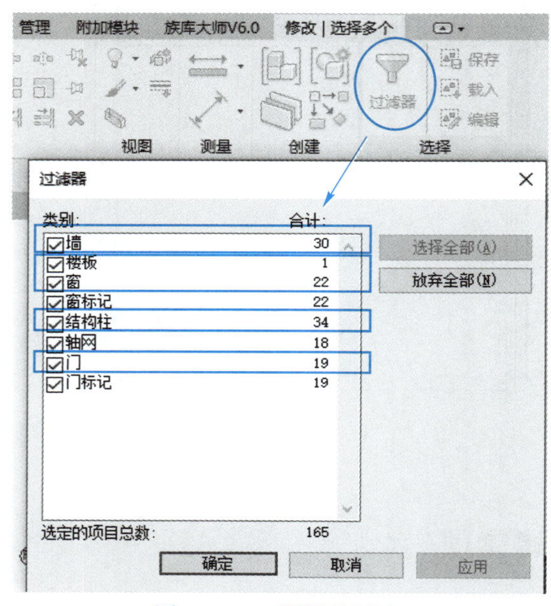

图 6.4.7–1 图元的过滤

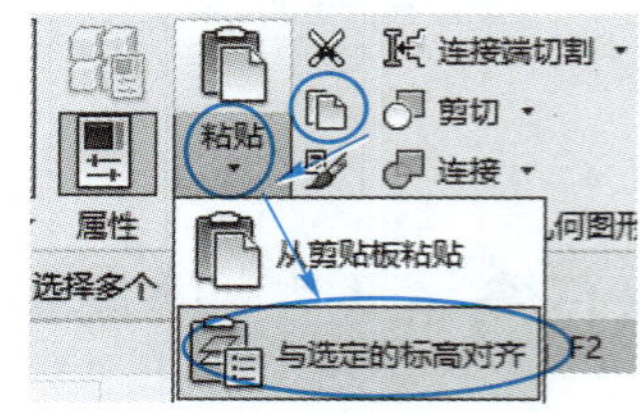

图 6.4.7–2 与选定的标高对齐

注意：

必须是实体图元才能使用“与选定的标高对齐”工具，因此要用“过滤器”排除门窗标记、轴网等非实体图元。

2. 更改二层外墙类型

进入到 F2 楼层平面视图。

单击选择二层的某一面外墙，注意观察该图元属性类型应该为“一层 _ 外墙 _ 真石漆”；单击鼠标右键，选择“选择全部实例”下拉菜单中的“在视图中可见”（图 6.4.7–3），并选择二层所有的外墙。

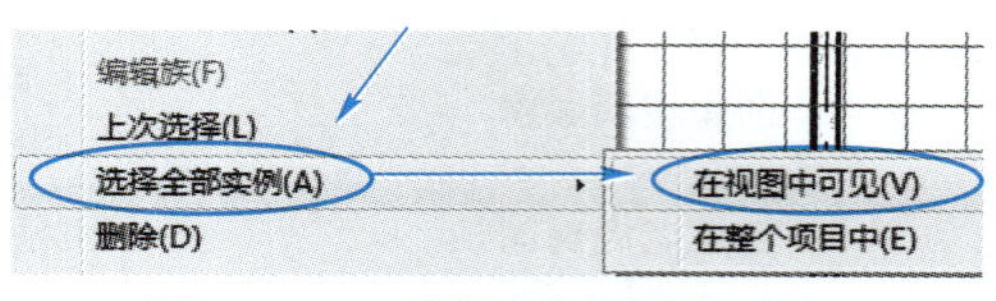

图 6.4.7–3 选择“在视图中可见”

单击“在视图中可见”，则选择的是所在视图中该类型的所有图元；单击“在整个项目中”，则选择的是整个项目中该类型的所有图元。

单击属性面板中的“编辑类型”，复制出“外墙 _ 蓝灰色涂料”墙体类型；按照图 6.4.7-4 所示，新建“蓝灰色涂料”材质作为墙体最外层材质，设置颜色为 RGB 220 228 231，单击“确定”按钮退出。

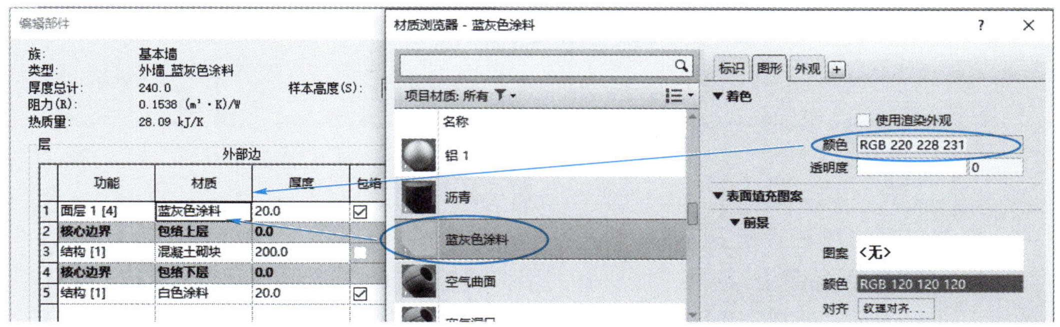

图 6.4.7-4　“外墙 _ 蓝灰色涂料”墙体类型的构造层设置

此时二层的外墙类型更改为“外墙 _ 蓝灰色涂料”墙体类型。

3. 二层Ⓑ轴墙体位置更改

单击“对齐”工具，在状态栏将对齐的“首选”改为“参照墙中心”，依次单击Ⓐ轴线和Ⓑ轴的墙体中心线，将Ⓑ轴墙体对齐到Ⓐ轴墙体。在对其过程中，会弹出错误对话框，依次单击“取消连接单元”（图 6.4.7-5）、“删除图元”“删除实例”即可。对齐后会发现二层的楼板已经自动与墙体对齐。

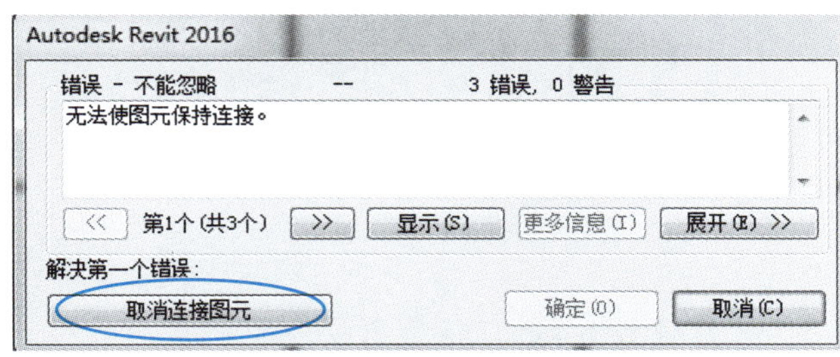

图 6.4.7-5　取消连接图元

4. 更改二层内墙和门窗

删除二层部分内墙，按照图 6.4.7-6 重新创建二层的内墙和门，其中门垛均为 300 mm。

选择⑨轴上的门，使用“DE”命令删除。重新创建窗 C2，该窗宽度为 1 500 mm，高度为 2 500 mm，类型标记为 C2，底高度为 900 mm，如图 6.4.7-6 所示。

完成的项目文件见“工作任务 6.4.7\ 创建二层完成 .rvt”。

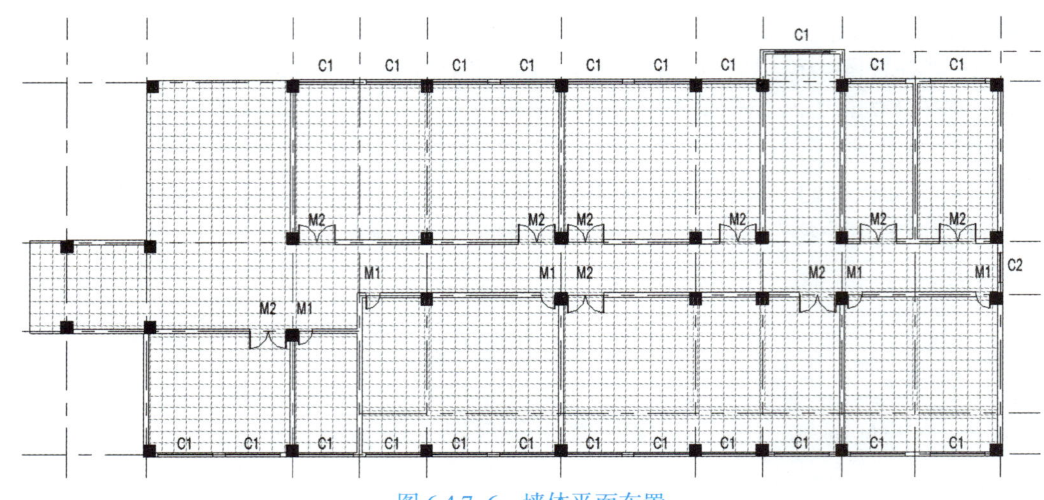

图 6.4.7–6 墙体平面布置

5. 复制二层形成三层至五层

在 F2 楼层平面视图中，选择二层所有的墙体、柱和楼板等实体图元，单击上下文选项卡“剪贴板”面板中的“复制”工具，单击“粘贴”下拉菜单中的“与选定的标高对齐”工具，在弹出的“选择标高”面板中单击“F3”“F4”“F5”，再单击“确定”按钮。

完成的二层至五层三维视图如图 6.4.7–7 所示。

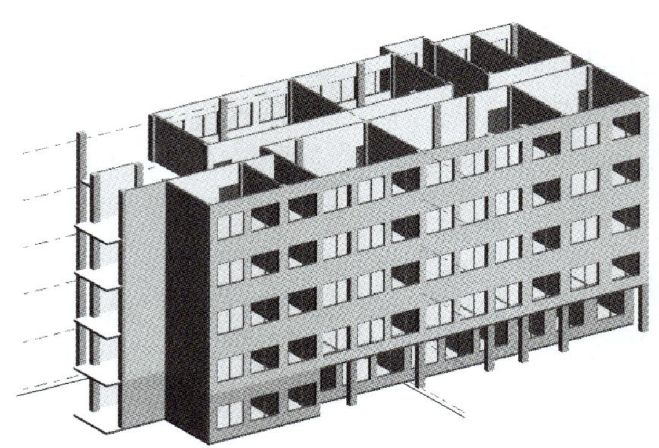

图 6.4.7–7 创建二层至五层三维视图

完成的项目文件见“工作任务 6.4.7\ 二层至五层完成 .rvt”。

二、创建屋顶

6.4.7 工作任务解决步骤：创建屋顶

打开“工作任务 6.4.7\ 二层至五层完成 .rvt”，进入“F6”楼层平面视图。

在属性面板将底图的底部标高调为“F5”（图 6.4.7–8），此时 F5 的建筑构件在 F6 视图中淡显显示。

单击“建筑”选项卡下“构建”面板中的“迹线屋顶”工具，如图 6.4.7–9 所示。

如图 6.4.7–10 所示，采用软件默认的“常规 –400 mm”类型的基本屋顶，将属性面板的“自标高的底部偏移”值改为“–400”，将状态栏中的“悬挑”值改为“–20”，结构材质改为

“混凝土 – 现场浇注混凝土”。

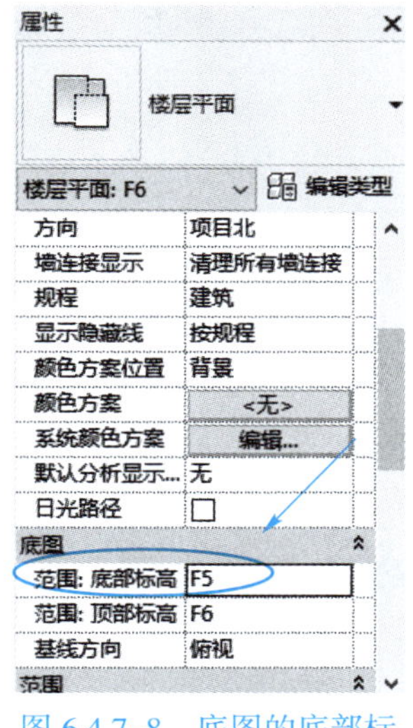

图 6.4.7–8　底图的底部标高调为“F5”

图 6.4.7–9　迹线屋顶工具

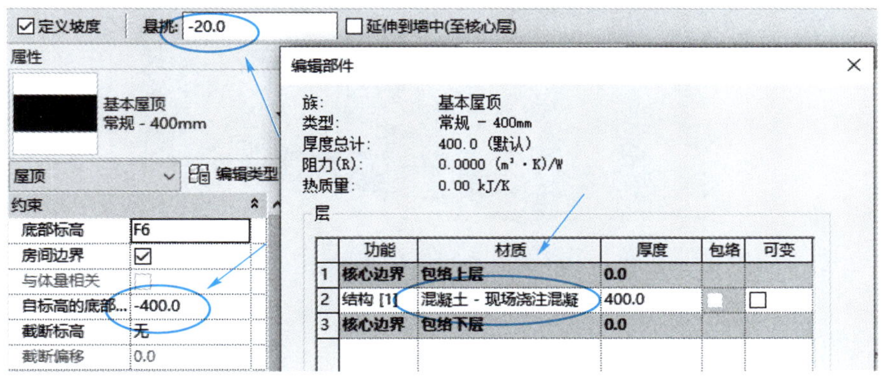

图 6.4.7–10　屋顶属性

说明：

悬挑值改为“–20.0”，目的是使屋顶外边缘线距外墙外边缘线 20 mm，即使屋顶外边缘线与外墙的“结构层”的外边缘线吻合。

按照创建楼板边界线的方式拾取外墙所有外边缘线创建屋顶边界线，再使用“修剪”命令使边界线首尾闭合；选择所有的边界线，在属性面板中取消勾选“定义屋顶坡度”(图 6.4.7–11)；单击上下文选项卡中的“完成编辑模式”，屋顶创建完毕。

完成的屋顶三维视图如图 6.4.7–12 所示。

完成的项目文件见“工作任务 6.4.7\ 屋顶完成 .rvt”。

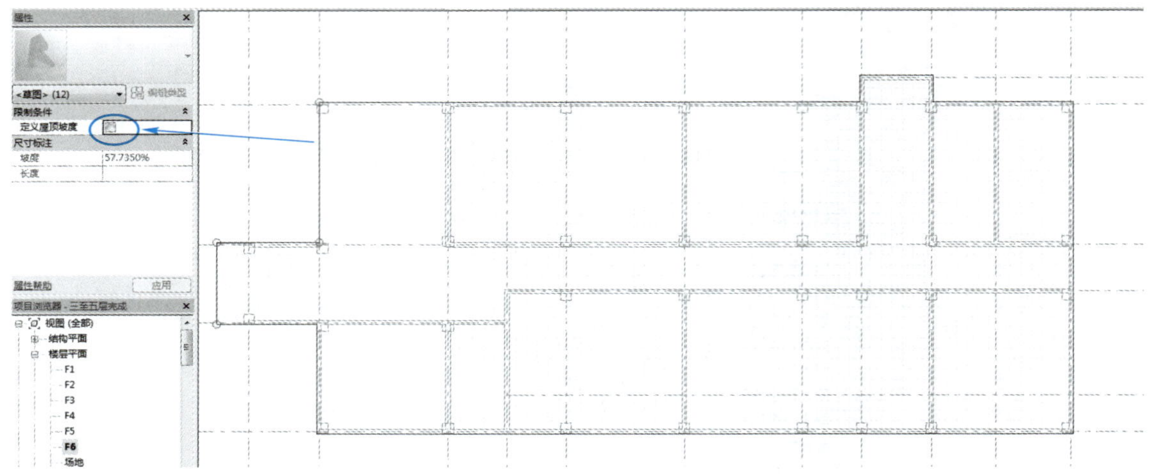

图 6.4.7–11 屋顶的边界线与取消坡度

图 6.4.7–12 屋顶三维视图

6.4.7 技能扩展：迹线屋顶

工作技能扩展与相关系统性知识

一、创建迹线屋顶

创建图 6.4.7–13 中的迹线屋顶。

打开“工作任务 6.4.7\ 迹线屋顶 – 教学 .rvt”，进入到 F1 楼层平面视图。

单击“建筑”选项卡下“构建”面板中“屋顶”下拉列表“迹线屋顶”。

在上下文选项卡“绘制”面板上，选择“直线”工具，按照图 6.4.7–14 创建屋顶边界线、取消位于Ⓒ轴的屋面边界线坡度。

在“属性”面板选择“常规 –400 mm”。

单击上下文选项卡“模式”面板中的“完成编辑模式”。

完成的项目文件见“工作任务 6.4.7\ 迹线屋顶 – 完成 .rvt”。

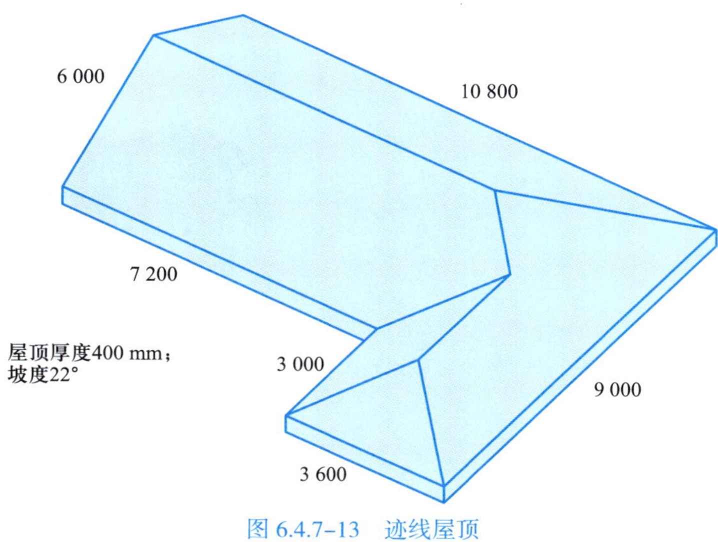

图 6.4.7-13 迹线屋顶

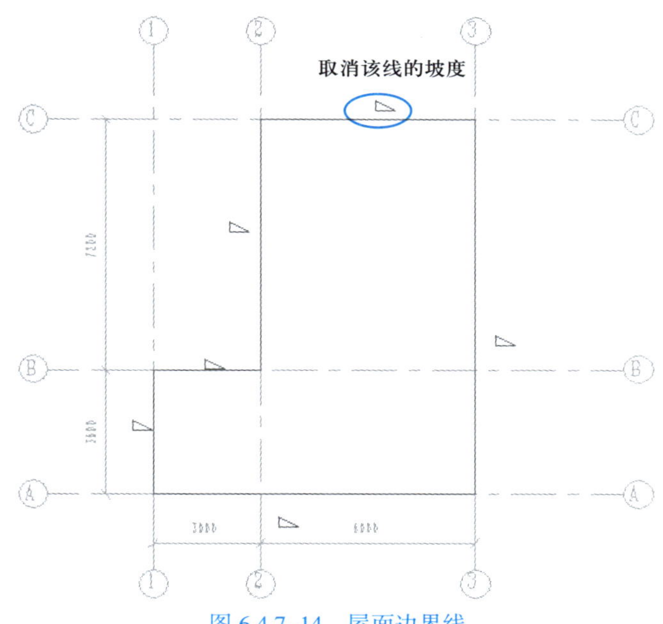

图 6.4.7-14 屋面边界线

二、创建拉伸屋顶

6.4.7 技能扩展：拉伸屋顶

(1) 打开立面视图或三维视图、剖面视图。

(2) 单击“建筑”选项卡中“构建”面板的“屋顶”下拉列表 – 拉伸屋顶。

(3) 拾取一个参照平面。

(4) 在“屋顶参照标高和偏移”对话框中，为“标高”选择一个值。默认情况下，将选择项目中最高的标高。要相对于参照标高提升或降低屋顶，可在“偏移”指定一个值(单位为 mm)。

(5) 用绘制面板的一种绘制工具，绘制开放环形式屋顶轮廓(图 6.4.7-15)。

(6) 单击“√完成编辑模式”,然后打开三维视图,根据需要将墙附着到屋顶,如图 6.4.7–16 所示。

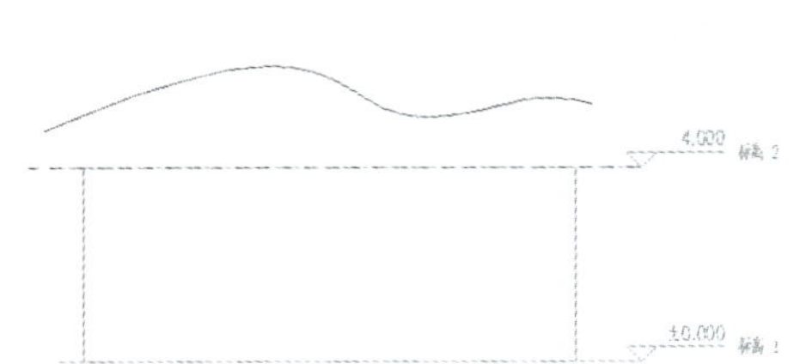

图 6.4.7–15 使用样条曲线工具绘制屋顶轮廓

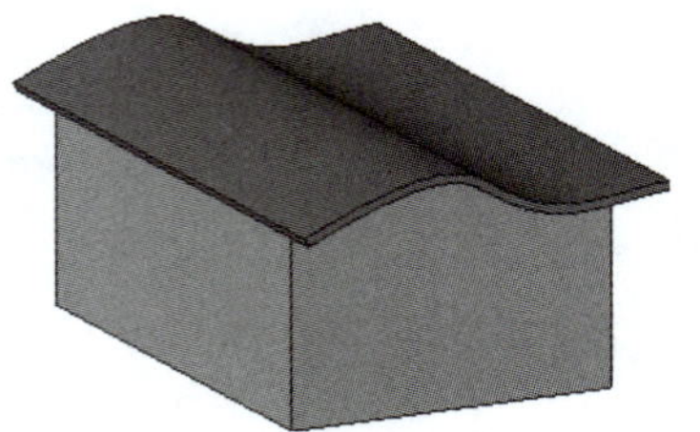

图 6.4.7–16 完成的拉伸屋顶

三、创建玻璃斜窗

6.4.7 技能扩展：玻璃斜窗

(1) 创建“迹线屋顶”或“拉伸屋顶”。

(2) 选择屋顶,并在类型选择器中选择“玻璃斜窗”(图 6.4.7–17)。

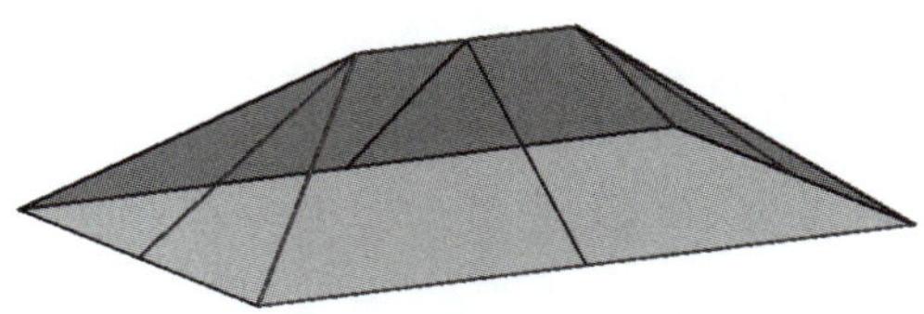

图 6.4.7–17 带有竖梃和网格线的玻璃斜窗

可以在玻璃斜窗的幕墙嵌板上放置幕墙网格。按 Tab 键可在水平和垂直网格之间切换。

玻璃斜窗同时具有屋顶和幕墙的功能,因此也同样可以用屋顶和幕墙的编辑方法编辑玻璃斜窗。

习题与能力提升

6.4.7 操作练习 1 第 11 期 第 1 题

操作练习 1

打开“习题与能力提升”文件夹中“全国 BIM 技能等级考试第 11 期”,完成第 1 题屋顶的创建。

6.4.7 操作练习 2 创建别墅的坡屋顶

操作练习 2

打开“习题与能力提升资源库”文件夹中“屋顶练习预备文件 .rvt”,按照图 6.4.7–18 创建坡屋顶。其中,屋顶外挑 800 mm,坡度 22° 。

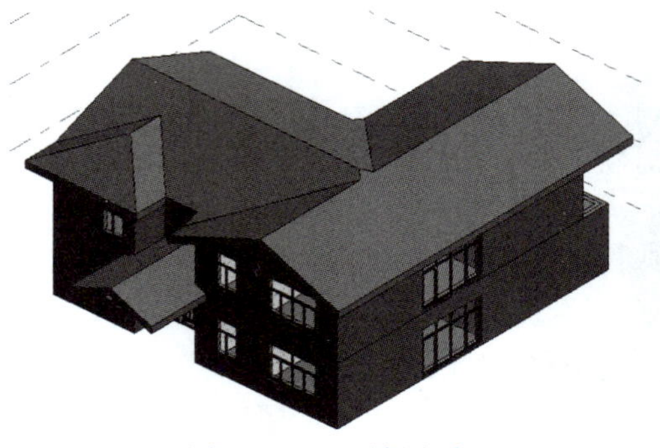

图 6.4.7–18 坡屋顶

工作任务 6.4.8　创建楼梯、栏杆扶手、洞口

任务驱动与学习目标

序号	任务驱动	学习目标
1	创建教学楼工程楼梯	1. 掌握用参照平面确定楼梯定位的方法 2. 掌握使用楼梯（按草图）创建楼梯的方法 3. 掌握对楼梯间进行修改，包括将首层楼梯延伸至五层、楼梯间开洞、创建顶层栏杆的方法
2	创建其他类型楼梯并进行楼梯编辑	1. 了解使用楼梯创建直梯、螺旋梯段、U 形梯段、L 形梯段、自定义绘制的梯段的方法 2. 了解对楼梯进行编辑，包括修改边界、踢面线和梯段线，以及修改楼梯栏杆扶手、移动楼梯标签、修改楼梯方向的方法
3	创建栏杆和扶手	1. 掌握创建一段默认的栏杆扶手的方法 2. 了解对扶手和栏杆进行编辑的方法
4	创建洞口	了解创建竖井洞口、面洞口、墙洞口、垂直洞口的方法

工作任务解决步骤

一、创建楼梯

1. 创建教学楼西侧位于①轴、②轴间的楼梯

6.4.8 工作任务解决步骤：创建一层楼梯

打开“工作任务 6.4.7\ 屋顶完成 .rvt”，进入 F1 楼层平面视图。

单击“建筑”选项卡“楼梯坡道”面板中“楼梯”工具（图 6.4.8–1），状态栏中将定位线设置为“梯段：右”、将“实际梯段宽度”设置为“2 000”，属性面板中“类型”设置为“整体浇筑楼梯”、“所需踢面数”设置为“28”、“实际踏板深度”设置为“260”（图 6.4.8–2）。

图 6.4.8–1　楼梯

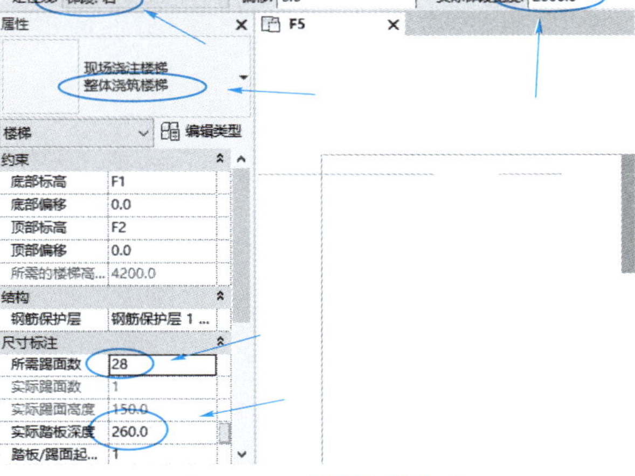

图 6.4.8–2　楼梯参数修改

单击Ⓔ轴、②轴交点柱的内侧，光标左移，当显示“创建了 14 个踢面，剩余 14 个”时左键单击；继续单击Ⓒ轴、①轴交点柱内侧，光标右移，当显示“创建了 28 个踢面，剩余 0 个”时左键单击，此时初步创建的楼梯如图 6.4.8–3 所示。

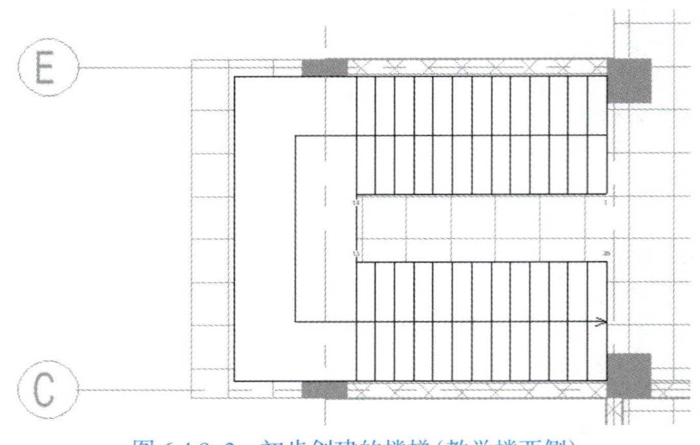

图 6.4.8–3　初步创建的楼梯（教学楼西侧）

按 ESC 键退出梯段创建命令，在绘图区域选择楼梯左侧平台进行删除，单击平台命令中的“创建草图”（图 6.4.8–4），按照图 6.4.8–5 重新绘制平台边界，将属性面板中的相对高度修改为“2 100”；单击“完成编辑模式”退出平台创建命令，再单击“完成编辑模式”退出楼梯创建命令。

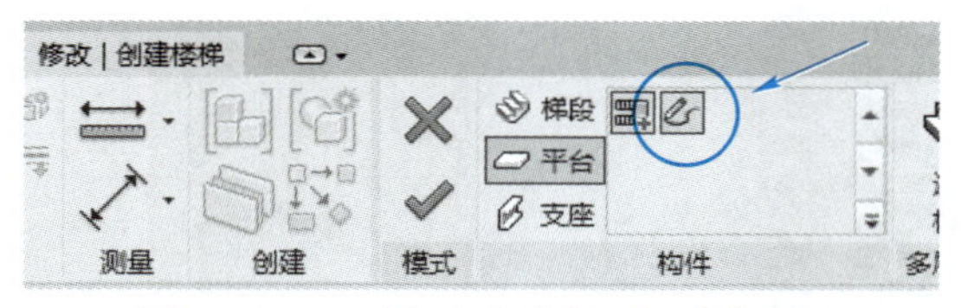

图 6.4.8–4　平台命令中的“创建草图”

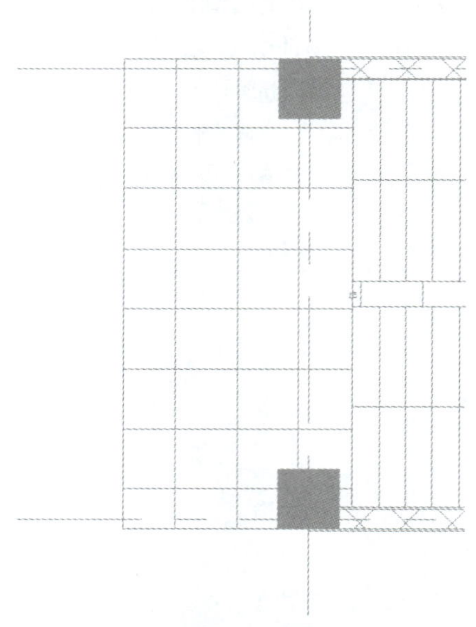

图 6.4.8–5　修改平台边界后的楼梯（教学楼西侧）

在绘图区域选择楼梯外围的栏杆进行删除。一层西侧楼梯创建完成，如图 6.4.8–6 所示。

2. 创建教学楼东侧位于⑦轴、⑧轴间的楼梯

采用同样的方法，单击“建筑”选项卡下“楼梯坡道”面板中的“楼梯”工具，状态栏中将定位线设置为“梯段：右”，将实际楼梯宽度设置为“1 650”；属性面板中“类型”设置为“整体浇筑楼梯”，“所需踢面数”设置为“28”，“实际踏板深度”设置为“300”。在⑧轴楼梯间墙体内侧距Ⓔ轴 3 000 m 处进行单击，光标上移，当显示“创建了 14 个踢面，剩余 14 个”时左键单击；同样，单击⑦轴楼梯间墙体内侧，光标下移，当显示“创建了 28 个踢面，剩余 0 个”时左键单击，此时初步创建的楼梯如图 6.4.8-7 所示。

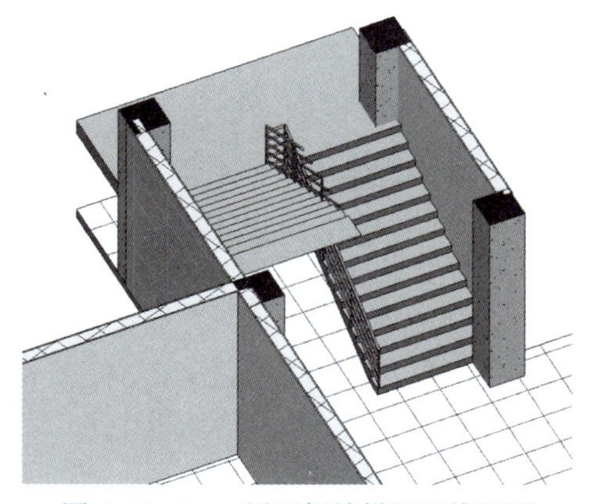

图 6.4.8-6　一层西侧楼梯间三维视图

按 ESC 退出梯段创建命令，选择楼梯上侧平台进行删除，单击平台命令中的“创建草图”，按照图 6.4.8-8 重新绘制平台边界，将属性面板中的相对高度修改为“2 100”；单击“完成编辑编辑模式”退出平台创建命令，再单击“完成编辑模式”退出楼梯创建命令。

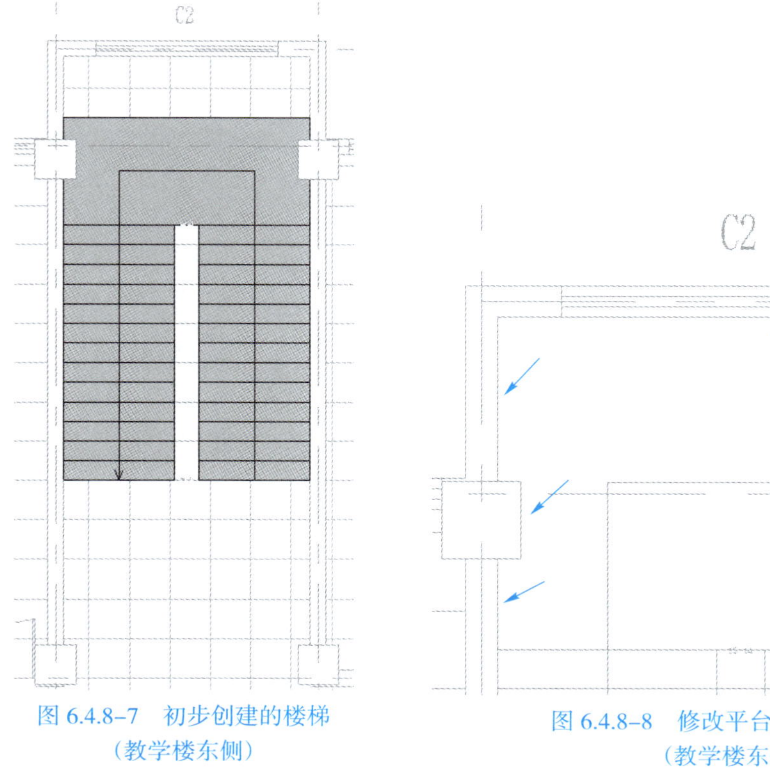

图 6.4.8-7　初步创建的楼梯（教学楼东侧）

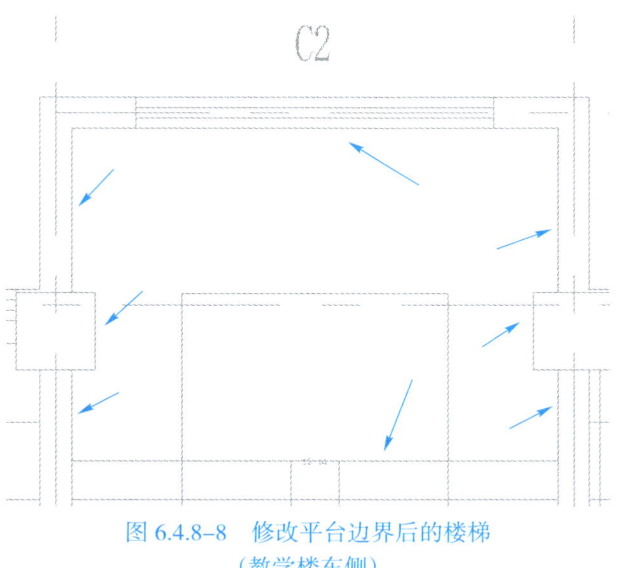

图 6.4.8-8　修改平台边界后的楼梯（教学楼东侧）

6.4.8　工作任务解决步骤：创建二至四层楼梯

在绘图区域选择楼梯外围的栏杆进行删除。一层东侧楼梯创建完成。

在绘图区域选择创建完成两个楼梯，复制粘贴到 F2 至 F4 楼层标高。一层至四层的楼梯创建完成。

完成的项目文件见“工作任务 6.4.8\ 楼梯完成 .rvt”。

6.4.8 工作任务解决步骤：创建楼梯间

二、创建楼梯间

1. 楼梯间开洞

在 F1 楼层平面视图中，单击“建筑”选项卡下“洞口”面板“竖井”工具，在属性面板设置“底部约束”为“F1”、“底部偏移”为“0”、“顶部约束”为“直到标高：F5”（图 6.4.8-9），沿楼梯梯段线和楼梯间内墙绘制图 6.4.8-10、图 6.4.8-11 所示的竖井边界，单击上下文选项卡“模式”面板中的“完成编辑模式”。楼梯间洞口创建完毕。

竖井洞口 编辑类型

约束	
底部约束	F1
底部偏移	0.0
顶部约束	直到标高：F5
无连接高度	16800.0
顶部偏移	0.0

图 6.4.8-9 竖井设置

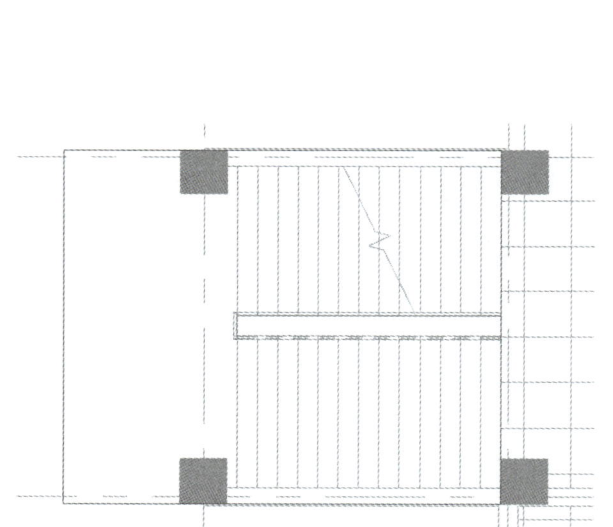

图 6.4.8-10 ①轴、②轴处楼梯竖井边界

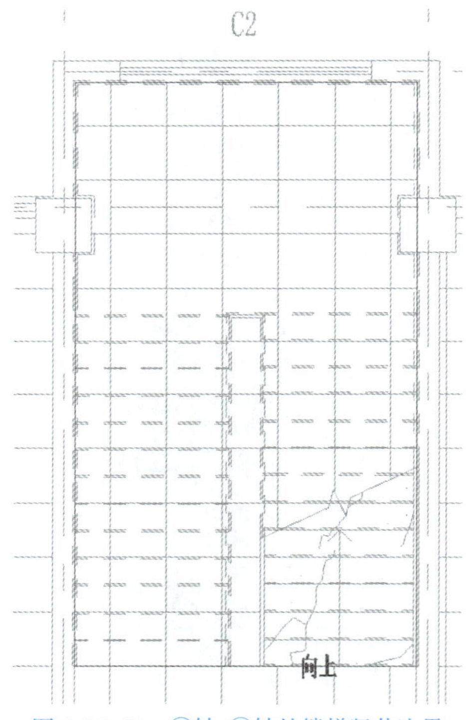

图 6.4.8-11 ⑦轴、⑧轴处楼梯竖井边界

竖井只修剪楼板，不修剪柱、墙、楼梯梯段和楼梯平台。

2. 创建顶层栏杆

进入到 F5 楼层平面视图。单击“建筑”选项卡下“楼梯坡道”面板中的“栏杆扶手”下拉菜单“绘制路径”工具（图 6.4.8-12），选择“1 100 mm”栏杆扶手类型，按照图 6.4.8-13 绘制西侧楼梯间栏杆路径，单击上下文选项卡中的“完成编辑模式”完成栏杆创建。

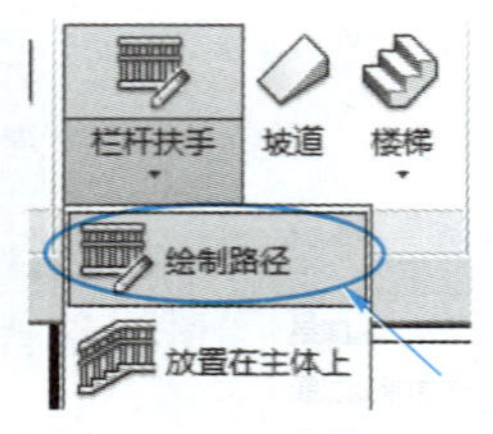

图 6.4.8-12 栏杆工具

同理，按照图 6.4.8-14 创建东侧楼梯间栏杆。

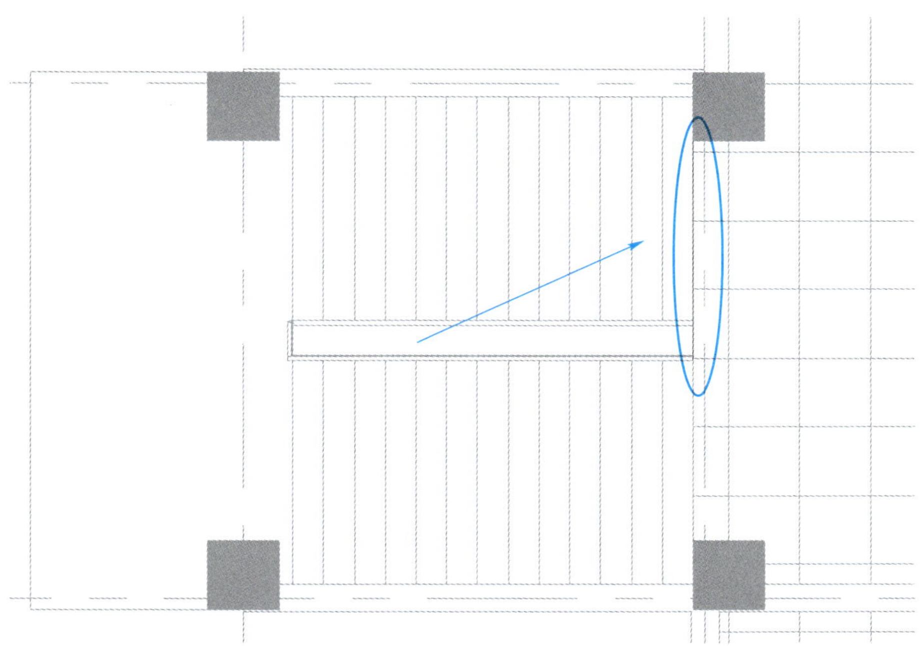

图 6.4.8–13　①轴、②轴处楼梯栏杆路径

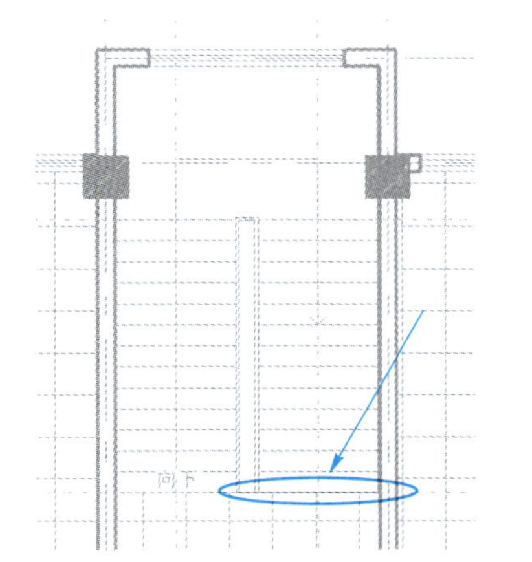

图 6.4.8–14　F5 层⑦轴、⑧轴处楼梯栏杆路径

完成的项目文件见“工作任务 6.4.8\ 楼梯间完成 .rvt”。

工作技能扩展与相关系统性知识

6.4.8　技能扩展：楼梯命令详解

一、创建楼梯

通过装配梯段、平台和支撑构件来创建楼梯。一个基于构件的楼梯包含梯段、平台、支撑和栏杆扶手。

梯段：直梯段、螺旋梯段、U 形梯段、L 形梯段、自定义绘制的梯段。

平台：在梯段之间自动创建，通过拾取两个梯段，或通过创建自定义绘制的平台。

支撑（侧边和中心）：随梯段自动创建，或通过拾取梯段或平台边缘创建。

栏杆扶手：在创建期间自动生成，或稍后放置。

可以使用单个梯段、平台和支撑构件组合楼梯。使用梯段构件工具可创建通用梯段，直梯段、全踏步螺旋梯段、圆心 – 端点螺旋梯段、L 形斜踏步梯段、U 形斜踏步梯段分别如图 6.4.8–15 所示。

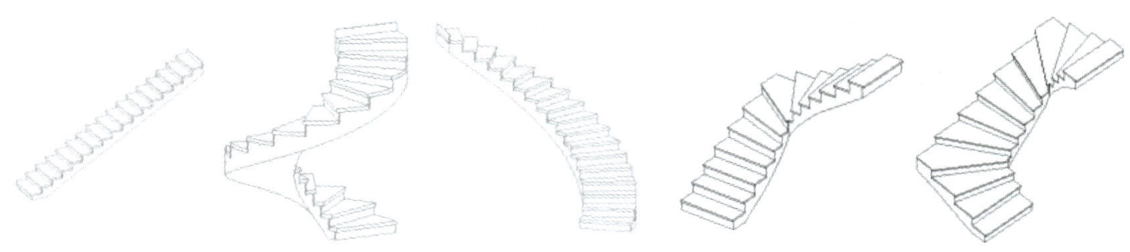

图 6.4.8–15 各种楼梯梯段

二、创建栏杆和扶手

6.4.8 技能扩展：栏杆和扶手

1. 栏杆和扶手

（1）单击“建筑”选项卡下“楼梯坡道”面板中的“栏杆扶手”命令。

若不在绘制扶手的视图中，将提示拾取视图，从列表中选择一个视图，并单击“打开视图”。

（2）要设置扶手的主体，可单击“修改｜创建扶手路径”选项卡下“工具”面板的“拾取新主体”命令，并将光标放在主体（如楼板或楼梯）附近。在主体上单击以选择它。

（3）在“绘制面板”绘制扶手。

如果您正在将扶手添加到一段楼梯上，则应沿着楼梯的内线绘制扶手，以使扶手可以正确承载和倾斜。

（4）在“属性”选项板上根据需要对实例属性进行修改，或者单击“编辑类型”以访问并修改类型属性。

（5）单击“√完成编辑模式”。

2. 编辑扶手

（1）在“属性”选项板上，单击“编辑类型”。

（2）在“类型属性”对话框中，单击与“扶手结构”对应的“编辑”。在“编辑扶手”对话框中，能为每个扶手指定的属性有高度、偏移、轮廓和材质。

（3）要另外创建扶手，可单击“插入”。输入新扶手的名称、高度、偏移、轮廓和材质属性。

（4）单击“向上”或“向下”以调整扶手位置。

（5）完成后，单击“确定”按钮。

3. 编辑栏杆

（1）在平面视图中，选择一个扶手。

(2) 在“属性”选项板上，单击“编辑类型”。

(3) 在“类型属性”对话框中，单击“栏杆位置”对应的“编辑”。

注意：

对类型属性所做的修改会影响项目中同一类型的所有扶手，可以单击“复制”以创建新的扶手类型。

(4) 在弹出的“编辑栏杆位置”对话框中，上部为“主样式”框(图 6.4.8–16)。

主样式(M)

	名称	栏杆族	底部	底部偏移	顶部	顶部偏移	相对前一栏杆的距离	偏移
1	填充图	N/A	N/A	N/A	N/A	N/A	N/A	N/A
2	常规栏	栏杆 - 圆形 : 2	主体	0.0		0.0	1000.0	0.0
3	填充图	N/A	N/A	N/A	N/A	N/A	0.0	N/A

删除(D)　复制(L)　向上(U)　向下(O)

截断样式位置(B)：每段扶手末端　角度(N)：0.000°　样式长度：1000.0

对齐(J)：起点　超出长度填充(E)：无　间距(I)：0.0

图 6.4.8–16　栏杆主样式

(5) 勾选“楼梯上每个踏板都使用栏杆”(图 6.4.8–17)，指定每个踏板的栏杆数，指定楼梯的栏杆族。

☑楼梯上每个踏板都使用栏杆(T)　每踏板的栏杆数(R)：1　栏杆族(F)：栏杆 - 圆形 : 25 mm

图 6.4.8–17　栏杆数

(6) 在“支柱”框中，对栏杆“支柱”进行修改(图 6.4.8–18)

支柱(S)

	名称	栏杆族	底部	底部偏移	顶部	顶部偏移	空间	偏移
1	起点支柱	栏杆 - 圆形 : 25	主体	0.0		0.0	12.5	0.0
2	转角支柱	栏杆 - 圆形 : 25	主体	0.0		0.0	0.0	0.0
3	终点支柱	栏杆 - 圆形 : 25	主体	0.0		0.0	-12.5	0.0

转角支柱位置(C)：每段扶手末端　角度(G)：0.000°

图 6.4.8–18　支柱参数

(7) 修改完上述内容后，单击“确定”按钮。

三、创建洞口

1. 竖井洞口

通过“竖井洞口”可以创建一个竖直的洞口，该洞口对屋顶、楼板和天花板进行剪切(图 6.4.8–19)。

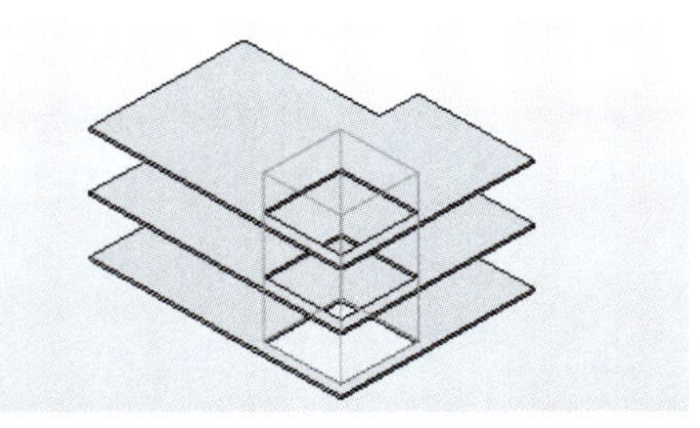

图 6.4.8–19　竖井洞口

6.4.8　技能扩展：洞口

单击“建筑”选项卡下“洞口”面板中的“竖

井洞口”命令，根据状态栏提示绘制洞口轮廓，并在“属性”选项板上对洞口的“底部偏移”“无连接高度”“底部限制条件”“顶部约束”赋值。绘制完毕，单击“√完成编辑模式”，完成竖井洞口绘制。

2. 面洞口

使用“按面”洞口命令可以垂直于楼板、天花板、屋顶、梁、柱子、支架等构件的斜面、水平面或垂直面剪切洞口。

3. 墙洞口

创建洞口：打开墙的立面或剖面视图，单击“建筑”选项卡下“洞口”面板中的“墙洞口”工具。选择将作为洞口主体的墙，绘制一个矩形洞口。

修改洞口：选择要修改的洞口，可以使用拖曳控制柄修改洞口的尺寸和位置(图 6.4.8–20)；也可以将洞口拖曳到同一面墙上的新位置，然后为洞口添加尺寸标注。

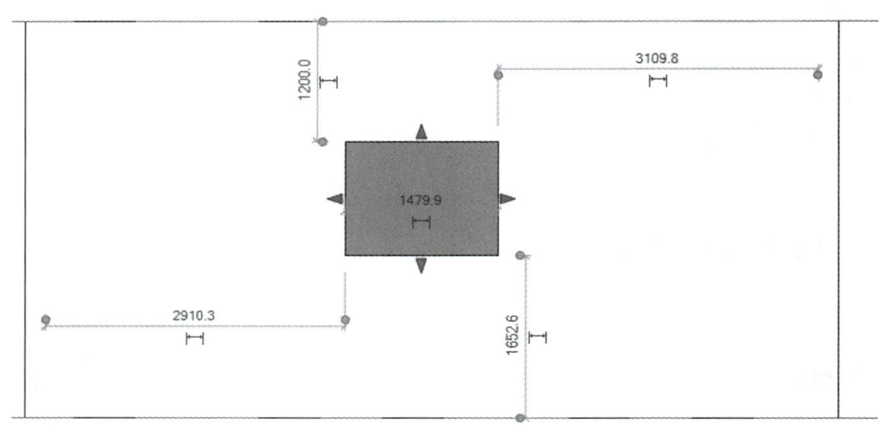

图 6.4.8–20 修改洞口

4. 垂直洞口

可以设置一个贯穿屋顶、楼梯或天花板的垂直洞口。该垂直洞口垂直于标高，它不反射选定对象的角度。

单击“建筑”选项卡下“洞口”面板中的“垂直洞口”命令，根据状态栏提示，绘制垂直洞口(图 6.4.8–21)。

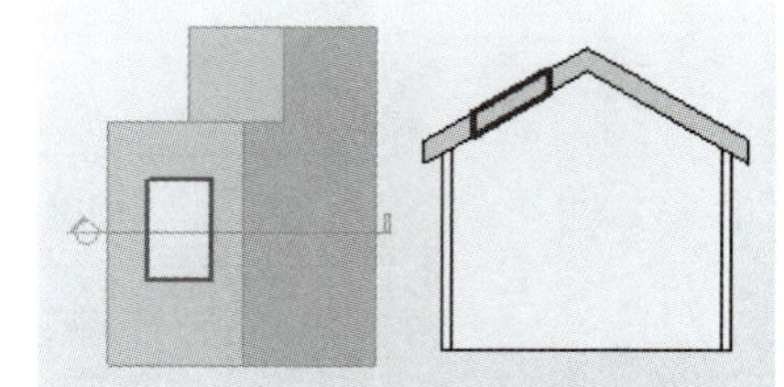

图 6.4.8–21 垂直洞口

习题与能力提升

6.4.8 操作练习 别墅楼梯

打开“习题与能力提升”文件夹中的“楼梯栏杆练习预备文件 .rvt”，按照图 6.4.8–22 创建楼梯和扶手。其中，楼梯为“整体浇筑楼梯”，踏步数为“20”，踏板和踢面的材质为“大理石”。

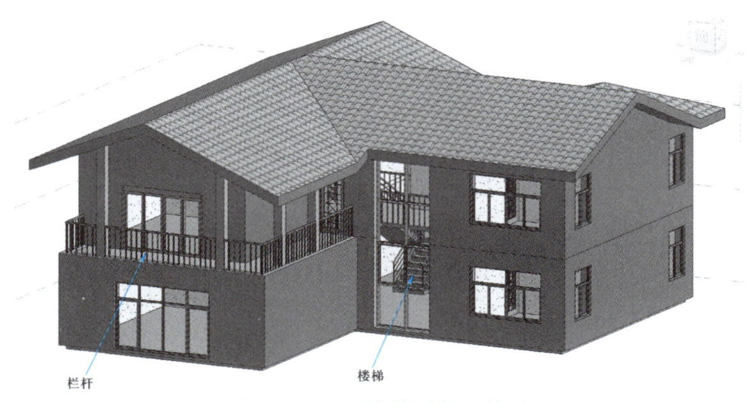

图 6.4.8-22　楼梯、栏杆、扶手

工作任务 6.4.9　创建幕墙及幕墙门窗

任务驱动与学习目标

序号	任务驱动	学习目标
1	创建教学楼工程中的幕墙及幕墙门窗	1. 掌握在属性中修改幕墙的类型、高度等值，进行幕墙创建的方法 2. 掌握删除幕墙竖梃、网格线，进行门嵌板替换的方法
2	手动添加或修改幕墙网格、竖梃、嵌板类型	1. 了解手动添加幕墙网格、幕墙竖梃的方法 2. 了解控制水平竖梃和竖直竖梃之间的连接的方法

工作任务解决步骤

6.4.9　工作任务解决步骤：创建幕墙

一、创建整体幕墙

打开“工作任务 6.4.8\ 楼梯间完成 .rvt”，进入 F1 楼层平面视图。

单击“建筑”选项卡“构建”面板“墙”下拉箭头中的“墙：建筑墙”。“属性”面板中的“类型选择器”中选择“幕墙”（图 6.4.9-1）；单击属性面板中的“编辑属性”，在弹出的“类型属性”对话框中单击“复制”，输入自定义名称“幕墙 _ 教学楼”单击确定（图 6.4.9-2）；按照图 6.4.9-3，在“类型属性”对话框中将“垂直网格”的“布局”设置为“固定距离”、“间距”设置为“600”，“水平网格”的“布局”设置为“固定距离”、“间距”设置为“1400”，“垂直竖梃”、“水平竖梃”内部类型均设置为“矩形竖梃：50 × 150 mm”，单击“确定”按钮退出“类型属性”对话框；按照图 6.4.9-4，在属性面板设置顶部约束为“直到标高：F1”、顶部偏移为“22200”，并将选项栏的偏移量改为“75.0”；在绘图区域按顺序单击图 6.4.9-5 中楼板边界线上的 A、B、C、D 四个点创建西侧楼梯间的幕墙。

同理，按顺序单击楼板边界线上的 E、F、G 三个点创建大厅幕墙。

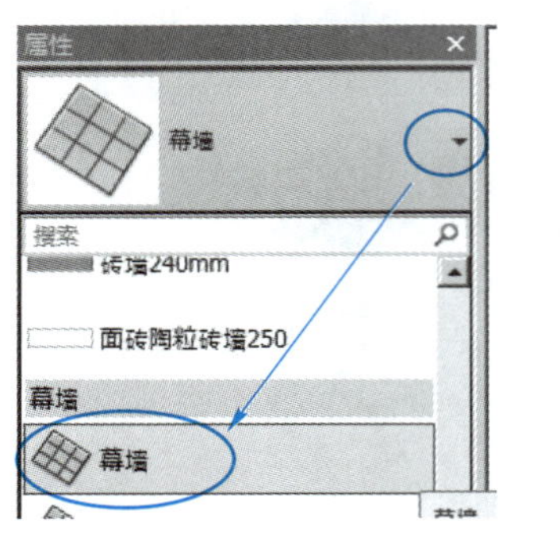

图 6.4.9–1 幕墙

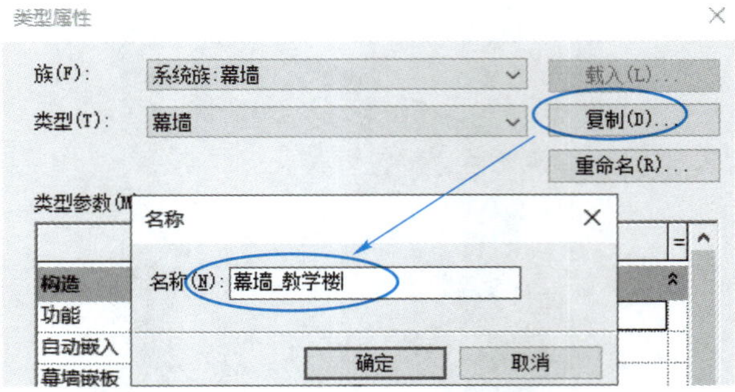

图 6.4.9–2 新建幕墙类型

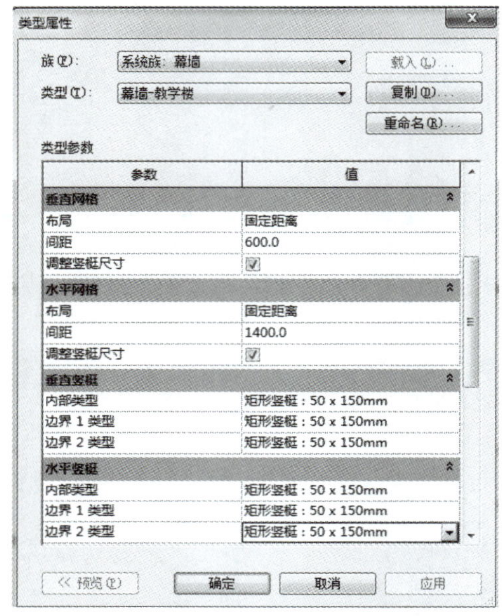

图 6.4.9–3 幕墙“类型属性”对话框

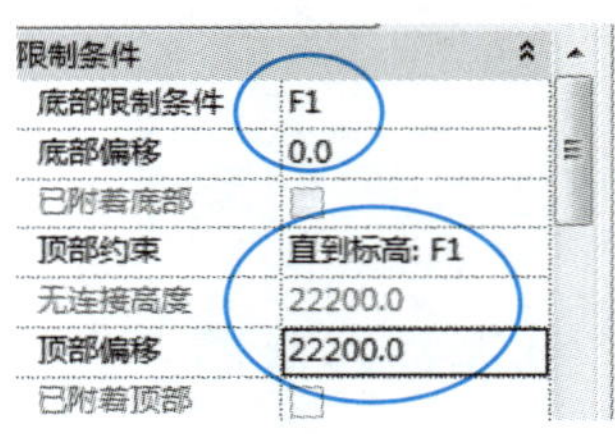

图 6.4.9–4 幕墙实例属性

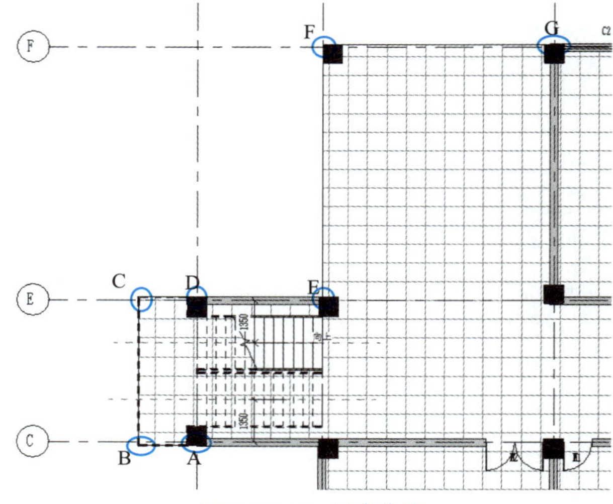

图 6.4.9–5 创建幕墙

选项栏的偏移量改为“75.0”,则幕墙在绘制路径的外侧 75 mm 处生成。

创建完成的幕墙见“工作任务 6.4.9\ 幕墙完成 .rvt”。

二、创建幕墙门窗

双击“项目浏览器”面板“视图”中的“西立面”,进入西立面视图。视觉样式改为“着色”(图 6.4.9–6)。

单击图 6.4.9–7 左边第 6 根幕墙竖梃,会出现“禁止或允许改变图元位置”标记,单击该标记(图 6.4.9–7)可以改变其状态,执行“DE”快捷命令删除该竖梃。同理,删除图 6.4.9–8 中的其余竖梃。

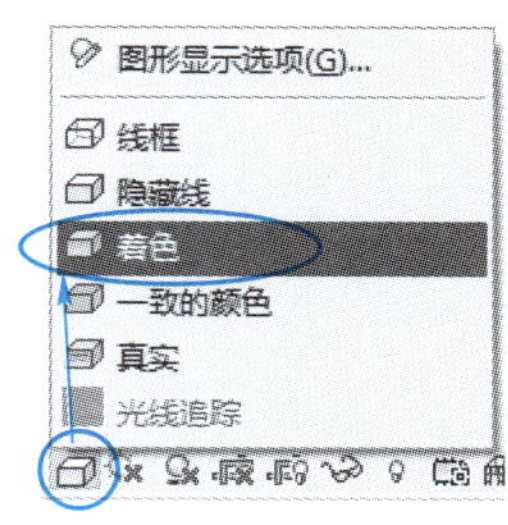

图 6.4.9–6 调为着色模式

6.4.9 工作任务解决步骤:创建幕墙门窗

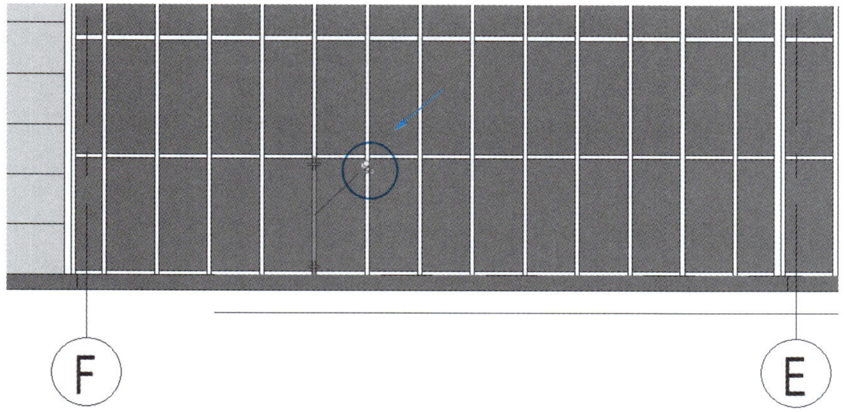

图 6.4.9–7 改变图元状态

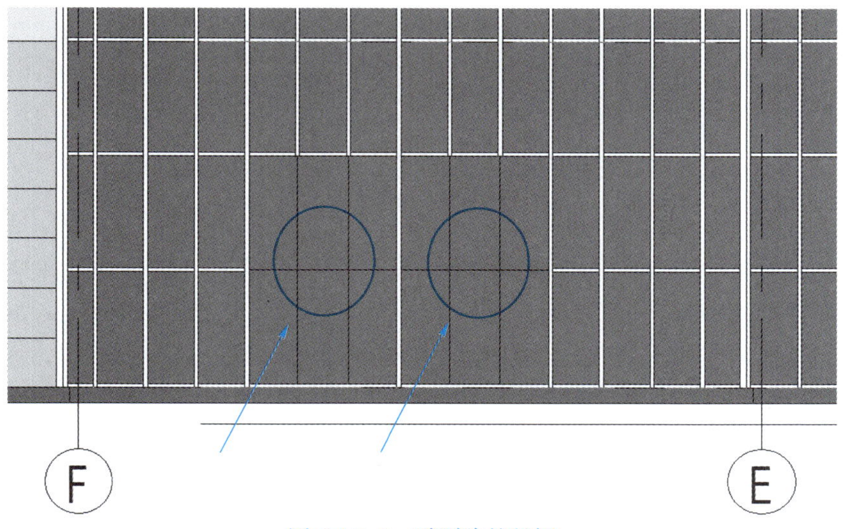

图 6.4.9–8 需删除的竖梃

单击图 6.4.9–9 中的网格线，单击“修改 | 幕墙网格”上下文选项卡“幕墙网格”面板中的“添加 / 删除线段”工具，再单击该网格线，可删除该网格线。同理，删除其余没有竖梃的网格线，删除后的模型如图 6.4.9–10 所示。

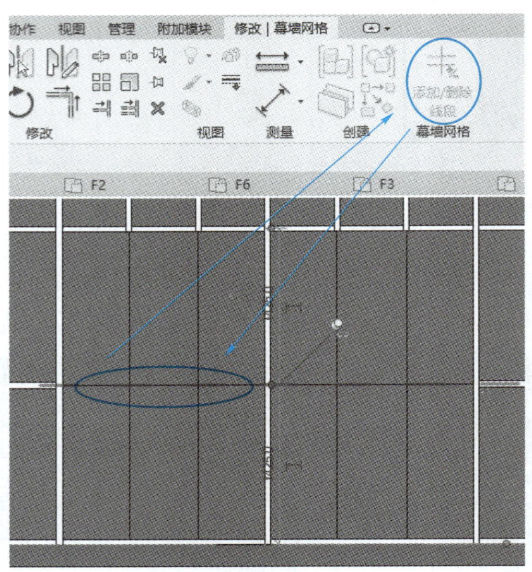

图 6.4.9–9 删除网格线

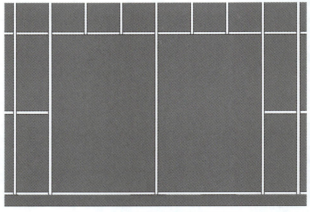

图 6.4.9–10 网格线删除后的模型

按照图 6.4.9–11 中的操作步骤，鼠标停在嵌板边缘处，按 Tab 键多次直至出现要替换掉的嵌板轮廓，单击拾取该嵌板；在类型属性面板载入“C：\ProgramData\Autodesk\RVT 2020\Libraries\China\ 建筑 \ 幕墙 \ 门窗嵌板”路径中的“门嵌板 _ 双扇推拉无框铝门”，类型选择“有横档”，单击“确定”按钮退出类型属性。

同理，修改右侧嵌板也为“门嵌板 _ 双扇推拉无框铝门”的“有横档”类型。

更改后的幕墙嵌板如图 6.4.9–12 所示。

按照以上方法，在北立面修改②轴、③轴间的幕墙嵌板，更改后的幕墙嵌板如图 6.4.9–13 所示。

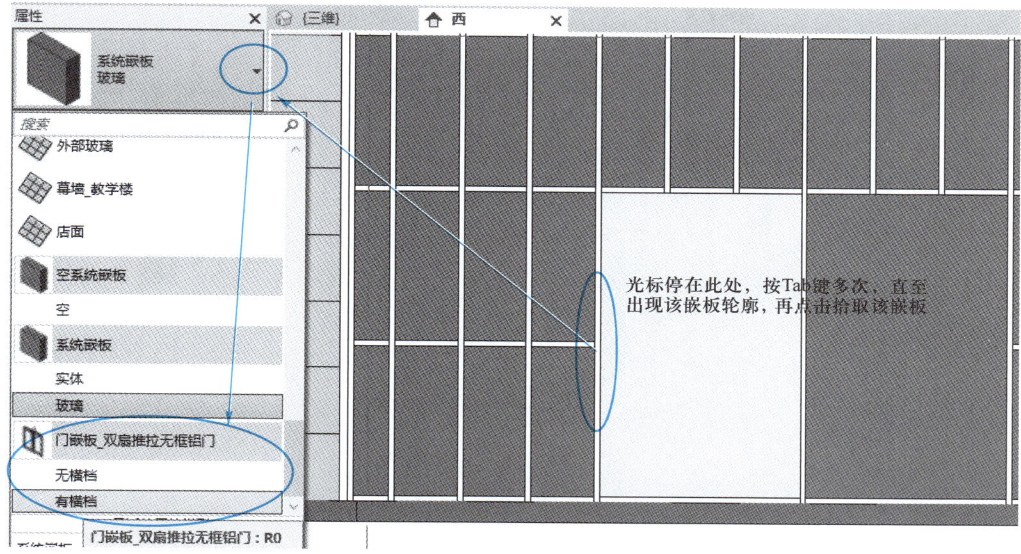

图 6.4.9-11　选择嵌板修改类型

图 6.4.9-12　幕墙嵌板修改

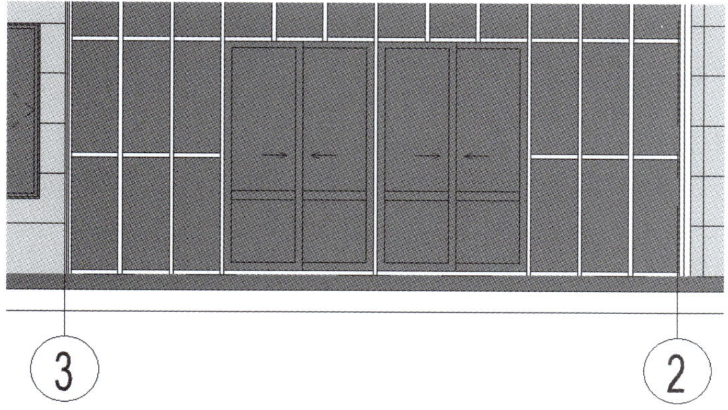

图 6.4.9-13　②轴、③轴间幕墙嵌板修改

完成的幕墙门窗三维视图如图 6.4.9–14 所示。

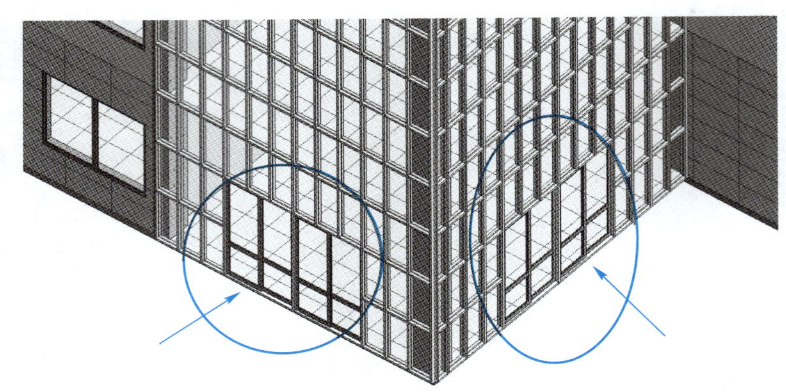

图 6.4.9–14　幕墙门窗三维视图

完成的项目文件见“工作任务 6.4.9\ 幕墙门窗完成 .rvt”。

工作技能扩展与相关系统性知识

一、手动添加幕墙网格

6.4.9　技能扩展：幕墙命令详解

在三维视图或立面视图下，单击“建筑”选项卡“构建”面板中的“幕墙网格”工具。在“修改 | 放置幕墙网格”选项卡“放置”面板中选择放置类型。有三种放置类型，分别为“全部分段”（在出现预览的所有嵌板上放置网格线段）、“一段”（在出现预览的一个嵌板上放置一条网格线段）、“除拾取外的全部”（在除了选择排除的嵌板之外的所有嵌板上，放置网格线段）。将幕墙网格放置在幕墙嵌板上时，在嵌板上将显示网格的预览图像，可以使用以上三种网格线段选项之一来控制幕墙网格的位置。

在绘图区域单击选择某网格线，单击后出现临时定位尺寸，对网格线的定位进行修改（图 6.4.9–15）；或单击“修改 | 幕墙网格”选项卡“幕墙网格”面板中的“添加 / 删除线段”命令，添加或删除网格线（图 6.4.9–16）。

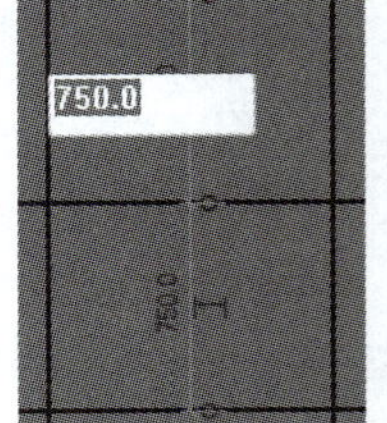

图 6.4.9–15　修改网格线的定位

图 6.4.9–16　添加 \ 删除网格线

二、添加幕墙竖梃

创建幕墙网格后，可以在网格线上放置竖梃。

单击“建筑”选项卡“构建”面板中的“竖梃”工具。在“属性”选项板的类型选择器中，选择所需的竖梃类型。

在“修改 | 放置竖梃”选项卡的“放置”面板上，选择下列工具之一。

1）网格线：单击绘图区域中的网格线时，此工具将跨整个网格线放置竖梃。

2）单段网格线：单击绘图区域中的单段网格线时，此工具将在单击的网格线的各段上放置竖梃。

3）所有网格线：单击绘图区域中的任何网格线时，此工具将在所有网格线上放置竖梃。

4）在绘图区域中单击，以便根据需要在网格线上放置竖梃。

三、控制水平竖梃和竖直竖梃之间的连接

在绘图区域中，选择竖梃。单击“修改｜幕墙竖梃”选项卡“竖梃”面板中的“结合”或“打断”命令。使用“结合”命令可在连接处延伸竖梃的端点，以便使竖梃显示为一个连续的竖梃（图 6.4.9–17）；使用“打断”可在连接处修剪竖梃的端点，以便将竖梃显示为单独的竖梃（图 6.4.9–18）。

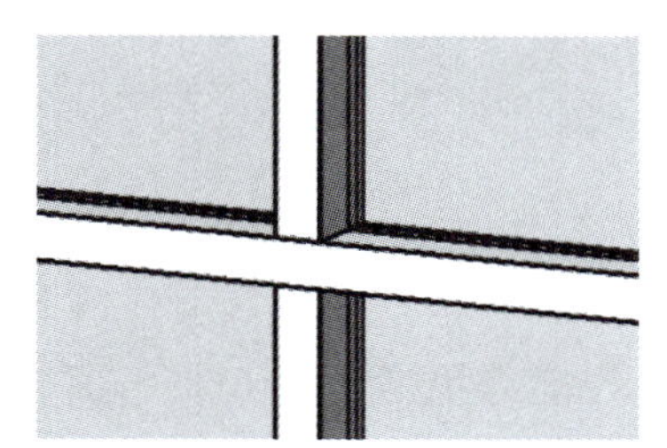

图 6.4.9–17　对横向竖梃进行“结合”

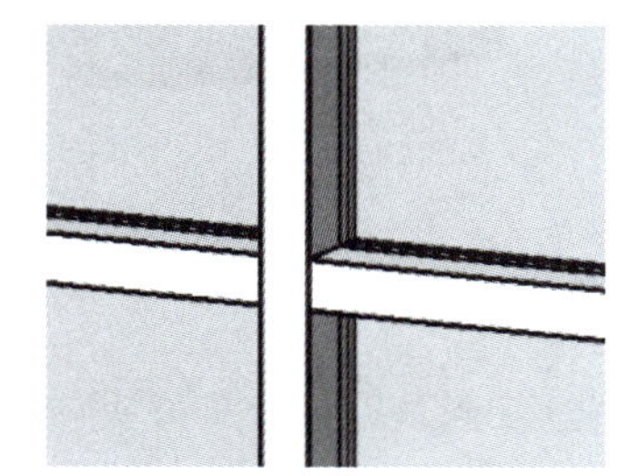

图 6.4.9–18　对横向竖梃进行“打断”

四、修改嵌板类型

打开一个可以看到幕墙嵌板的立面图。选择一个嵌板（选择嵌板的方法为：将光标移动到嵌板边缘处，并按 Tab 键多次，直到该嵌板高亮显示，单击选择），从“属性”选项板的类型选择器下拉列表中，选择合适的嵌板类型（图 6.4.9–19）。

图 6.4.9–20 是将玻璃嵌板替换为墙体嵌板。

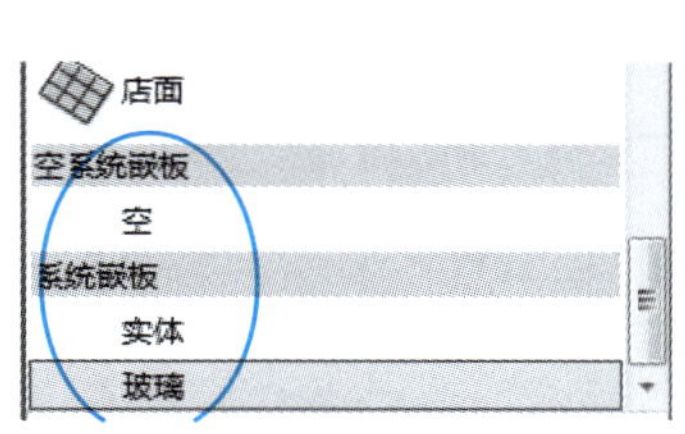

图 6.4.9–19　嵌板类型

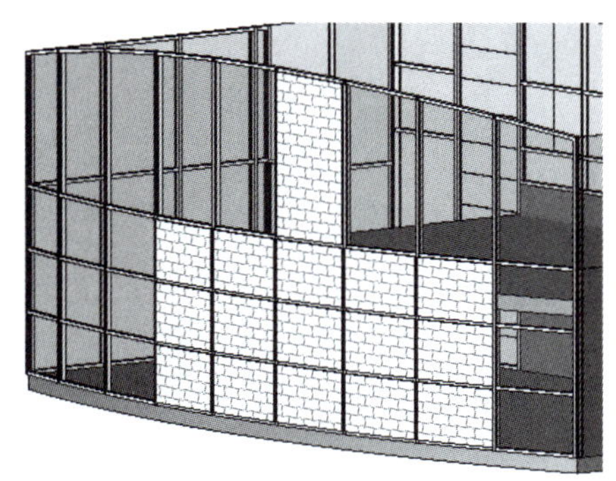

图 6.4.9–20　墙体嵌板

习题与能力提升

操作练习 1

6.4.9　操作练习 1 幕墙

打开“习题与能力提升”文件夹中的“幕墙练习预备文件 .rvt”，按照图 6.4.9–21 创建幕墙。其中，幕墙的垂直网格为间距为“1 050”，水平网格间距为“1 500”，幕墙窗为“窗嵌板 _ 双扇推拉无框铝窗”。

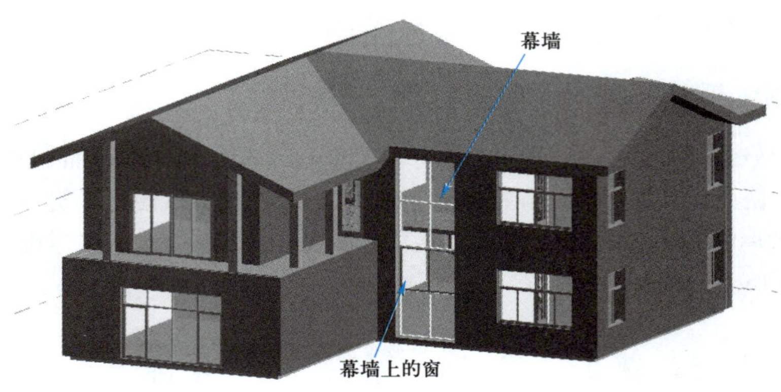

图 6.4.9–21 幕墙练习

6.4.9 操作练习 2 第 6 期第 2 题

操作练习 2

打开“习题与能力提升”文件夹中“全国 BIM 技能等级考试第 6 期 .pdf”，完成第 2 题幕墙的创建。

操作练习 3

6.4.9 操作练习 3 中国职业技能大赛讲解

第一届中国职业技能大赛“建筑信息建模项目”样题见附件 3，其中模型创建的重难点是玻璃幕墙的创建（图 6.4.9–22、图 6.4.9–23），试完成该项目中幕墙的创建。

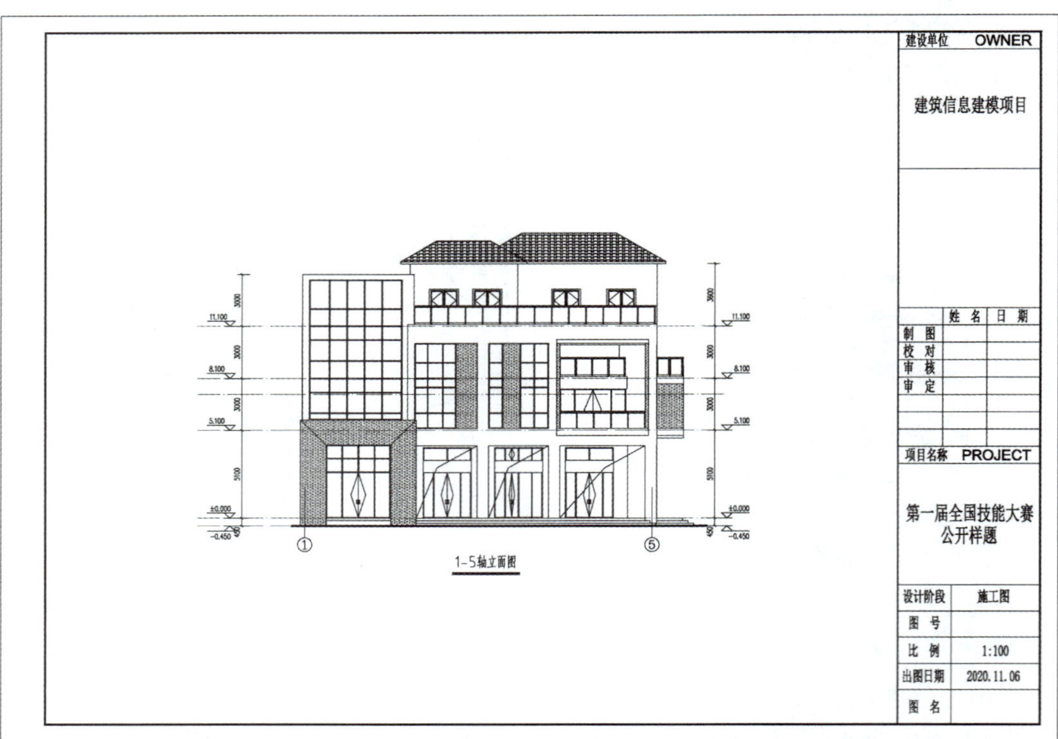

图 6.4.9–22 南立面图

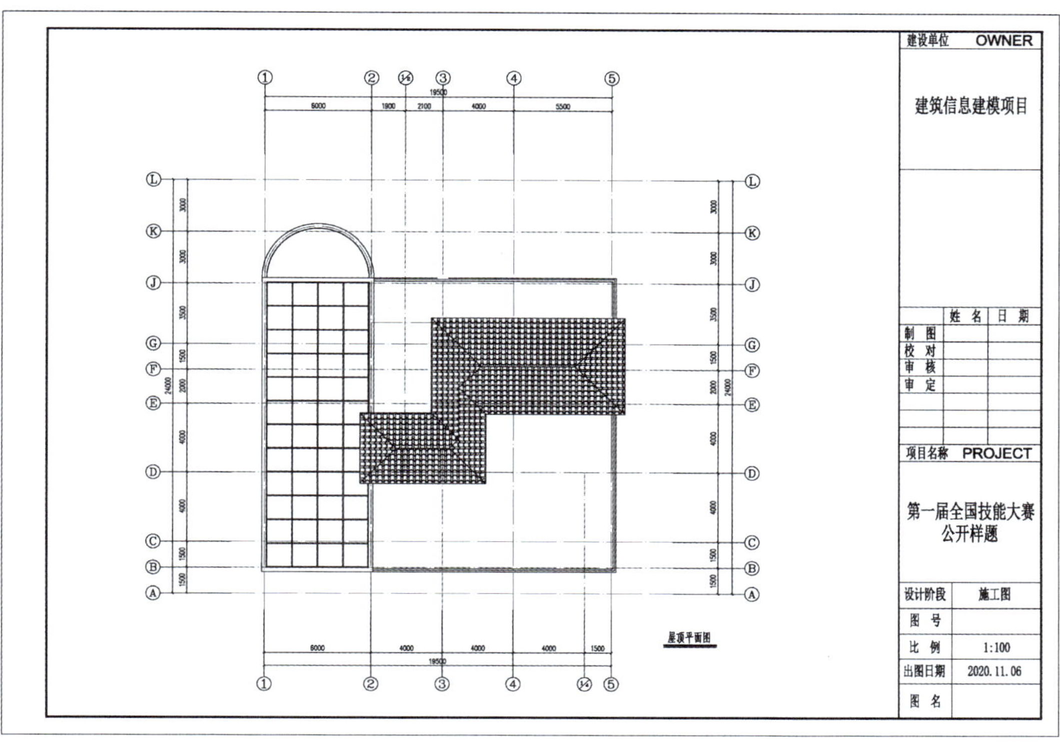

图 6.4.9-23　屋顶平面图

工作任务 6.4.10　建筑优化及创建其他建筑常用图元

任务驱动与学习目标

序号	任务驱动	学习目标
1	对教学楼工程的一楼进行优化设计	掌握一层外墙、柱优化的方法
2	对教学楼工程的屋顶进行优化设计	1. 掌握女儿墙创建的方法 2. 掌握墙体开洞的方法 3. 掌握使用“放置构件”命令放置旗帜的方法
3	创建教学楼工程的残疾人坡道和模型文字	1. 掌握使用坡道、模型文字命令创建坡道的方法 2. 掌握使用模型文字命令创建屋顶装饰文字的方法
4	创建建筑场地	了解场地、建筑地坪、子面域、场地构件的创建方法
5	创建天花板	了解天花板创建的方法
6	创建模型线	了解通过设置工作平面进行模型线创建的方法

工作任务解决步骤

6.4.10 工作任务解决步骤：一层外墙、柱优化

一、优化一层外墙、一层柱

1. 一层外墙优化

打开“工作任务 6.4.9\ 幕墙门窗完成 .rvt”，进入到“室外地坪”楼层平面视图（图 6.4.10–1）。

选中任何一面真石漆外墙，单击鼠标右键选择“选择全部实例 – 在视图中可见”，此时会选中一层所有的真石漆外墙；在属性面板修改墙体“底部偏移”值为“–450”（图 6.4.10–2）。

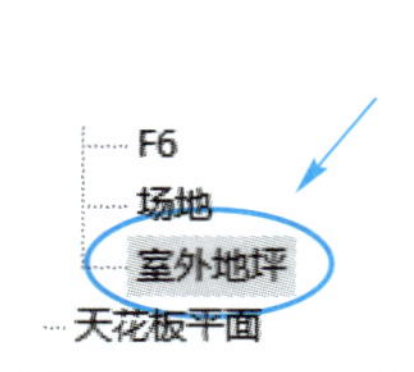

图 6.4.10–1　“室外地坪”楼层平面视图

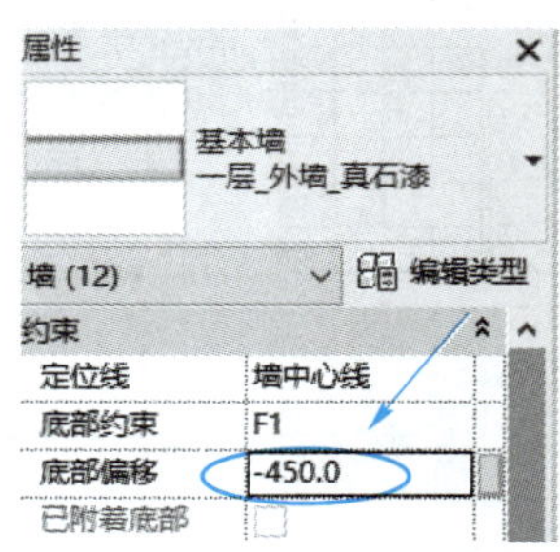

图 6.4.10–2　墙底标高修改

注意：

位于西侧楼梯间的幕墙未落地，需要补充绘制墙体。执行“墙：建筑”命令，在属性面板，墙体类型选择“一层 _ 外墙 _ 真石漆”、定位线选择“面层面：外部”、底部限制条件改为“室外地坪”、底部偏移改为“0”、顶部约束改为“直到标高：F1”、顶部偏移改为“0”（图 6.4.10–3），按顺序单击图 6.4.10–4 中 A、B、C、D 4 个点，完成的创建外墙补绘三维视图如图 6.4.10–5 所示。

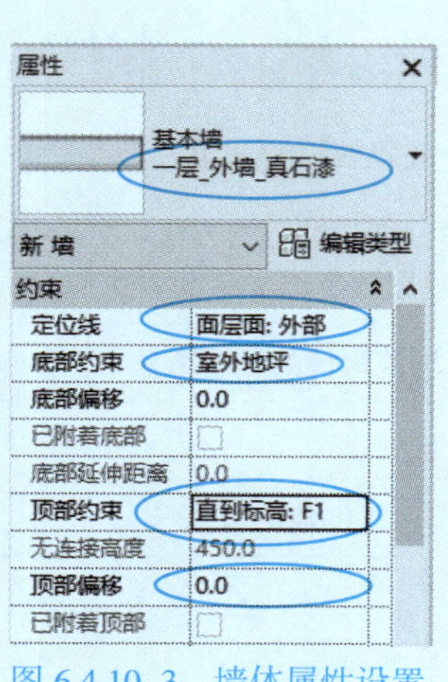

图 6.4.10–3　墙体属性设置

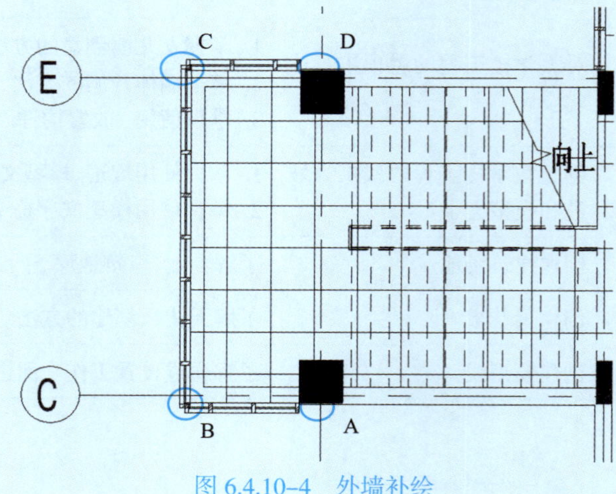

图 6.4.10–4　外墙补绘

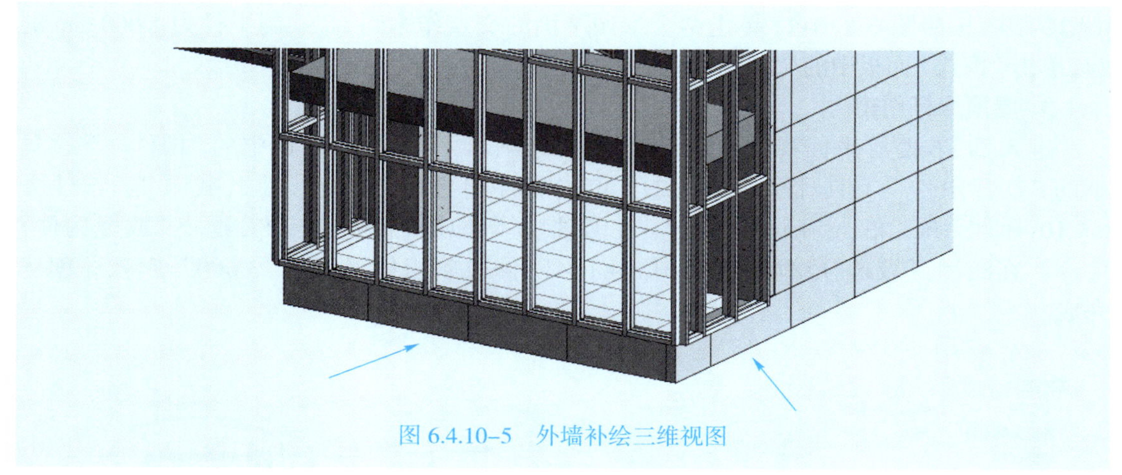

图 6.4.10-5　外墙补绘三维视图

采用同样的方法，在西北角幕墙的下方补绘墙体，如图 6.4.10-6 所示。

6.4.10 工作任务解决步骤：屋顶优化

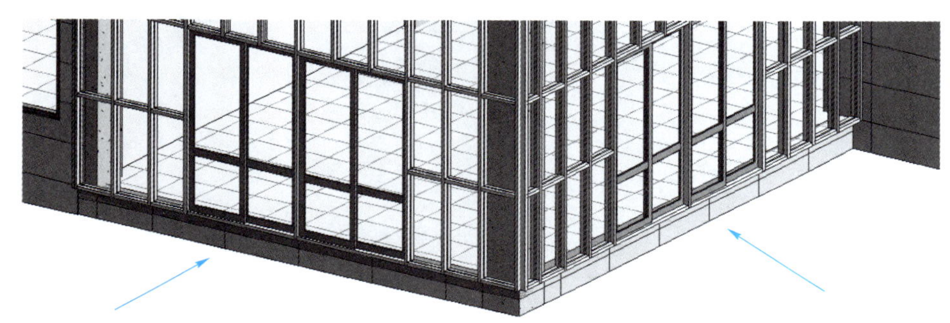

图 6.4.10-6　补绘墙体完成

2. 一层柱优化

进入到 F1 楼层平面视图，选择任一根柱，单击鼠标右键选择“选择全部实例”下“在视图中可见”，在属性面板修改柱的“底部标高”值为“室外地坪”。

完成的项目文件见“工作任务 6.4.10\ 一层外墙、柱优化完成 .rvt”。

二、屋面优化

1. 创建女儿墙

进入到 F5 楼层平面视图。

选择任一面外墙，单击鼠标右键“选择全部实例”-“在视图中可见”。修改“顶部偏移”为“1 200”（图 6.4.10-7）。

2. 墙体开洞、优化

选择西侧楼梯间Ⓔ轴墙体，修改“顶部偏移”为“6 200”（图 6.4.10-8）。

进入到北立面视图，单击“建筑”选项卡“工作平面”面板中的“参照平面”工具或执行“RP”快捷命令，按照图 6.4.10-9 在上图墙体上部位置绘制两个参照平面。选择该墙，单击上下文选项卡下“模式”面板中的“编辑轮廓”；单击“绘制”面板中的“圆形”工具（图

6.4.10–10),按照图 6.4.10–11 单击两个参照平面的交点作为圆心,绘制半径为 1 000 mm 的圆;单击“模式”面板中的“完成编辑模式”。

3. 屋顶旗杆创建

进入到 F6 楼层平面视图。单击“建筑”选项卡下“构建”面板中的“构件”下拉菜单的“放置构件”工具(图 6.4.10–12)。单击属性面板的“类型属性”,载入“工作任务 6.4.10\ 旗帜 .rfa”,单击“确定”按钮。在Ⓔ轴墙体处放置旗帜,按 ESC 退出“放置构件”命令。在绘图区域选择旗帜,按照图 6.4.10–13 修改旗帜位置值为“3 600”,旗帜即创建完成。

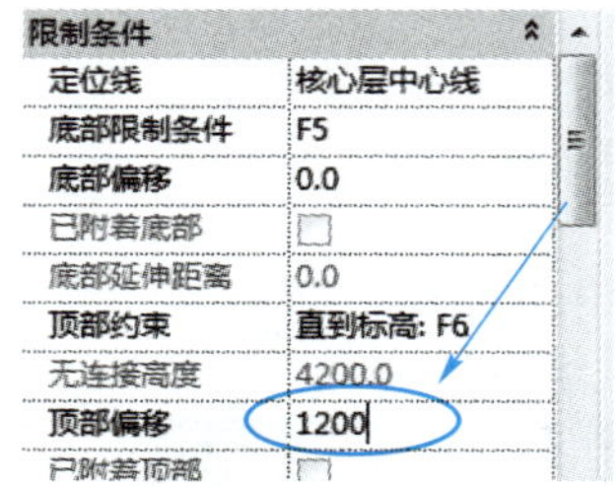

图 6.4.10–7 顶部偏移修改

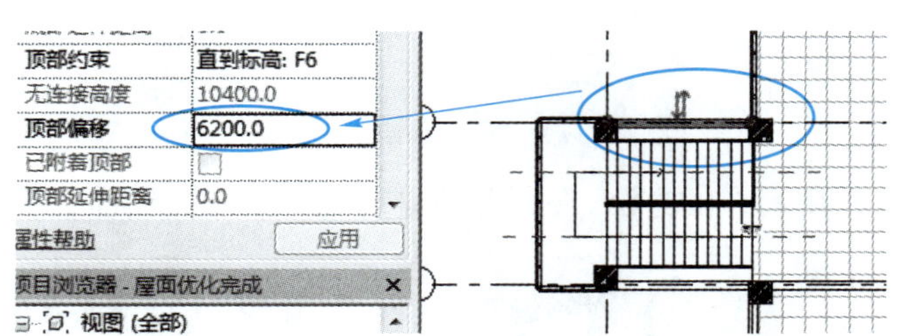

图 6.4.10–8 顶部偏移 6200

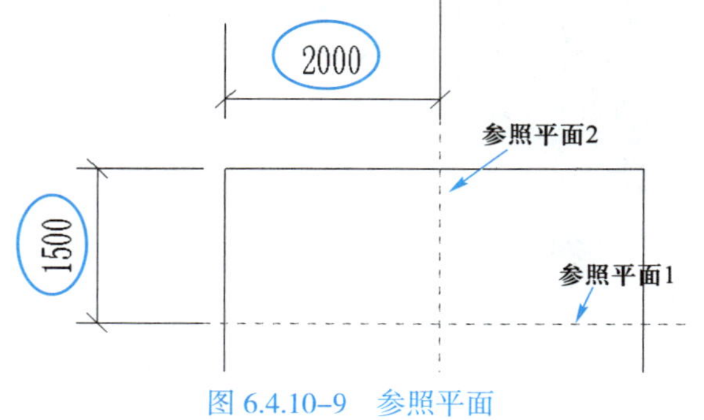

图 6.4.10–9 参照平面

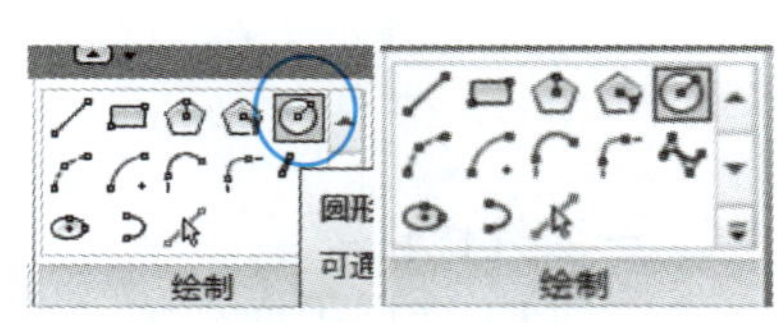

图 6.4.10–10 绘制圆形

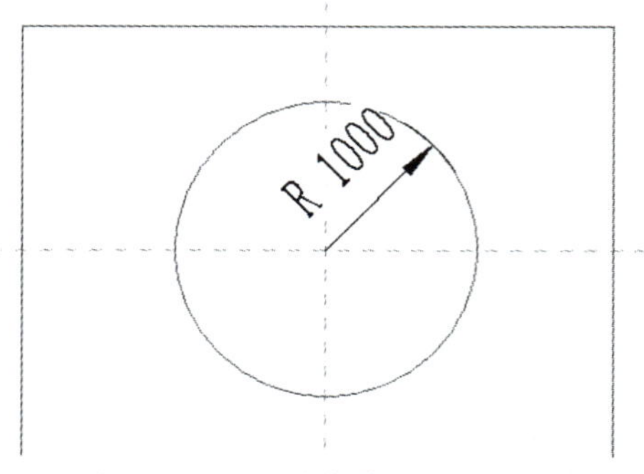

图 6.4.10–11 绘制半径 1000 的圆

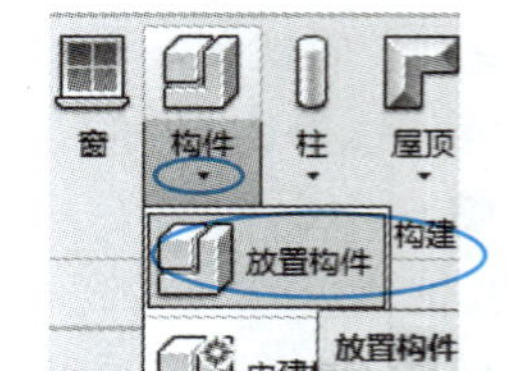

图 6.4.10–12 “放置构件”工具

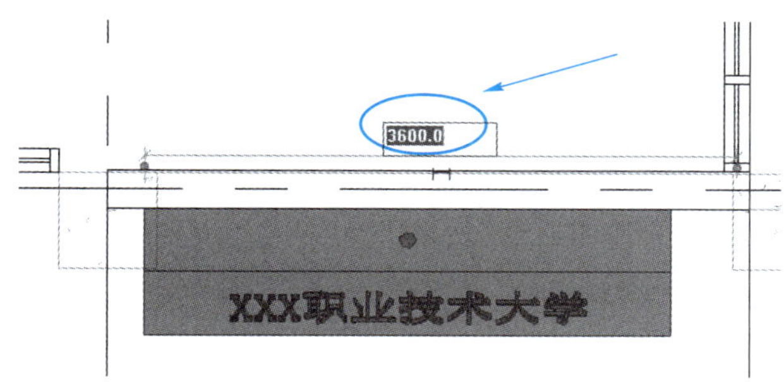

图 6.4.10–13　修改旗帜平面位置

屋面优化后的三维视图如图 6.4.10–14 所示。

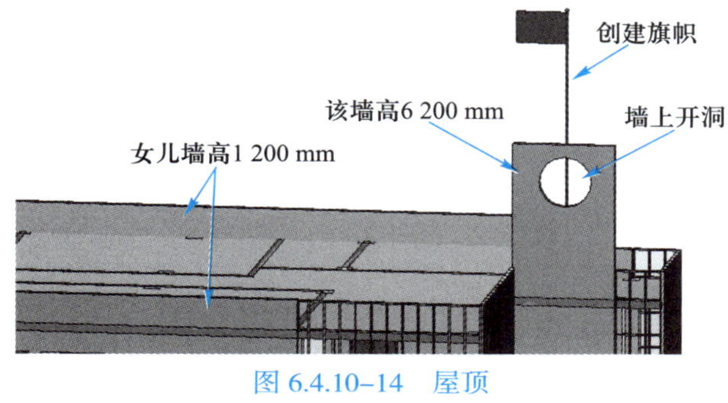

图 6.4.10–14　屋顶

完成的项目文件见“工作任务 6.4.10\ 屋顶优化完成 .rvt”。

三、创建坡道

进入“室外场地”楼层平面视图。

6.4.10 工作任务解决步骤：坡道

单击“建筑”选项卡“楼梯坡道”面板“坡道”工具，在属性面板确定坡道的底部标高为“室外地坪”、顶部标高为“F1”、类型属性中的造型设置为“实体”（图 6.4.10–15），在西侧楼梯间上方的空白处单击一点作为台阶起点，向右移动光标，坡道草图完全显示时单击第二点作为坡道终点（图 6.4.10–16），单击“完成编辑模式”，退出坡道创建命令。

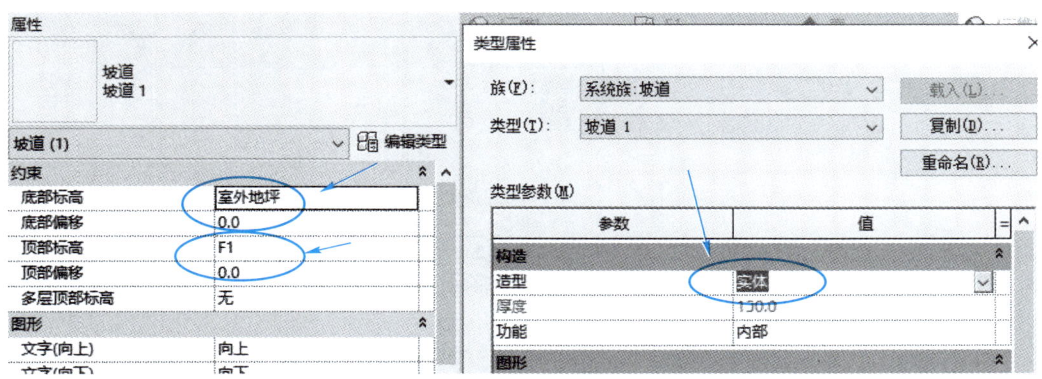

图 6.4.10–15　坡道属性设置

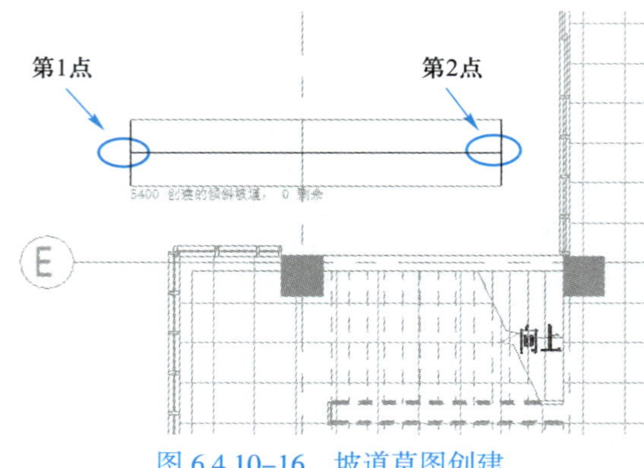

图 6.4.10–16 坡道草图创建

在绘图区域创建与②轴相距 1 200 mm 的参照平面；选择坡道，将坡道的右下角点移动至参照平面与楼梯间墙的交点，如图 6.4.10–17 所示，移动坡道草图创建完毕。

6.4.10 工作任务解决步骤：模型文字

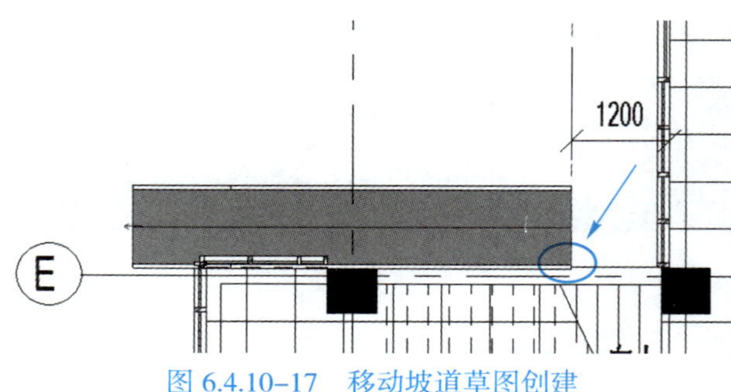

图 6.4.10–17 移动坡道草图创建

完成的项目文件见“工作任务 6.4.10\ 坡道完成 .rvt”。

四、创建模型文字

进入到 F1 楼层平面视图。

单击“建筑”选项卡“工作平面”面板中的“设置”(图 6.4.10–18)，在弹出的“工作平面”对话框中选择“拾取一个平面”，单击“确定”按钮(图 6.4.10–19)。

图 6.4.10–18 “设置”工具

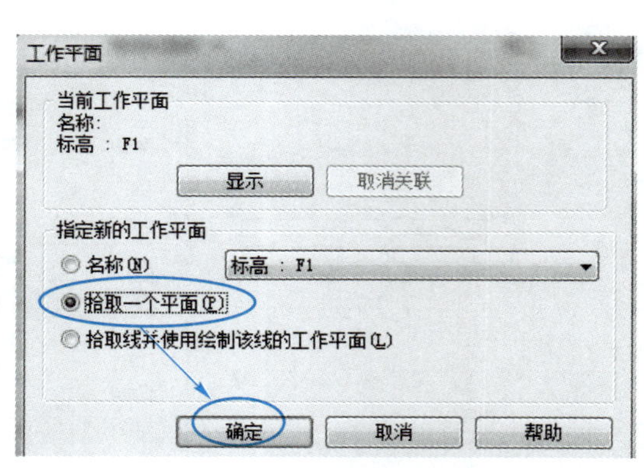

图 6.4.10–19 拾取一个平面

移动光标在Ⓕ轴外墙的外面层上单击，在弹出的“转到视图”对话框中选择“立面：北立面”，单击“打开视图”。

单击“建筑”选项卡下“模型”面板中的“模型文字”工具(图 6.4.10–20)，在弹出的“编辑文字”对话框中输入“× × × 职业技术大学教学楼 C 楼”，单击“确定”按钮，将光标移动到女儿墙合适位置单击即可放置文字，若字体无法正常显示，则修改文字字体为“楷体”。结果如图 6.4.10–21 所示。

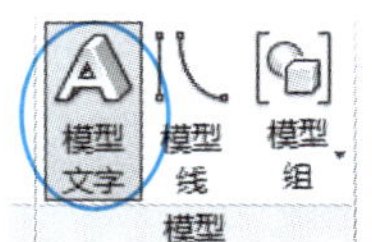

图 6.4.10–20　“模型文字”工具

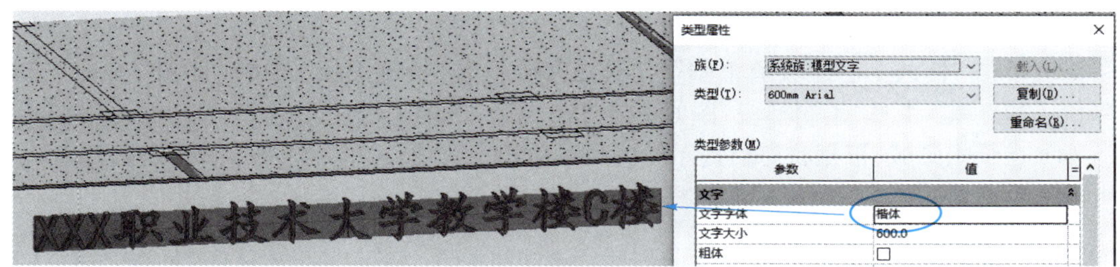

图 6.4.10–21　模型文字

完成的项目文件见“工作任务 6.4.10\ 模型文字完成 .rvt”。

说明：

关于建筑台阶、散水的创建方法，将在“族”工作任务中进行讲解。

6.4.10 技能扩展：坡道、天花板、模型线

工作技能扩展与相关系统性知识

一、坡道

1. 直坡道

(1) 打开平面视图或三维视图。

(2) 单击“建筑”选项卡下“楼梯坡道”面板中的“坡道”工具，进入草图绘制模式。

(3) 在属性选项板中修改坡道属性。

(4) 单击“修改 | 创建坡道草图”选项卡下“绘制面板”中的“梯段”工具，默认值是通过“直线”命令绘制梯段。

(5) 将光标放置在绘图区域中，并拖曳光标绘制坡道梯段。

(6) 单击“√完成编辑模式”。

坡道样例的创建如图 6.4.10–22 所示。

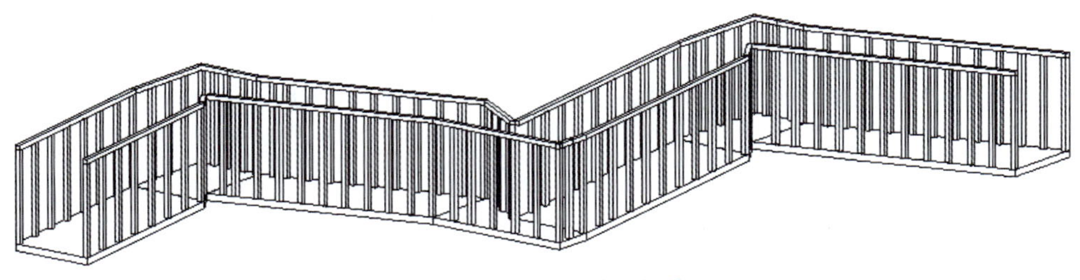

图 6.4.10–22　坡道的创建

① 绘制坡道前，可先绘制“参考平面”，对坡道的起跑为直线、休息平台位置、坡道宽度位置等进行定位；② 可将坡道属性选项板中的“顶部标高”设置为当前的标高，并将“顶部偏移”设置为坡道的高度。

2. 螺旋坡道与自定义坡道

（1）单击“建筑”选项卡下“楼梯坡道”面板中“坡道”工具，进入草图绘制模式。

（2）在属性选项板中修改坡道属性。

（3）单击“修改 | 创建坡道草图”上下文选项卡下“绘制面板”中的“梯段”命令，选择“圆心－端点弧”工具，绘制梯段（图 6.4.10–23）。

（4）在绘图区域，根据状态栏提示绘制弧形坡道。

（5）单击“√完成编辑模式”。

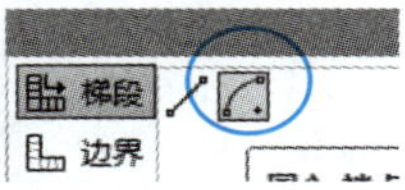

图 6.4.10–23 “圆心－端点弧”工具

二、创建天花板

创建天花板是在其所在标高以上指定距离处进行的。例如，如果在标高 1 上创建天花板，则可将天花板放置在标高 1 上方 3 m 的位置，可以使用天花板类型属性指定该偏移量。

1. 创建平天花板

（1）打开天花板平面视图。

（2）单击“建筑”选项卡下“构建”面板中的“天花板”工具。

（3）在类型选择器中，选择一种天花板类型。

（4）可使用两种命令放置天花板，即“自动创建天花板”或“绘制天花板”命令。

默认情况下，“自动创建天花板”工具处于活动状态。在单击构成闭合环的内墙时，该工具会在这些边界内部放置一个天花板，而忽略房间分隔线。

2. 创建斜天花板

可使用下列方法之一创建斜天花板。

（1）在绘制或编辑天花板边界时，绘制坡度箭头。

（2）为平行的天花板绘制线指定“相对基准的偏移”属性值。

（3）为单条天花板绘制线指定“定义坡度”和“坡度”属性值。

3. 修改天花板

（1）修改天花板类型。选择天花板，然后从“类型选择器”中选择另一种天花板类型

（2）修改天花板边界。选择天花板，单击“编辑边界”。

（3）将天花板倾斜。见“创建斜天花板”。

（4）向天花板应用材质和表面填充图案。选择天花板，单击“编辑类型”，在“类型属性”对话框中，对“结构”进行编辑。

（5）移动天花板网格。常采用“对齐”命令对天花板进行移动。

三、创建模型线

对一些需要在所有平面、立面、剖面视图中显示的线条图案，可以使用功能区“建筑”选项卡下“模型”面板中的“模型线”工具绘制或拾取创建。

模型线的创建步骤同模型文字，也应先单击“建筑”选项卡下“工作平面”面板中的“设置”，设置模型线所在的工作平面后再进行创建。

可采用直线、矩形、圆、弧、椭圆、椭圆弧、样条曲线等方式创建模型线。

模型线的编辑方法也非常简单，选择模型线后，可以用鼠标拖拽端点控制柄或修改临时尺寸的方式改变模型线的长度、位置等，也可以用“移动”“复制”“镜像”“阵列”等各种编辑命令任意编辑。

习题与能力提升

按照图 6.4.10–24 创建老虎窗屋顶。

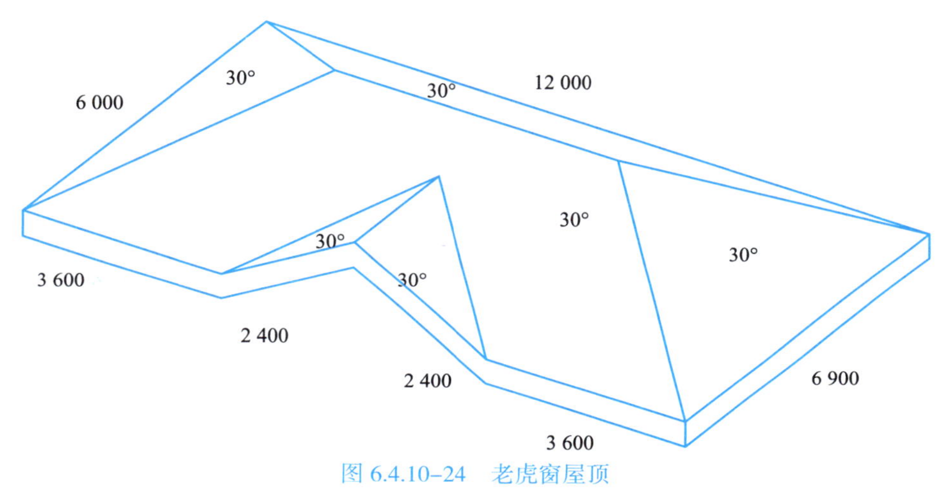

图 6.4.10–24　老虎窗屋顶

6.5　思 想 提 升

工匠精神

工匠精神是我国优秀传统文化的重要内容和宝贵财富。《考工记解》中，“周人尚文采，古虽有车，至周而愈精，故一器而工聚焉。如陶器亦自古有之。舜防时，已陶渔矣，必至虞时，瓦器愈精好也。”反映的正是我国古代的能工巧匠们不断追求技艺精进的精神品格。

第一，敬业。敬业是从业者基于对职业的敬畏和热爱而产生的一种全身心投入的认认真真、尽职尽责的职业精神状态。中华民族历来有“敬业乐群”“忠于职守”的传统，敬业是中国人的传统美德，也是当今社会主义核心价值观的基本要求之一。早在春秋时期，孔子就主张人在一生中始终要“执事敬”“事思敬”“修己以敬”。“执事敬”是指行事要严肃认真不怠慢；“事思敬”是指临事要专心致志不懈怠；“修己以敬”是指加强自身修养、保持恭敬谦逊的态度。

第二，精益。精益就是精益求精，是从业者对每件产品、每道工序都凝神聚力、精益求精、追求极致的职业品质。所谓精益求精，是指已经做得很好了，还要求做得更好，“即使做一颗螺丝钉也要做到最好”。正如老子所说，“天下大事，必作于细”。能基业长青的企业，无不是精益求精才获得成功的。

第三，专注。专注就是内心笃定而着眼于细节的耐心、执着、坚持的精神，这是所有大国工匠所必须具备的精神特质。从中外实践经验来看，工匠精神都意味着一种执着，即几十年如一日的坚持与韧性。“术业有专攻”，一旦选定行业，就一门心思扎根下去，心无旁骛，在一个细分产品上不断积累优势，在各自领域成为“领头羊”。在中国早就有“艺痴者技必良”的说法，如《庄子》中记载的游刃有余的“庖丁解牛”，《核舟记》中记载的奇巧人王叔远等。

第四，创新。“工匠精神”还包括追求突破、追求革新的创新内蕴。古往今来，热衷于创新和发明的工匠们一直是世界科技进步的重要推动力量，我国评选的工匠和大国工匠均是“工匠精神”的优秀传承者，他们让中国创新影响了世界。

建筑信息模型技术员国家职业技能标准

2021年12月12日，人力资源社会保障部办公厅发布《人力资源社会保障部办公厅关于颁布网约配送员等18个国家职业技能标准的通知》(人社厅发〔2021〕92号)，正式颁布实施建筑信息模型技术员国家职业技能标准，职业编码4-04-05-04。

建筑信息模型技术员共设五个等级，分别为：五级/初级工、四级/中级工、三级/高级工、二级/技师、一级/高级技师。本职业五级/初级工、四级/中级工、一级/高级技师不分方向；三级/高级工、二级/技师分为建筑工程、机电工程、装饰装修工程、市政工程、公路工程、铁路工程六个方向。该职业将在我国建筑行业向数字化、智能化转型过程中扮演重要角色。

6.6 工作评价与工作总结

工作评价

序号	评分项目	分值	评价内容	自评	互评	教师评分	客户评分
1	新建项目与初步设置	5	1. 新建项目，2分 2. 信息设置，3分				
2	创建标高轴网	5	1. 标高，2分 2. 轴网，3分				
3	创建墙体	15	1. 墙体构造，2分 2. 外墙位置，5分 3. 内墙位置，5分 4. 材质设置，3分				
4	创建楼板	10	1. 构造和材质设置，5分 2. 楼板位置，5分				
5	创建柱	10	1. 类型设置，4分 2. 柱位置，6分				
6	创建门窗	10	1. 窗，5分 2. 门，5分				

续表

序号	评分项目	分值	评价内容	自评	互评	教师评分	客户评分
7	楼层编辑及创建屋顶	10	1. 二层至五层,5 分 2. 屋顶,5 分				
8	创建楼梯、栏杆扶手、洞口	10	1. 楼梯段,5 分 2. 楼梯间,5 分				
9	创建幕墙及幕墙门窗	10	1. 整体幕墙,5 分 2. 幕墙门窗,5 分				
10	建筑优化及创建其他建筑常用图元	15	1. 一层优化,5 分; 2. 屋顶优化,5 分 3. 坡道,3 分 4. 模型文字,2 分				
总结							

工作总结

目标		进步	欠缺	改进措施
知识目标	掌握项目设置,以及墙、柱、楼板、门窗、屋顶、楼梯、幕墙等 BIM 模型创建的相关知识			
能力目标	根据客户要求完成 ××× 职业技术大学教学楼建筑 BIM 模型的创建			
素质目标	有文化自信,有爱国情怀,具备善沟通、能协作、高标准、会自学的专业素质			

项目 7　Revit 参数化族与体量

7.1　典型工作任务

按照《项目 7　工作任务书》的要求，使用“族”或“体量”命令进行各种异形建筑构件或建筑物的创建。

项目 7　工作任务书	
技术要求	1. 创建台阶。在西北主入口处创建台阶，该台阶为三级台阶，台阶踏步宽度为 300 mm、高度为 150 mm，台阶平台宽度为 1 200 mm。 2. 创建散水。围绕建筑物创建室外散水，散水宽度为 900 mm、高度为 50 mm。 3. 创建古城墙外部族。城墙高度为 10 m，底部宽度为 8 m、顶部宽度为 5 m；垛口间隔为 1.5 m，垛口尺寸为 0.5 m × 0.5 m，材质为砖。 4. 创建体量模型。创建不同形式的内建体量，并进行内建体量编辑。 5. 进行内建体量研究。在体量模型上创建实体墙、幕墙系统、楼板和屋顶
交付内容	台阶完成 .rvt 散水完成 .rvt 古城墙完成 .rvt 参数窗族完成 .rfa 体量研究完成 .rvt
工作任务	1. 创建系统族 2. 创建内建族 3. 创建标准构件族 4. 创建体量 5. 体量研究
岗位标准	1. 建筑信息模型技术员国家职业技能标准（职业编码：4-04-05-04） 2. “1+X” BIM 职业技能等级标准
技术标准	1.《建筑信息模型应用统一标准》（GB/T 51212—2016） 2.《建筑信息模型设计交付标准》（GB/T 51301—2018）
工作成图（参考图）	散水 台阶 散水

7.2　工作岗位核心技能要求

根据建筑信息模型技术员国家职业技能标准(职业编码：4-04-05-04)，三级(高级工)对于创建基准图元和模型构件的技能要求和相关知识要求如下。

职业技能	工作内容	技能要求	相关知识要求
2. 模型创建与编辑	2.3　创建自定义参数化图元	2.3.1　能根据参数化构件用途选择和定义图元的类型 2.3.2　能创建用于辅助参数定位的参照图元 2.3.3　能运用参数化建模命令创建子构件图元 2.3.4　能对自定义参数化构件添加合适的参数 2.3.5　能删除自定义参数化构件参数 2.3.6　能将自定义构件的形体尺寸、材质等信息与添加的参数关联 2.3.7　能通过改变参数取值，获取所需的图元实例 2.3.8　能保存创建好的自定义参数化图元 2.3.9　能在正确位置创建构件连接件，并使其尺寸与构件参数关联 2.3.10　能在项目模型中使用自定义参数化图元	2.3.1　相关专业制图基本知识 2.3.2　建模规则要求 2.3.3　相关专业基础知识 2.3.4　相关专业自定义参数化图元创建方法

7.3　知识导入与准备

族是一个包含通用属性(称作参数)集和相关图形表示的图元组，所有添加到 Revit 项目中的图元都是使用族来创建的。这些图元包括构成建筑模型的结构构件、墙、屋顶、窗、门等，也包括用于记录模型的详图索引、装置、标记和详图构件。

在 Revit 中，有以下 3 种族：系统族、内建族、标准构件族。

一、系统族

1. 系统族的概念

系统族：是指 Revit 中预设的族，包括如墙、门、窗等基本建筑构件。

系统族只可以修改和复制，但不可以再创建新的系统族。新的族类型可以通过修改参数来获得。

系统族已在 Revit Architecture 中预定义且保存在样板和项目中，系统族中至少应包含一个系统族类型，除此之外的其他系统族类型都可以删除。

2. 系统族的查看

在项目浏览器中，展开“族”，可以查看到所有的族。展开“墙”可以看到“墙”族有 3 个系统族，分别为“叠层墙”“基本墙”和“幕墙”(图 7.3-1)。

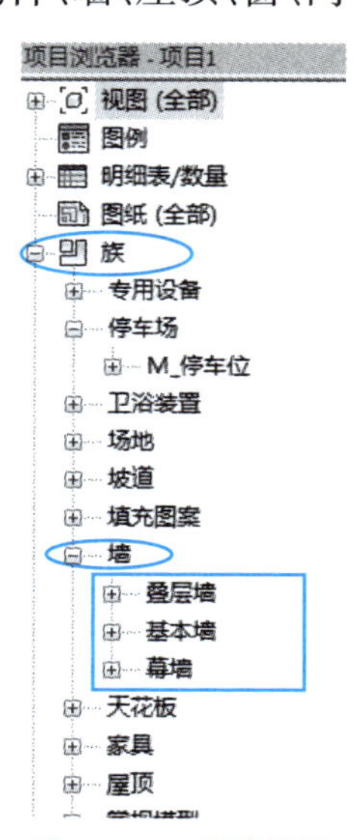

图 7.3-1　系统族的查看

【小贴士】 项目浏览器中的“族”包含所有族,含系统族、内建族和标准构件族。

二、内建族

1. 内建族的概念

内建族是指在当前项目中为专有的特殊构件所创建的族,这种构件只能在当前项目中使用。

一些通用性不高的非标准构件,以及只在当前项目中使用,在其他项目中很少使用的构件,可以用内建族。

2. 内建族命令所在的位置

内建族的创建方法同标准构件族创建的不同之处是:内建族是在项目文件中,使用“建筑”选项卡下“构件”面板中的“构件”工具下拉菜单的“内建模型”工具创建的,创建时不需要选择族样板文件,只要在“族类别和族参数”对话框中选择一个“族类别”(图 7.3–2)。

三、标准构件族

1. 标准构件族的概念

标准构件族是指载入族,多存储于构件库中,是在外部“.rfa”文件中创建的,可导入或载入到项目中或样板文件中使用,可操作性强。

标准构件族包括在建筑内和建筑周围安装的建筑构件(如窗、门、橱柜、装置、家具和植物),也包括一些常规自定义的注释图元(如符号和标题栏)。

2. 标准构件族的使用

单击“插入”选项卡下“从库中载入”面板中的“载入族”工具,弹出“载入族”对话框,自动定位到标准构件族所在文件夹“C:\ProgramData\Autodesk\RVT 2020\Libraries\China”(图 7.3–3)。

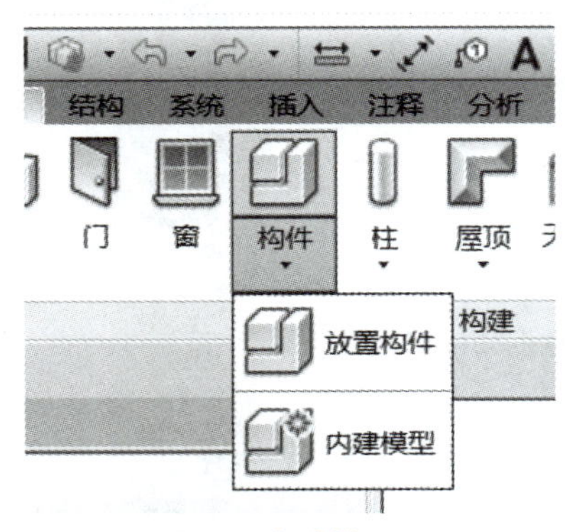

图 7.3–2 “内建模型”工具

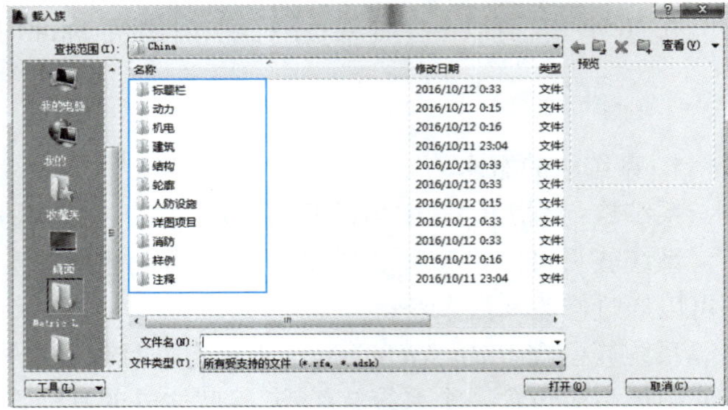

图 7.3–3 标准构件族所在位置

3. 标准构件族载入位置的设置

单击“文件”中的“选项”,在弹出的“选项”对话框中单击“文件位置”,单击“放置”按钮,可以设置标准构件族文件夹的默认路径,如图 7.3–4 所示。

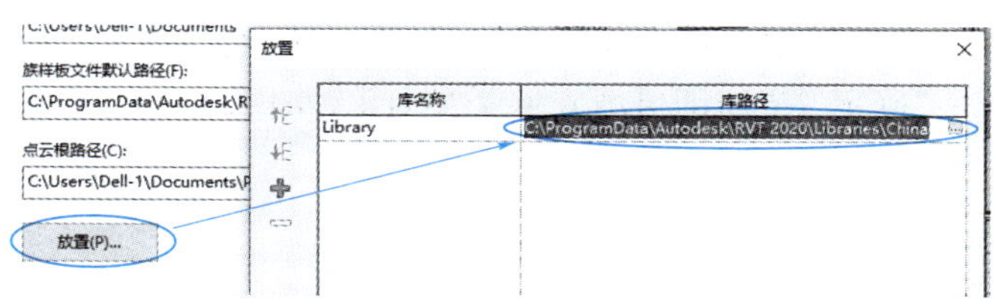

图 7.3-4　标准构件族文件夹的默认路径

7.4　工作任务实施

工作任务 7.4.1　创建系统族

任务驱动与学习目标

序号	任务驱动	学习目标
1	创建和修改“墙”系统族类型	掌握系统族类型创建和修改的方法
2	删除系统族	1. 掌握删除族类型的方法 2. 掌握清除未使用项的方法
3	在不同项目之间进行系统族的复制	1. 了解不同项目之间进行系统族复制的方法 2. 了解不同项目之间进行系统族传递的方法

工作任务解决步骤

7.4.1　工作任务解决步骤：系统族

一、系统族类型的创建和修改

系统族类型的创建和修改在前面的章节已经讲解，以“墙”族为例，单击属性面板中的“编辑类型”，复制新的墙体类型进行修改和创建。

二、系统族类型的删除

不能删除系统族，但可以删除系统族中包含的某一种系统族类型。删除系统族类型有以下两种方法。

1. 在项目浏览器中删除族类型

展开项目浏览器中的“族”，选择包含要删除的类型的类别和族，单击鼠标右键，在弹出的快捷菜单中选择“删除”命令或按 Delete 键，即可删除某一种系统族类型。

【小贴士】 若要删除的这种族类型在项目中具有实例，则将会显示一个“警告”(图 7.4.1-1)。单击“确定”按钮，则既删除该族类型下已经创建的实例，也删除该族类型。

2. 使用“清除未使用项”命令

单击“管理”选项卡“设置”面板中的“清除未使用项”工具，弹出“清除未使用项”对话框。该对话框中列出了所有可从项目中删除的族和族类型，包括标准构件和内建族。

选择需要清除的类型，单击“放弃全部”按钮，再勾选要清除的族类型，如勾选“内墙 - 白色涂料”，然后单击“确定”按钮即可清除族类型(图 7.4.1-2)。

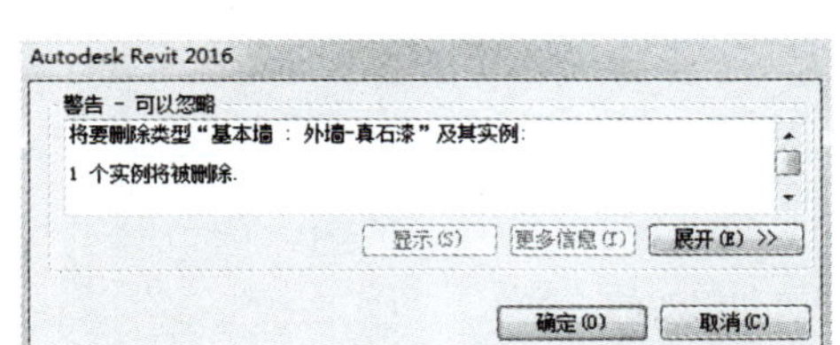

图 7.4.1-1 删除警告

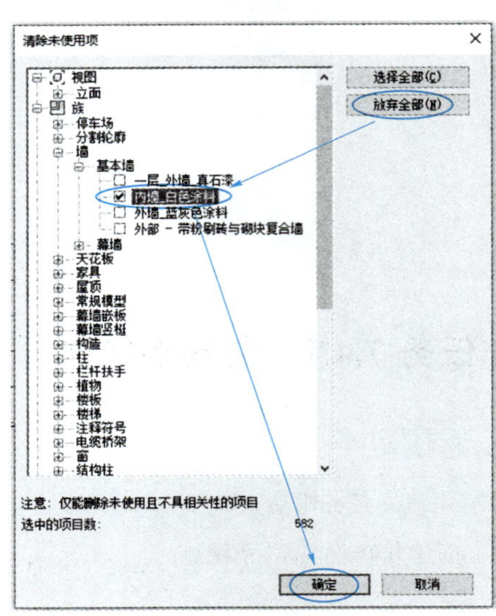

图 7.4.1-2 清除未使用项

工作技能扩展与相关系统性知识

一、不同项目之间进行系统族复制

以将项目 1 中的系统族复制到项目 2 为例进行说明，其中，项目 1 是基于“工作任务 7.4.1”文件夹中的“样板文件 .rte”新建的一个项目，项目 2 是基于系统自带“建筑样板”文件新建的一个项目，操作如下。

(1) 双击 Revit 程序图标，基于随书文件“工作任务 7.4.1\ 样板文件 .rte”新建一个项目文件，命名为“项目 1”。

(2) 单击左上角应用程序按钮，再基于系统自带的“建筑样板”新建另一个项目文件，命名为“项目 2”。

(3) 单击“视图”选项卡下“窗口”面板中的“平铺”，将项目 1 和项目 2 窗口平铺。

(4) 单击项目 1 视图窗口，进入到项目 1。在项目浏览器“族”中选择要复制的族类型，如“内墙 - 白色涂料”族类型，单击“修改”选项卡下“剪贴板”面板中的“复制”工具(图 7.4.1-3)。

(5) 单击项目 2 视图窗口，进入到项目 2。单击“修改”选项卡“剪贴板”面板中的“粘贴”工具下拉菜单的“从剪贴板中粘贴”(图 7.4.1-4)，“内墙 - 白色涂料”族类型即会从项目 1 复制到项目 2。

二、不同项目之间进行系统族传递

以上项目 1 和项目 2 是在同一个 revit 程序中打开的，在该情况下可以使用“传递项目标准”的方法将项目 1 中的系统族类型传递到项目 2 中，具体方法如下。

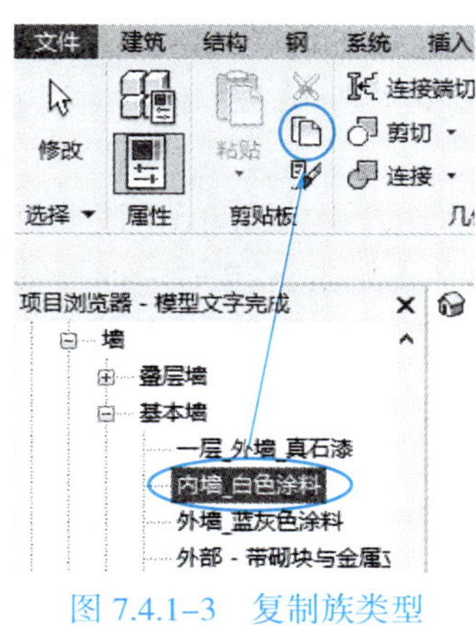

图 7.4.1–3 复制族类型

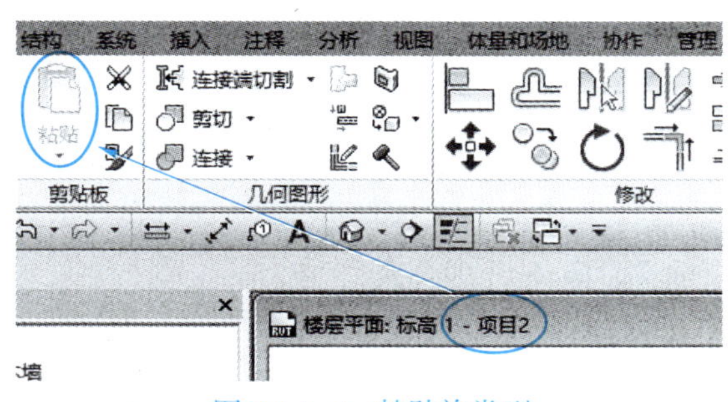

图 7.4.1–4 粘贴族类型

(1) 单击项目 2 视图窗口，进入到项目 2。

(2) 单击“管理”选项卡下“设置”面板中的“传递项目标准”工具，在弹出的“选择要复制的项目”对话框中可观察到“复制自”的值为“项目 1”，此时勾选要复制的内容，单击“确定”按钮(图 7.4.1–5)，则可将项目 1 勾选的系统族传递到项目 2 中。

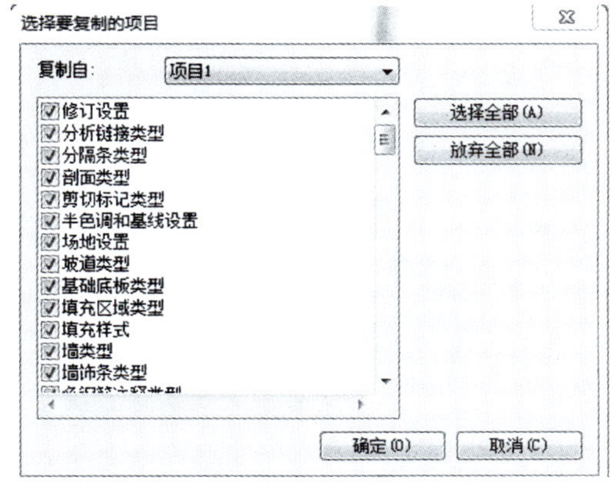

图 7.4.1–5 项目标准的传递

习题与能力提升

打开创建完成的“工作任务 6.4.10\ 模型文字完成 .rvt”，将其中未用到的墙体族类型删除。

工作任务 7.4.2 创建内建族

任务驱动与学习目标

序号	任务驱动	学习目标
1	创建台阶	1. 掌握内建模型工具所在的位置； 2. 掌握放样创建族的方法
2	创建散水	掌握利用放样工具创建散水的方法
3	使用多种族建模工具进行建模	1. 了解“拉伸”“融合”“旋转”“放样”“放样融合”等各种“实心建模”工具的使用方法； 2. 了解“空心拉伸”“空心融合”“空心旋转”“空心放样”“空心放样融合”等各种“空心建模”工具的使用方法

7.4.2 工作任务解决步骤：台阶内建模型

工作任务解决步骤

一、创建台阶

“工作任务 6.4.10\ 模型文字完成 .rvt”，进入到 F1 楼层平面视图。

单击“建筑”选项卡下“构建”面板中的“构件”下拉菜单的“内建模型”工具(图 7.4.2–1)。在弹出的“族类别和族参数”对话框中选择“常规模型”,单击“确定”按钮。在弹出的“名称”对话框中填写“台阶”,单击“确定”按钮。

单击“创建”选项卡下“形状”面板中的“放样”工具(图 7.4.2–2),单击上下文选项卡“放样”面板中的“绘制路径”工具(图 7.4.2–3),按照图 7.4.2–4 单击 A、B、C 3 点绘制放样路径,绘制完毕单击“完成编辑模式”。此时“放样路径”绘制完毕,“放样”命令尚未结束。

图 7.4.2–1 “内建模型”工具

图 7.4.2–2 “放样”工具

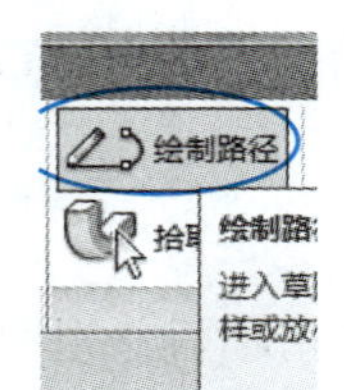

图 7.4.2–3 “绘制路径”工具

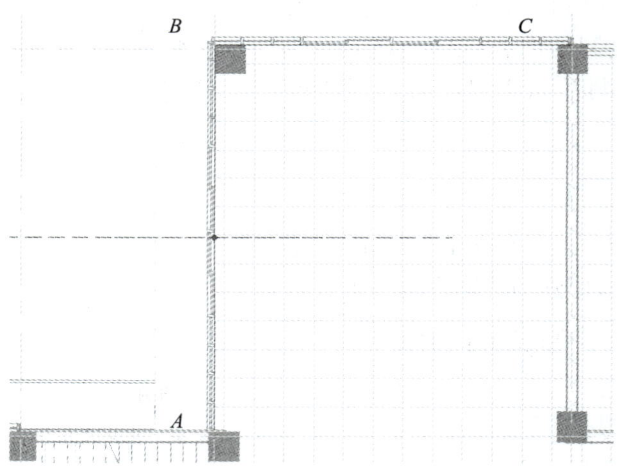

图 7.4.2–4 放样路径

单击上下文选项卡“放样”面板中的“选择轮廓”,再单击“编辑轮廓”(图 7.4.2–5),在弹出的“转到视图”对话框中单击“立面:南立面”,单击“打开视图”。在出现的南立面视图中按照图 7.4.2–6 绘制放样轮廓(该轮廓为台阶的截面轮廓),属性面板的材质设置为“混凝土 – 现场浇筑混凝土”,单击“完成编辑模式”,此时“放样轮廓”绘制完毕;再单击“完成编辑模式”,此时“放样”命令结束;再单击“完成模型”,此时“内建模型”命令全部结束,返回项目文件的操作界面,台阶创建完毕。

完成的项目文件见“工作任务 7.4.2\ 台阶完成 .rvt”。

二、创建散水

进入到“室外地坪”楼层平面视图。

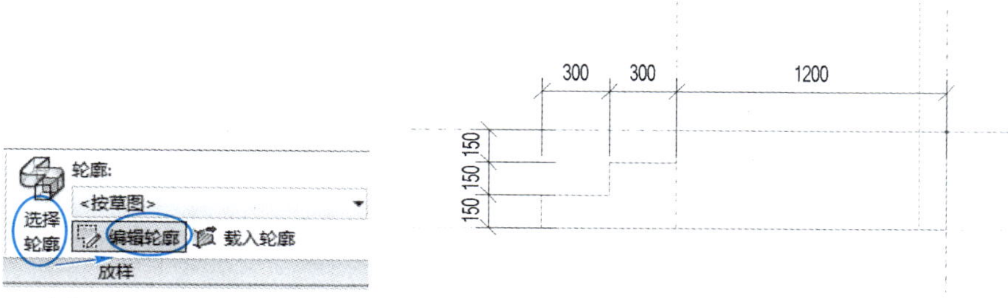

图 7.4.2-5　编辑轮廓 1

图 7.4.2-6　放样轮廓绘制

7.4.2　工作任务解决步骤：散水内建模型

单击“建筑”选项卡“构建”面板中的“构件”下拉菜单的“内建模型”工具。在弹出的“族类别和族参数”对话框中选择“常规模型”，单击“确定”按钮。在弹出的“名称”对话框中填写“散水”，单击“确定”按钮。

单击“创建”选项卡“形状”面板中的“放样”工具，单击上下文选项卡“放样”面板中的“绘制路径”工具，按照图 7.4.2-7 沿建筑物外围绘制放样路径，绘制完毕单击“完成编辑模式”，此时“放样路径”绘制完毕，“放样”命令尚未结束。

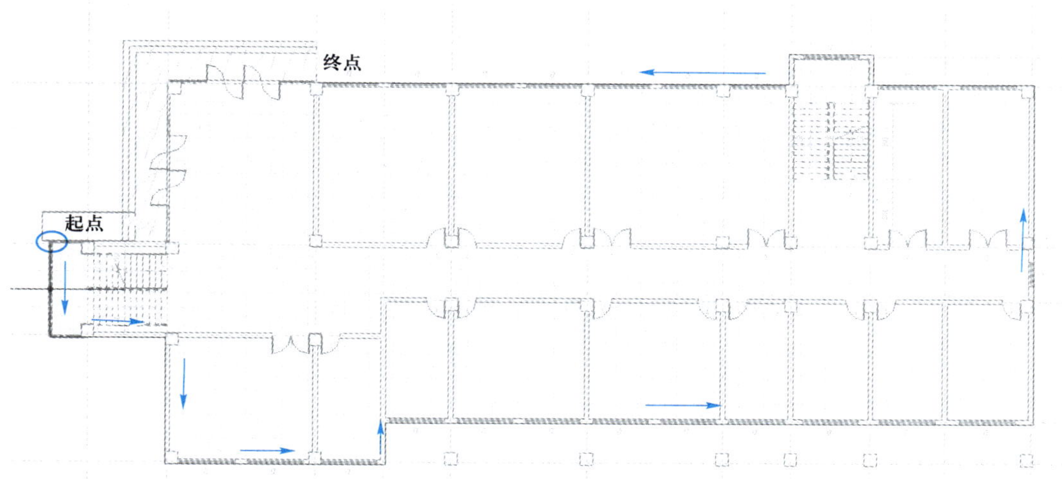

图 7.4.2-7　放样路径

单击上下文选项卡“放样”面板中的“选择轮廓”，再单击“编辑轮廓”（图 7.4.2-8），在弹出的“转到视图”对话框中单击“立面：北立面”，单击“打开视图”。在出现的北立面视图中按照图 7.4.2-9 绘制放样轮廓（该轮廓即为散水的截面轮廓，三角形的两个直角边长度分别为 50 mm、900 mm），材质设置为“混凝土 - 现场浇注混凝土”，单击“完成编辑模式”，此时“放样轮廓”绘制完毕；再单击“完成编辑模式”，此时“放样”命令结束；再单击“完成模型”，此时“内建模型”命令结束，返回到项目文件的操作界面，散水创建完毕。

创建完成的台阶和散水三维视图如图 7.4.2-10 所示。

完成的散水模型见“工作任务 7.4.2\ 散水完成 .rvt”。

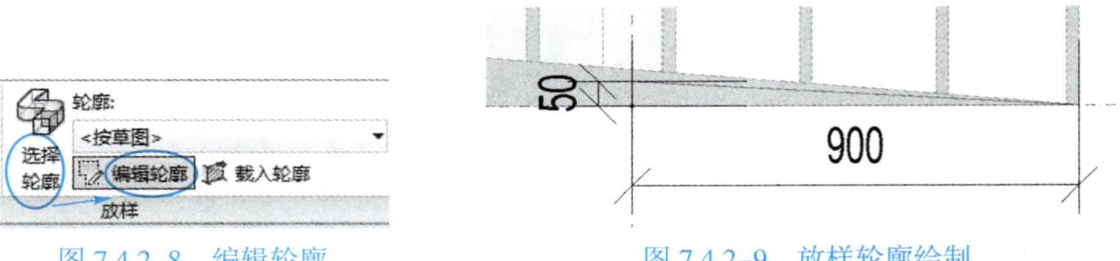

图 7.4.2–8 编辑轮廓

图 7.4.2–9 放样轮廓绘制

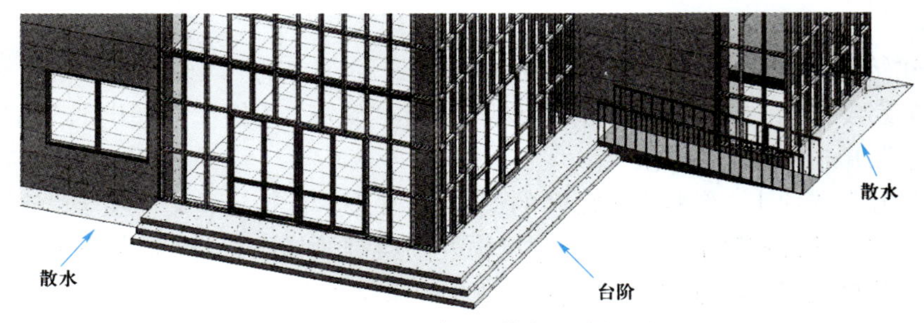

图 7.4.2–10 台阶、散水三维视图

7.4.2 技能扩展：族的各种操作命令

工作技能扩展与相关系统性知识

在“族编辑器”中，“创建”选项卡“形状”面板可以创建实心模型和空心模型，其中“拉伸”“融合”“旋转”“放样”“放样融合”工具是实心建模工具，“空心拉伸”“空心融合”“空心旋转”“空心放样”“空心放样融合”工具是空心建模方法（图 7.4.2–11）。

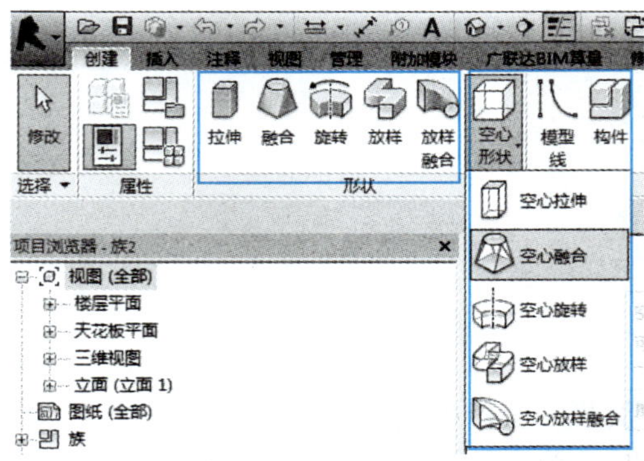

图 7.4.2–11 族建模工具

1. 拉伸

在组编辑器界面，单击“创建”选项卡“形状”面板中的“拉伸”工具。

在参照标高楼层平面视图中，在“绘制”面板中选择一种绘制方式，在绘图区域绘制想要创建的拉伸轮廓。

在“属性”面板里设置好拉伸的起点和终点。

在“模式”面板中单击“完成编辑模式”，完成拉伸创建（图 7.4.2–12）。创建并完成的拉伸模型如图 7.4.2–13 所示。

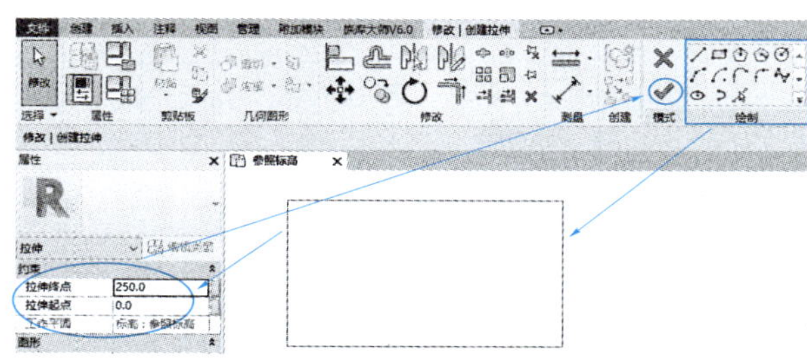

图 7.4.2-12　创建拉伸

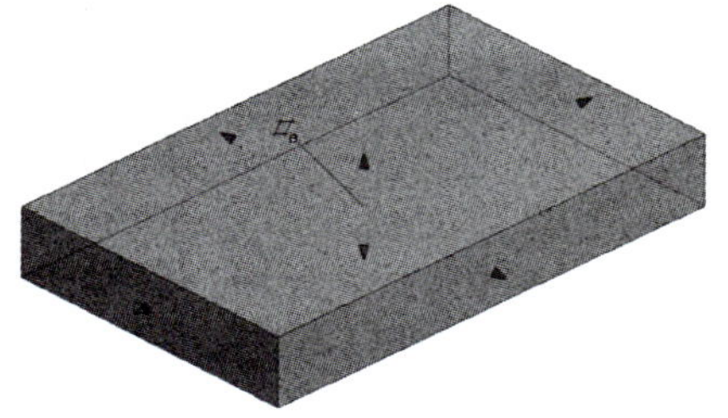

图 7.4.2-13　拉伸模型

2. 融合

在组编辑器界面，单击“创建”选项卡“形状”面板中的“融合”工具。

在参照标高楼层平面视图中，在“绘制”面板中选择一种绘制方式，在绘图区域绘制想要创建的底部轮廓（图 7.4.2-14）。注意：此时上下文选项卡为“修改｜创建融合底部边界”，即此时是在创建“底部边界”的操作中。

绘制完底部轮廓后，在“模式”面板中选择“编辑顶部”工具（图 7.4.2-15）。

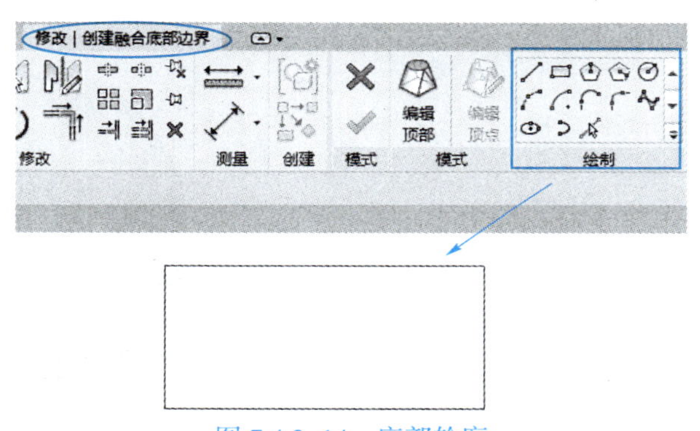

图 7.4.2-14　底部轮廓

图 7.4.2-15　编辑顶部

在“绘制”面板中选择一种绘制方式，在绘图区域绘制想要创建的顶部轮廓（图 7.4.2-16）。注意：此时上下文选项卡为“修改｜创建融合顶部边界”，即此时是在创建“顶部边界”的操作中。

在“属性”面板里设置好底部和顶部的高度，即第一端点值和第二端点值。

单击“模式”面板中的“完成编辑模式”，完成融合的创建。创建并完成的融合模型如图 7.4.2-17 所示。

3. 旋转

在组编辑器界面，单击“创建”选项卡“形状”面板中的“旋转”工具。

在参照标高楼层平面视图中，“绘制”面板默认值是绘制“边界线”命令，在“绘制”面板中选择一种绘制方式，在绘图区域绘制旋转轮廓的边界线（图 7.4.2-18）。

单击“绘制”面板中的“轴线”，选择“直线”绘制方式，在绘图区域绘制旋转轴线（图 7.4.2-19）。

在“属性”面板设置旋转的起始和结束角度。

单击“模式”面板中的“完成编辑模式”，完成旋转的创建。创建并完成的旋转模型如

图 7.4.2–20 所示。

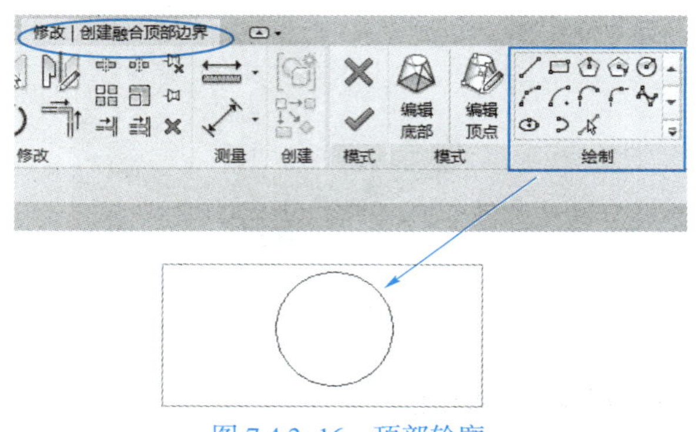

图 7.4.2–16　顶部轮廓

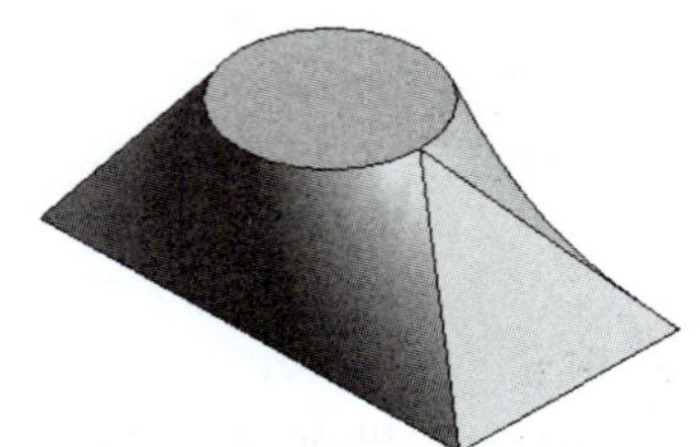

图 7.4.2–17　融合模型

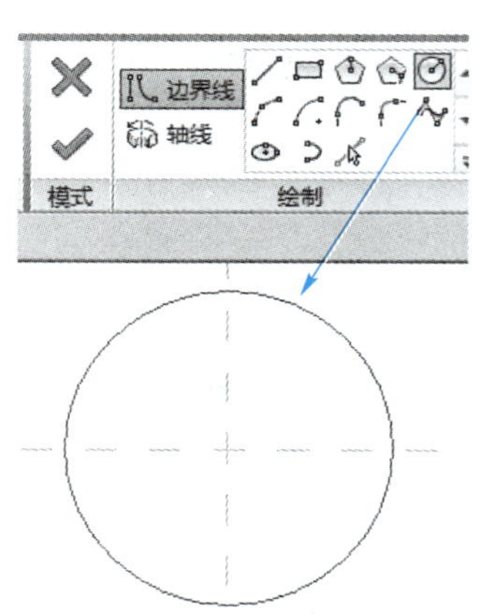

图 7.4.2–18　绘制旋转轮廓边界线

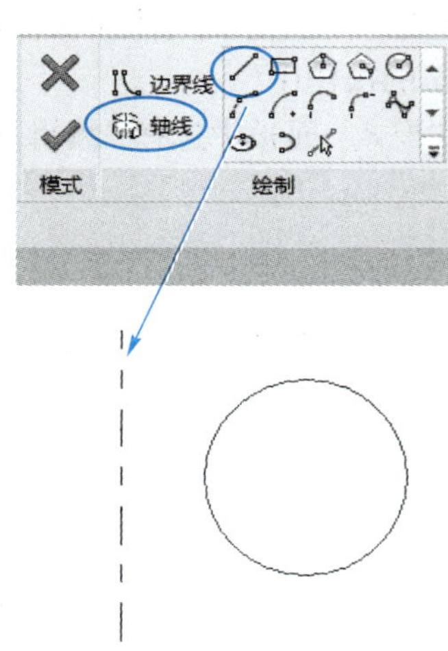

图 7.4.2–19　绘制旋转轴线

图 7.4.2–20　旋转模型

4. 放样

在组编辑器界面，单击“创建”选项卡“形状”面板中的“放样”工具。

在参照标高楼层平面视图中，单击“放样”面板中的“绘制路径”或“拾取路径”。若选择“绘制路径”，则在“绘制”面板中选择一种绘制方式，在绘图区域绘制放样路径（图 7.4.2–21）。注意：此时上下文选项卡为“修改 | 放样 > 绘制路径”，即此时是在“绘制放样路径”的操作中。

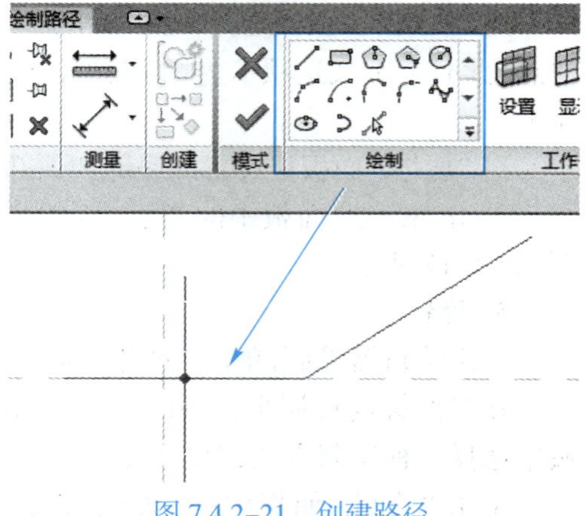

图 7.4.2–21　创建路径

单击“模式”面板中的“完成编辑模式”，完成放样路径的创建。

单击“放样”面板中的“编辑轮廓”（图 7.4.2–22），在弹出的“转到视图”对话框中选择“立面：左”，单击“打开视图”按钮（图 7.4.2–23）。

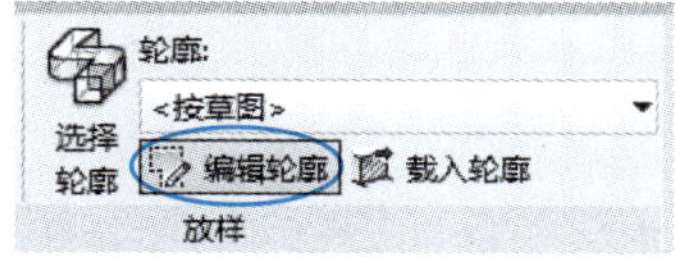

图 7.4.2–22　编辑轮廓 2

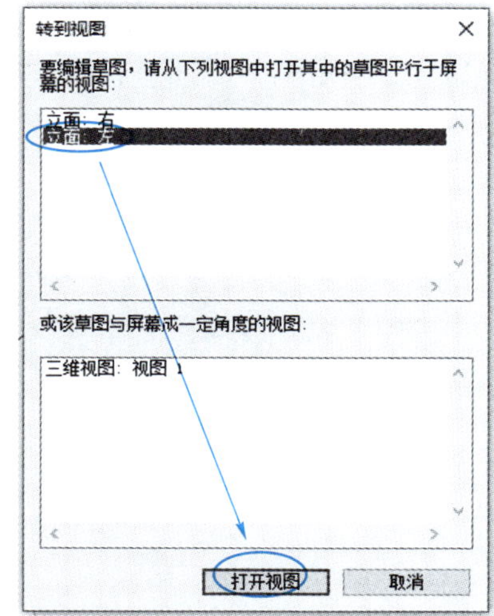

图 7.4.2–23　“转到视图”对话框

在“绘制”面板中选择相应的绘制方式，在绘图区域绘制旋转轮廓的边界线（图 7.4.2–24）。注意到此时上下文选项卡为“修改 | 放样 > 编辑轮廓”，即此时是在“编辑放样轮廓”的操作中。

单击“模式”面板中的“完成编辑模式”，完成放样轮廓的创建。

再单击“模式”面板中的“完成编辑模式”，完成放样的创建。创建并完成的放样模型如图 7.4.2–25 所示。

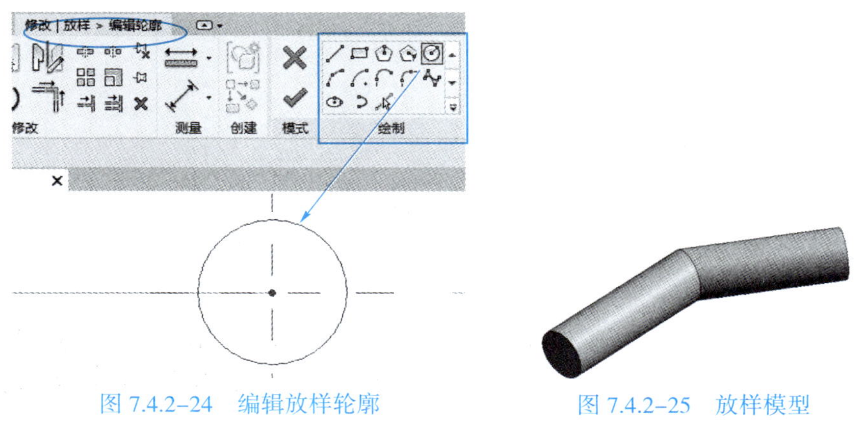

图 7.4.2–24　编辑放样轮廓　　图 7.4.2–25　放样模型

5. 放样融合

在组编辑器界面，单击“创建”选项卡下“形状”面板中的“放样融合”工具。

在参照标高楼层平面视图中，单击“放样融合”面板中的“绘制路径”。若选择“绘制路径”，则在“绘制”面板中选择一种绘制方式，在绘图区域绘制放样路径（图 7.4.2–26）。注意：此时上下文选项卡为“修改 | 放样融合 > 绘制路径”，即此时是在“绘制放样融合路径”的操作中。

单击“模式”面板中的“完成编辑模式”，完成放样融合路径的创建。

单击“放样融合”面板中的“选择轮廓 1”,并单击“编辑轮廓”。在弹出的“转到视图”对话框中单击“三维视图:{三维}”,单击“打开视图”按钮(图 7.4.2-27),进入到编辑轮廓 1 的草图模式。

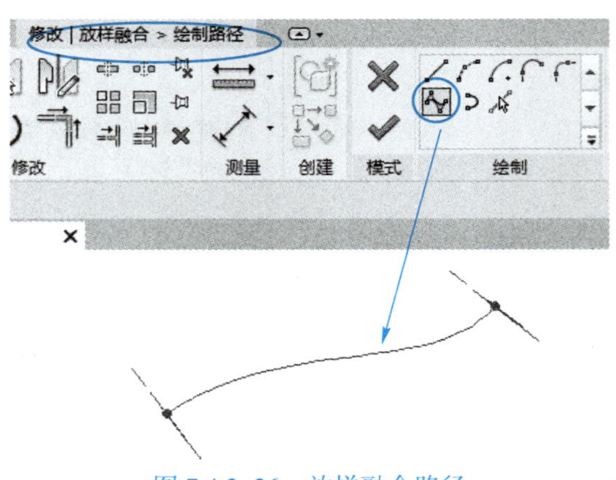

图 7.4.2-26 放样融合路径

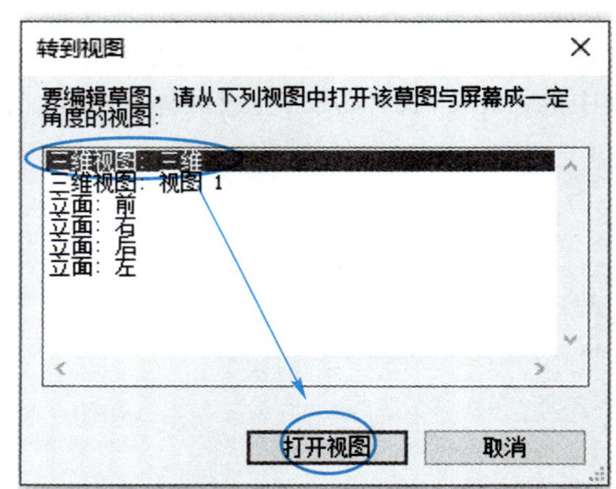

图 7.4.2-27 “转到视图”对话框

在“绘制”面板中选择相应的一种绘制方式,在绘图区域绘制轮廓 1 的边界线。注意:绘制轮廓时所在的视图可以是三维视图,可以打开“工作平面”中的“查看器”进行轮廓绘制(图 7.4.2-28)。

单击“模式”面板中的“完成编辑模式”,完成轮廓 1 的创建。

单击“放样融合”面板中的“选择轮廓 2”,并单击“编辑轮廓”。采用轮廓 1 的绘制方式绘制轮廓 2(图 7.4.2-29)。

单击“模式”面板中的“完成编辑模式”,完成轮廓 2 的创建。

再单击“模式”面板中的“完成编辑模式”,完成放样融合的创建。创建并完成的放样融合模型如图 7.4.2-30 所示。

6. 空心形状

空心形状的创建基本方法与实心形状的创建方式相同。空心形状用于剪切实心形状，得到想要的形体。

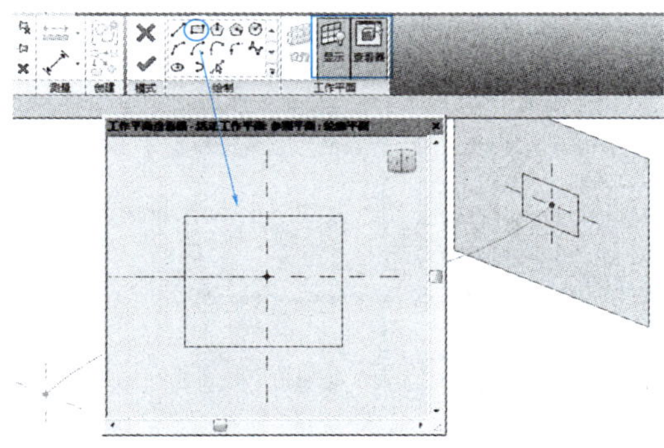

图 7.4.2–28 绘制轮廓 1

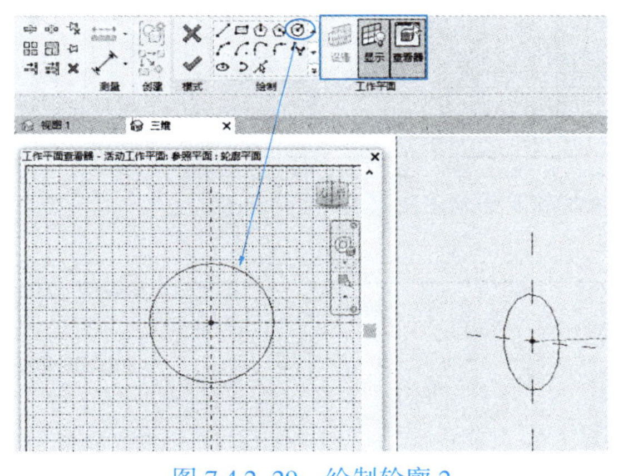

图 7.4.2–29 绘制轮廓 2

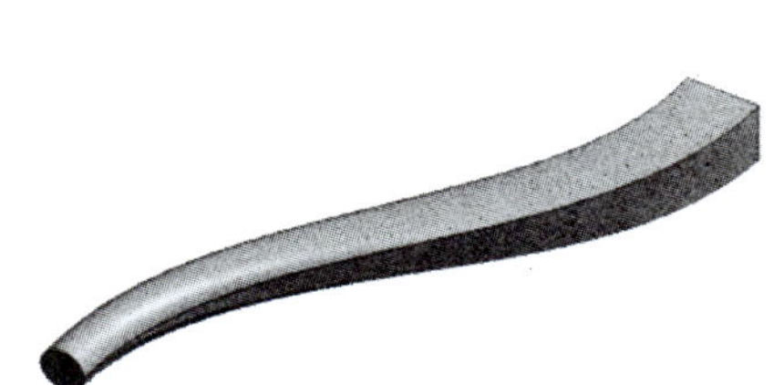

图 7.4.2–30 放样融合模型

7.4.2 操作练习 1 第 16 期 第 1 题

【小贴士】 通过以上工具,可以创建“族”模型。当一个几何图形比较复杂时,用上述某一种创建方法可能无法一次创建完成,需要使用几个实心形状“合并”,或再和几个空心形状“剪切”后才能完成。“合并”和“剪切”工具位于“修改”选项卡“几何图形”面板中。

习题与能力提升

操作练习 1

打开“习题与能力提升”文件夹中的“全国 BIM 技能等级考试第 16 期”,完成第 1 题族的创建。

7.4.2 操作练习 2 中国职业技能大赛

操作练习 2

第一届中国职业技能大赛建筑信息建模项目样题见附件 3,可以使用族命令创建室外台阶。试完成图 7.4.2–31、图 7.4.2–32 中东侧台阶的创建。

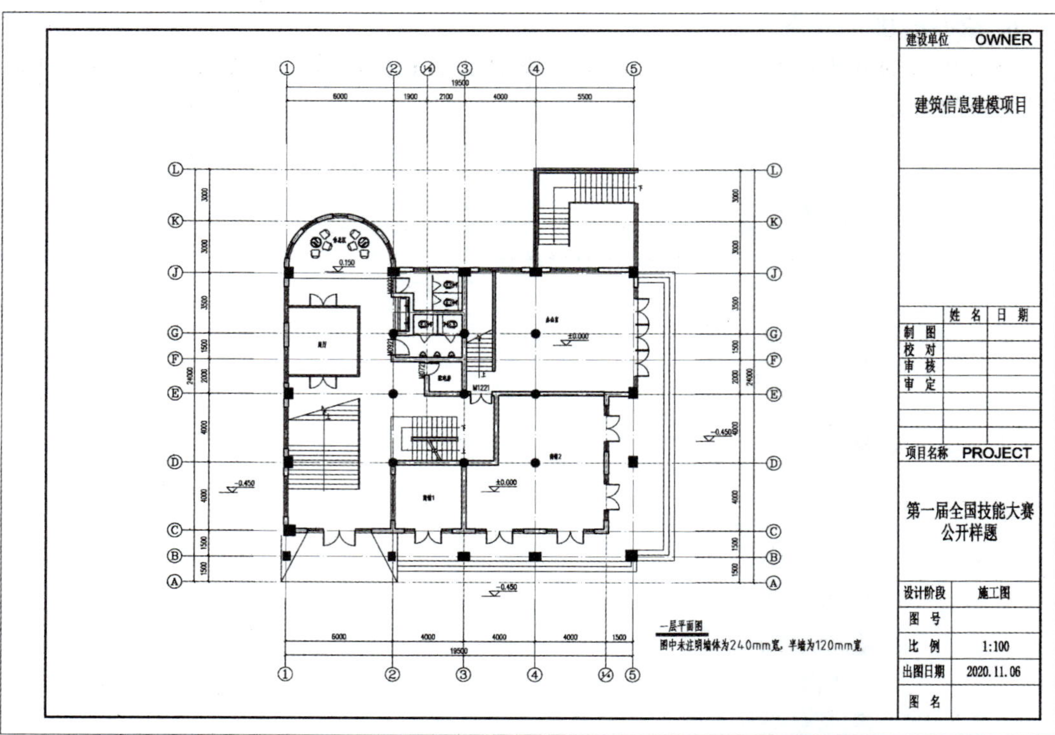

图 7.4.2-31　中国职业技能大赛建筑信息建模项目样题平面图

图 7.4.2-32　中国职业技能大赛建筑信息建模项目样题立面图

工作任务 7.4.3　创建标准构件族

任务驱动与学习目标

序号	任务驱动	学习目标
1	创建古城墙族	1. 掌握选择族样板文件进行新建族的方法 2. 掌握绘制定位线的方法 3. 掌握使用“拉伸”创建实心墙体的方法 4. 掌握使用“空心拉伸”剪切墙垛的方法
2	创建参数化窗族	1. 了解添加参数的方法 2. 了解创建窗框模型、窗扇模型、窗玻璃的方法 3. 了解族测试的方法 4. 了解窗族应用的方法

工作任务解决步骤

1. 新建族文件

与新建一个“项目文件”相同，也需要基于某一样板文件才能新建一个“族文件”：打开 Revit 软件，单击“族”下方的“新建”，弹出“新族 – 选择样板文件”对话框（图 7.4.3–1）。选择一个族样板，如“公制常规模型”，单击“打开”按钮。

7.4.3 工作任务解决步骤：城墙族

【小贴士】 在“选项”对话框“文件位置”选项卡“族样板文件默认路径”中，设置族样板文件的默认路径。

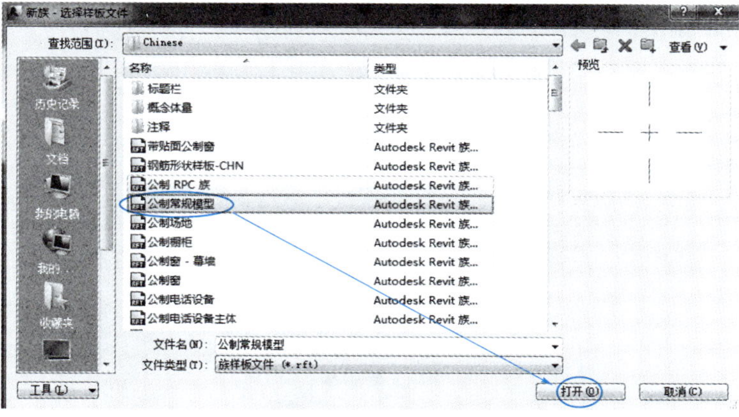

图 7.4.3–1　族样板文件

【小贴士】 Revit 的样板文件分为标题栏、概念体量、注释、构件四大类。其中第 1 类为标题栏，用于创建自定义的标题栏族。第 2 类为概念体量，用于创建概念体量族。第 3 类为注释，用于创建门窗标记、详图索引标头等注释图元族。第 4 类为构件，除前 3 类之外的其他族样板文件都用于创建各种模型构件和详图构件族，其中“基于 ***.rft”是基于某一主体的族样板，这些主体可以是墙、楼板、屋顶、天花板、面、线等；“公制 ***.rft”族样板文件都是没有“主体”的构件族样板文件，如“公制窗 .rft”“公制门 .rft”属于自带墙主体的常规构件族样板。

2. 定位线

此时所在的平面为参照标高楼层平面，在该楼层平面内已有一个水平参照平面和一个垂直参照平面（图 7.4.3–2）。

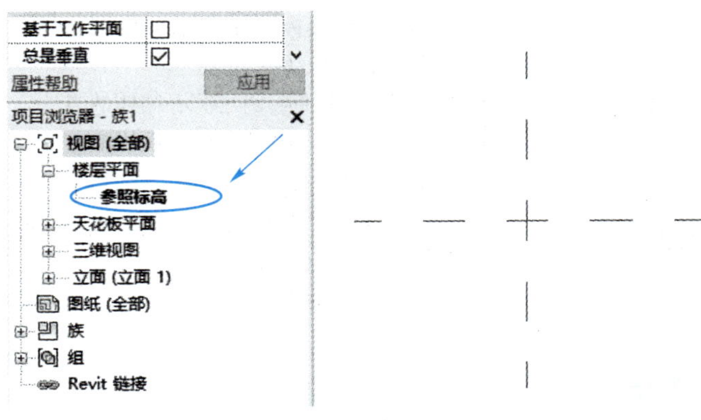

图 7.4.3–2 参照平面

3. “拉伸”工具创建墙体

单击“创建”选项卡“形状”面板中的“拉伸”工具，进入“修改 | 创建拉伸”子选项卡。

设置工作平面：按照图 7.4.3–3，单击“工作平面”面板中的“设置”命令；在“工作平面”对话框中点选“拾取一个平面”，单击“确定”按钮；移动光标单击拾取“竖直”的参照平面；在弹出的“转到视图”对话框中选择“立面：右”，单击“打开视图”进入右立面视图。

【小贴士】 城墙的拉伸轮廓需要到“立面”视图中绘制，所以需要先选择一个立面作为绘制轮廓线的工作平面。

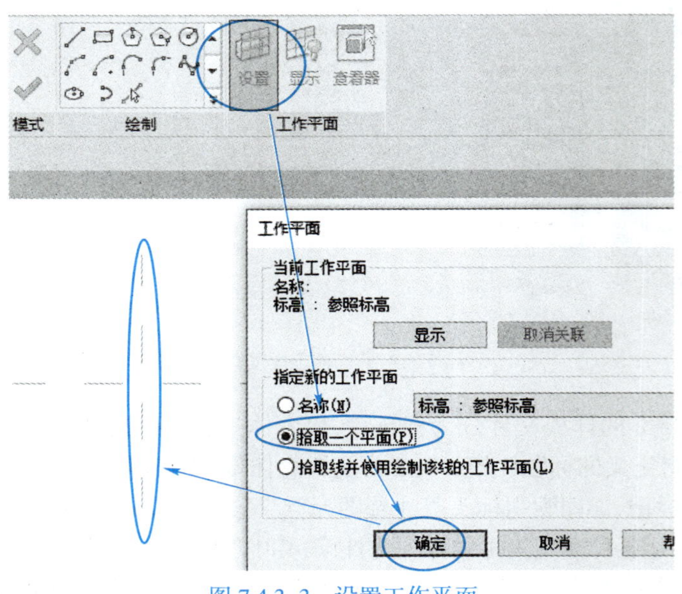

图 7.4.3–3 设置工作平面

绘制轮廓：在“绘制”面板中选择“线”绘制工具，以参照平面为中心按图 7.4.3–4 所示尺寸绘制封闭的城墙轮廓线。

拉伸属性设置：在左侧“属性”选项板中，设置参数“拉伸终点”值为“10 000”，“拉伸起点”值为“–10 000”（即城墙总长 20 m，从中心向两边各拉伸 10 m）。单击参数“材质”的值“按类别”，右侧出现一个小按钮，单击打开“材质”对话框，从弹出的“材质浏览器”中新建“砖，普通，褐色”材质，单击“确定”按钮（图 7.4.3–5）。

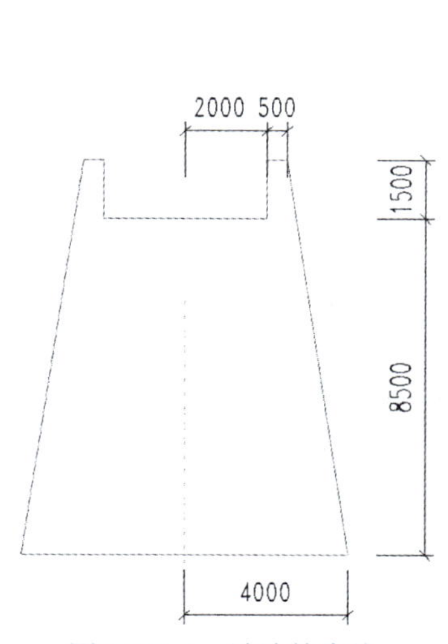

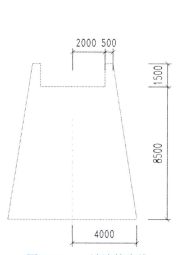

图 7.4.3–4　城墙轮廓线

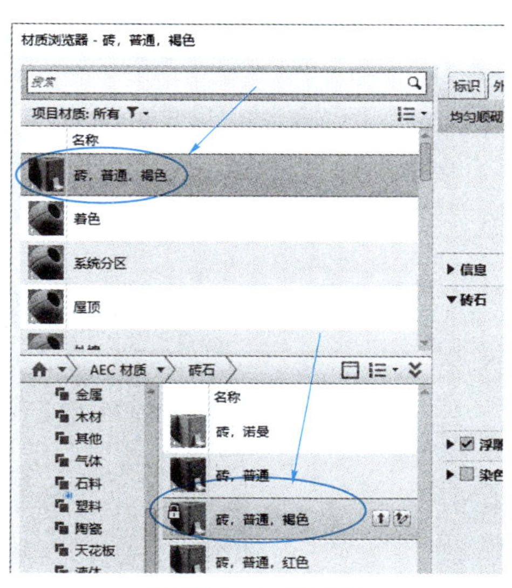

图 7.4.3–5　砖材质

单击“模式”面板中的“完成编辑模式”工具，完成“拉伸”命令。初步创建的城墙模型如图 7.4.3–6 所示。

【小贴士】 此时是“拉伸”命令完成，内建模型并未完成，尚在族编辑器界面中。

图 7.4.3–6　初步创建的城墙模型

4. “空心拉伸”工具剪切墙垛

进入参照标高楼层平面视图。单击“创建”选项卡“形状”面板中的“空心形状”工具下拉菜单的“空心拉伸”工具，进入“修改 | 创建空心拉伸”子选项卡。

设置工作平面：单击“工作平面”面板中的“设置”工具，点选“拾取一个平面”后单击“确定”按钮，拾取图 7.4.3–2 中创建的“水平”参照平面为工作平面，在弹出的“转到视图”对话框中选择“立面：前”，单击“打开视图”。进入绘制轮廓视图。

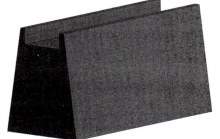

绘制轮廓：按照图 7.4.3–7 绘制空心拉伸轮廓。左侧“属性”选项板中，设置参数“拉伸终点”值为“4 000”，“拉伸起点”值为“–4 000”。

单击“模式”面板中的“完成编辑模式”工具，完成“空心拉伸”命令。空心拉伸后的城墙模型如图 7.4.3–8 所示。

单击“修改”选项卡“在位编辑器”面板中的“完成模型”工具，关闭族编辑器。回到项目文件中，古城墙创建完毕。

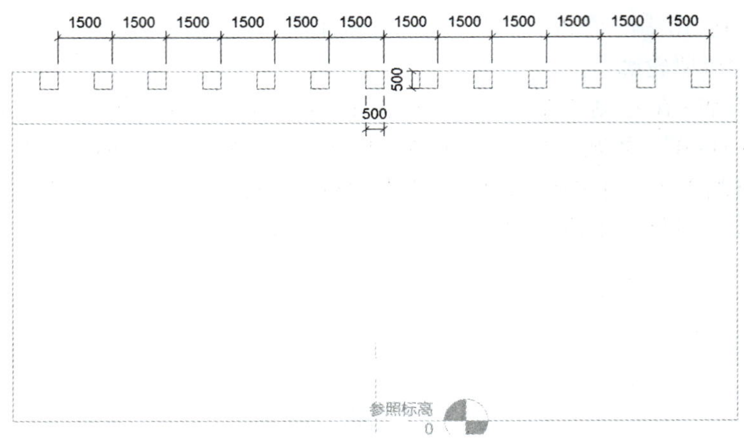

图 7.4.3–7 空心拉伸轮廓

图 7.4.3–8 古城墙

完成的项目文件见“工作任务 7.4.3\ 古城墙完成 .rvt”。

工作技能扩展与相关系统性知识

7.4.3 技能扩展：参数化窗族

基于“公制窗”样板文件创建参数化窗族。

1. 新建族文件

进入 Revit 软件，单击族栏目中的“新建”项目，双击“公制窗”样板，进入族的编辑界面，如图 7.4.3–9 所示。

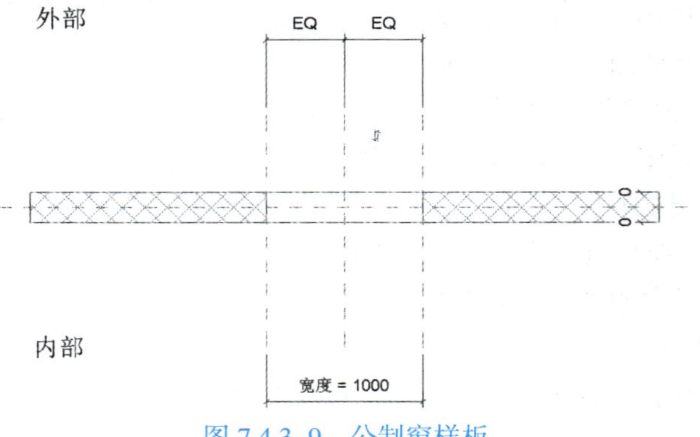

图 7.4.3–9 公制窗样板

2. 添加参数

单击“创建”选项卡“属性”面板中的“族类型”工具，按照图 7.4.3–10，在弹出的“族类型”对话框中单击右侧“参数”的“添加”按钮。添加三个材质类型的参数：“窗框材质”“窗扇框材质”和“窗玻璃材质”。添加“长度”类型的尺寸参数：“窗框宽度”“窗框厚度”“窗扇框宽度”“窗扇框厚度”；设置公式：“粗略宽度”= “宽度”、“粗略高度”= “高度”，并设置初始尺寸，即“窗扇框厚度”为 50，“窗扇框宽度”为 50，“窗框厚度”为 200，“窗框宽度”为 50。

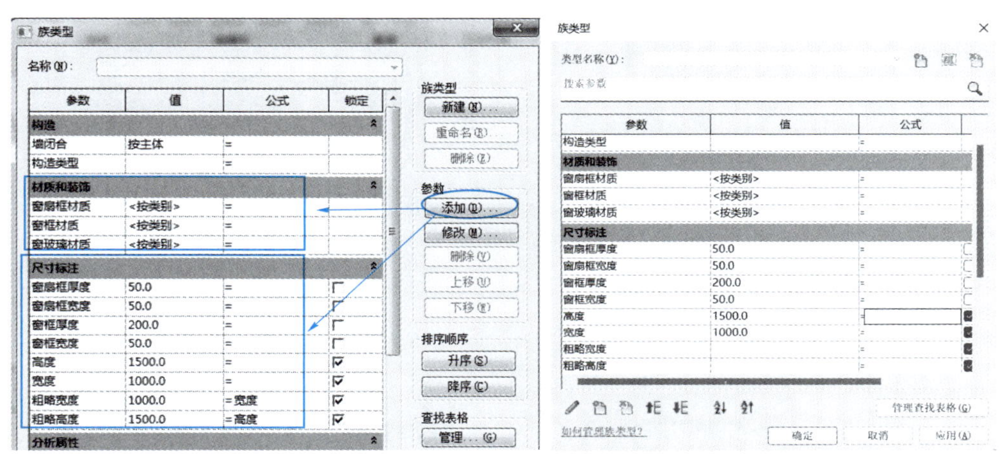

图 7.4.3–10　设置完成的创建族类型参数

3. 创建窗框模型

与参数化门族的操作过程类似，转到外部立面，在高度和宽度各向添加两个参照平面，关联窗框宽度参数；连续两次使用矩形“拉伸”命令，将出现的锁头均锁住，如图 7.4.3–11 所示。

转到参照标高楼层平面视图，与参数化窗族类似，创建两个参照平面，添加尺寸并关联“窗框厚度”参数，并将窗框上下两个面与参照平面锁定，如图 7.4.3–12 所示。

选中窗框，关联“窗框材质”参数，即完成窗框的创建。

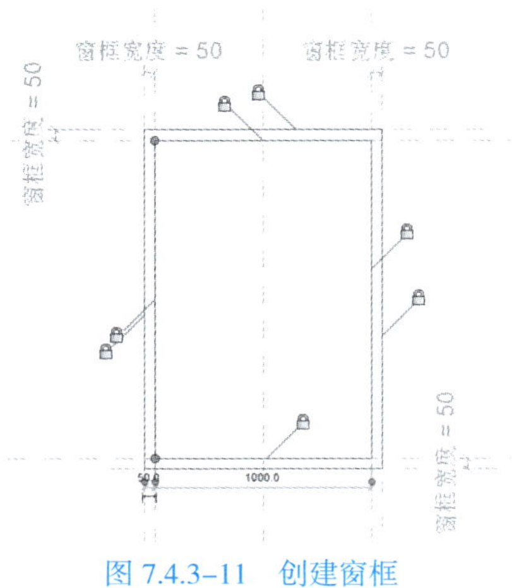

图 7.4.3–11　创建窗框

4. 创建窗扇模型

转到外部立面视图，按照图 7.4.3–13 创建参照平面、添加“窗扇框宽度”标签，使用“拉伸”命令完成左侧窗扇框创建。完成后的左侧窗扇框如图 7.4.3–14 所示。

回到参照标高楼层平面中，按照图 7.4.3–15 创建“窗扇框厚度”标签，拖动创建的窗扇框进行锁定。

采取同样的方法，完成另一侧窗扇模型的创建，拉伸边界线如图 7.4.3–16 所示，并进行窗扇框厚度参数关联。

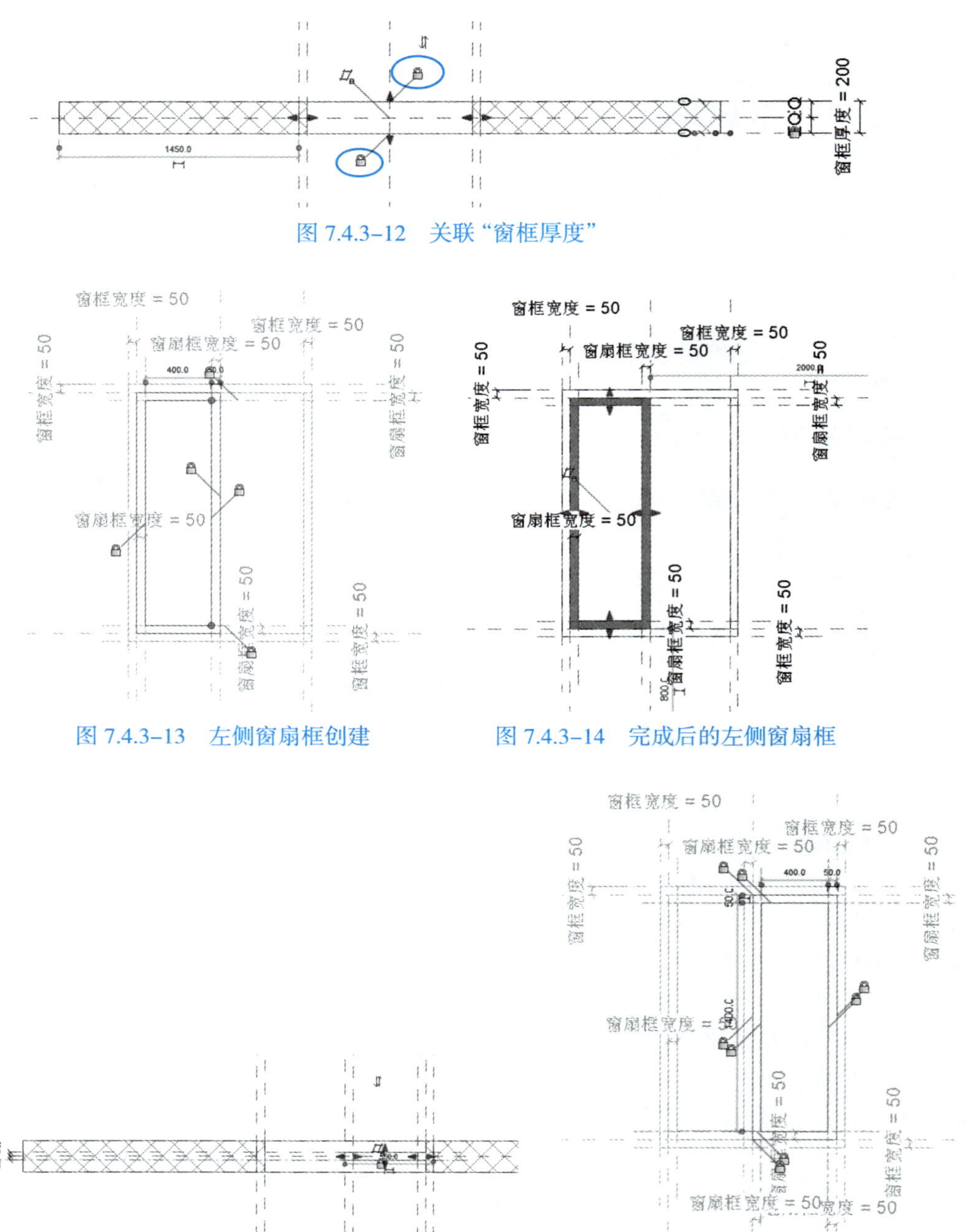

图 7.4.3–12　关联“窗框厚度”

图 7.4.3–13　左侧窗扇框创建

图 7.4.3–14　完成后的左侧窗扇框

图 7.4.3–15　窗扇框厚度参数关联

图 7.4.3–16　完成后的窗扇框

选中窗扇框，关联“窗扇框材质”参数，即完成窗扇框的创建。

5. 创建窗玻璃

创建窗玻璃的方法与创建窗扇框类似，此处设置墙厚度中心线为工作平面，在工作平面内执行“拉伸”命令，设置拉伸起点为 2.5 mm，拉伸终点为 –2.5 mm，如图 7.4.3–17 所示（即玻璃厚度为固定数值 5 mm，此处对于玻璃厚度不再有参数化要求）。

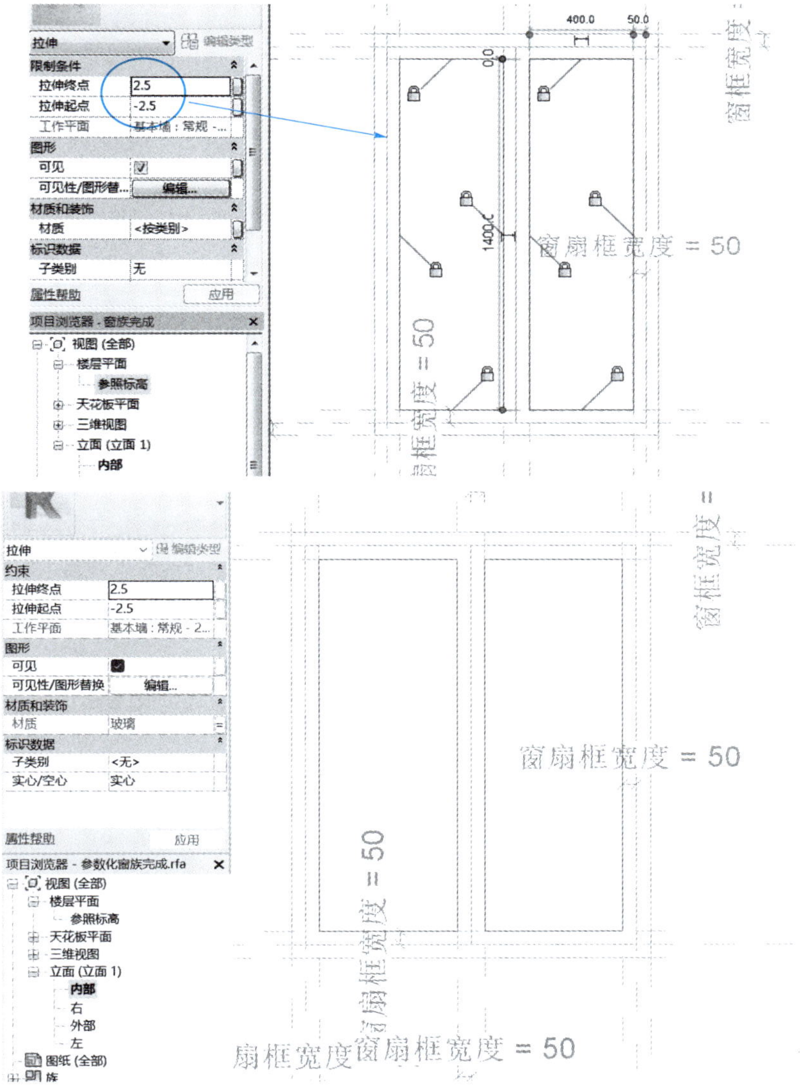

图 7.4.3–17　窗玻璃拉伸边界线

选中玻璃，关联“窗玻璃材质”参数，即完成窗玻璃的创建。

6. 族测试

完成模型后，打开“族类型”对话框，修改各参数值，测试窗的变化，检验窗模型是否正确。图 7.4.3–18 是“窗框材质”为“白蜡木”、“窗扇框材质”为“红木”、“窗玻璃材质”为“玻璃”下的显示。

图 7.4.3–18　完成后的窗族

7. 参数化窗族应用

新建一个 Revit 项目文件，创建墙，载入新创建的门族，进行放置。

完成的文件见“工作任务 7.4.3\ 参数窗族完成 .rfa”。

7.4.3 操作练习1“1+X”BIM

习题与能力提升

操作练习 1

打开“习题与能力提升”文件夹中“2021 年第 1 期”1+X “BIM 初级实操题 .pdf”,完成第 1 题。

7.4.3 操作练习2“1+X”BIM 混凝土空心板

操作练习 2

打开“习题与能力提升”文件夹中“2021 年第 2 期”1+X “BIM 中级结构工程实操题 .pdf”,完成试题二“混凝土空心板”族的创建。

7.4.3 操作练习3“1+X”BIM 牛腿柱

操作练习 3

打开“习题与能力提升”文件夹中“2019 年第 2 期”1+X “BIM 中级结构工程实操题 .pdf”,完成试题二“牛腿柱”族的创建。

7.4.3 操作练习4“1+X”BIM 七桩二阶承台基础

操作练习 4

打开“习题与能力提升”文件夹中“2019 年第 1 期”1+X “BIM 中级结构工程实操题 .pdf”,完成试题二“七桩二阶承台基础”族的创建。

工作任务 7.4.4 创建体量

任务驱动与学习目标

序号	任务驱动	学习目标
1	创建体量族	1. 掌握三维标高绘制的方法 2. 掌握创建不同形式内建体量的方法
2	创建内建体量	掌握内建体量创建的方法。

工作任务解决步骤

7.4.4 工作任务解决步骤:内建体量

体量是在建筑模型的初始设计中使用的三维形状。通过体量研究,可以使用造型形成建筑模型概念,从而探究设计的理念。概念设计完成后,可以直接将建筑图元添加到这些形状中。

Revit 提供了如下两种创建体量的方式。

(1) 内建体量:与内建族相似,内建体量是在当前项目中创建的体量,用于表示当前项目独特的体量形状。一些只在当前项目中使用、通用性不高的体量,可以用内建体量。

(2) 体量族:属于可载入的族。需要在一个项目中放置体量的多个实例,或者在多个项目中需要使用同一体量族时,通常使用可载入的体量族。

下面对内建体量的创建进行讲解。

1. 进入到“内建体量”命令

打开 Revit 软件，单击“体量和场地”选项卡“概念体量”面板中的“内建体量”工具(图 7.4.4–1)。

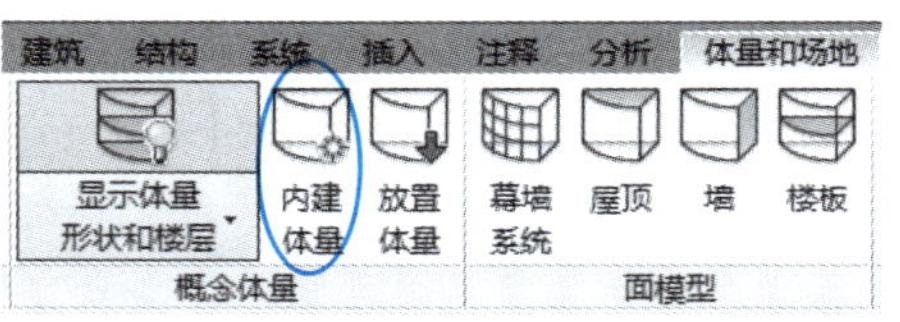

图 7.4.4–1　“内建体量”工具

【小贴士】 默认情况下，“体量”是不可见的。可打开“可见性 / 图形”对话框，勾选“模型类别”选项卡下的“体量”，使体量可见。

在弹出的“名称”对话框中输入内建体量族的名称进入内建体量的草图绘制模型。Revit 自动打开“内建体量”上下文选项卡(图 7.4.4–2)。

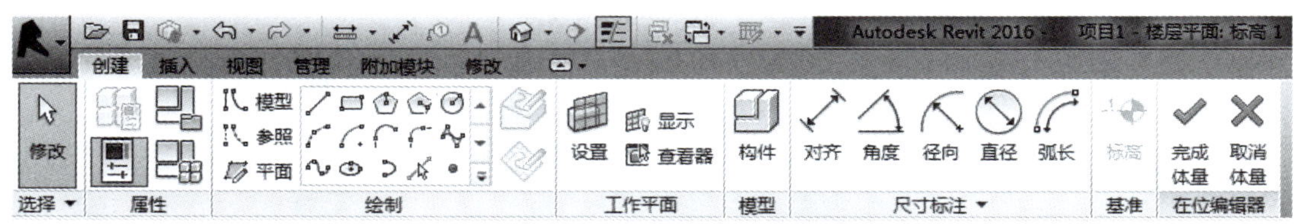

图 7.4.4–2　“内建体量”上下文选项卡

2. 创建不同形式的内建体量

一般过程为：① 在“创建”选项卡“绘制”面板中选择一个绘图工具，在绘图区域绘制一个形状；② 选择该形状，单击上下文选项卡的“创建形状”中的“实心形状”或“空心形状”，会自动生成相应的“实心形状”或“空心形状”体量模型。具体如下。

选择一条线创建形状：线将垂直向上生成面，如图 7.4.4–3 所示。

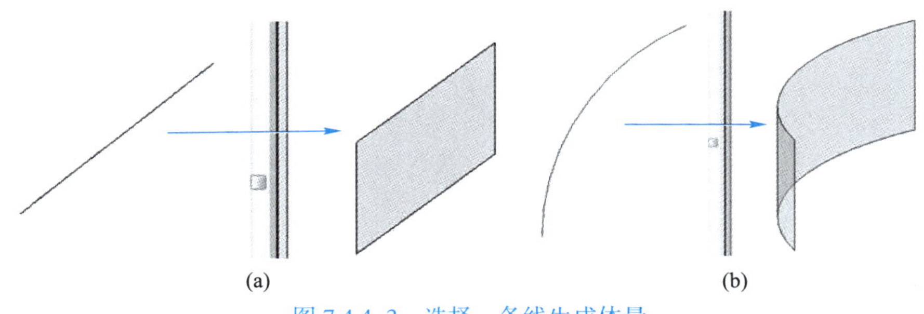

(a)　(b)

图 7.4.4–3　选择一条线生成体量

提示：

以上操作类似于创建族中的“拉伸”。

选择两条线创建形状：选择两条线创建形状时，预览图形下方可选择创建方式，可以选择以直线为轴旋转弧线，也可以选择两条线作为形状的两边形成面，如图 7.4.4–4 所示。

提示：

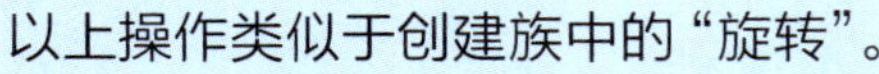

以上操作类似于创建族中的“旋转”。

选择一个闭合轮廓创建形状：创建拉伸实体[图 7.4.4–5(a)]，按“Tab”键可切换选择体量的点、线、面、体，选择后可通过拖曳修改体量[图 7.4.4–5(b)]。

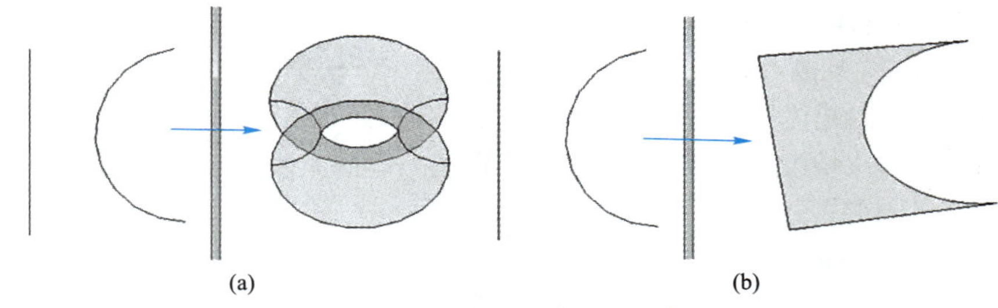

图 7.4.4-4 选择两条线生成体量

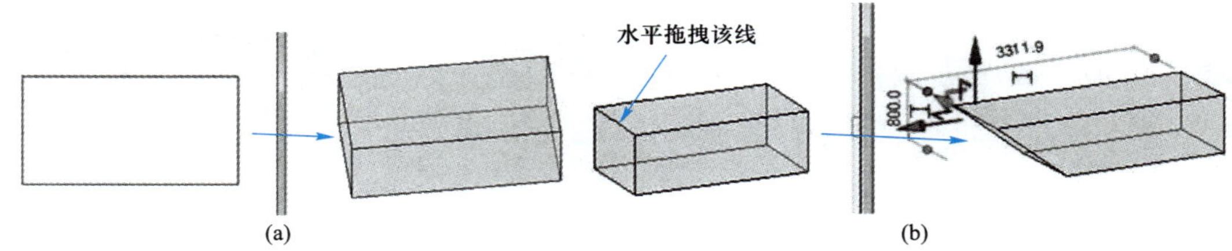

图 7.4.4-5 选择一个闭合轮廓生成体量

选择不同标高上的两个及以上闭合轮廓,或不同位置上的两个及以上垂直闭合轮廓,Revit 将自动创建融合体量(图 7.4.4-6)。若选择同一高度的两个闭合轮廓将无法生成体量。

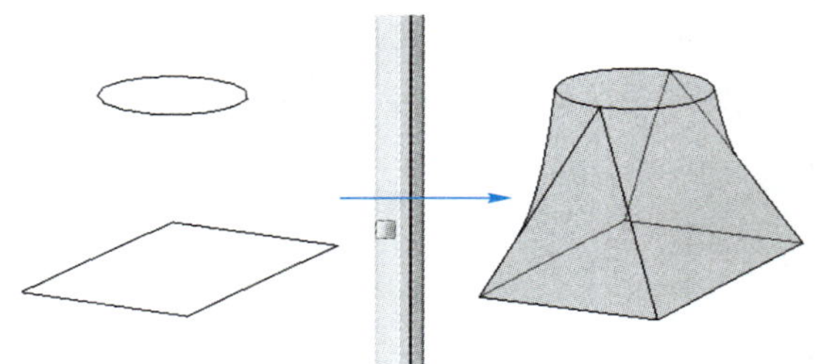
图 7.4.4-6 选择不同标高上的两个闭合轮廓生成体量

提示:

以上操作类似于创建族中的“融合”。

选择同一工作平面上的一条线及一条闭合轮廓创建形状:将以直线为轴旋转闭合轮廓创建形体,如图 7.4.4-7 所示。

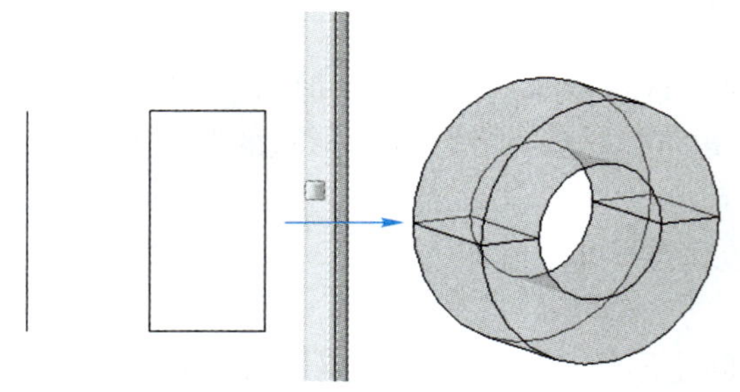
图 7.4.4-7 选择同一工作平面上的线及闭合轮廓生成体量

3. 内建体量的编辑

选择创建并完成的内建体量，单击"修改｜体量"上下文选项卡"模型"面板中的"在位编辑"工具（图 7.4.4–8），进入到体量编辑器。

提示：

若体量不可见，可打开"可见性 / 图形"对话框，勾选"模型类别"选项卡下的"体量"，使体量可见。

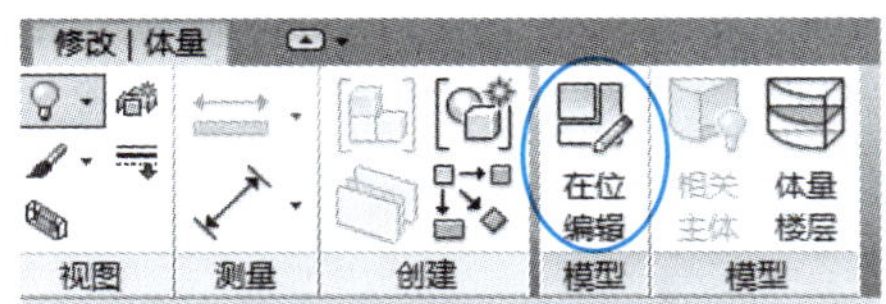

图 7.4.4–8 "在位编辑"工具

工作技能扩展与相关系统知识

下面对"体量族"的创建进行讲解。

1. 进入到"体量族"

打开 Revit 软件，单击"族"下拉菜单中的"新建"（图 7.4.4–9），选择"公制体量 .rtf"，进入体量族的绘制空间。

图 7.4.4–9 概念体量族

7.4.4 技能扩展：体量族

2. 三维标高的绘制

单击"创建"选项卡下"基准"面板中的"标高"按钮，将光标移动到绘图区域现有标高面上方，光标下方出现间距显示，可直接输入间距，如"10 000"，即 10 m，按 Enter 键即可完成三维标高的创建。标高绘制完成后可以通过临时尺寸标注修改三维标高高度，单击可直接修改，如图 7.4.4–10 所示。

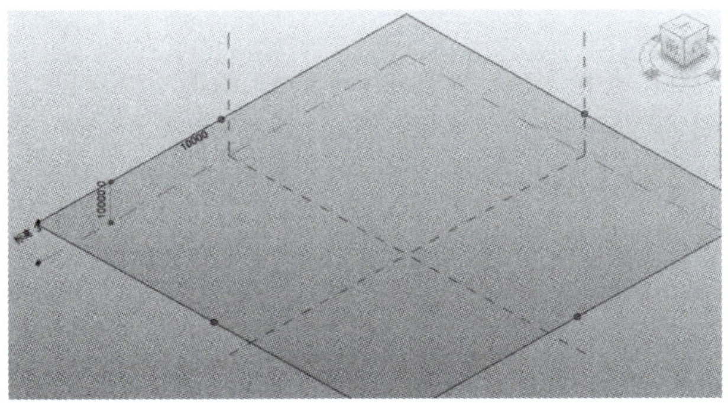

图 7.4.4–10 三维标高的绘制

可以通过"复制"工具，复制三维标高，如图 7.4.4–11 所示 .

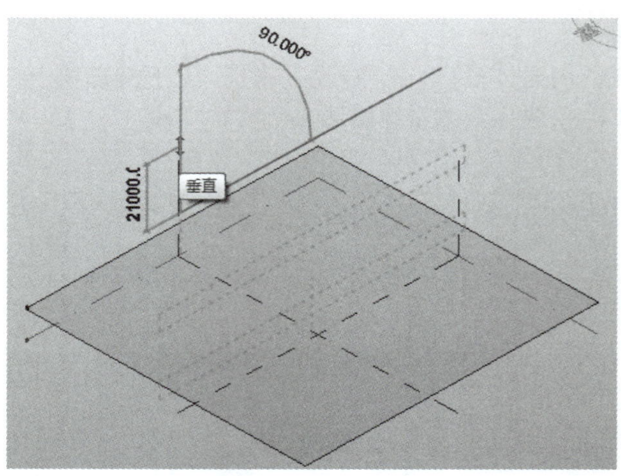

图 7.4.4–11 复制三维标高

3. 体量族的创建

体量族的创建与内建体量的创建方法相同。

习题与能力提升

7.4.4 操作练习 第 10 期 第 3 题

打开“习题与能力提升”文件夹中“全国 BIM 技能等级考试第 10 期 .pdf”，完成第 3 题“柱脚”体量的创建。

工作任务 7.4.5 体量研究

工作场景描述

根据客户要求，在创建完成的体量模型上创建实体墙、实体幕墙、实体楼板和实体屋顶。

任务驱动与学习目标

序号	任务驱动	学习目标
1	在体量模型上创建实体墙	掌握在体量模型上创建实体墙的方法
2	在体量模型上创建实体幕墙	掌握在体量模型上创建实体幕墙的方法
3	在体量模型上创建实体楼板	1. 掌握在体量模型上创建体量楼层的方法 2. 掌握在体量楼层上创建体量楼板的方法
4	在体量模型上创建实体屋顶	掌握在体量模型上创建实体屋顶的方法
5	在不规则体量上创建幕墙系统	了解在不规则体量上创建幕墙系统的方法

7.4.5 工作任务解决步骤：体量族

工作任务解决步骤

体量研究，即将实体的墙体、屋顶、楼板、幕墙等建筑构件添加到体量上，可以使用体量造型形成建筑模型概念，从而探究设计的理念。

将建筑构件添加到体量上的方法是单击“体量和场地”选项卡“面模型”面板中的“幕墙系统”“屋顶”“墙”“楼板”工具(图 7.4.5–1)。

一、基于体量面创建墙

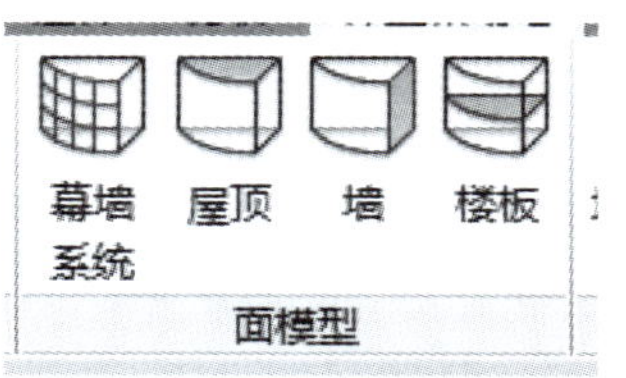

图 7.4.5–1　“面模型”面板

打开显示体量的视图。

单击“体量和场地”选项卡“面模型”面板中的“墙”工具(图 7.4.5–2)。

在类型选择器中,选择一个墙类型。

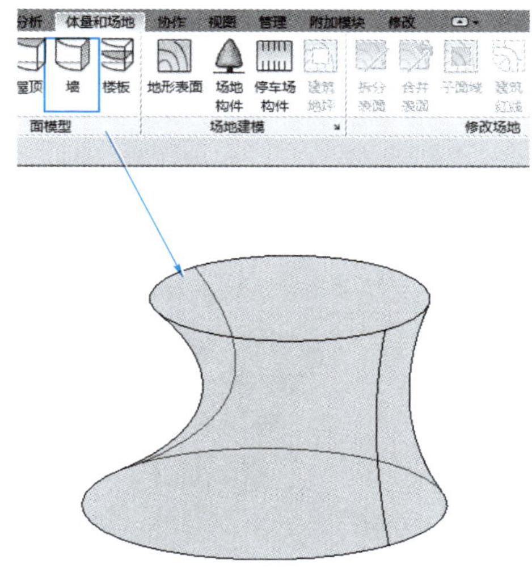

图 7.4.5–2　面模型中的“墙”工具

在属性面板或选项栏上,输入所需的标高、高度、定位线等墙的属性值。

移动光标以高亮显示某个面,单击以选择该面,创建墙体(图 7.4.5–3)。

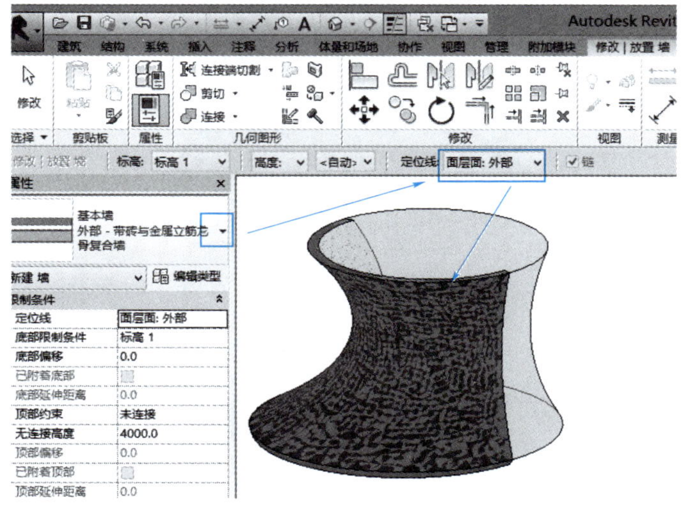

图 7.4.5–3　创建面墙

【小贴士】 “墙”工具将墙放置在体量实例或常规模型的非水平面上,使用“面墙”工具创建的墙不会随体量的变化自动更新。若要更新墙，选择创建的墙模型后，可单击上下文选项卡“面模型”面板中的“面的更新”工具。

二、基于体量面创建幕墙

打开显示体量的视图。单击“体量和场地”选项卡下“面模型”面板中的“幕墙系统”工具。在类型选择器中，选择一种幕墙系统类型。移动光标以高亮显示某个面，单击以选择该面。

单击上下文选项卡“多重选择”面板中的“创建系统”工具(图 7.4.5–4)，幕墙系统创建完毕(图 7.4.5–5)。

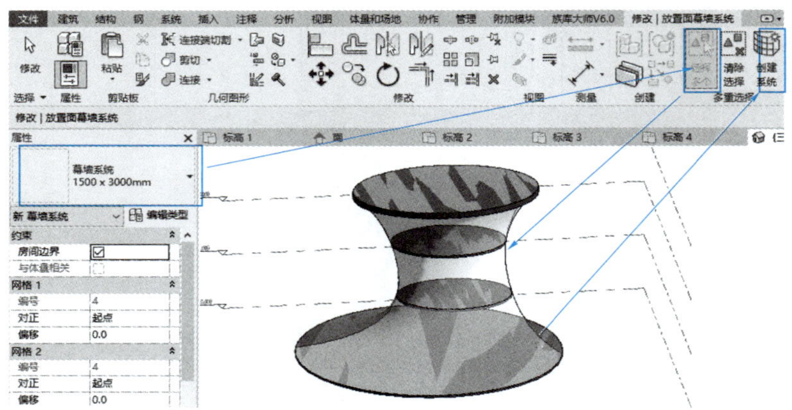

图 7.4.5–4 创建幕墙系统

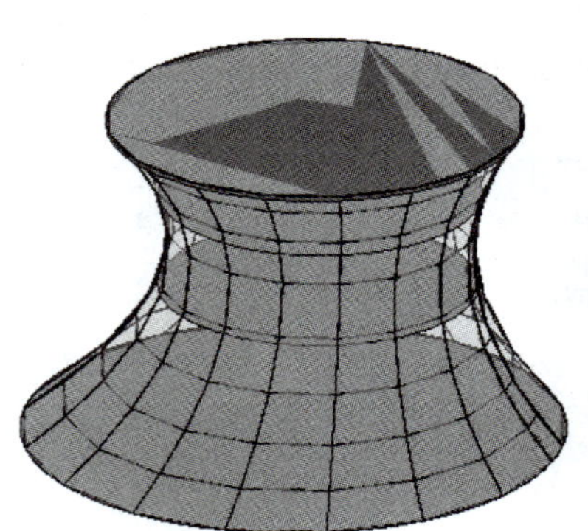

图 7.4.5–5 幕墙系统创建完毕

【小贴士】 幕墙系统没有可编辑的草图，无法编辑幕墙系统的轮廓。若要编辑轮廓，需要使用“墙：建筑墙”工具，选择幕墙类型。

三、基于体量面创建楼板

基于体量面创建楼板的步骤为：先创建体量楼层，再创建楼板。体量楼层在体量实例中计算楼层面积。

创建体量楼层：打开显示概念体量模型的视图，选择体量，单击上下文选项卡“模型”面板中的“体量楼层”工具。在弹出的“体量楼层”对话框中，勾选要创建体量楼层的标高，单击“确定”按钮(图 7.4.5-6)。

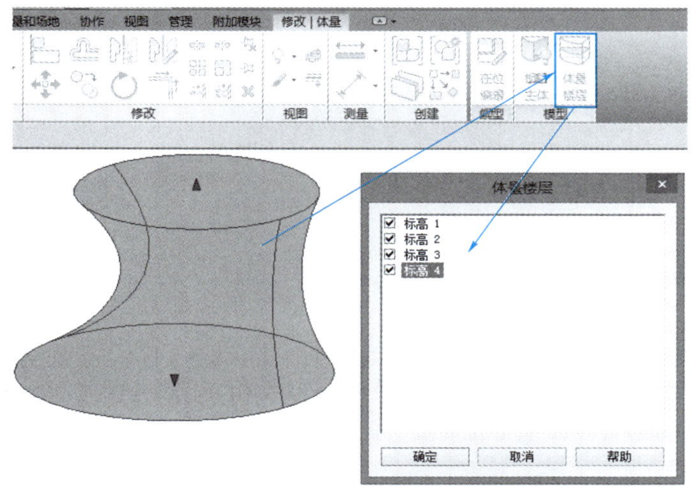

图 7.4.5-6　体量楼层

单击“体量和场地”选项卡下“面模型”面板中的“楼板”工具。在类型选择器中，选择一种楼板类型。移动光标以高亮显示某一个体量楼层，单击以选择该体量楼层。

单击上下文选项卡“多重选择”面板中的“创建楼板”工具，楼板创建完毕(图 7.4.5-7)。

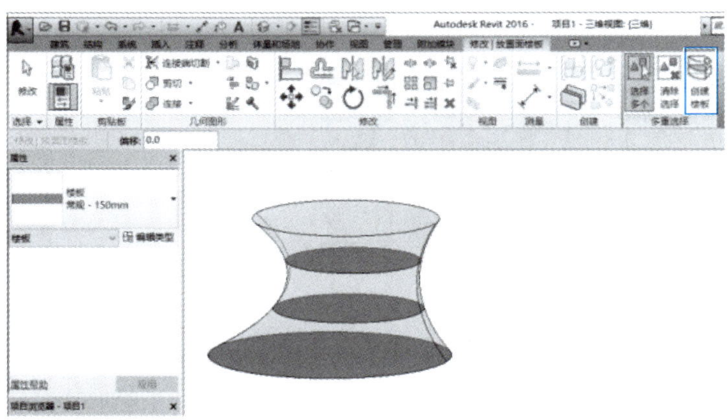

图 7.4.5-7　创建楼板

四、基于体量面创建屋顶

打开显示体量的视图。单击“体量和场地”选项卡“面模型”面板中的“屋顶”工具。在类型选择器中，选择一种屋顶类型。移动光标至屋顶，会高亮显示该面，单击以选择该面。

单击上下文选项卡“多重选择”面板中的“创建屋顶”工具，创建屋顶完毕(图 7.4.5-8)。

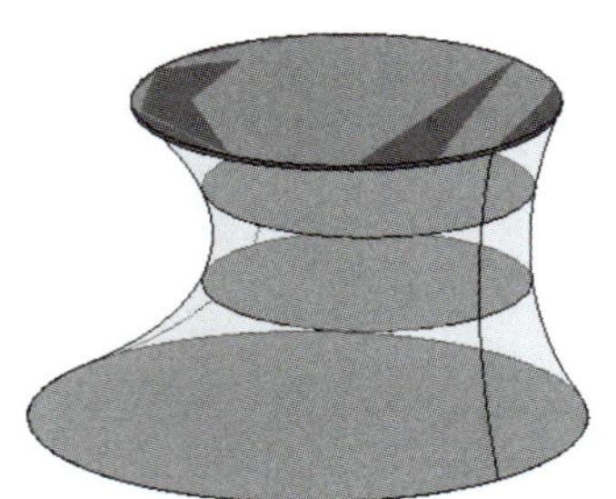

图 7.4.5-8　生成屋顶

工作技能扩展与相关系统性知识

7.4.5　技能扩展：幕墙系统

幕墙系统同幕墙一样是由嵌板、幕墙网格和竖梃组成，但它通常是由曲面组成，如图 7.4.5-9 所示。在创建幕墙系统之后，可以使用与幕墙相同的方法添加幕墙网格和竖梃。幕墙系统的创建是建立在“体量面”的基础上的，操作举例如下。

1. 创建体量面

双击 Revit 图标，基于系统自带的“建筑样板”新建一个项目文件。

进入到标高 1 楼层平面视图，单击“体量和场地”选项卡中的“内建体量”工具，在弹出的“名称”对话框中输入自定义的体量名称(如“幕墙系统”)，单击“确定”按钮。进入体量编辑器。

在“绘制”面板中选择“样条曲线”，然后绘制一条样条曲线；再双击项目浏览器中的“标高 2”，打开标高 2 平面视图，在“绘制”面板中选择“直线”命令，绘制一条直线(图 7.4.5-10)。

图 7.4.5-9　幕墙系统

图 7.4.5-10　绘制的线

打开三维视图，选择绘制完成的样条曲线和直线，单击上下文选项卡“形状”面板中的“创建形状”下拉菜单的“实心形状”工具(图 7.4.5-11)，选择“完成体量”。形成的幕墙体量面如图 7.4.5-12 所示。

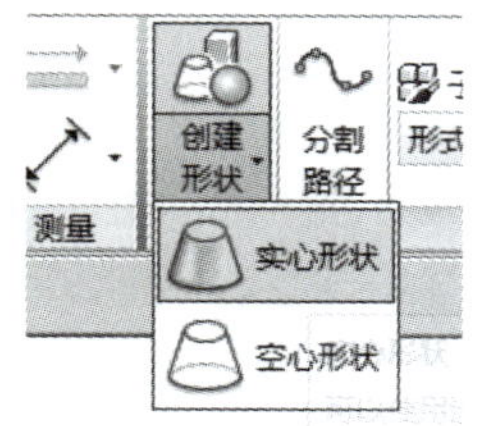

图 7.4.5-11　实心形状工具

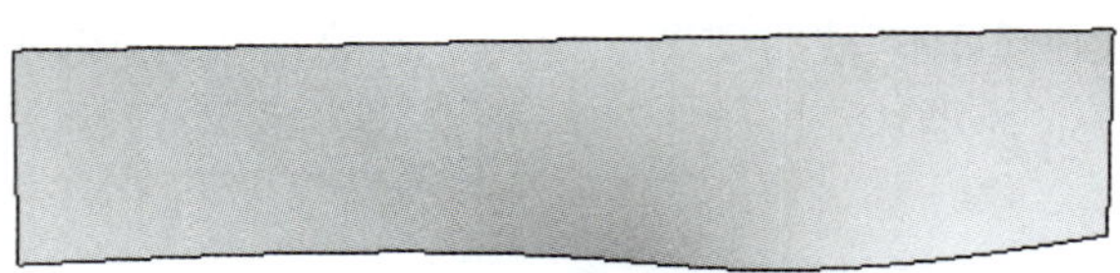

图 7.4.5-12　体量面

2. 在体量面上创建幕墙系统

单击“体量和场地”选项卡下“面模型”面板中的“幕墙系统”工具。

在“属性”选项板中看到系统默认的幕墙系统是“幕墙系统 1 500 × 3 000 mm”（图 7.4.5–13）。单击“编辑类型”弹出“类型属性”对话框，从中可以看出该幕墙系统是按照 1 500 mm × 3 000 mm 分格。单击“确定”按钮退出“类型属性”对话框。

图 7.4.5–13 幕墙系统

移动光标在体量面上，该体量面高亮显示，单击以选择该面。

单击上下文选项卡“多重选择”面板（图 7.4.5–14）中的“创建系统”。幕墙系统创建完毕，如图 7.4.5–15 所示。

完成的幕墙系统见“工作任务 7.4.5\ 创建幕墙系统完成 .rvt”。

7.4.5 操作练习 第 9 期第 3 题 –1

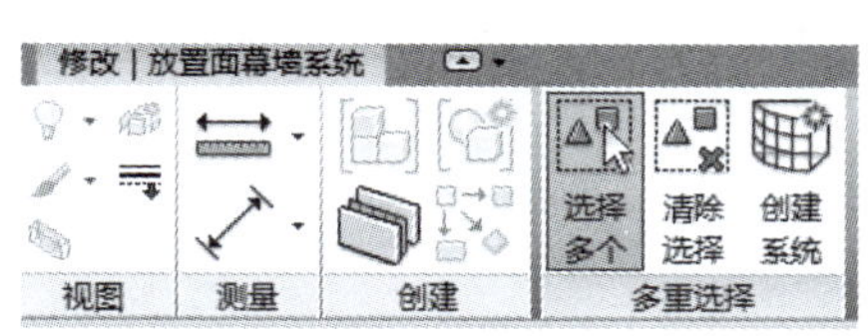

图 7.4.5–14 创建体量

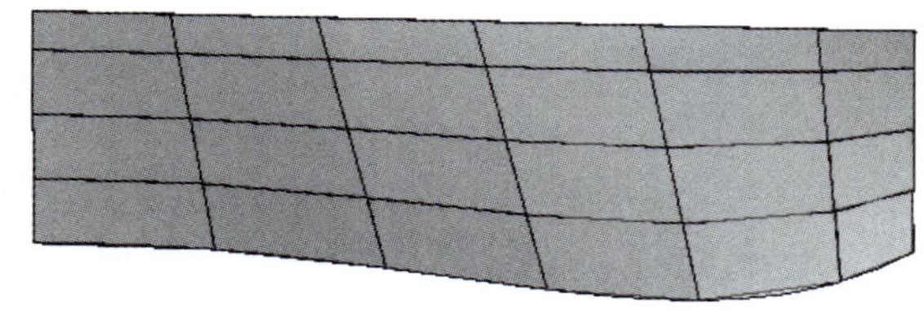
图 7.4.5–15 幕墙系统

习题与能力提升

打开“习题与能力提升”文件夹中“全国 BIM 技能等级考试第 9 期 .pdf”，完成第 3 题“建筑形体”体量的创建。

7.4.5 操作练习 第 9 期第 3 题 –2

7.5 思 想 提 升

我国建筑业 BIM 的发展势头迅猛，BIM 技术应用的总体量、规模以及技术的先进性与广度已经位于世界前列。其中，青岛胶东国际机场 BIM 应用如下。

青岛胶东国际机场（Qingdao Jiaodong International Airport）位于中国山东省青岛市胶州市胶东街道，为 4F 级国际机场、面向日韩的门户机场、国家“十二五”重点规划建设的区域性枢纽机场。其占地 16.25 km^2，航站楼（T1）建筑面积为 47.8 万平方米，建筑高度为 42.15 m，地下 2 层、地上 4 层。

该项目建立专项的结构 BIM 模型、建筑 BIM 模型、钢结构 BIM 模型、机电 BIM 模型、金属屋面 BIM 模型、全专业综合 BIM 模型（图 7.5–1），在钢结构、定型圆柱木模、钢筋等方面大量采用 BIM 参数化深化设计（图 7.5–2），提高了工程质量及效率；针对现场实际施工流水，能够实现实时将模型分解查看，方便施工组织，同时可提取任意区域复杂节点，三维展示指导施工。

通过 BIM 旋 2 总平面布置（图 7.5–3），对不同施工阶段的平面布置检查、更新，实行动态管控，提高现场管理能力。通过场地平面布置，加强现场管控；通过互联网 + BIM 将模型信息与施工管理、技术信息相连通，为 BIM 的实际应用搭建了良好的平台。同时，大力拓展 BIM 的信息属性范畴，通过二次开发产品的接入，将工程模型放上互联网，将项目信息与工程模型相结合，大大提高了项目信息交互及时性、文档完整性和真实性。

图 7.5-1 青岛胶东新机场 BIM 项目

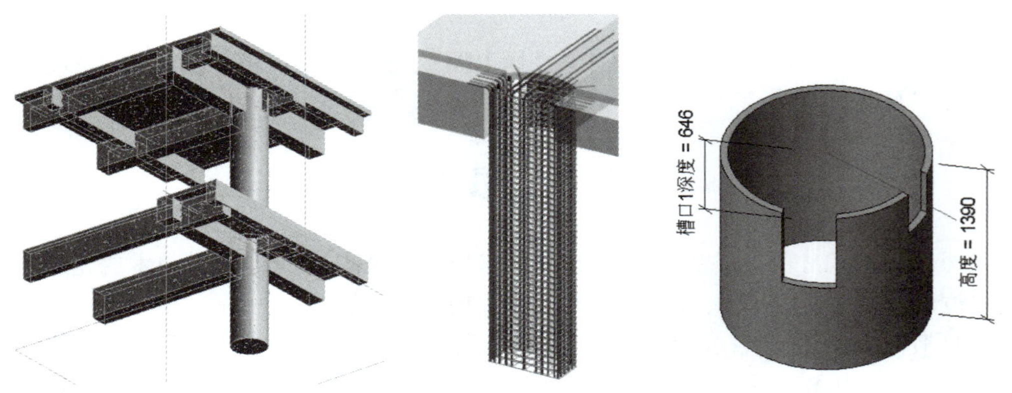

图 7.5-2 BIM 参数化深化设计

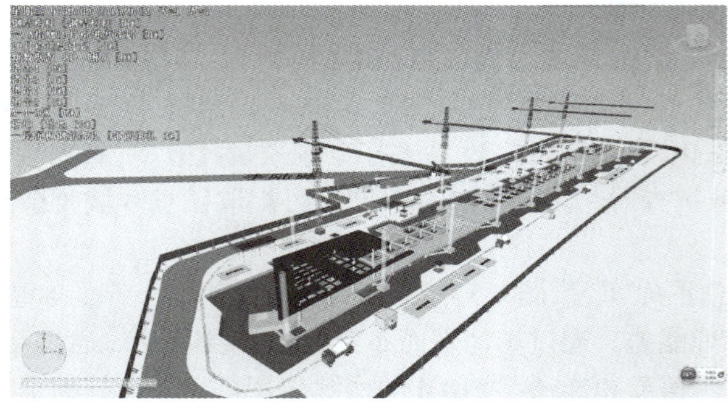

图 7.5-3 BIM 施工总平面布置

7.6 工作评价与工作总结

工作评价

序号	评分项目	分值	评价内容	自评	互评	教师评分	客户评分
1	创建系统族	15	1. 删除族类型,7 分 2. 清除未使用项,8 分				
2	创建内建族	25	1. 台阶,12 分 2. 散水,13 分				
3	创建标准构件族	25	1. 城墙实体拉伸,13 分 2. 城墙空心拉伸,12 分				
4	创建体量	15	1 三维标高的绘制,8 分 2. 三维工作平面的定义,7 分				
5	体量研究	20	1. 体量墙,5 分 2. 幕墙系统,5 分 3. 体量楼板,5 分 4. 体量屋顶,5 分				
总结							

工作总结

目标		进步	欠缺	改进措施
知识目标	掌握系统族、内建族、标准构件族、体量创建,以及体量研究的相关知识			
能力目标	根据客户要求完成 ××× 职业技术大学教学楼台阶、散水的创建,以及城墙族、体量模型的创建			
素质目标	有文化自信,有爱国情怀,具备善沟通、能协作、高标准、会自学的专业素质			

项目 8 BIM 模型应用

8.1 典型工作任务

按照《项目 8　工作任务书》的要求，对创建完成的教学楼建筑 BIM 模型进行专业化应用。

项目 8　工作任务书	
技术要求	(1) 对教学楼项目进行工程量统计。对教学楼项目进行门、窗、加气混凝土砌块及钢筋的工程量统计。 (2) 对教学楼项目进行施工图出图。出具教学楼项目的平面、立面、剖面的施工图纸。 (3) 设置渲染材质并进行渲染和漫游。设置真石漆、蓝灰色涂料材料，进行教学楼的渲染和漫游。 (4) 以 DWG 文件为底图创建模型。以二 – 五层平面图 CAD 图纸为底图创建模型。 (5) 进行“链接”与“工作集”的协同设计。进行 F1、F2 楼层模型的链接，以及工作集的协同设计。
交付内容	门窗明细表完成 .rvt 建筑平面图视图处理完成 .rvt 建筑立面图视图处理完成 .rvt 建筑剖面图视图处理完成 .rvt J0–1– 二 – 五层平面图 .dwg 西北角相机视图完成 .rvt 西北角视图渲染完成 .rvt 漫游完成 .rvt 链接文件 – 完成 .rvt
工作任务	1. 工程量统计 2. 建筑施工图标准化出图、打印与导出 3. 建筑表现之材质设置、渲染与漫游 4. DWG 底图建模与链接、工作集的设计协同
岗位标准	1. 建筑信息模型技术员国家职业技能标准(职业编码：4–04–05–04) 2. “1+X”BIM 职业技能等级标准
技术标准	1.《建筑信息模型应用统一标准》(GB/T 51212—2016) 2.《建筑信息模型设计交付标准》(GB/T 51301—2018)

续表

<table>
<tr><th colspan="2">项目 8　工作任务书</th></tr>
<tr><td>工作成图(参考图)</td><td>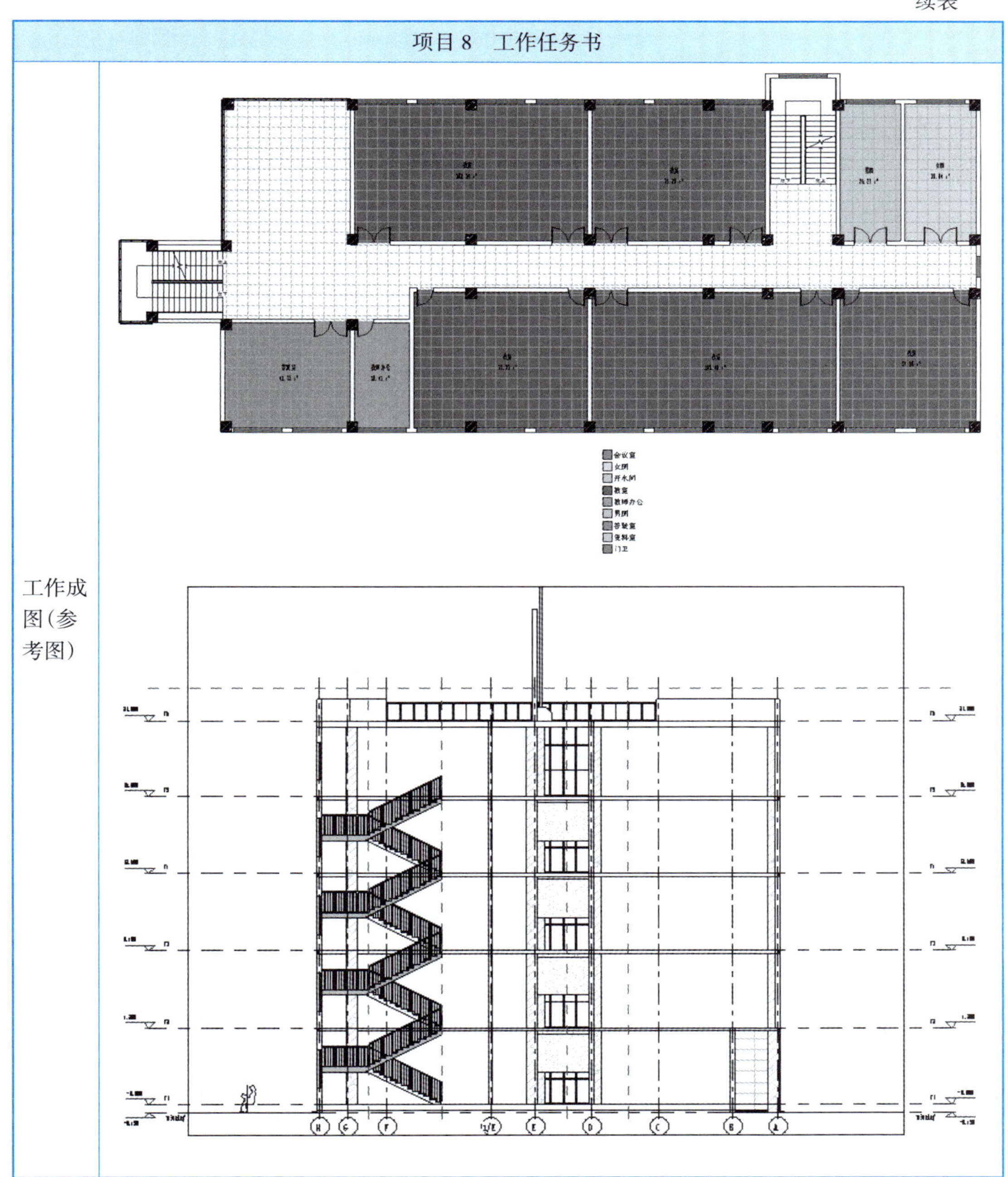
</td></tr>
</table>

续表

项目 8　工作任务书	
工作成图（参考图）	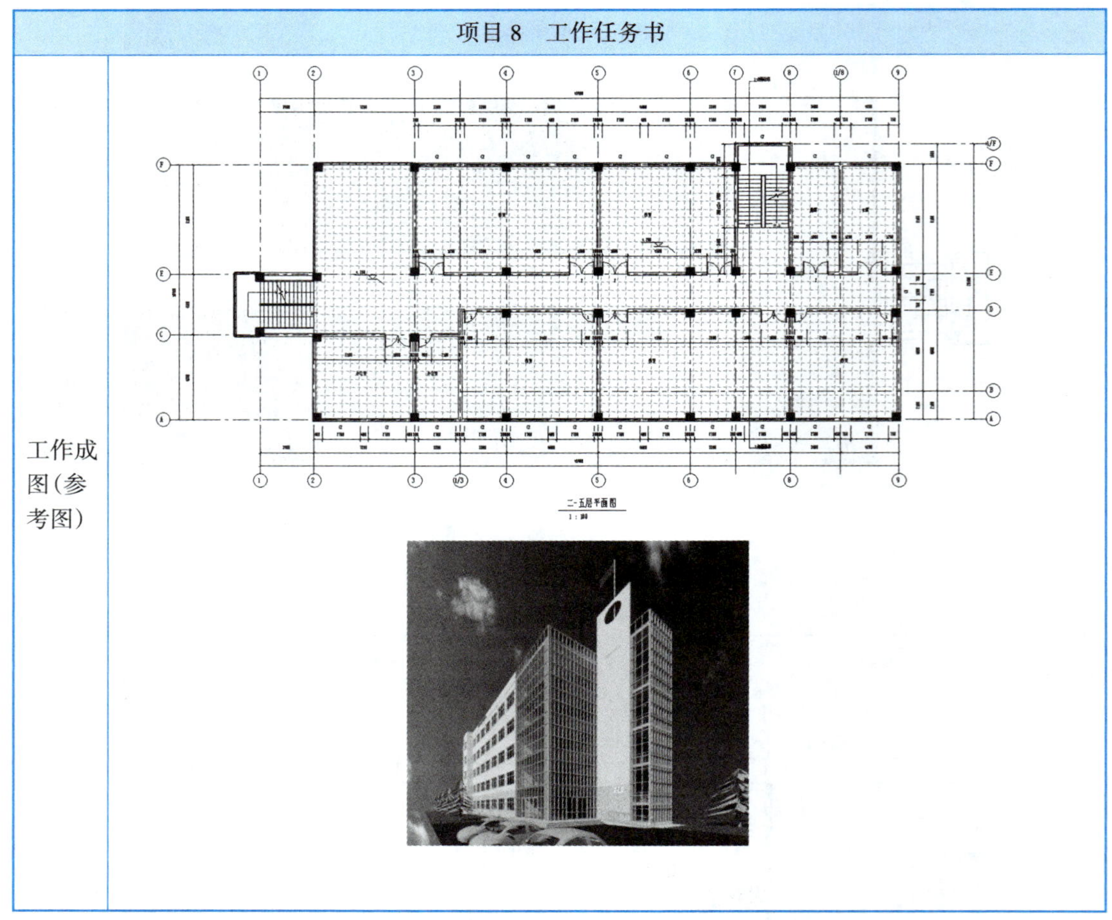

8.2　工作岗位核心技能要求

根据建筑信息模型技术员国家职业技能标准职业编码：4-04-05-04，三级（高级工）对于模型更新与协同、模型注释与出图、成果输出的技能要求和相关知识要求如下。

职业技能	工作内容	技能要求	相关知识要求
3. 模型更新与协同	3.1 模型更新	3.1.1　能根据设计变更方案在建筑信息模型建模软件中确定模型变更位置 3.1.2　能在变更位置根据设计变更方案对模型进行修改，形成新版模型	3.1.1　模型变更位置确定方法 3.1.2　模型更新完善方法
	3.2 模型协同	3.2.1　能通过链接方式完成专业模型的创建与修改 3.2.2　能导入和链接建模图纸 3.2.3　能对链接的模型、图纸进行删除、卸载等操作 3.2.4　能对同一专业多个拆分模型进行协同及整合 3.2.5　能对多个不同专业模型进行协同及整合	3.2.1　模型链接方法 3.2.2　模型协同及整合方法

续表

职业技能	工作内容	技能要求	相关知识要求
4. 模型注释与出图	4.1 标注	4.1.1 能定义不同的标注类型 4.1.2 能定义标注类型中文字、图形的显示样式	4.1.1 相关专业制图尺寸标注知识 4.1.2 相关专业图样规定 4.1.3 标注类型及标注样式设定方法 4.1.4 标注创建与编辑方法
	4.2 标记	4.2.1 能定义不同的标记与注释类型 4.2.2 能定义标记与注释类型中文字、图形的显示样式	4.2.1 相关专业图样规定 4.2.2 标记类型及标记样式设定方法 4.2.3 标记创建与编辑方法
	4.3 创建视图	4.3.1 能定义项目使用的视图样板 4.3.2 能设置平面视图的显示样式及相关参数 4.3.3 能设置立面视图的显示样式及相关参数 4.3.4 能设置剖面视图的显示样式及相关参数 4.3.5 能设置三维视图的显示样式及相关参数	4.3.1 相关专业制图基本知识 4.3.2 视图显示样式及相关参数设置方法
5. 成果输出	5.1 模型保存	5.1.1 能根据生成模型文件的软件版本选择合适版本的建筑信息模型建模软件打开模型 5.1.2 能按照建模规则及成果要求使用建筑信息模型建模软件保存模型文件 5.1.3 能按照成果要求使用建筑信息模型建模软件输出不同格式的模型文件	5.1.1 不同软件版本模型打开方法 5.1.2 符合建模规则及成果要求的模型保存方法 5.1.3 使用建筑信息模型建模软件按成果要求输出不同格式模型文件方法
	5.2 图纸创建	5.2.1 能定义满足专业图纸规范的图层、线型、文字样式等内容 5.2.2 能创建相关专业图纸样板	5.2.1 相关专业制图基本知识 5.2.2 图纸布局要求 5.2.3 图纸样式要求
	5.3 效果展现	5.3.1 能使用建筑信息模型建模软件对模型进行精细化渲染及漫游 5.3.2 能使用建筑信息模型建模软件输出精细化渲染及漫游成果	5.3.1 使用建筑信息模型建模软件创建高质量渲染图和漫游动画方法 5.3.2 使用建筑信息模型建模软件输出高质量渲染图和漫游动画方法
	5.4 文档输出	5.4.1 能辅助编制碰撞检查报告、实施方案、建模标准等技术文件 5.4.2 能编制建筑信息模型建模汇报资料	5.4.1 工程项目建设专业知识 5.4.2 建筑信息模型建模汇报资料编制要求

8.3 知识导入与准备

在传统的设计 – 招标 – 建造模式下，基于图纸的交付模式使得跨阶段时信息损失带来大量价值的损失，导致出错、遗漏，需要花费额外的精力来创建、补充精确的信息。而基于 BIM 模型的协同合作模型下，利用三维可视化、数据信息丰富的模型，各方可以获得更大投入产出比。

美国 bSa（building SMART alliance）在 BIM Project Execution Planning Guide Version 1.0 中，根据当前美国工程建设领域的 BIM 使用情况总结了 BIM 的 25 种常见应用，见表 8.3–1。从表 8.3–1 中可以发现，BIM 应用贯穿了建筑的规划、设计、施工与运营四大阶段，多项应用是跨阶段的，尤其是基于 BIM 的“现状建模”与“成本预算”贯穿了建筑的全生命周期。

表 8.3–1 美国 bSa 总结的 25 种 BIM 应用

Plan 规划	Design 设计	Construction 施工	Operate 运营
Existing Conditions Modeling 现状建模			
Cost Estimation 成本估算			
Phase Planning 阶段规划			
Programming 规划编制			
Site Analysis 场地分析			
Design Review 设计方案论证			
	Design Authoring 设计创作		
	Energy Analysis 节能分析		
	Structural Analysis 结构分析		
	Lighting Analysis 采光分析		
	Mechanical Analysis 机械分析		
	Other Engineering Analysis 其他工程分析		
	LEED Evaluation 绿色建筑评估		
	Code Validation 规范验证		
	3D Coordination 3D 协调		
		Site Utilization Planning 场地使用规划	
		Construction System Design 施工系统设计	
		Digital Fabrication 数字化建造	
		3D Control and Planning 3D 控制与规划	
		Record Model 记录模型	
			Maintenance Scheduling 维护计划
			Building System Analysis 建筑系统分析
			Asset Management 资产管理
			Space Management\Tracking 资产管理与跟踪
			Disaster Planning 防灾规划

我国通过借鉴上述对 BIM 应用的分类框架，结合目前国内事实现状，归纳得出目前国内建筑市场的 20 种典型 BIM 应用，见表 8.3–2。

表 8.3–2　国内建筑市场的 20 种典型 BIM 应用

规划	设计	施工	运营
BIM 模型维护			
场地分析			
建筑策划			
方案论证			
	可视化设计		
	协同设计		
	性能化分析		
	工程量分析		
	管线综合		
		施工进度模拟	
		施工组织模拟	
		数字化建造	
		物料跟踪	
		施工现场配合	
		竣工交付	
			维护计划
			资产管理
			空间管理
			建筑系统分析
			灾害应急模拟

以上典型 BIM 应用是基于各种 BIM 核心建模软件、BIM 专业应用软件、BIM 平台软件及 BIM 硬件得到的，基于 Revit 软件的典型 BIM 建筑应用有工程量计算、施工图出图、房间颜色填充、渲染和漫游、日照分析、协同设计等。

8.4 工作任务实施

工作任务 8.4.1 工程量统计

任务驱动与学习目标

序号	任务驱动	学习目标
1	创建窗明细表	1. 掌握利用“明细表 / 数量”工具新建窗明细表的方法 2. 掌握修改“字段”“排序 / 成组”“格式”“外观”字段的方法 3. 掌握打开“窗明细表”视图的方法
2	创建门明细表	掌握创建门明细表的方法
3	对明细表进行导出	1. 掌握导出明细表的方法 2. 掌握用 Microsoft Excel 打开导出的明细表，另存为 Excel 文件的方法
4	创建材质提取明细表	了解建筑材料明细表（如墙体中的“混凝土砌块”用量）创建的方法

8.4.1 工作任务解决步骤：窗明细表

工作任务解决步骤

一、生成窗明细表

打开“工作任务 7.4.2\ 散水完成 .rvt”。

单击“视图”选项卡“创建”面板中的“明细表”下拉菜单的“明细表 / 数量”工具。

在弹出的“新建明细表”对话框中选择“窗”类别，单击“确定”按钮（图 8.4.1–1），弹出“明细表属性”对话框。

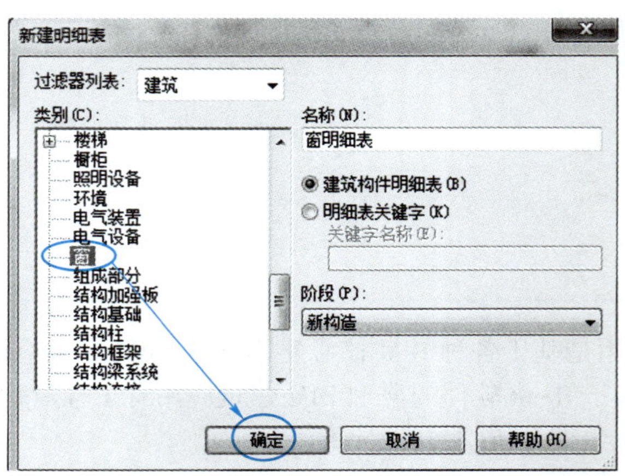

图 8.4.1–1 新建窗明细表

按照图 8.4.1–2，在“可用的字段”中选择“合计”，单击“添加”按钮，“合计”字段会添加到右侧的“明细表字段”中；同理，添加“宽度”“底高度”“类型”“高度”字段；单击下方的“上移”或者“下移”按钮，将明细表字段排序为类型、宽度、高度、底高度、合计。

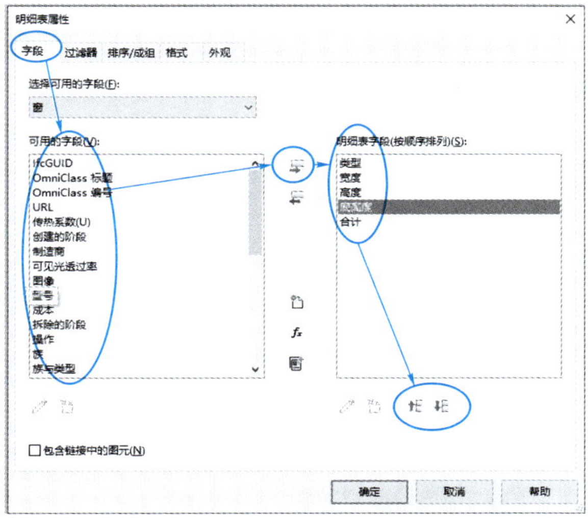

图 8.4.1-2　“字段”栏编辑

单击“排序 / 成组”，进入到“排序 / 成组”栏。“排序方式”设置为“类型”，勾选“总计”，并选择“标题、合计和总数”，取消勾选“逐项列举每个实例”（图 8.4.1-3）。

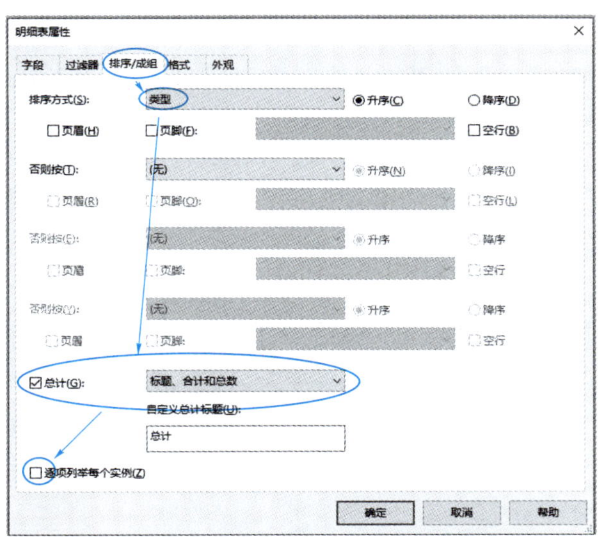

图 8.4.1-3　“排序 \ 成组”栏编辑

单击“格式”，进入到“格式”栏。单击“字段”中的“合计”，勾选“字段格式”中的“计算总数”（图 8.4.1-4）。

单击“外观”，进入到“外观”栏。取消勾选“数据前的空行”。单击“确定”按钮退出“明细表属性”对话框（图 8.4.1-5）。

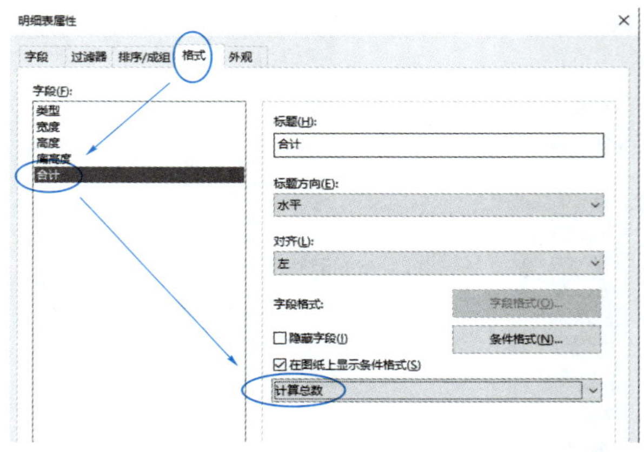

图 8.4.1–4 “格式”栏编辑

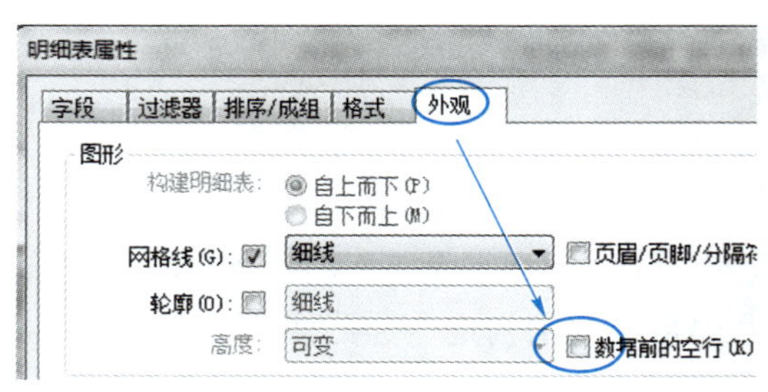

图 8.4.1–5 “外观”栏编辑

自动生成“窗明细表”(图 8.4.1–6)。在“项目浏览器”下拉菜单“明细表 / 数量”中也会自动生成“窗明细表”视图(图 8.4.1–7)。

<窗明细表>				
A	B	C	D	E
类型	宽度	高度	底高度	合计
C1	2700	2100	900	110
C2	1500	2500	900	4
总计: 114				114

图 8.4.1–6 窗明细表

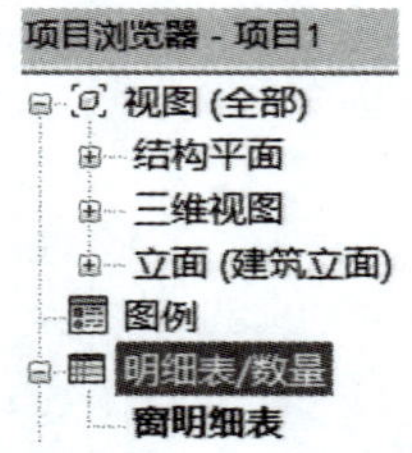

图 8.4.1–7 “项目浏览器”中自动生成“窗明细表”

8.4.1 工作任务解决步骤：门明细表

二、生成门明细表

同理,创建门明细表(图 8.4.1–8)。在“项目浏览器”下拉菜单“明细表 / 数量”中也会生成“门明细表”视图。

完成的项目文件见“工作任务 8.4.1\ 门窗明细表完成 .rvt”。

<门明细表>			
A	B	C	D
类型	宽度	高度	合计
M1	700	2100	32
M2	1800	2400	42
有横档	1750	2750	4
总计: 78			78

图 8.4.1-8 门明细表

8.4.1 工作任务解决步骤：明细表导出

三、明细表的导出

进入到“窗明细表”视图。

单击左上角的“应用程序”按钮，从应用程序菜单中选择“导出”-“报告”-“明细表”选项（图 8.4.1-9）。系统默认设置导出文件名为“窗明细表 .txt”。

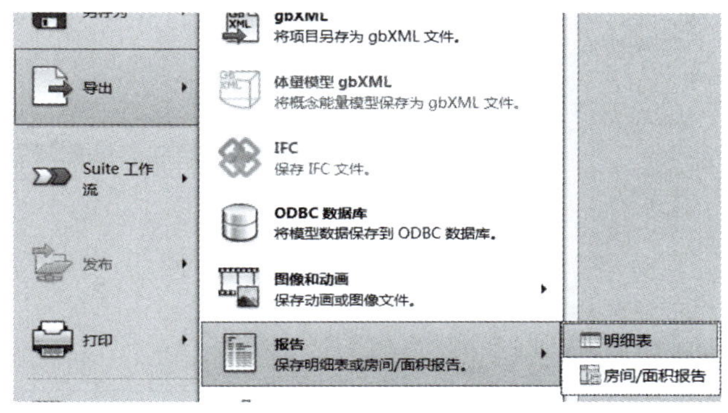

图 8.4.1-9 导出明细表

根据需要设置“明细表外观”和“输出选项”（本例选择默认设置），单击“确定”按钮即可导出明细表。

导出的“窗明细表”见“工作任务 8.4.1\ 窗明细表 .txt”。该明细表可用 Microsoft Excel 打开，另存为 Excel 文件。

8.4.1 技能扩展：材质提取明细表

工作技能扩展与相关系统性知识

以统计该工程的“混凝土砌块”用量为例，说明“材质提取”的操作步骤。

单击“视图”选项卡“创建”面板中的“明细表”下拉菜单的“材质提取”工具（图 8.4.1-10）。

在弹出的“新建材质提取”对话框中，单击“墙”，单击“确定”按钮（图 8.4.1-11）。

在弹出的“材质提取属性”对话框中：“可用的字段”选择“材质：名称”“材质：体积”（图 8.4.1-12）；“过滤器”选项卡中，“过滤条件”选择“材质：名称”“等于”“混凝土砌块”（图 8.4.1-13）；“排序 / 成组”选项卡中，“排序方式”选择“材质：名称”，勾选“总计”，取消勾选“逐项列举每个实例”（图 8.4.1-14）；“格式”选项卡中，“字段”选择“材质：体积”，勾选“计算总数”（图 8.4.1-15）；“外观”选项卡中，取消勾选“数据前的空行”（图 8.4.1-16）。单击“确定”按钮，自动生成加气砌块用量表（图 8.4.1-17）。

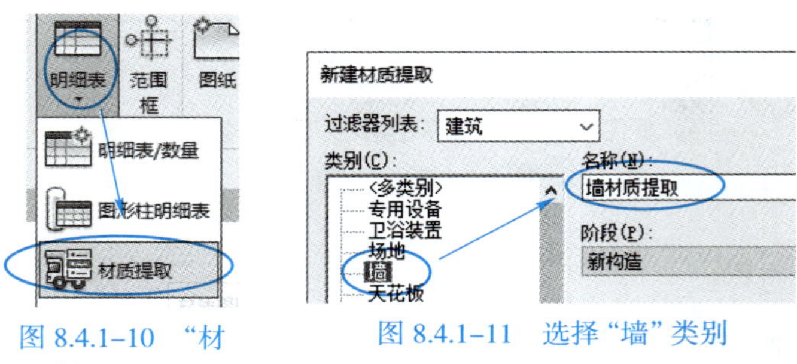

图 8.4.1–10 “材质提取”工具

图 8.4.1–11 选择“墙”类别

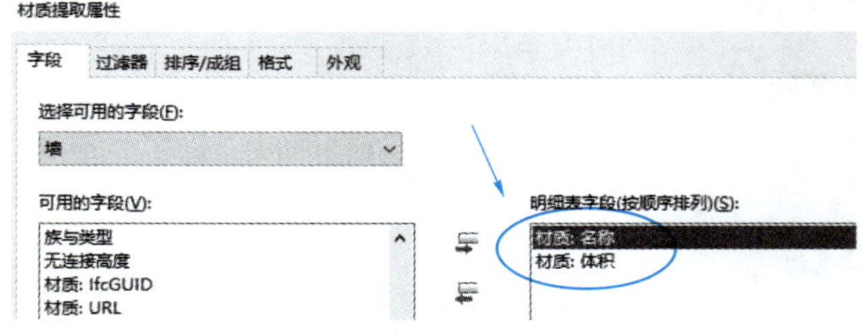

图 8.4.1–12 明细表字段

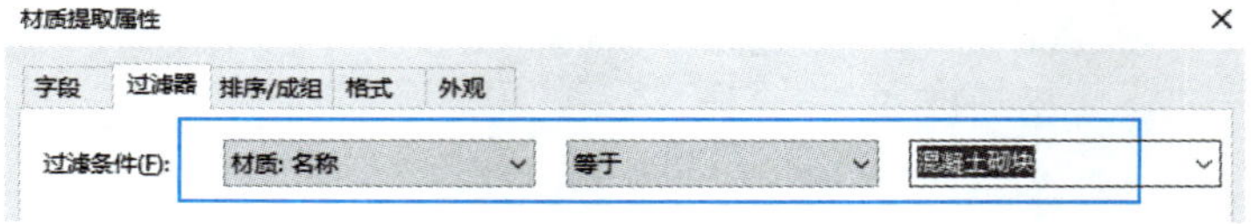

图 8.4.1–13 过滤器

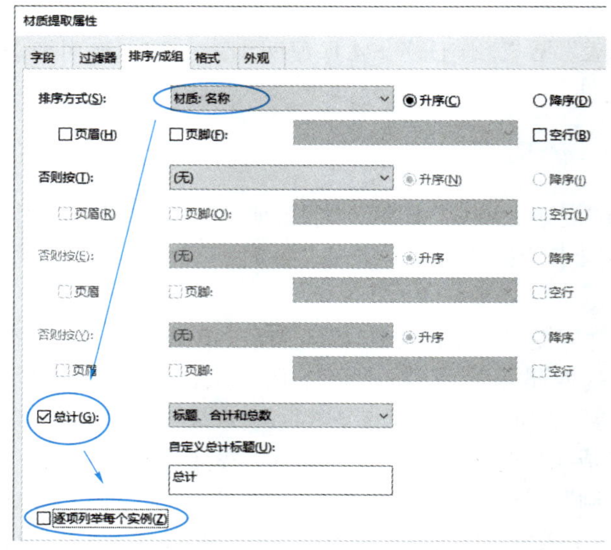

图 8.4.1–14 排序 / 成组

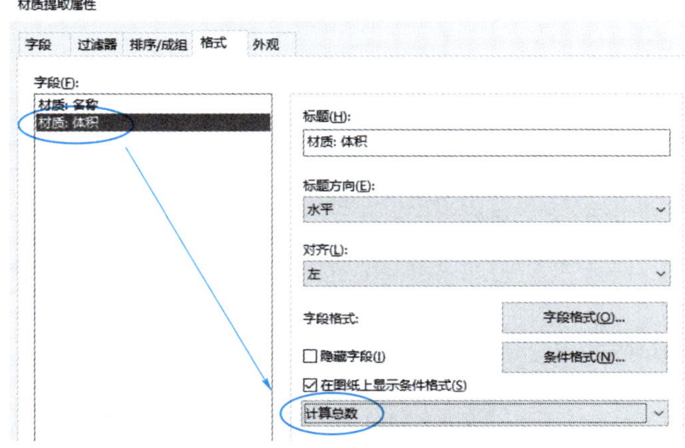

图 8.4.1–15　“材质：体积”计算总数

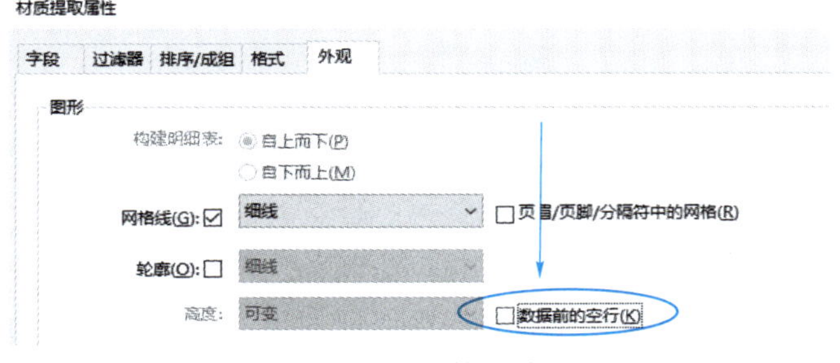

图 8.4.1–16　外观设置

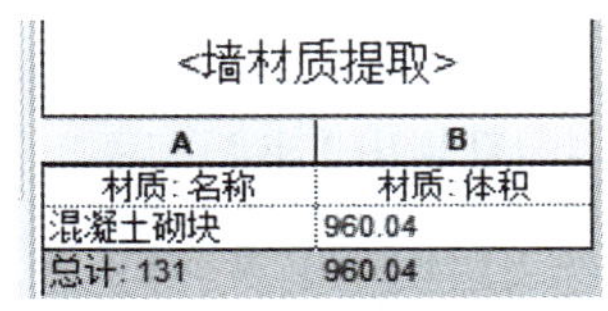

<墙材质提取>	
A	B
材质: 名称	材质: 体积
混凝土砌块	960.04
总计: 131	960.04

图 8.4.1–17　加气砌块用量表

8.4.1
操作练习
工程量
统计

完成的项目文件见“工作任务 8.4.1\ 建筑材料用量明细表完成 .rvt”。

习题与能力提升

打开“习题与能力提升”文件夹中“工程量计算预备文件”，完成窗明细表和门明细表的创建。

工作任务 8.4.2　建筑施工图标准化出图、打印与导出

任务驱动与学习目标

序号	任务驱动	学习目标
1	创建建筑平面图出图视图	1. 掌握复制平面“出图视图”的方法 2. 掌握平面图可见性设置的方法 3. 掌握视图样板的创建及应用的方法 4. 掌握尺寸线标注的方法 5. 掌握高程点标注的方法 6. 掌握平面注释的方法

续表

序号	任务驱动	学习目标
2	创建建筑立面图出图视图	1. 掌握复制立面“出图视图”的方法 2. 掌握立面图可见性设置的方法 3. 掌握进行轴网标头调整及端点位置调整的方法 4. 掌握添加立面注释的方法
3	创建建筑剖面图出图视图	1. 掌握创建剖面视图的方法 2. 掌握编辑剖面视图的方法
4	施工图布图与打印	1. 掌握创建图纸的方法 2. 掌握编辑图纸中的视图的方法 3. 掌握打印的方法
5	导出 DWG 格式文件	掌握将“二 – 五层平面图”导出 DWG 格式文件的方法
6	房间创建与房间颜色填充	掌握房间创建与房间颜色填充的方法

工作任务解决步骤

一、创建建筑平面图出图视图

以二至五层建筑平面图出图为例进行讲解，具体如下。

8.4.2 工作任务解决步骤：建筑平面图视图处理

1. 复制出“出图视图”

打开“工作任务 8.4.1\门窗明细表完成 .rvt”。

在项目浏览器中的楼层平面 F2 上单击鼠标右键，使用“复制视图”下“带细节复制”方法生出一个“F2 副本 1”，右键重命名为“二 – 五层平面图”（图 8.4.2–1）。

双击进入到“二 – 五层平面图”平面视图，在“属性”面板中，底图的“范围：底部标高”调整为“无”（图 8.4.2–2）。

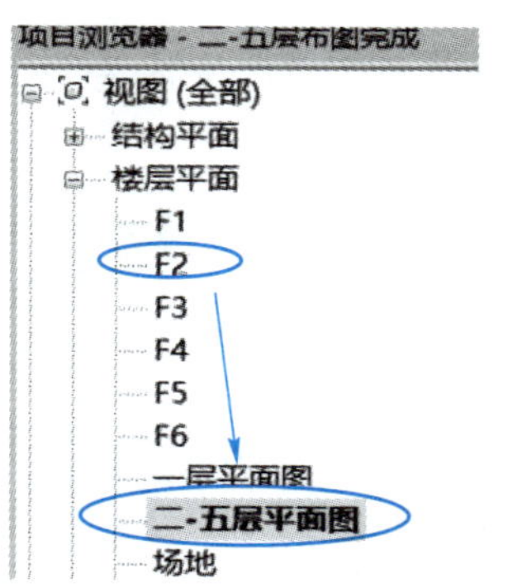

图 8.4.2–1 复制出“二 – 五层平面图”

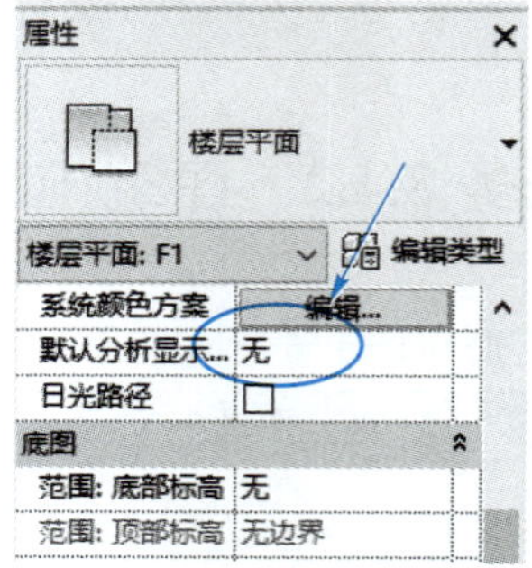

图 8.4.2–2 视图设置

说明：

底图的底部标高默认值为“F1”，该情况下 F1 平面视图的构件会在 F2 平面视图中淡显显示；若将底图的“范围：底部标高”调整为“无”，则 F1 平面视图中的构件不会在 F2 平面视图中显示。

2. 可见性设置

执行“VV”快捷命令，进入到“可见性 / 图形替换”对话框，在“模型类别”栏中取消勾选“地形”“场地”“植物”“环境”等的可见性（图 8.4.2–3）；在“注释类别”栏中取消勾选“参照平面”“立面”（图 8.4.2–4），单击“确定”按钮。

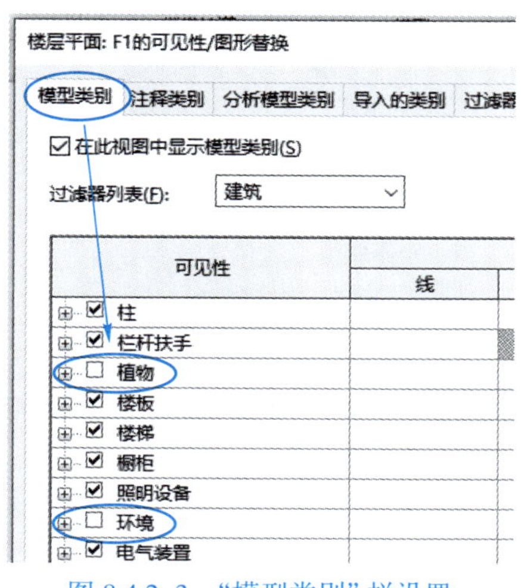

图 8.4.2–3　“模型类别”栏设置

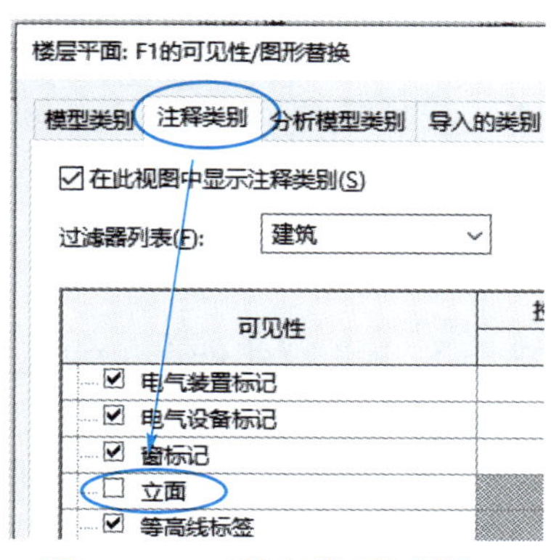

图 8.4.2–4　“注释类别”栏设置

3. 视图样板的创建及应用

（1）视图样板创建。在“二 – 五层平面图”平面视图中，单击“视图”选项卡“图形”面板中的“视图样板”下拉菜单的“从当前视图创建样板”（图 8.4.2–5），在弹出的“新视图样板”对话框中，输入新视图样板名称为“平面图出图样板”，单击“确定”按钮两次退出视图样板创建。

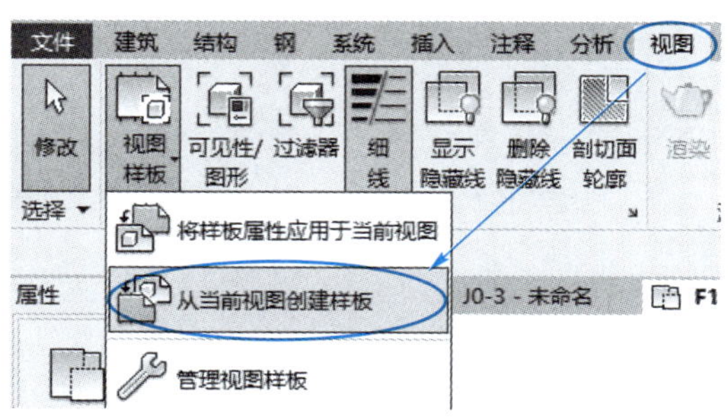

图 8.4.2–5　从当前视图创建样板

（2）视图样板的应用。以将该视图样板应用到“一层平面图出图”为例，进行讲解。“带细节复制”复制 F1，修改复制出的视图名称为“一层平面图”。

选择项目浏览器中的“一层平面图”，单击“视图”选项卡下“图形”面板中的“视图样板”下拉菜单的“将样板属性应用于当前视图”（图 8.4.2–6），选择刚刚创建的“平面图出图样板”样板，单击“确定”按钮（图 8.4.2–7）。

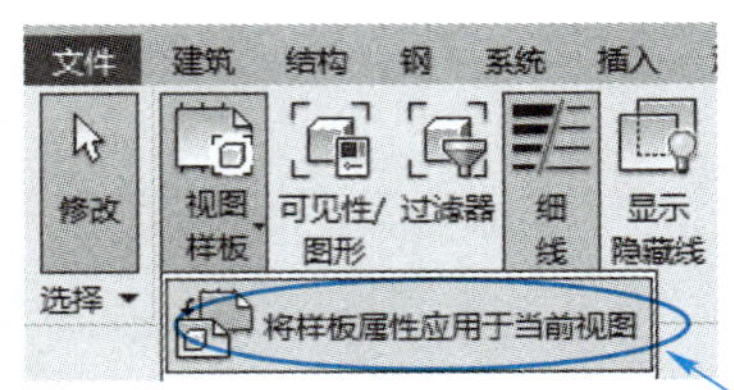

图 8.4.2–6 将样板属性应用于当前视图

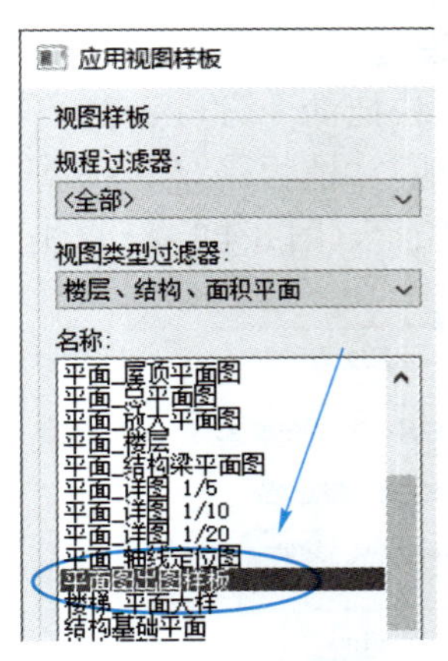

图 8.4.2–7 将样板属性应用于当前视图

【小贴士】视图样板即可见性设置。通过视图样板应用,相当于在"一层平面图"中执行了可见性设置:在"模型类别"栏中取消勾选"地形""场地""植物""环境"的可见性,在"注释类别"栏中取消勾选"参照平面""立面"的可见性。

4. 三道尺寸线标注

下面以标注"二－五层平面图"为例,介绍两种尺寸标注的方法。

(1) 采取拾取"单个参照点"的方法最外围尺寸线。在"二－五层平面图"楼层平面中,单击"注释"选项卡"尺寸标注"面板中的"对齐尺寸标注"工具(图 8.4.2–8)或执行"DI"快捷命令,左上角选项栏中"拾取"设置为"单个参照点"(图 8.4.2–9),根据状态栏提示单击①轴、再单击⑨轴,再单击空白位置放置标注。同理,标注其他三个方向上的最外围尺寸线。标注完成三道尺寸线如图 8.4.2–10 所示。

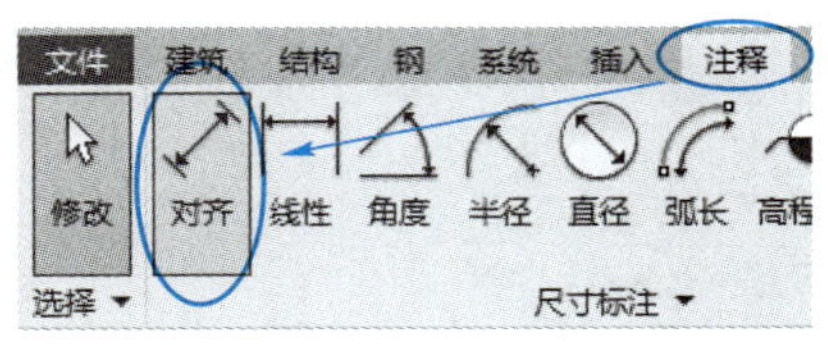

图 8.4.2–8 标注

图 8.4.2–9 拾取"单个参照点"标注

(2) 采取拾取"整个墙"的方法创建其余尺寸线。选择"墙"工具,利用"矩形"的绘制方法在建筑物外围绘制四面墙(图 8.4.2–11)。执行"对齐尺寸标注"工具或执行"DI"快捷命令,将选项栏中拾取"单个参照点"改为"整个墙"(图 8.4.2–12),单击拾取辅助墙体即可自动创建第二道尺寸线(图 8.4.2–13)。标注完成后删除四面辅助墙,两端多余的尺寸会同时被删除。

同理,利用拾取"整个墙"的方法,单击需要标注的墙体可以快速标注最内侧尺寸线。标注完成的三道尺寸线如图 8.4.2–14 所示。

室内尺寸的标注:采用拾取"整个墙"的方法标注室内门位置(图 8.4.2–15)。

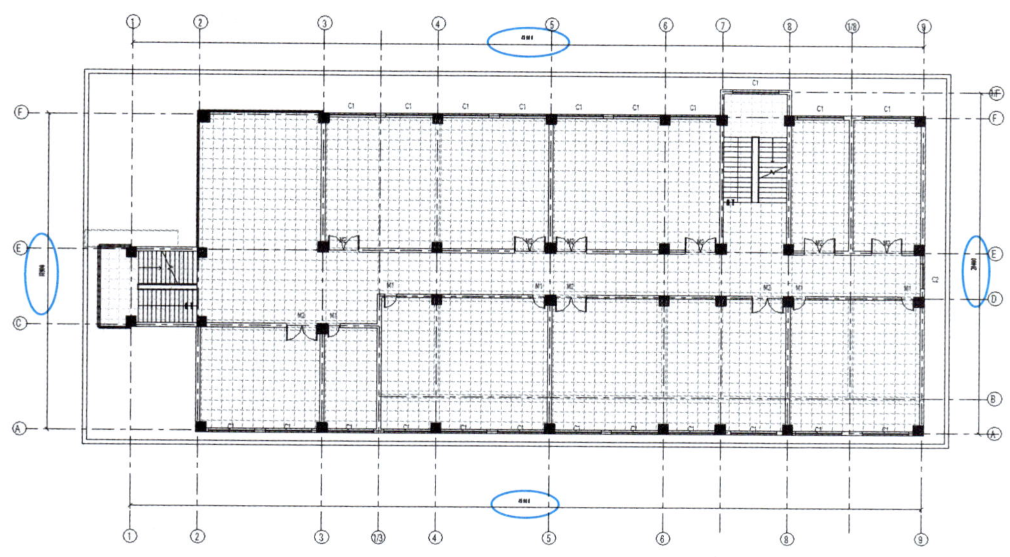

图 8.4.2-10　最外围尺寸线标注

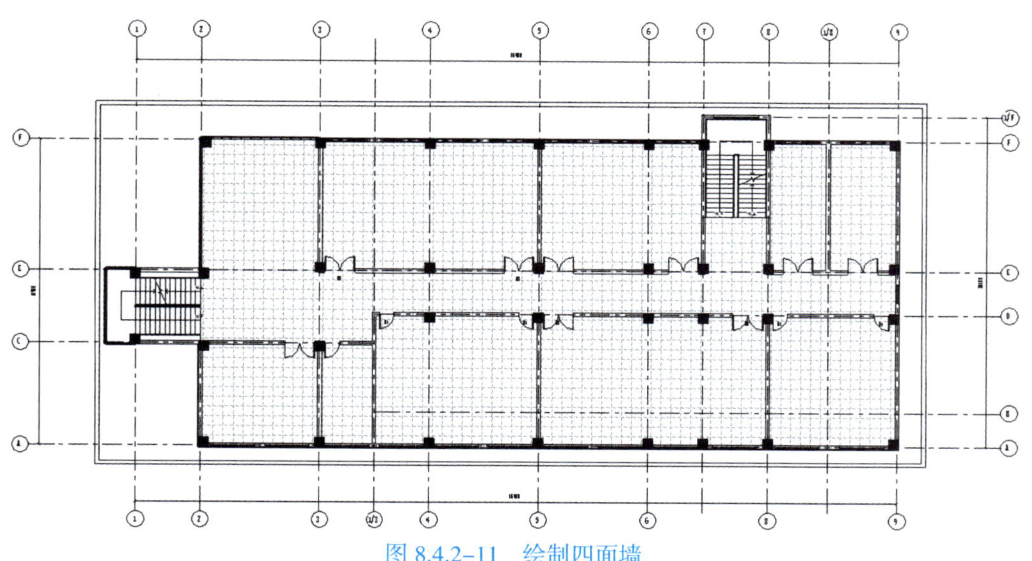

图 8.4.2-11　绘制四面墙

拾取：整个墙

图 8.4.2-12　拾取“整个墙”

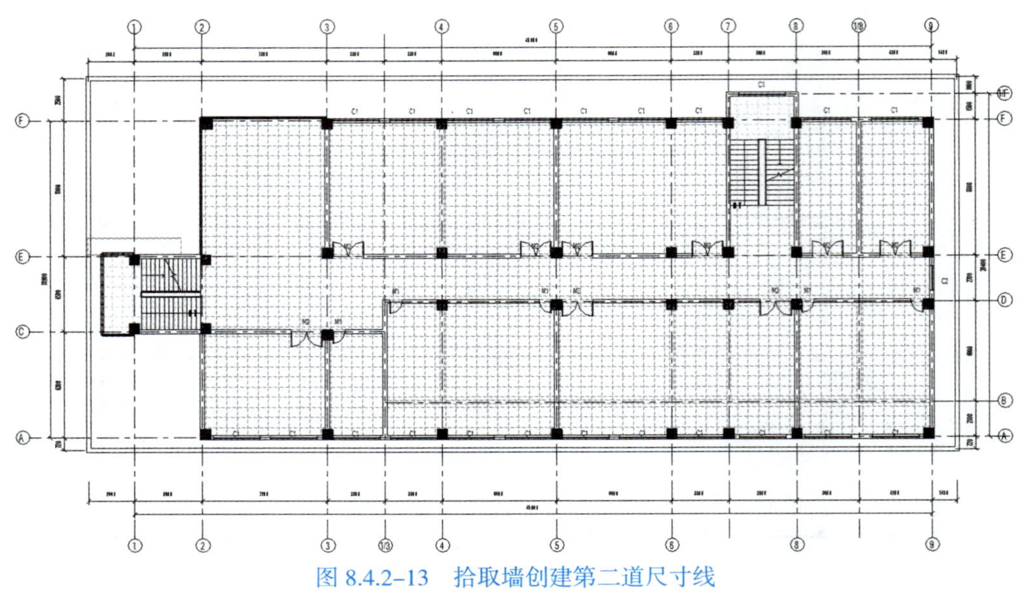

图 8.4.2-13 拾取墙创建第二道尺寸线

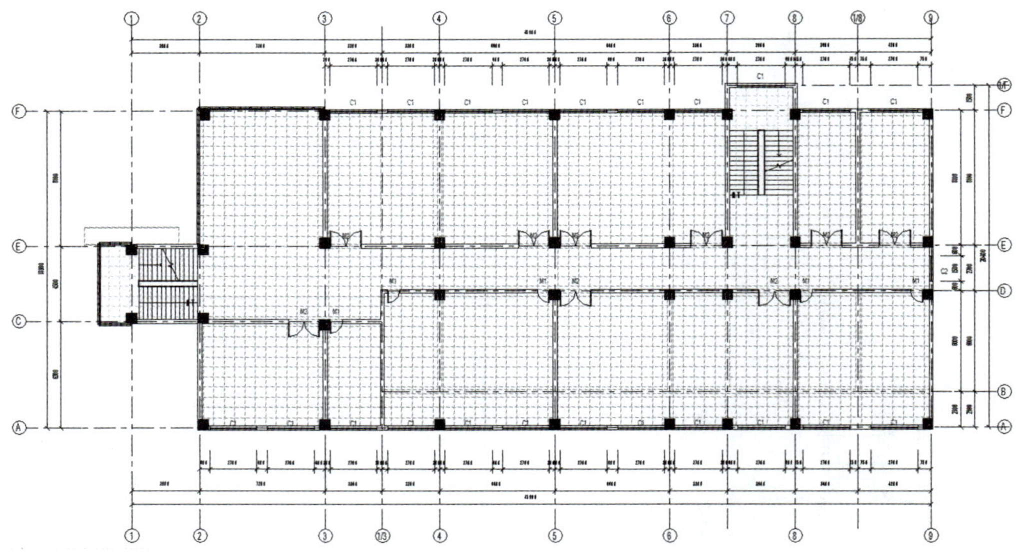

图 8.4.2-14 三道尺寸线标注

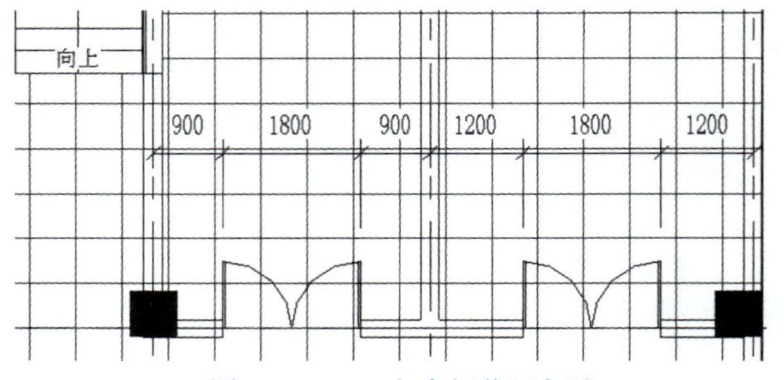

图 8.4.2-15 室内门位置标注

(3) 楼梯踏步尺寸标注。使用拾取“单个参照点”方式标注楼梯尺寸后，在梯段尺寸“3 380”处双击，打开“尺寸标注文字”对话框；在“前缀”中输入文字“260×13=”，如图 8.4.2-16 所示，单击“确定”按钮即可。

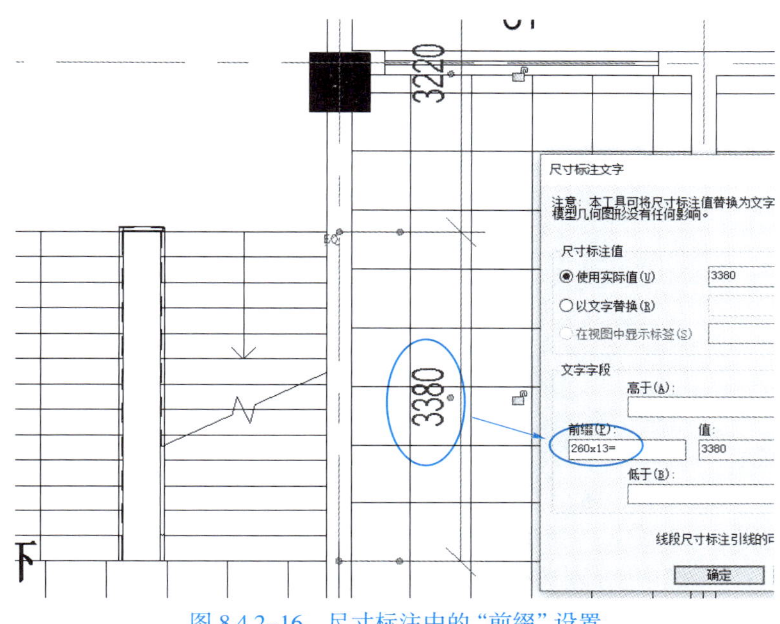

图 8.4.2-16　尺寸标注中的“前缀”设置

5. 高程点标注

单击绘图区域下方“视图控制栏”中的“视觉样式”，选择“隐藏线”模式(图 8.4.2-17)。

单击“注释”选项卡下“尺寸标注”面板中的“高程点”工具(图 8.4.2-18)，类型为“三角形(项目)”(图 8.4.2-19)，光标停在相应位置上进行单击以标注高程点(图 8.4.2-20)。

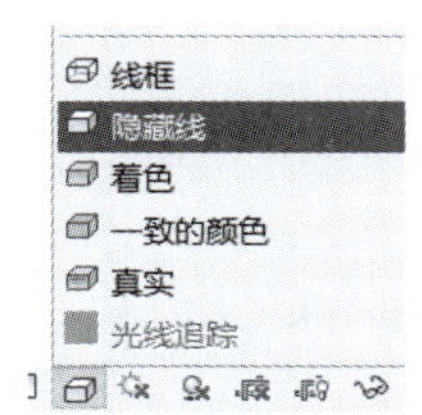

图 8.4.2-17　视觉样式

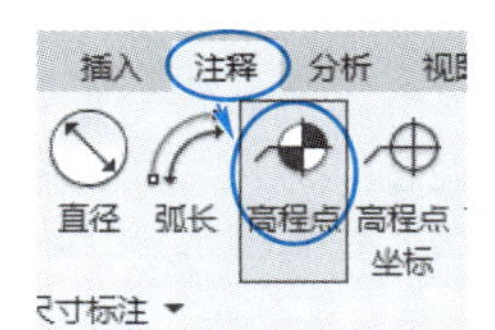

图 8.4.2-18　“高程点”工具

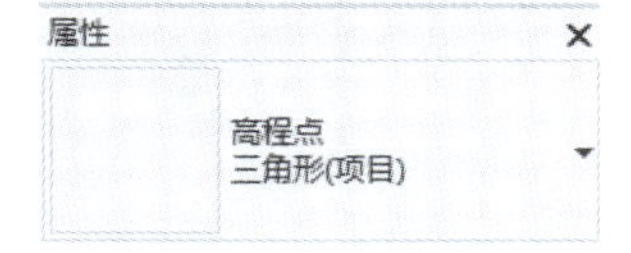

图 8.4.2-19　选择“C_ 高程 m”类型

【小贴士】 ① 只能在“隐藏线”模式下标注高程点，不能在“线框”模式下标注高程点；② 对于一楼 0.000 标高的标注，属性面板选择“正负零高程点(项目)”类型进行标注。

6. 文字注释

击“注释”选项卡“文字”面板中的“文字”工具，进行“教室”“办公室”“男厕”“女厕”等文字标注(图 8.4.2-21)。

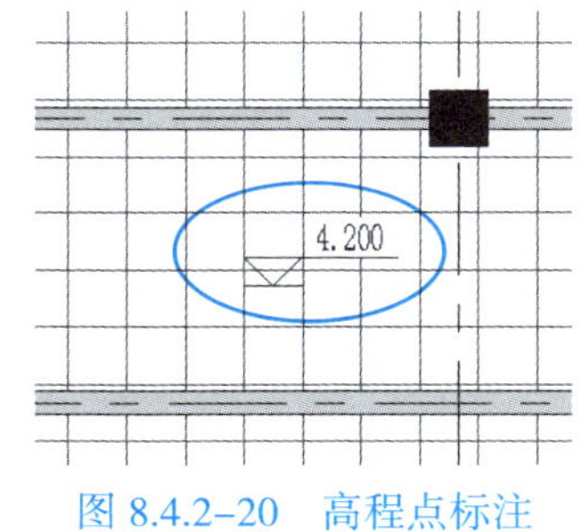

图 8.4.2-20　高程点标注

注意：

可以使用“房间”命令进行房间名称标注及房间创建。房间命令在“工作技能扩展与相关系统性知识”中讲解。

使用“文字”工具，复制出字高为 3 mm 的文字类型，在标高处分别注写标高 8.400、12.600、16.800（图 8.4.2-22）。

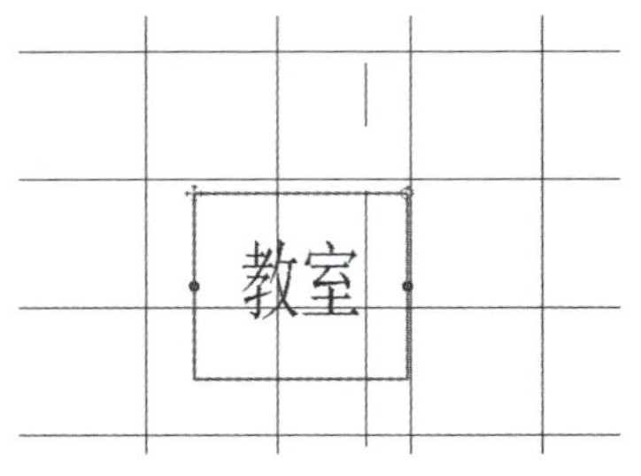

图 8.4.2-21　添加文字

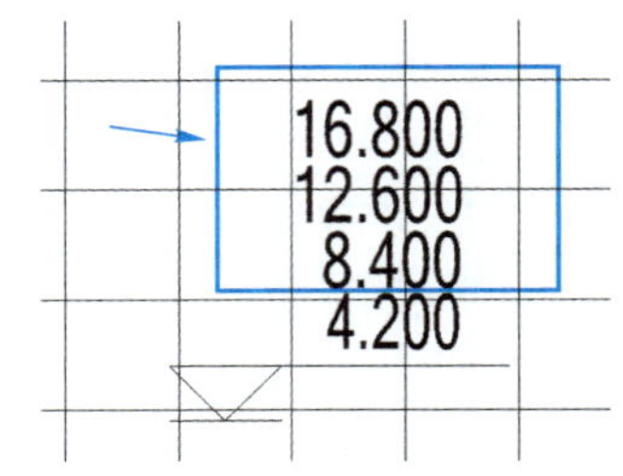

图 8.4.2-22　补充注写标高值

7. 门窗标记

单击“注释”选项卡“标记”面板中的“全部标记”工具（图 8.4.2-23），在弹出的“标记所有未标记的对象”对话框中，分别选择“窗标记”和“门标记”（图 8.4.2-24），单击“确定”按钮。

建筑平面图出图视图创建完成，如图 8.4.2-25 所示。

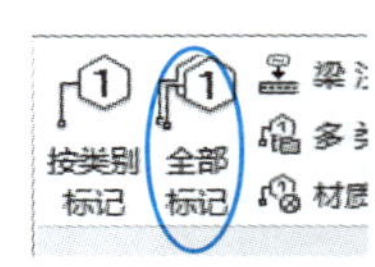

图 8.4.2-23　“全部标记”工具

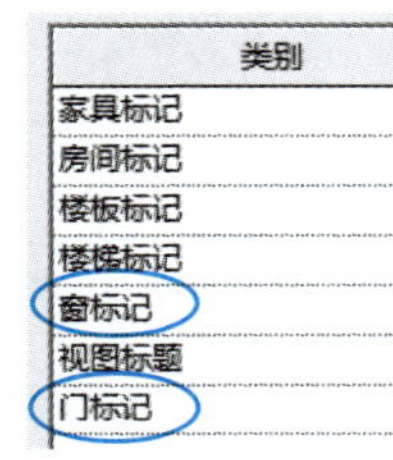

图 8.4.2-24　窗标记、门标记

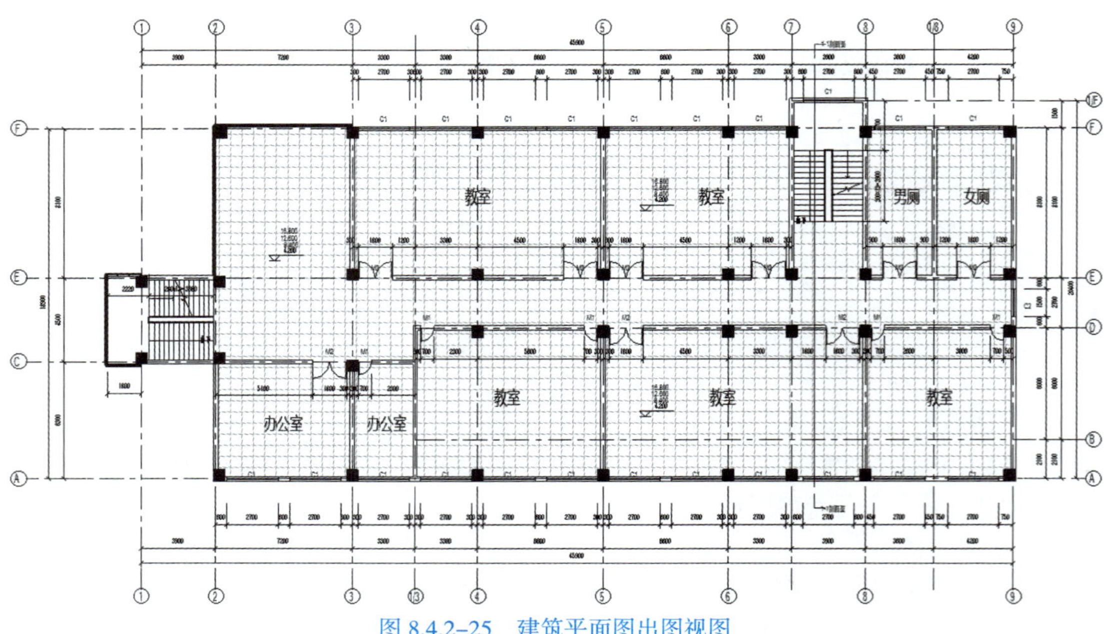

图 8.4.2-25　建筑平面图出图视图

完成的项目文件见“工作任务 8.4.2\ 建筑平面图视图处理完成 .rvt”。

二、创建建筑立面图出图视图

8.4.2 工作任务解决步骤：建筑立面图视图处理

以南立面图视图处理为例进行讲解。

1. 复制出“出图视图”

双击进入到南立面视图，在项目浏览器“南立面”上单击右键选择“复制视图 – 带细节复制”，新定义名称为“① – ⑨轴立面图”（图 8.4.2–26）。

2. 可见性设置

执行“VV”命令，打开“可见性 / 图形替换”对话框，取消勾选“模型类别”中的“地形”“场地”“植物”“环境”，取消勾选“注释类别”中的“参照平面”“剖面”。单击“确定”按钮退出“可见性 / 图形替换”对话框。

3. 轴网标头调整及端点位置调整

（1）隐藏图元。立面视图中一般只需要显示第一根和最后一根轴线，且轴线及标高的长度不能过长，调整方法如下：选择②轴至(1/8)轴，单击“修改 | 轴网”上下文选项卡“视图”面板中的“隐藏图元”（图 8.4.2–27）。

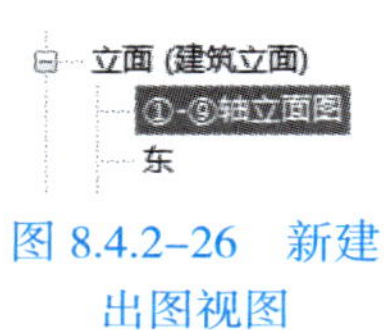

图 8.4.2–26 新建出图视图

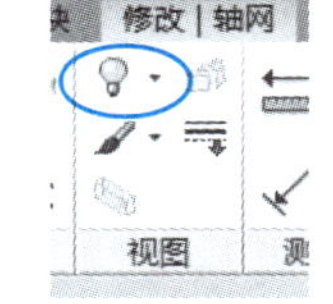

图 8.4.2–27 隐藏图元

（2）轴线位置调整。单击①轴，单击拖拽点，向下拖拽一段距离后松开鼠标，使轴号距离建筑物一段距离，便于尺寸标注，如图 8.4.2–28 所示。此时，⑨轴也会随①轴拖拽至相应位置。同样方法，拖拽标高线至合适位置。

（3）标高位置的二维调整。勾选“属性”面板中的“裁剪视图”“裁剪视图可见”（图 8.4.2–29），出现裁剪区域边界线。单击右侧裁剪边界线，再单击右侧裁剪边界中间的蓝色圆圈符号向左拖拽，使右侧标高标头位于裁剪区域之外，如图 8.4.2–30 所示。这时选中某一标高，可以观察到所有标高线端点已经全部由原先的“3D”改为“2D”模式（图 8.4.2–31）。选择标高下的蓝点，拖拽至合适位置，松开鼠标。右侧标高位置调整完毕。

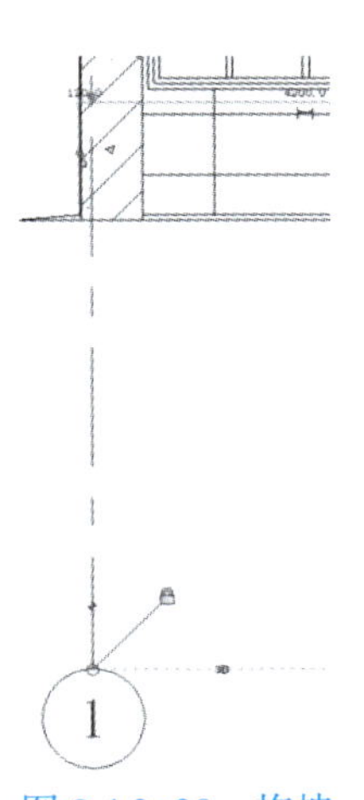

图 8.4.2–28 拖拽轴线至合适位置

图 8.4.2–29 勾选“裁剪视图”和“裁剪视图可见”

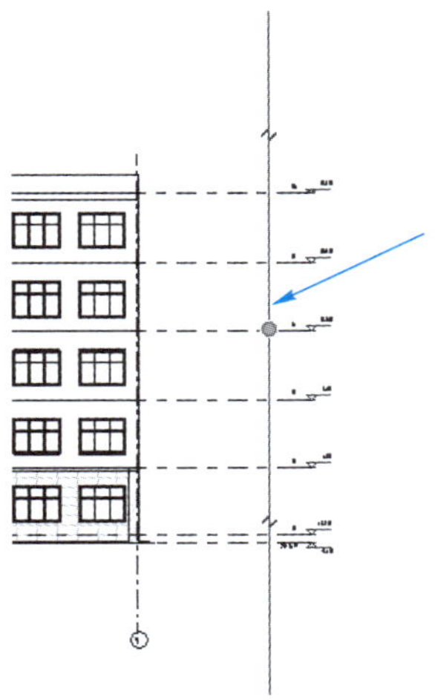
图 8.4.2–30 裁剪边界向内拖拽

同理，使用该方法调整左侧标高位置。调整完毕，取消勾选“属性”面板中的“裁剪视图”和“裁剪视图可见”。

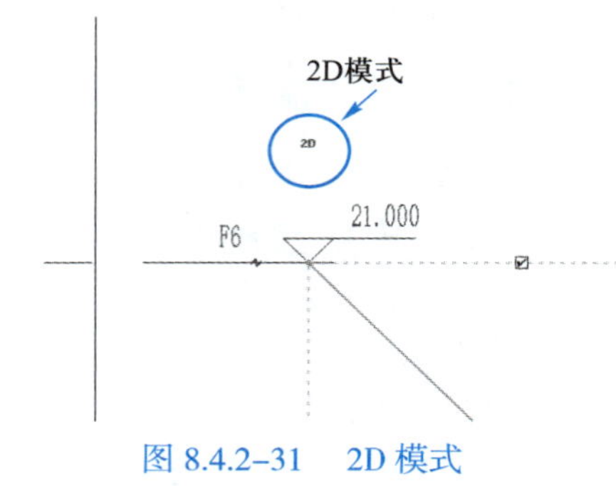

图 8.4.2–31　2D 模式

【小贴士】 ① 采用“裁剪边界”调整标高位置的方法，能够快速将“3D”转成“2D”，因此只影响本立面视图的标高位置，不会影响其他立面视图的标高位置；② 此方法对调整平面的轴线位置同样适用，是整体调整平面、立面、剖面视图中标高和轴线标头位置的快捷方法。

调整完成的立面图如图 8.4.2–32 所示。

图 8.4.2–32　调整后的立面图

4. 添加注释

尺寸线标注：标注方法同平面图尺寸线标注。

高程点标注：标注方法同平面图尺寸线标注。

材质标记：使用“注释”选项卡“标记”面板中的“材质标记”工具（图 8.4.2–33）。

完成的南立面图如图 8.4.2–34 所示。

完成的项目文件见“工作任务 8.4.2\ 建筑立面图视图处理完成 .rvt”。

多类别
材质 标记

图 8.4.2–33　“材质标记”工具

8.4.2　工作任务解决步骤：建筑剖面图视图处理

三、创建建筑剖面图出图视图

1. 创建剖面视图

在 F1 楼层平面视图，使用“视图”选项卡下“创建”面板“剖面”工具，在⑦轴和⑧轴之间绘制剖面。此时项目浏览器中增加“剖面（建筑剖面）”项，将其重命名为“1–1 剖面图”，双击该视图进入到 1–1 剖面图（图 8.4.2–35）。

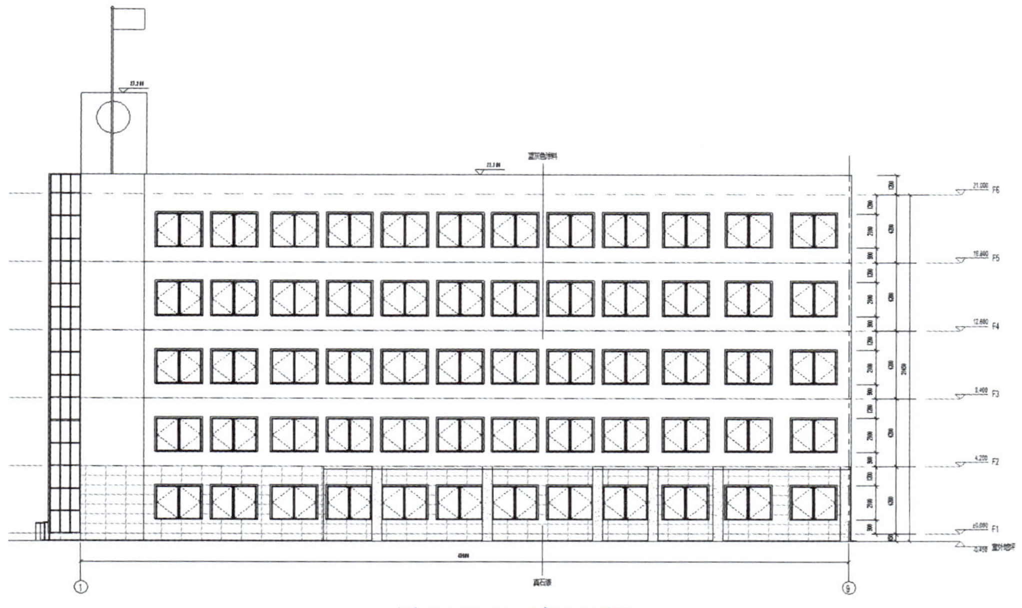

图 8.4.2-34　南立面图

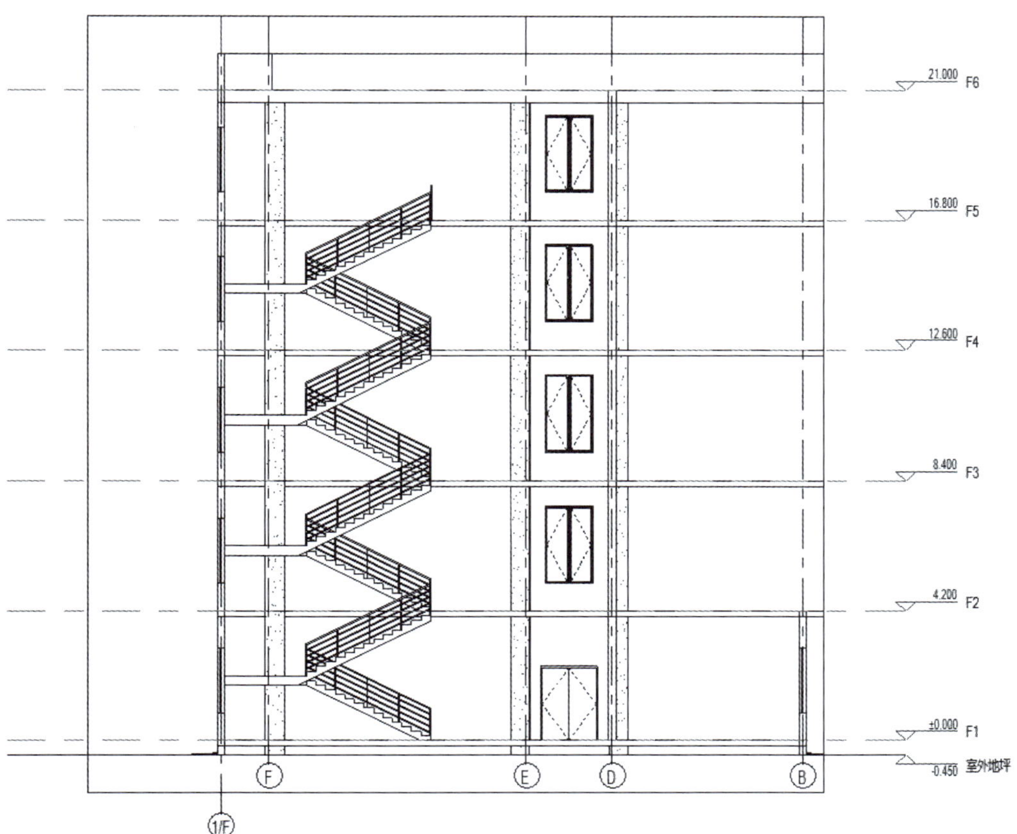

图 8.4.2-35　剖面

2. 编辑剖面视图

剖面图的可见性设置、标高轴网调整、标注等同立面图，不同的是可以通过“可见性”的设置直接将楼板、屋顶、墙体设置为实体填充，具体如下。

执行“VV”快捷命令，在弹出的“剖面：1–1 剖面图的可见性 / 图形替换”对话框中，按住 Ctrl 键的同时勾选“墙”“屋顶”“楼板”“楼梯”，再单击截面“填充图案”中的“替换”（图 8.4.2–36）。在弹出的“填充样式图形”对话框中，填充图案改为“实体填充”、颜色修改为“黑色”（图 8.4.2–37）。单击“确定”按钮两次，完成可见性设置。

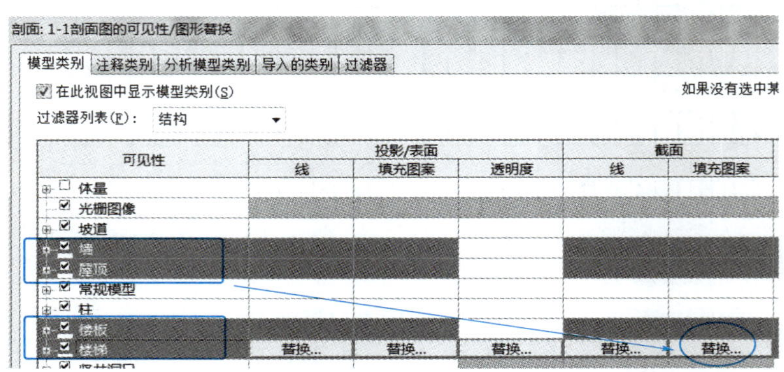

图 8.4.2–36　可见性设置

完成的剖面视图如图 8.4.2–38 所示。

完成的文件见“任务 8.4.2\ 建筑剖面图视图处理完成 .rvt”。

图 8.4.2–37　样式替换

四、施工图布图与打印

1. 创建图纸

8.4.2 工作任务解决步骤：施工图布图

单击“视图”选项卡“图纸组合”面板中的“图纸”工具，打开“新建图纸”对话框，从上面的“选择标题栏”列表中选择“A0 公制”，单击“确定”即可创建一张 A0 图幅的空白图纸。在项目浏览器中“图纸（全部）”节点下显示为“J0–1– 未命名”，将其重命名为“J0–1–二 – 五层平面图”（图 8.4.2–39）。

观察标题栏右下角，因为在项目开始时，已经在“管理”选项卡“项目信息”中设置了“项目发布日期”“客户名称”“项目名称”等参数，因此每张新建的图纸标题栏将自动提取。

图纸的载入：以二 – 五层平面图出图为例，直接将项目浏览器“楼层平面”下的“二 – 五层平面图”拖拽到图框中，松开鼠标即可。

标题线长度的编辑：观察到视图标题的标题线过长，单击绘图区域中的“二 – 五层平面图”，选择标题线的右端点，向左拖拽到合适位置。拖拽之后的图形如图 8.4.2–40 所示。

标题的位置调整：移动光标到视图标题上，当标题亮显时单击选择视图标题（注意：此时是选择视图标题，不是选择平面图），可移动视图标题到视图下方中间合适位置后松开鼠标，结果如图 8.4.2–41 所示。

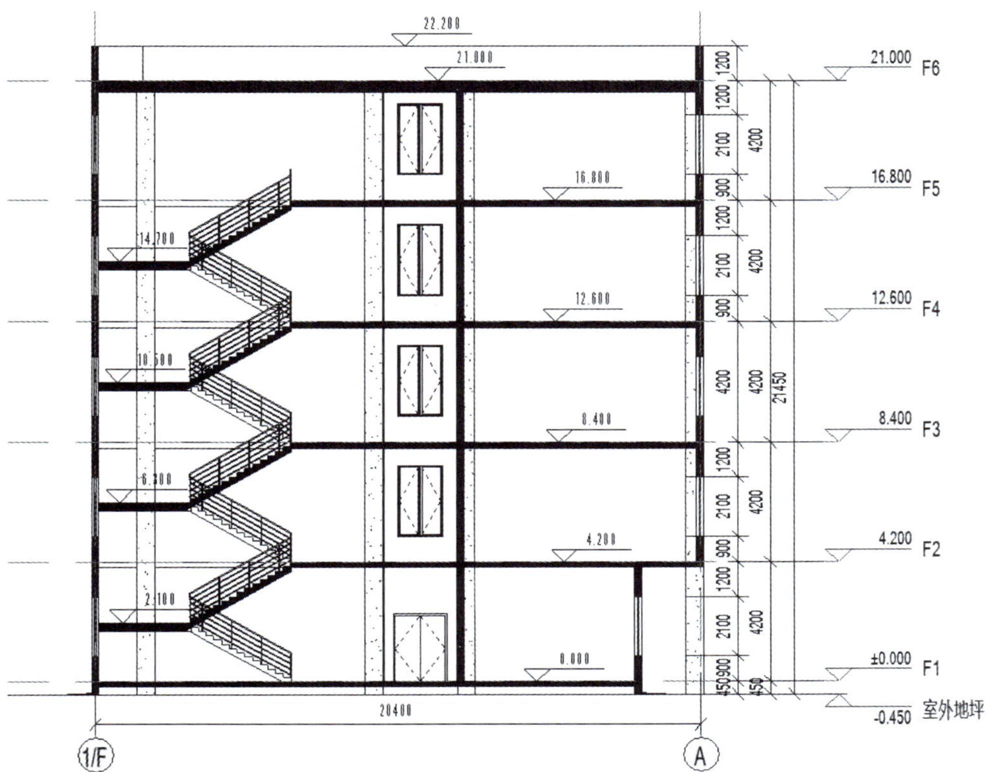

图 8.4.2-38　剖面视图处理完成

图纸 (全部)
A101 - 二-五层平面图
族

图 8.4.2-39　二 – 五层平面图

二-五层平面图
1 : 100

图 8.4.2-40　拖拽右端点到合适位置

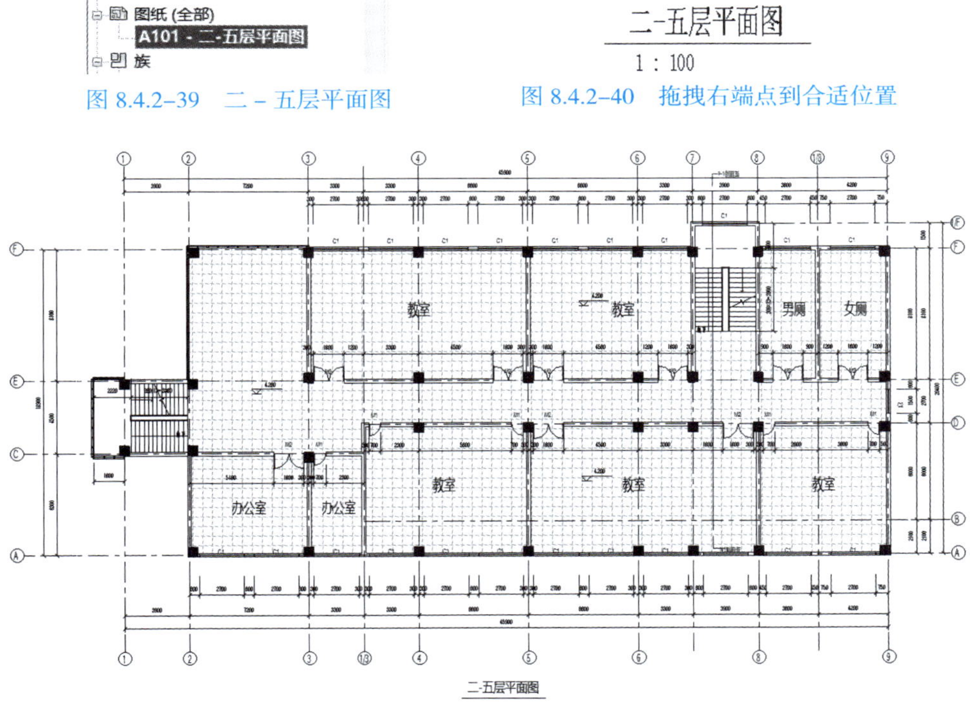

图 8.4.2-41　图纸布图

同理,可以将其他平面图、立面图、门窗明细表等拖拽到图框中进行编辑、布图。

创建完成的项目文件见“任务 8.4.2\ 图纸布图完成 .rvt”。

2. 编辑图纸中的视图

上小节在图纸中布置好的各种视图,与项目浏览器中原始视图之间依然保持双向关联修改关系,从项目浏览器中打开原始视图,在视图中做的任何修改都将自动更新图纸中的视图。

单击选择图纸中的视图,单击“修改 | 视口”上下文选项卡中的“激活视图”工具或从右键菜单中选择“激活视图”命令。则其他视图全部灰色显示,当前视图激活,可选择视图中的图元编辑修改,这也等同于在原始视图中编辑。编辑完成后,从右键菜单中选择“取消激活视图”命令即可恢复图纸视图状态。

单击选择图纸中的视图,在“属性”对话框中可以设置该视图的“视图比例”“详细程度”“视图名称”“图纸上的标题”等所有参数,等同于在原始视图中设置视图“属性”参数。

3. 打印

在“J0–1– 二 – 五层平面图”视图中,单击程序左上角“文件”,单击“打印”–“打印”命令,打开“打印”对话框,在对话框中设置以下选项。

打印机:从顶部的打印机“名称”下拉列表中选择需要的打印机,自动提取打印机的“状态”“类型”“位置”等信息。

“打印到文件”:如勾选该选项,则下面的“文件”栏中的“名称”栏将激活,单击“浏览”打开“浏览文件夹”对话框,可设置保存打印文件的路径和名称,以及打印文件类型[可选择“打印文件(*.plt)”或“打印机文件(*.prn)”]。确定后将把图纸打印到文件中再另行批量打印。

“打印范围”:默认选择“当前窗口”,则打印当前窗口中所有的图元;可选择“当前窗口可见部分”,则仅打印当前窗口中能看到的图元,缩放到窗口外的图元不打印;可单击下面的“选择”按钮,打开“视图 / 图纸集”对话框中批量勾选要打印的图纸或视图(此功能可用于批量出图)。

选项:设置打印“份数”,如勾选“反转打印顺序”则将从最后一页开始打印。

“打印设置”:单击“设置”按钮,打开“打印设置”对话框,设置打印选项,设置完成后,单击“确定”按钮即可发送数据到打印机打印或打印到指定格式的文件中。

五、导出 DWG 文件

8.4.2 工作任务解决步骤:导出 DWG 文件

进入到“J0–1– 二 – 五层平面图”视图中,单击程序左上角“文件”,单击“导出”–“CAD 格式”–“DWG”(图 8.4.2–42),打开“DWG 导出”对话框。

单击“DWG 导出”对话框左上“任务中的导出设置”右面的按钮(图 8.4.2–43),可以对导出的图层、颜色、线型、图案等进行设置。本教材暂使用默认值,不进行修改。

返回到“DWG 导出”对话框,“导出”下拉菜单中默认选择“仅当前视图 / 图纸”(图 8.4.2–44)。可以从“导出”下拉列表中选择“任务中的视图 / 图纸集”,然后从激活的“按列表显示”下拉列表中选择要导出的视图。本教材按默认选择“仅当前视图 / 图纸”。

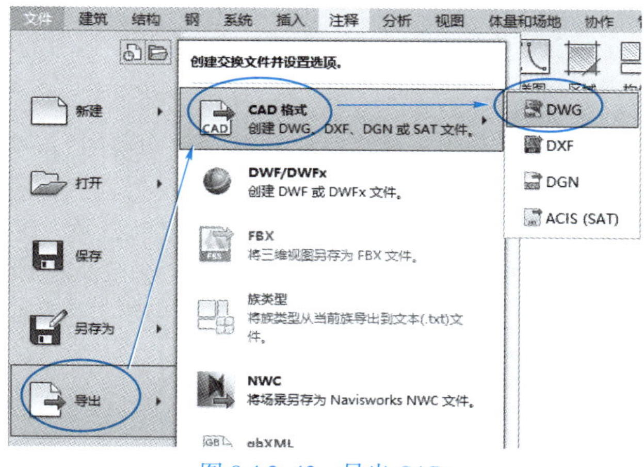

图 8.4.2–42　导出 CAD

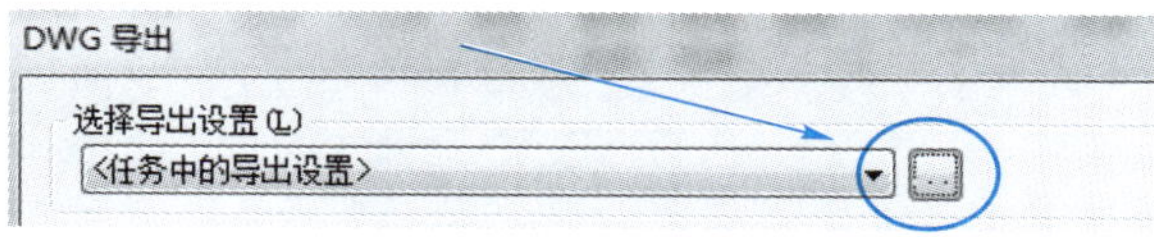

图 8.4.2–43　导出设置

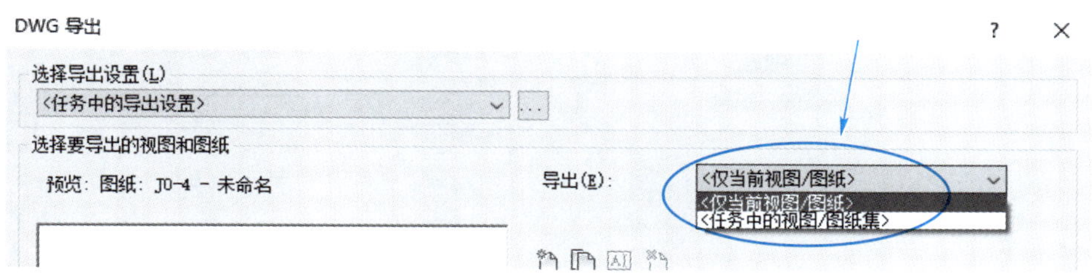

图 8.4.2–44　导出图纸

单击“下一步”按钮，设置导出文件保存路径，设置“文件名 / 前缀”为“二 – 五层平面图”，“文件类型”选择“AutoCAD 2010 DWG 文件(*.dwg)”，命名选择“手动(指定文件名)”，单击“确定”按钮导出 DWG 文件(图 8.4.2–45)。

完成的项目文件见“任务 8.4.2\CAD 导出完成 .rvt”，导出的 CAD 文件见“任务 8.4.2\J0–1– 二 – 五层平面图 .dwg”。

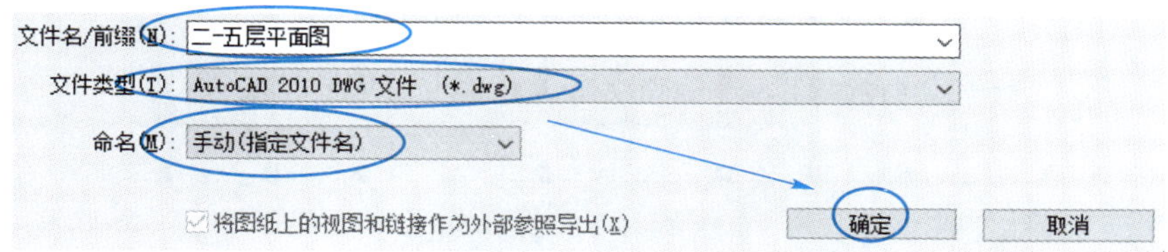

图 8.4.2–45　导出 CAD 格式

8.4.2　技能扩展：房间

工作技能扩展与相关系统性知识

以 F1 层创建房间和颜色填充为例进行说明。

一、房间和房间标记

打开“任务 8.4.2\CAD 导出完成 .rvt”。

在项目浏览器中的楼层平面 F1 上单击鼠标右键，“复制视图”–“带细节复制”出一个“F1 副本 1”，右键重命名为“一层房间图例”（图 8.4.2–46）。进入该楼层平面图。

单击“建筑”选项卡“房间和面积”面板中的“房间”工具，在“属性”面板中选择“标记 _ 房间 – 有面积 – 方案 – 黑体 –4–5 mm–0–8”类型，“名称”栏填写“教师办公”（图 8.4.2–47），光标移至教师办公用房处单击生成“教师办公”房间；同理，标注“教室”“值班室”“男厕”“女厕”，如图 8.4.2–48 所示。

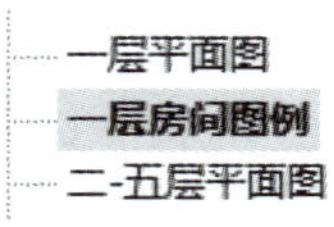

一层平面图
一层房间图例
二-五层平面图

图 8.4.2–46 一层房间图例

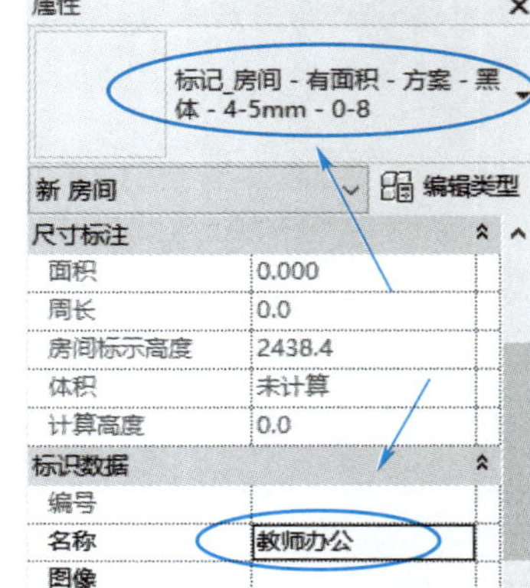

图 8.4.2–47 设置房间名称

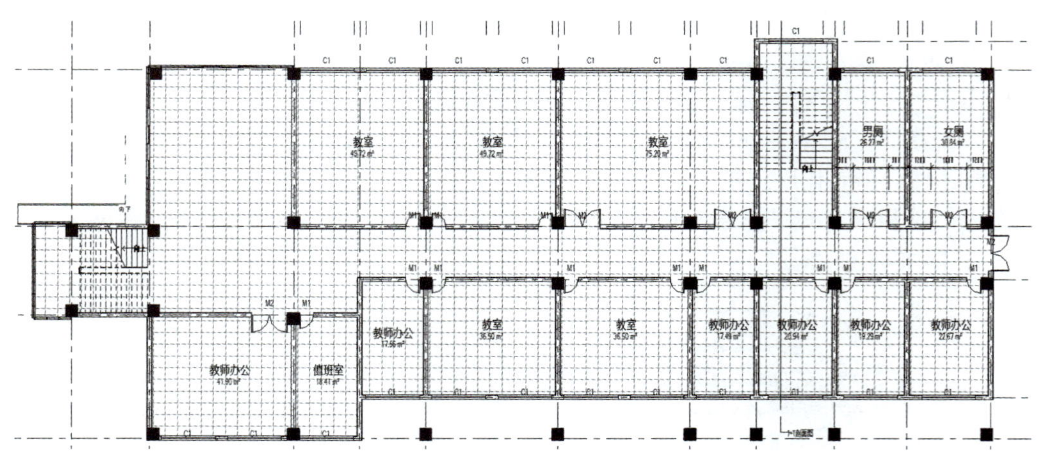

图 8.4.2–48 房间标注

二、房间颜色填充

1. 可见性设置

执行“VV”快捷命令(或单击“视图”选项卡“可见性 / 图形”);在“注释类别”选项卡中取消勾选“剖面”“参照平面”“尺寸标记”“立面”“轴网”,单击“确定”按钮退出可见性选项,如图 8.4.2–49 所示。

2. 创建房间颜色方案

单击属性面板中的“颜色方案”,弹出“编辑颜色方案”对话框,“类别”选择“房间”,新建名称为“按房间名称命名”的颜色方案,“颜色”选择“名称”,单击“确定”按钮,如图 8.4.2–50 所示。

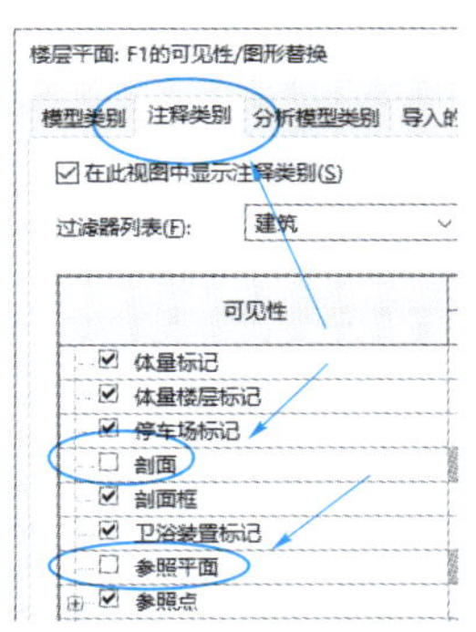

图 8.4.2–49　取消“剖面”“参照平面”的可见性

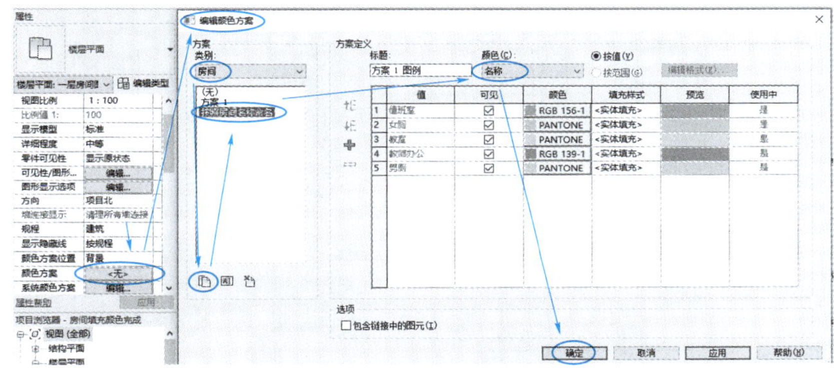

图 8.4.2–50　创建房间颜色方案

单击“注释”选项卡“颜色填充”面板中的“颜色填充图例”命令,移动鼠标至绘图区域,单击鼠标左键放置颜色填充图例(图 8.4.2–51)。

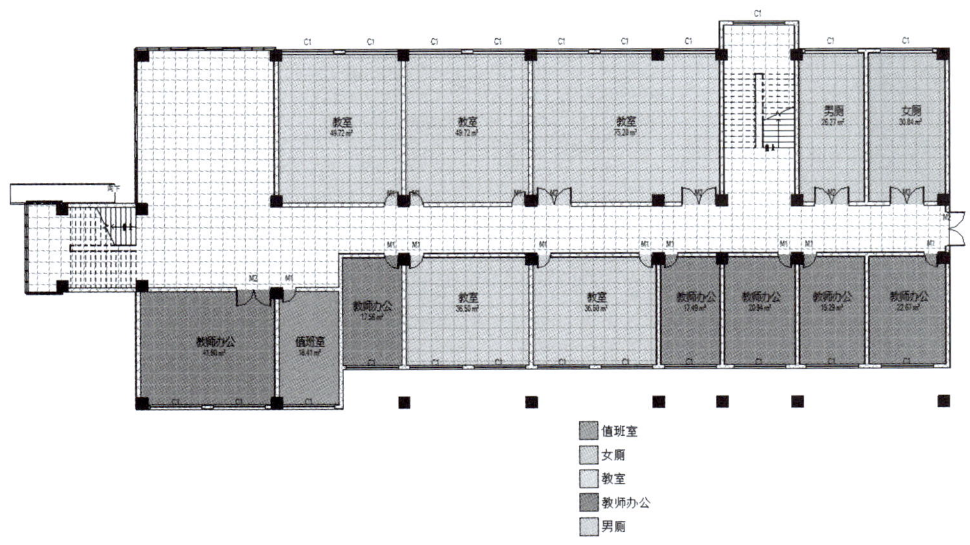

图 8.4.2–51　颜色填充完成

完成的项目文件见“工作任务 8.4.2\ 创建房间填充颜色完成 .rvt”。

习题与能力提升

打开“习题与能力提升”文件夹中“施工图出图预备文件”，按照图 8.4.2–52、图 8.4.2–53、图 8.4.2–54 创建建筑平面图、立面图、剖面图，并进行施工图布图与打印。

8.4.2 操作练习 1 平面图

8.4.2 操作练习 2 立面图

8.4.2 操作练习 3 剖面图

8.4.2 操作练习 4 施工图布图与打印

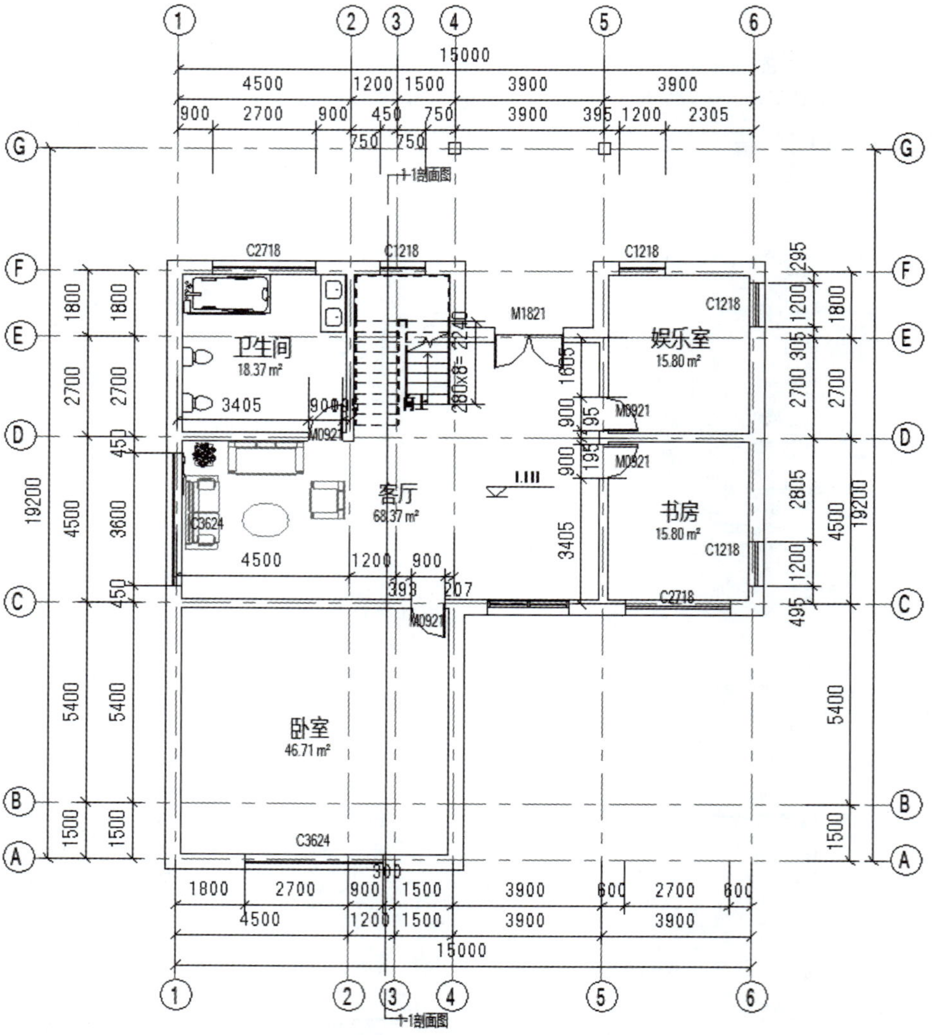

图 8.4.2–52 平面图

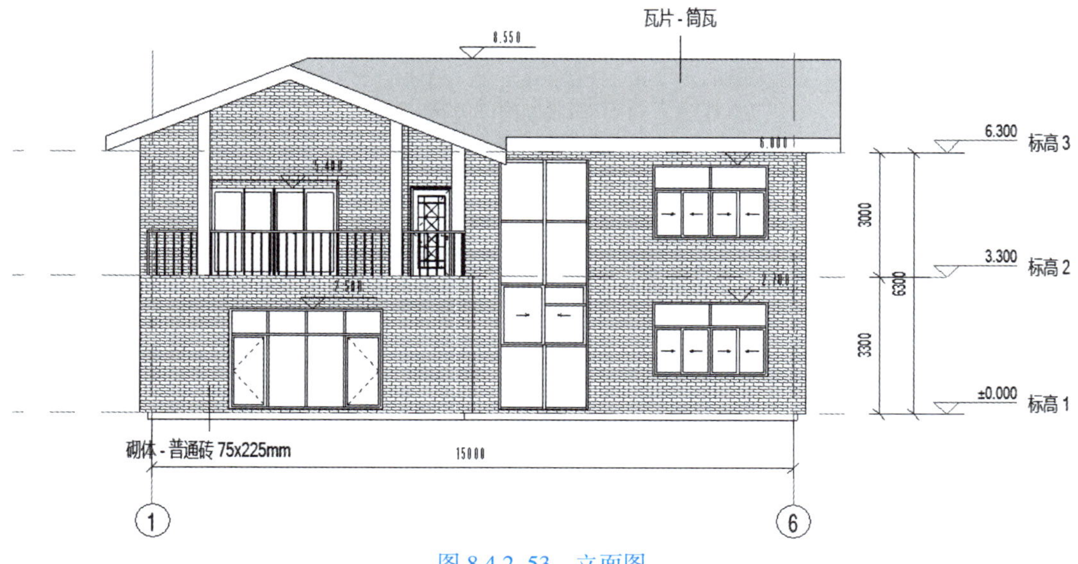

图 8.4.2-53　立面图

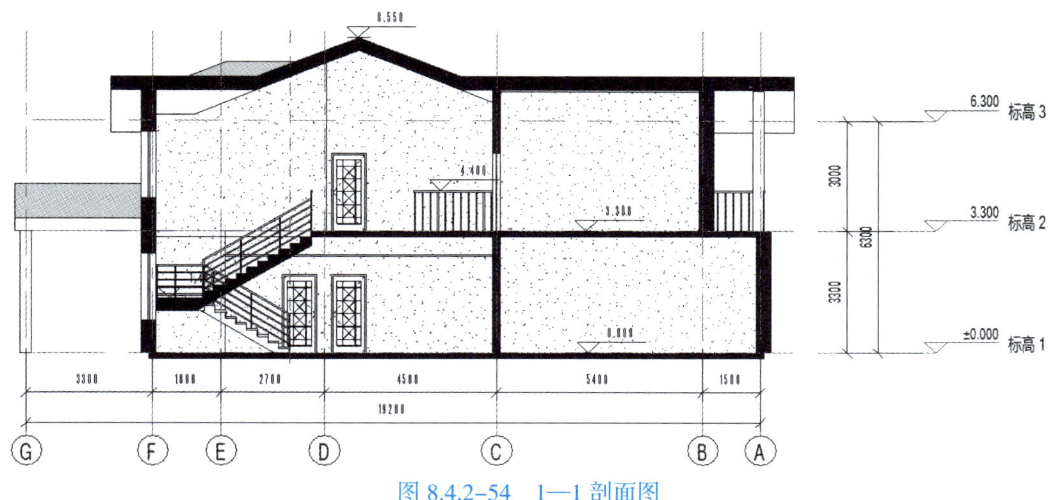

图 8.4.2-54　1—1 剖面图

工作任务 8.4.3　建筑表现之材质设置、相机、渲染与漫游

任务驱动与学习目标

序号	任务驱动	学习目标
1	创建贴花	1. 掌握新建贴花类型的方法； 2. 掌握放置贴花的方法
2	设置墙体渲染材质	掌握对材质属性“外观”参数修改的方法
3	创建相机视图	掌握创建水平相机视图的方法
4	对教学楼进行渲染	掌握室外太阳光渲染的方法

续表

序号	任务驱动	学习目标
5	制作教学楼漫游视频	1. 掌握创建漫游的方法； 2. 掌握编辑与预览漫游的方法； 3. 掌握进行漫游结果导出的方法
6	对建筑物进行日照分析	1. 了解静止日光研究的方法； 2. 了解一天日光研究的方法； 3. 了解多天日光研究的方法

工作任务解决步骤

一、材质设置

在渲染之前，需要对各种材质进行“真实”视觉样式下的设置，方式如下。

1. “真石漆”的材质设置

8.4.3 工作任务解决步骤：材质设置

打开“任务 8.4.2\CAD 导出完成 .rvt”，单击“管理”面板中的“材质”工具（图 8.4.3–1），选择“真石漆”材质，进入到“外观”设置中，单击“图像”下拉菜单选择“平铺”（图 8.4.3–2），按照图 8.4.3–3 所示，设置瓷砖计数为“1”、瓷砖颜色为“RGB 217 202 168”、样例尺寸宽度为“1 200 mm”、高度为“600 mm”，单击“完成”按钮退回到“外观”设置中。勾选“凹凸”，选择“任务 8.4.3\ 真石漆 .jpg”，设置凹凸数量为“200”（图 8.4.3–4），单击“确定”按钮退出材质编辑。

图 8.4.3–1 “材质”工具

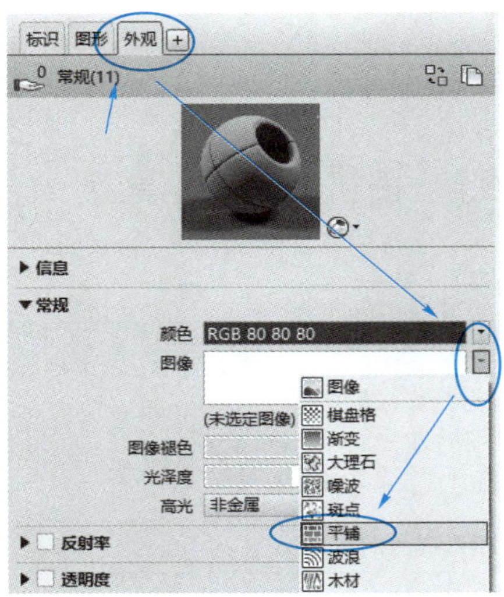

图 8.4.3–2 “外观”设置中的“平铺”

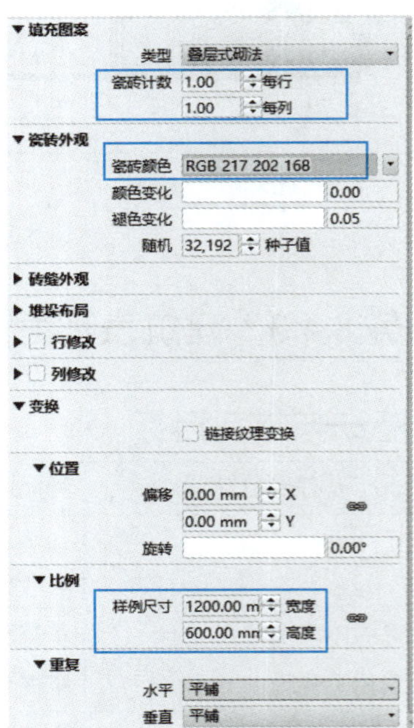

图 8.4.3–3 “平铺”中的设置

图 8.4.3-4 “凹凸”的设置

此时,在“真实”的视觉样式下,一楼的外墙会显示明显的真石漆凹凸效果,并显示 1 200 mm × 600 mm 的分缝,且主颜色为“RGB 217 202 168”(图 8.4.3-5)。

图 8.4.3-5 “真石漆”材质设置完成后的效果

2. “蓝灰色涂料”的材质设置

单击“管理”面板中的“材质”工具,进入到“蓝灰色涂料”的“外观”设置中,设置颜色为“RGB 220 228 231”(图 8.4.3-6),单击“确定”按钮退出材质编辑。

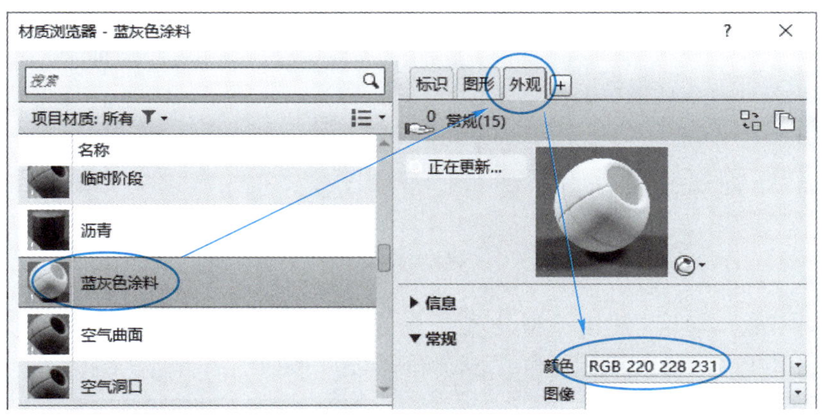

图 8.4.3-6 设置蓝灰色涂料的颜色

3. “瓷砖”的材质设置

与“真石漆”材质设置类似,单击“管理”面板中的“材质”工具,进入到“瓷砖”的“外观”设置中,单击“图像”中的“平铺”,设置瓷砖计数为“1”、瓷砖颜色为“RGB 251 243 227”、样例尺寸宽度为“600 mm”、高度为“600 mm”,单击“完成”按钮退回到“外观”设置中，再单击“确定”按钮退出材质编辑。

4. “白色涂料”的材质设置

单击“管理”面板中的“材质”工具，进入到“白色涂料”的“外观”设置中，设置颜色为“RGB 225 225 225”，单击“确定”按钮退出材质编辑。

5. 台阶“大理石”的材质设置

在绘图区域选择创建完成的室外台阶，进入到族编辑器中，再次选择室外台阶，单击“材质”，新建名为“大理石”的材质。如图 8.4.3–7 所示，打开“材质浏览器”搜索“大理石”，双击“粗糙抛光 – 白色”，此时“粗糙抛光 – 白色”材质会自动进入“大理石”材质的“外观”设置中。

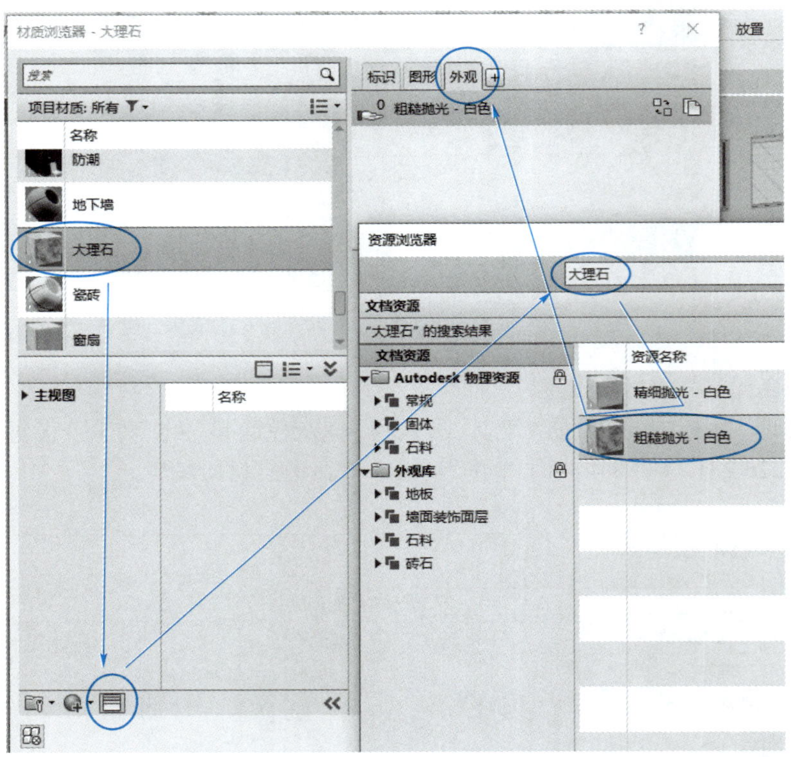

图 8.4.3–7 “大理石”材质的“外观”设置

再单击“图形”，勾选“使用渲染外观”（图 8.4.3–8）。此时，“图形”的颜色将自动成为“外观”中的主颜色。单击“确定”和“完成编辑模式”按钮退出台阶的编辑。

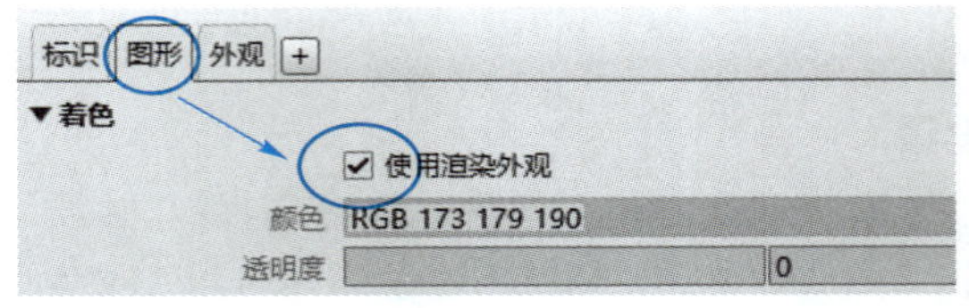

图 8.4.3–8 “大理石”材质的“着色”设置

6. 坡道的材质设置

与台阶的材质设置类似，在绘图区域选择创建完成的室外坡道，单击“编辑类型”，再单击“坡道材质”，选择已经创建完成的“大理石”材质，单击“确定”按钮两次进行退出，坡道材质设置完成。

设置完成的材质“真实”效果如图 8.4.3–9 所示。

8.4.3　工作任务解决步骤：贴花

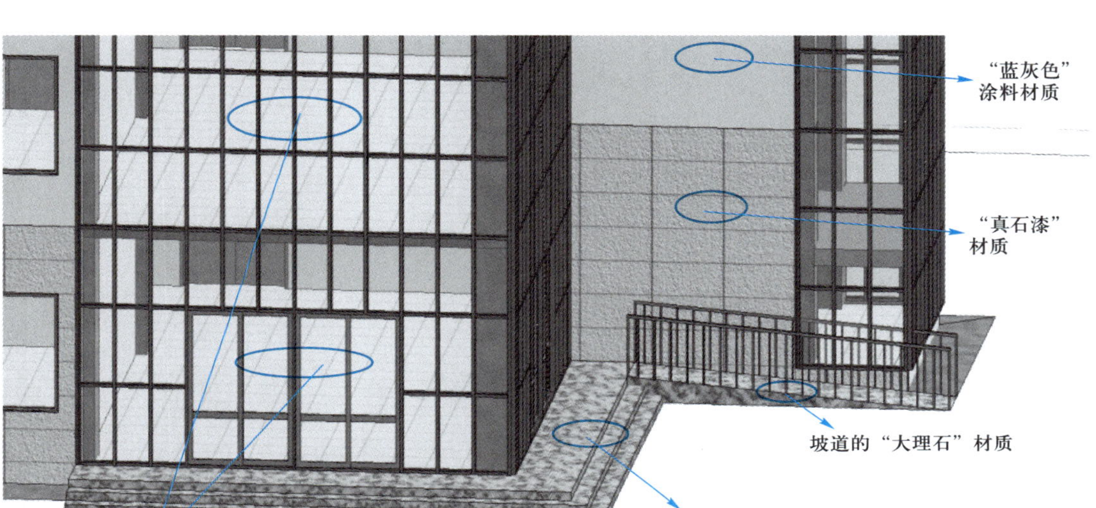

图 8.4.3–9　材质“真实”效果设置完成后的显示

完成的项目文件见“工作任务 8.4.3\”真实“视觉样式下的材质设置完成 .rvt”。

二、设置学校 LOGO

采用“贴花”命令将图片创建至 BIM 模型上。

1. 贴花类型

进入到北立面视图，单击“插入”选项卡“链接”面板中的“放置贴花”工具(图 8.4.3–10)，进入到“贴画类型”对话框。

图 8.4.3–10　“贴花”工具

按照图 8.4.3–11，单击左下角的“新建贴花”图标，输入贴花名称为“学校标识”，单击任意位置确定；单击右侧“设置”栏“源”后面的“…”图标，定位到“工作任务 8.4.3\ 学校标识 .JPG”文件，单击“打开”按钮载入图像文件；设置图像的亮度、反射率、透明度和纹理(凹凸贴图)等，本例采用默认设置。单击“确定”按钮完成设置。

2. 放置贴花

移动光标出现矩形贴花预览图形，在教学楼西北入口坡道处的外墙上单击放置贴花，将视觉样式调为“真实”，可以看到贴花图案(图 8.4.3–12)。

只有在“真实”的视觉样式下才能显示贴花图片的样子。

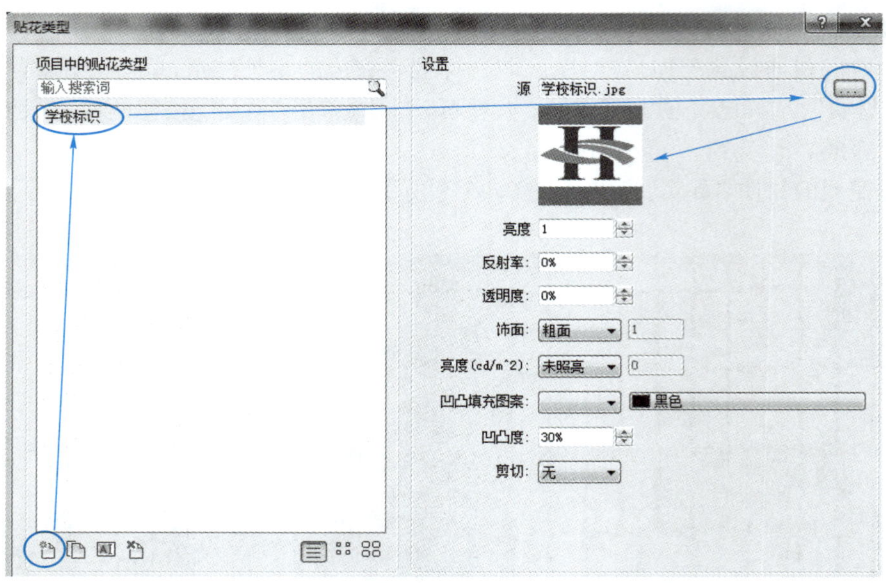

图 8.4.3-11 贴花类型

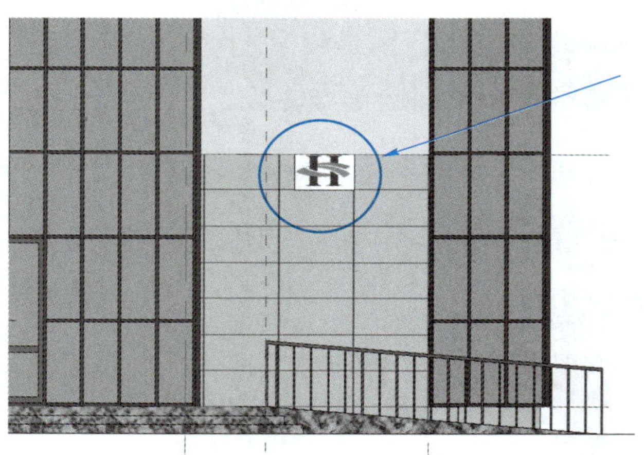

图 8.4.3-12 放置贴花

8.4.3 工作任务解决步骤：相机

完成的项目文件见“工作任务 8.4.3\ 贴花完成 .rvt”。

三、创建相机

进入 F1 楼层平面视图，单击“视图”选项卡“创建”面板中的“三维视图”下拉菜单的“相机”工具（图 8.4.3-13），观察左上角选项栏中“偏移量”为“1 750.0”，即相机所处的高度为 F1 向上 1 750 mm 的高度。

图 8.4.3-13 “相机”工具

移动光标在教学楼西北角处单击以放置相机，光标向右下角移动，超过建筑物，单击放置视点（图 8.4.3-14），此时一张新创建的三维视图自动弹出。该三维视图位于项目浏览器“三维视图”节点下，名称为“三维视图 1”。在“三维视图 1”名称上单击鼠标右键，名称改为“西北角相机视图”（图 8.4.3–15）。

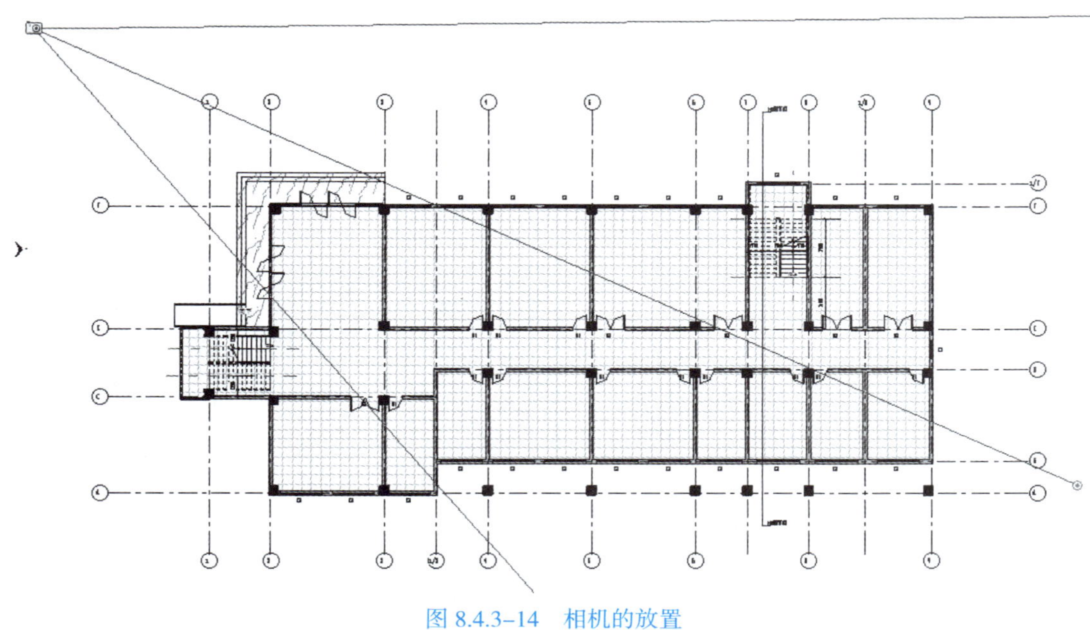

图 8.4.3–14　相机的放置

选择“相机视图”的裁剪区域边界，单击各边控制点，并按住向外拖拽，使视口足够显示整个建筑模型时放开鼠标（图 8.4.3–16）。

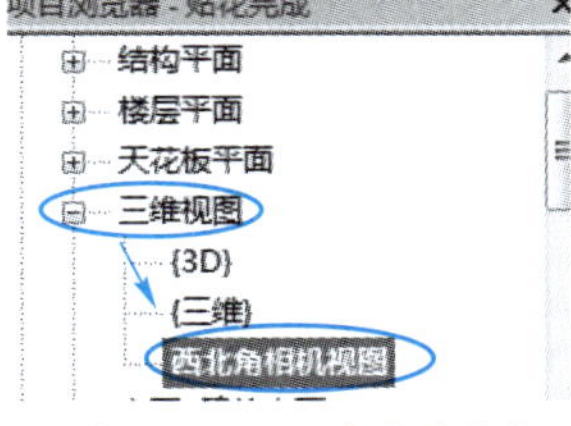

图 8.4.3–15　相机视图

图 8.4.3–16　调整裁剪区域

创建完成的项目文件见“工作任务 8.4.3\ 西北角相机视图完成 .rvt”。

四、渲染

8.4.3 工作任务解决步骤：渲染

1. 渲染设置

进入“西北角相机视图”三维视图，单击“视图”选项卡“图形”面板中的“渲染”工具，打开“渲染”对话框。

“自定义图像”中选择“工作任务 8.4.3\ 天空 .jpg”，单击左上角“渲染”（图 8.4.3–17）。渲染后的图片如图 8.4.3–18 所示。

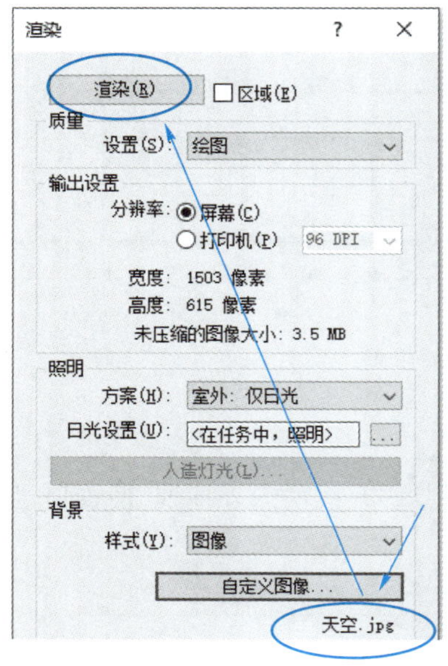

图 8.4.3–17 渲染设置

图 8.4.3–18 渲染完成

2. 保存与导出图像

渲染完成后，在“渲染”对话框中有“保存到项目中”和“导出”按钮，可以将渲染后的图像保存到项目中，或者导出为外部图片文件。

保存到项目中：单击“渲染”对话框的“保存到项目中”按钮（图 8.4.3–19），输入图像“名称”为“西北角视图渲染”，单击“确定”按钮。该渲染图像将保存在项目浏览器的“渲染”节点下。

导出为外部图片文件：单击“渲染”对话框的“导出”按钮，设置保存路径，指定保存图像文件名为“西北角视图渲染图”，单击“保存”按钮即可将文件保存为外部图像文件。

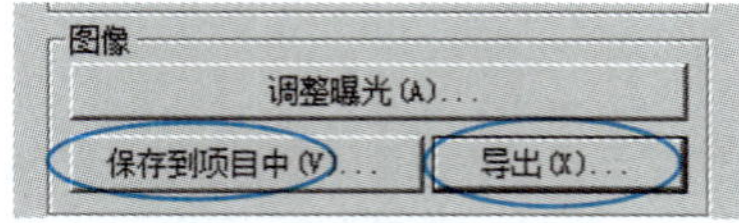

图 8.4.3–19 保存和导出按钮

关闭“渲染”对话框，保存文件。

完成的项目文件见“工作任务 8.4.3\ 西北角视图渲染完成 .rvt”，导出的渲染图像见“工作任务 8.4.3\ 西北角视图渲染 .jpg”。

五、漫游

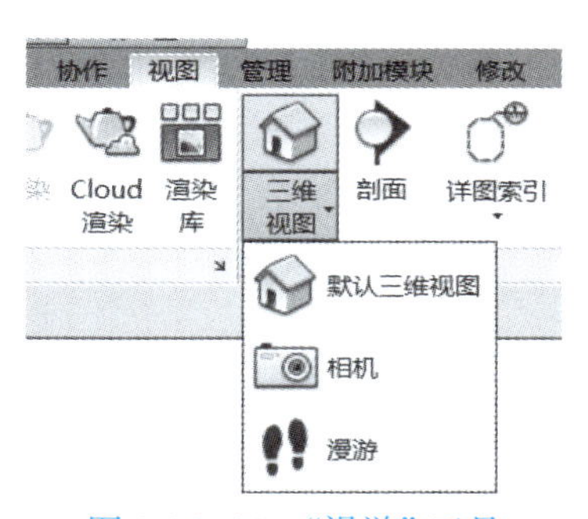

图 8.4.3–20　“漫游”工具

8.4.3　工作任务解决步骤：漫游

1. 创建畅游路径

进入 F1 楼层平面视图，单击“视图”选项卡“创建”面板“三维视图”下拉菜单中的“漫游”工具（图 8.4.3–20）。选项栏中的“偏移量”为漫游所处的高度，默认为 1 750，可按照需求进行修改。

光标移至绘图区域，在 F1 视图中教学楼西北入口位置单击，开始绘制路径，即漫游所要经过的路线。光标每单击一个点，即创建一个关键帧，沿教学楼外围逐个单击放置关键帧，路径围绕教学楼一周后回到西北入口位置，按“ESC”键完成漫游路径的绘制。路径如图 8.4.3–21 所示。

完成路径后，会在项目浏览器中出现“漫游”项，双击“漫游 1”打开漫游视图（图 8.4.3–22）。

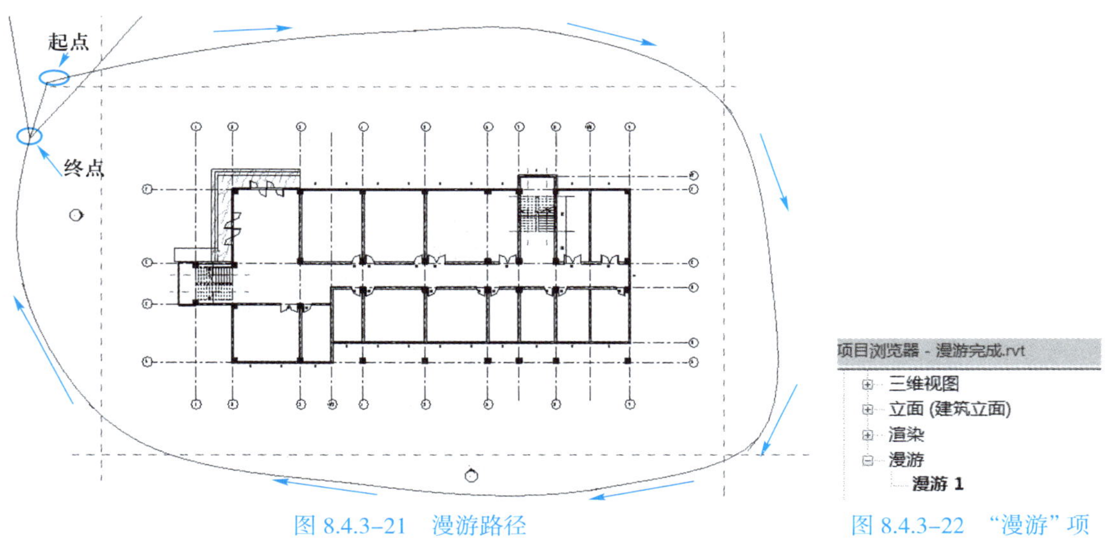

图 8.4.3–21　漫游路径　　图 8.4.3–22　“漫游”项

单击“视图”选项卡下“窗口”面板中的“平铺”工具或执行“WT”快捷命令，此时绘图区域显示打开过的所有视图。若除了 F1 楼层平面视图和漫游视图外还有其他视图，可以关掉其他视图，只保留 F1 楼层平面视图和漫游视图后，再执行一遍“平铺”命令，使绘图区域仅平铺显示 F1 楼层平面视图和漫游视图（图 8.4.3–23）。

2. 编辑与预览漫游

单击漫游视图中的漫游边界，会在 F1 楼层平面视图中出现漫游路径；单击上下文选项卡中的“编辑漫游”工具，在 F1 楼层平面视图中会出现相机，调整相机朝向，使相机朝向建筑物。调整完毕后，单击上下文选项卡“上一关键帧”选项（图 8.4.3–24），继续调整其他关键帧，最终使所有关键帧上的相机朝向建筑物。

在漫游视图中，单击选择漫游裁剪区域边界，并单击裁剪区域边界上的控制点，按住向外拖拽，使建筑物全部可见（图 8.4.3–25）。

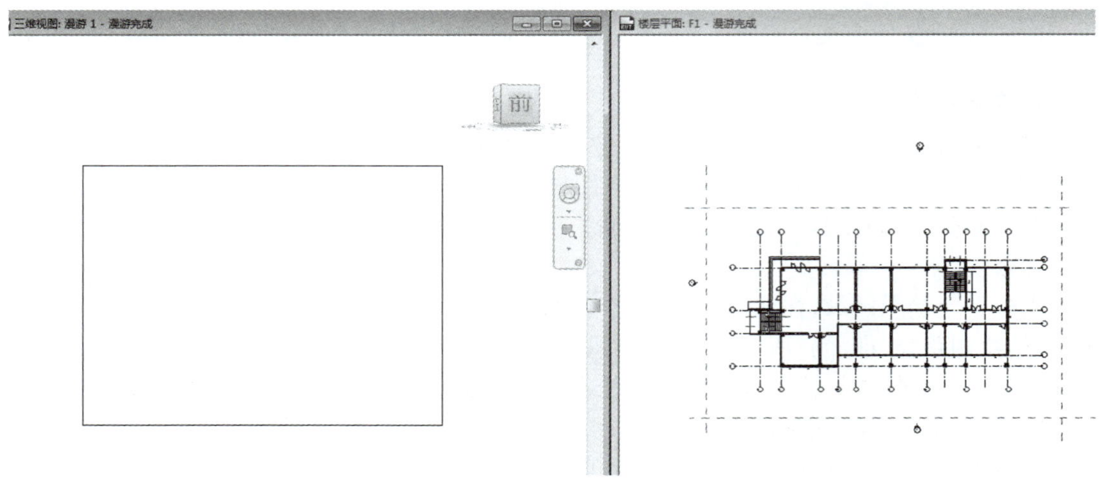

图 8.4.3-23 平铺仅显示 F1 平面视图和漫游视图

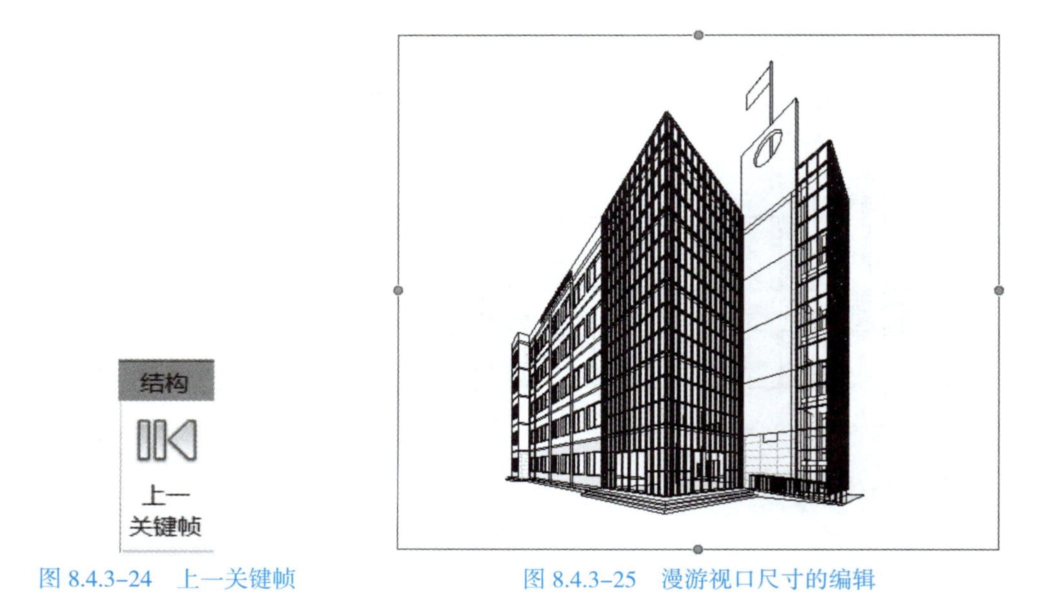

图 8.4.3-24 上一关键帧

图 8.4.3-25 漫游视口尺寸的编辑

调整完毕后，在“漫游 1”视图，单击“编辑漫游”上下文选项卡下的“播放”图标(图 8.4.3-26)，此时将自动播放漫游视频。

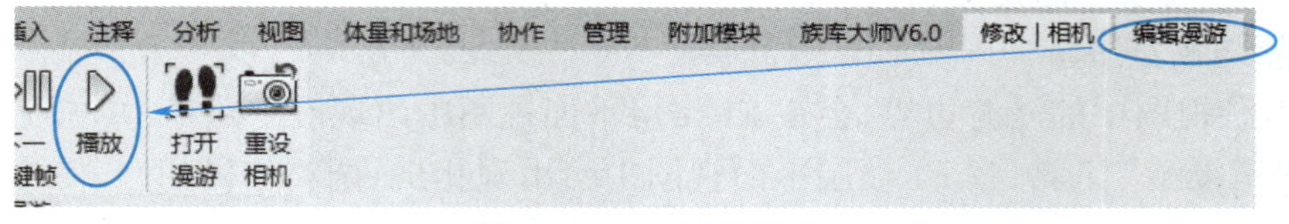

图 8.4.3-26 播放漫游

根据实际情况可以调整每一关键帧的加速度值：如图 8.4.3-27 所示，单击“300”，弹出“漫游帧”对话框，取消勾选“匀速”，根据实际情况在该对话框中修改每一帧的加速度。

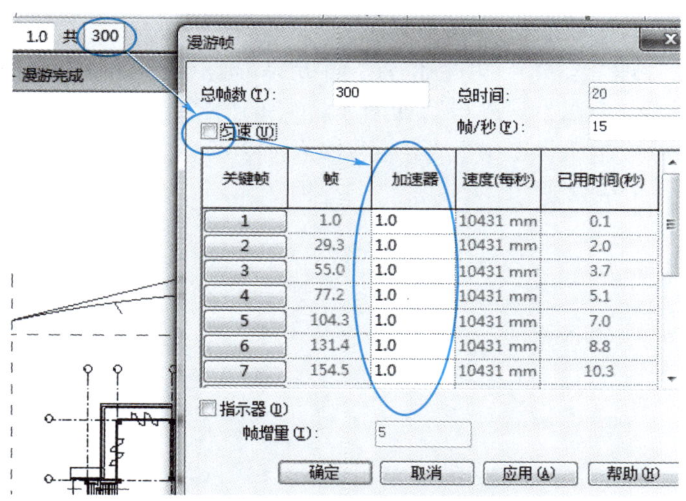

图 8.4.3-27　改变漫游加速度

3. 导出漫游

在漫游视图，设置视觉样式为“真实”。

单击选择漫游裁剪区域边界，单击左上角“文件”，单击“导出”选项中“图像和动画”下拉菜单的“漫游”工具（图 8.4.3-28）。

在弹出的“长度 / 格式”对话框中，可修改“帧 / 秒”为 15 帧（图 8.4.3-29），单击“确定”按钮。弹出“导出漫游”对话框，输入文件名“漫游视频”，单击“保存”按钮。

图 8.4.3-28　漫游导出

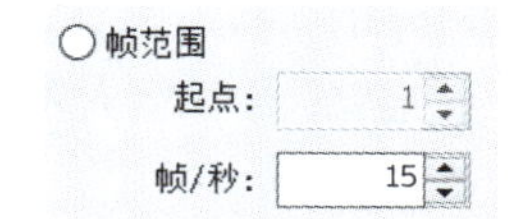

图 8.4.3-29　长度 / 格式设置

在弹出的“视频压缩”对话框中，选择压缩程序为“Microsoft Video 1”，如图 8.4.3-30 所示。单击“确定”按钮将漫游文件导出为外部 AVI 文件。

至此完成漫游的创建和导出，保存文件。

完成的项目文件见“工作任务 8.4.3\ 漫游完成 .rvt”，导出的漫游视频见“工作任务 8.4.3\ 漫游视频 .avi”。

压缩程序(C):

Microsoft Video 1

图 8.4.3-30　压缩程序设置

工作技能扩展与相关系统性知识

Revit 虽然不是专业的日照分析软件，但提供了日光研究功能，以评估自然光和阴影对建筑和场地的影响。以“静态日光研究”为例，详细讲解日光研究的操作流程。

8.4.3　技能扩展：日光研究（静态）

一、项目地理位置和正北

打开“工作任务 8.4.3\ 漫游完成 .rvt”，创建地形表面与场地构件。

1. 项目地理位置

单击功能区“管理”选项卡“项目位置”面板的“地点”命令，项目地址输入“青岛”单击“搜索”按钮，选择“山东省青岛市”，如图 8.4.3–31 所示；也可将“定义位置依据”设置为“默认城市列表”，纬度输入“36.07”、“经度”输入“120.33”，取消勾选“使用夏令时”，单击“确定”按钮，如图 8.4.3–32 所示。

8.4.3　技能扩展：日光研究（一天）

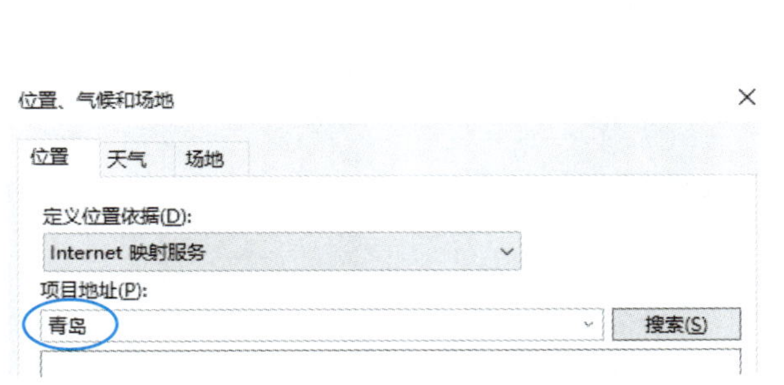

图 8.4.3–31　搜索“青岛”

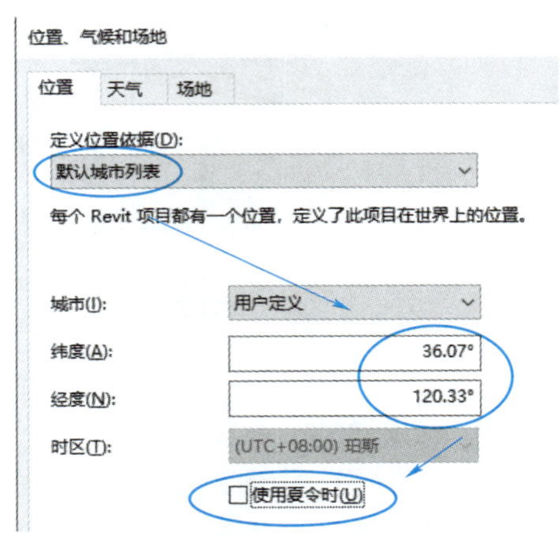

图 8.4.3–32　输入经度、纬度

2.“正北”与“项目北”

在项目设计中，为绘图方便，将图纸正上方作为“项目北”方向，然后绘制水平和垂直轴网定位，因此在“场地”平面的“属性”选项板中可以查看视图的“方向”参数默认值为“项目北”。而在创建日光研究时，为了模拟真实自然光和阴影对建筑和场地的影响，需要把项目方向调整到“正北”方向。其设置方法如下。

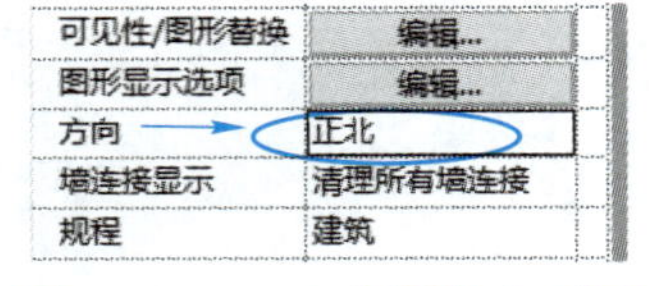

图 8.4.3–33　方向调为“正北”

在场地楼层平面视图中，在属性面板中设置视图的“方向”参数为“正北”，如图 8.4.3–33 所示。

单击“管理”选项卡下“项目位置”面板中的“位置”命令，从下拉菜单中选择“旋转正北”命令，移动光标出现旋转中心点和符号线。将项目逆时针旋转 10° 到正北方向，正北方向设置完成，结果如图 8.4.3–34 所示。

注意：

此时，项目的物理位置已为北偏西 10°。

为便于下一步的操作，再将“属性”选项板中的“方向”参数切换成“项目北”。

二、创建日光研究视图

所谓日光研究视图，是指专用于日光研究、只显示三维模型图元的视图。需要使用正交三维视图创建日光研究视图。

在三维视图“{3D}”上进行右击，“带细节复制”出一个三维视图，重命名为“静态日光研究”。

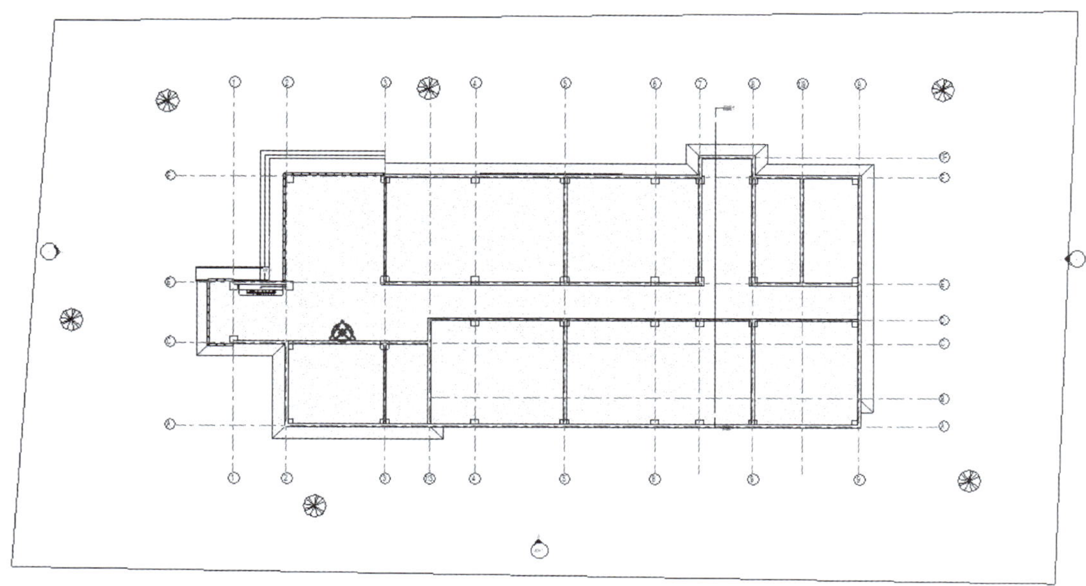

图 8.4.3-34　旋转正北后的视图

单击“ViewCube”的后、上、左交点(图 8.4.3-35),将视图定向到西北轴侧方向;设置视图的视觉样式为“隐藏线”(黑白线条显示更容易显示日光阴影效果),完成的视图如图 8.4.3-36 所示。

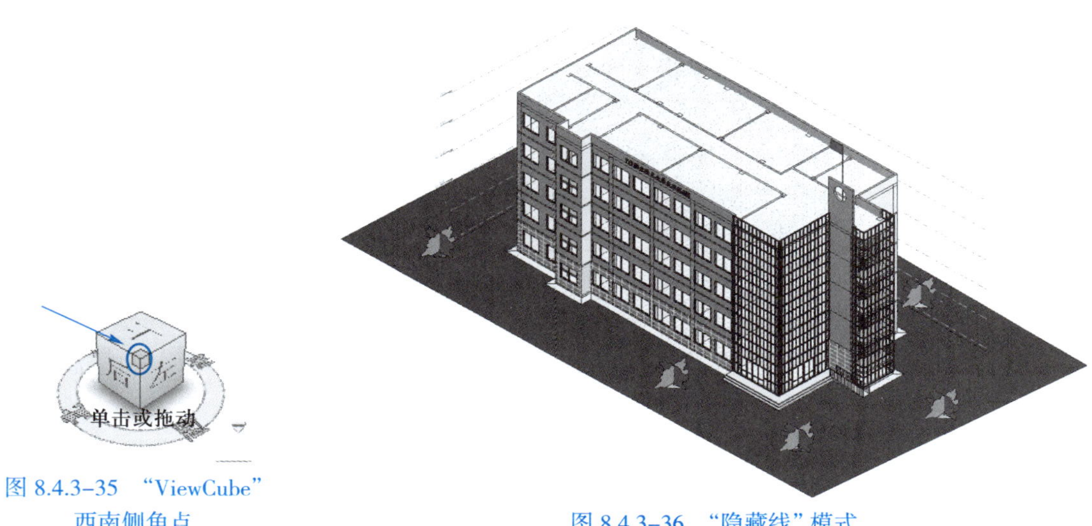

图 8.4.3-35　“ViewCube”西南侧角点

图 8.4.3-36　“隐藏线”模式

三、创建静态日光研究方案

1. “图形显示选项”设置

单击“视图”控制栏中的“日光路径”,选择“日光设置”(图 8.4.3-37),弹出“日光设置”面板。

新建日光研究方案:如图 8.4.3-38 所示,先选择“静止”日光研究,从下面的“预设”栏中选择“夏至”，单击左下角的“复制”图标，输入日光研究方案“名称”为“青岛 -20210911”，单击“确定”按钮，回到“日光设置”对话框。

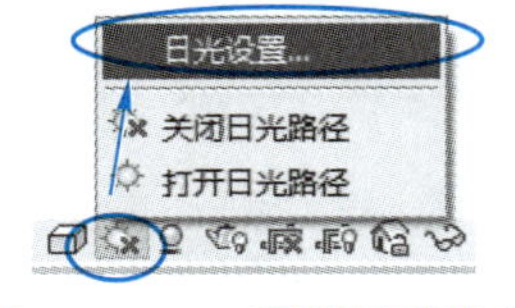

图 8.4.3-37 图形显示选项

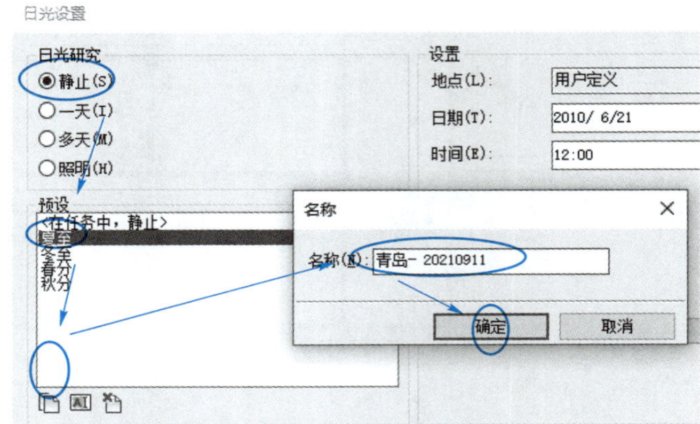

图 8.4.3-38 静态日光设置

如图 8.4.3-39 所示，在“日光设置”对话框右侧设置“日期”为“2021/9/11”，设置“时间”为“11：00”，“地点”已经自动提取了前面“地点”中的设置，此处不需要设置。取消勾选“地平面的标高”选项。

注意：

本例已经创建了地形表面，取消勾选“地平面的标高”选项，以在图中的地形表面上投射阴影；若没有设置地形表面，可以勾选“地平面的标高”，并选择一个标高名称，则将在该标高平面上投射阴影。

单击“确定”按钮退出“日光设置”对话框。

2. “关闭 / 打开阴影”设置

单击“视图”选项卡中的“关闭 / 打开阴影”（图 8.4.3-40），打开日光阴影，效果如图 8.4.3-41 所示。

3. 保存日光研究图像

设置好的日光研究，可以将视图当前的图形显示保存为图像，存储在项目浏览器的“渲染”节点下，以备随时查看。

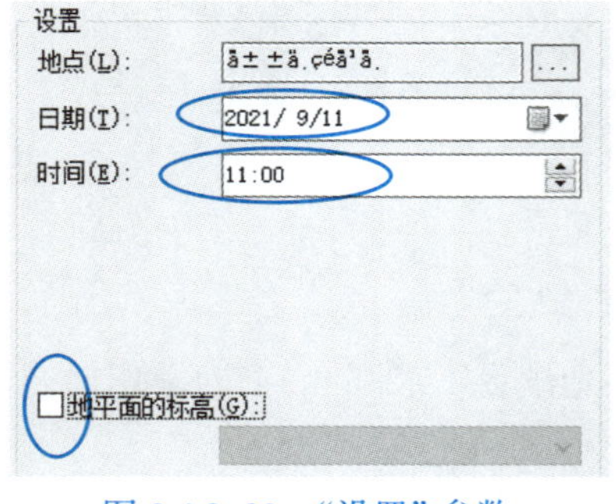

图 8.4.3-39 “设置”参数

图 8.4.3-40 关闭 / 打开阴影

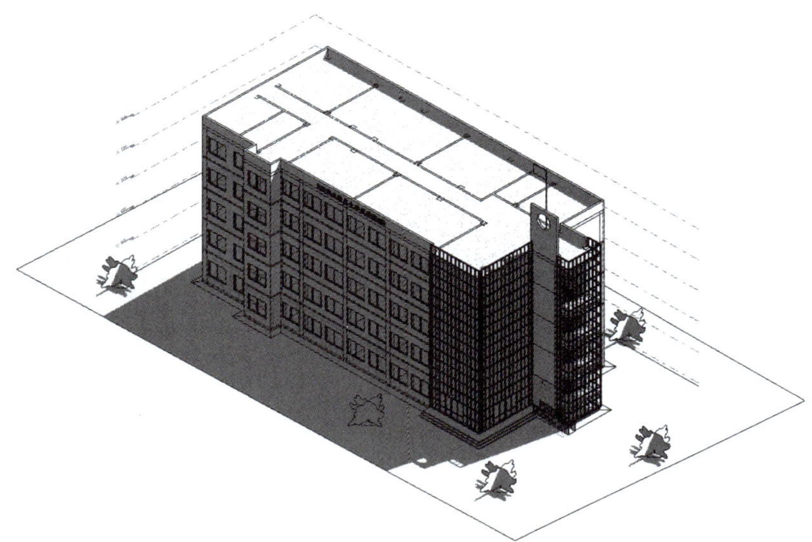

图 8.4.3-41　静态日光研究效果

在项目浏览器中，在“静态日光研究”视图名称上进行右击，选择“作为图像保存到项目中”命令。

在“作为图像保存到项目中”对话框中将“为视图命名”为“静态日光研究”，设置“图像尺寸”为“2 000”像素，其他参数默认，单击“确定”按钮（图 8.4.3-42），即可在项目浏览器的“渲染”节点下创建一个“静态日光研究”图像视图。

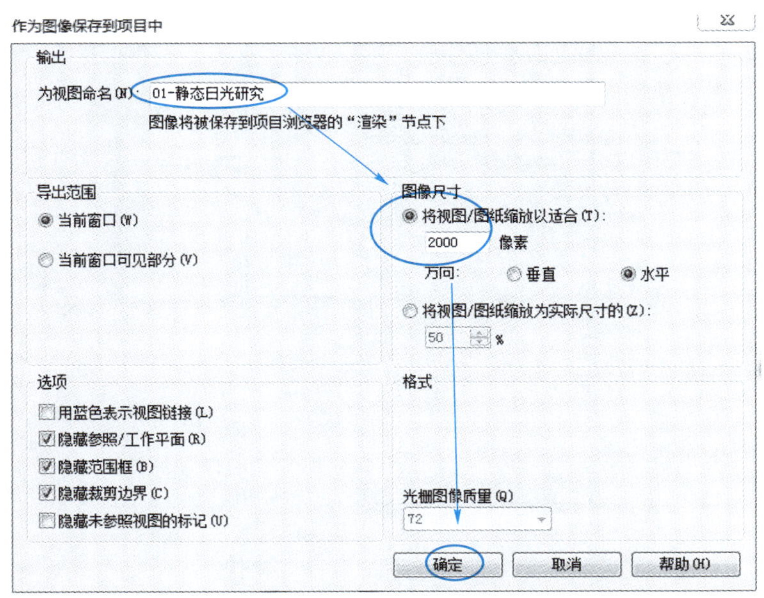

图 8.4.3-42　图像输出设置

创建完成的文件见“工作任务 8.4.3\静态日光研究完成 .rvt”。

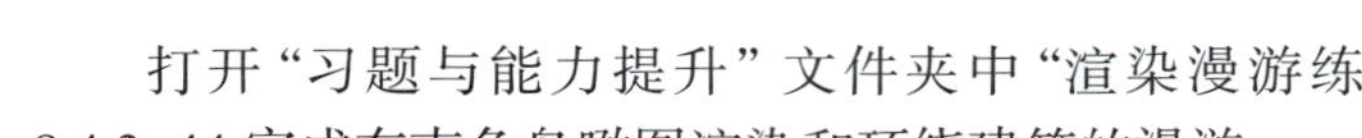

习题与能力提升

8.4.3 操作练习 1 相机

打开“习题与能力提升”文件夹中“渲染漫游练习预备文件”，按照图 8.4.3-43、图 8.4.3-44 完成东南角鸟瞰图渲染和环绕建筑的漫游。

8.4.3 操作练习 2 渲染

图 8.4.3-43 东南角鸟瞰图渲染完成

8.4.3 操作练习 3 漫游

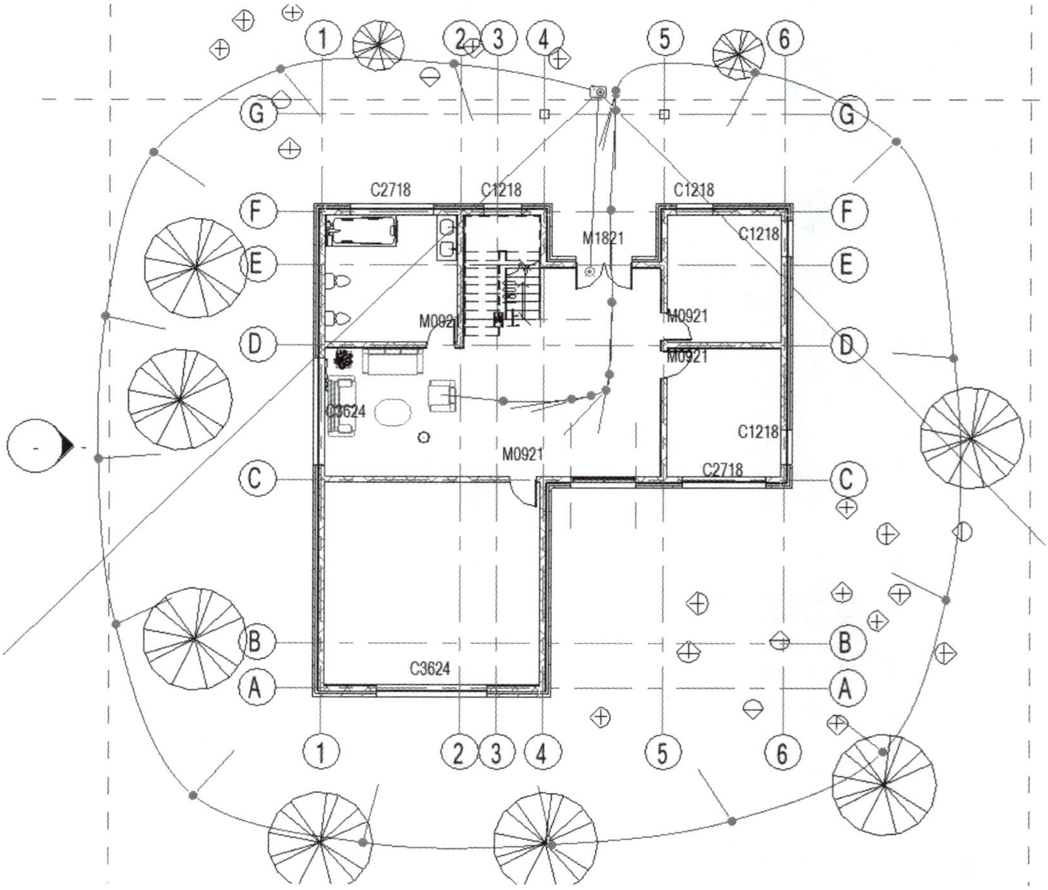

图 8.4.3-44 漫游路径

工作任务 8.4.4　以 DWG、JPG、PDF 格式文件为底图的建模以及设计协同

任务驱动与学习目标

序号	任务驱动	学习目标
1	以 CAD 为底图创建 Revit 模型	1. 掌握 DWG 图形处理的方法 2. 掌握导入和链接 DWG 格式文件的方法 3. 掌握拾取线建模的方法
2	使用“链接”进行设计协同	1. 掌握确定链接 Revit 模型基点的方法 2. 掌握链接 Revit 模型的方法 3. 掌握编辑链接的 Revit 模型的方法
3	使用“工作集”进行设计协同	1. 了解启用工作集的方法 2 了解签出工作集的方法 3. 了解工作集协同与互交的方法 4. 了解管理工作集的方法
4	不同格式文件的导入、导出	1. 了解导入 DXF、DGN、SAT、SKP 文件的方法 2. 了解导出 DWF/DWFx、FBX、ADSK、NWC 文件的方法 3. 了解导出图像、动画的方法 4. 了解导出明细表与报告的方法 5. 了解导出 gbXML、IFC、ODBC 数据库的方法

工作任务解决步骤

8.4.4　工作任务解决步骤：以 DWG 文件为底图建模

一、以 DWG 格式文件为底图创建 Revit 模型

以 DWG 文件为底图的建模方法是：“导入”或“链接”DWG 文件，再用“拾取线”的方法以快速创建 BIM 模型。本节以轴网创建为例进行说明。

1. DWG 图形处理

使用 CAD 软件打开“工作任务 8.4.4\ 楼层平面图 .dwg”。

隔离出轴网：单击“格式”选项卡 – “图层工具” – “图层隔离”命令（图 8.4.4–1），选择任意一根轴线、轴线编号和编号圆圈，按 Enter 键。则轴线图层、轴线编号图层、编号圆圈图层被隔离，结果如图 8.4.4–2 所示。

将该 dwg 文件另存为“轴网隔离 .dwg”。

结果文件见“工作任务 8.4.4\ 轴网隔离 .dwg”。

执行“轴网隔离”命令时，要注意“【设置(S)】”（图 8.4.4–3），确保设置为“关闭”，而不是“锁定和淡入”。

2. 导入和链接 DWG 格式文件

“导入”的 DWG 文件和原始 DWG 文件之间没有关联关系，不能随原始文件的更新而自

动更新。“链接”的 DWG 文件能够和原始的 DWG 文件保持关联更新关系，能够随原始文件的更新而自动更新。

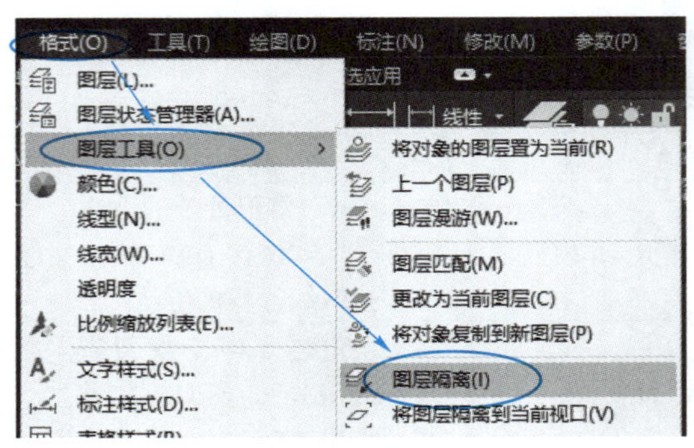

图 8.4.4-1 “图层隔离”工具

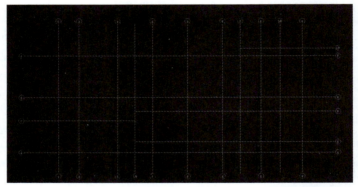

图 8.4.4-2 轴网隔离

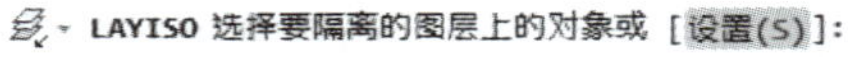

LAYISO 选择要隔离的图层上的对象或 [设置(S)]:

图 8.4.4-3 执行隔离命令的“设置”选项

和场地

导入 CAD

图 8.4.4-4 “导入 CAD”命令

(1) 导入 DWG 底图。新建一个 Revit 项目文件，单击“插入”选项卡“导入”面板中的“导入 CAD”命令(图 8.4.4-4)，打开“导入 CAD 格式”对话框。

定位到“工作任务 8.4.4\ 轴网隔离 .dwg”，勾选“仅当前视图”，设置“颜色”为“黑白”，“导入单位”为“毫米”，“定位”方式为“自动 – 中心到中心”，“放置于”默认为当前平面视图“标高 1”，单击“打开”按钮(图 8.4.4-5)。

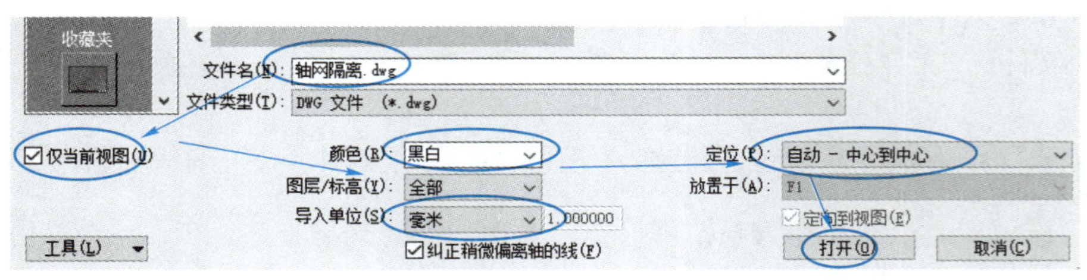

图 8.4.4-5 导入 CAD 文件

单击导入的 CAD 底图，可进行如下编辑：① 属性面板中，绘制图层可设置为“背景”或

"前景",本例保持"背景"不变;② 上下文选项卡中,单击"删除图层"命令,勾选要删除的图层名称,单击"确定"按钮,可删除不需要的图层,本例不执行"删除图层"命令;③ 上下文选项卡中,单击"分解",下拉菜单含"部分分解"和"完全分解",其中"部分分解"可将 DWG 分解为文字、线和嵌套的 DWG 符号(图块)等图元,"完全分解"可将 DWG 分解为文字、线和图案填充等 AutoCAD 基础图元,本例不执行"分解"命令。

单击导入的 CAD 底图,单击上下文选项卡"修改"面板中的"锁定"图标(图 8.4.4-6)。

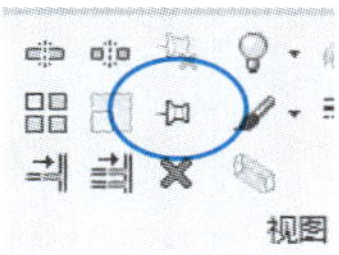

图 8.4.4-6　锁定底图

分别选择东、西、南、北 4 个立面标记,将这 4 个立面标记移动到 DWG 文件之外。

创建完成的项目文件见"工作任务 8.4.4\ 导入 DWG 文件完成 .rvt"。

(2) 链接 DWG 格式文件。新建一个 Revit 项目文件,单击"插入"选项卡"链接"面板中的"链接 CAD"命令(图 8.4.4-7),打开"链接 CAD 格式"对话框。

定位到"工作任务 8.4.4\ 轴网隔离 .dwg",同导入设置一样进行设置,单击"打开"按钮。

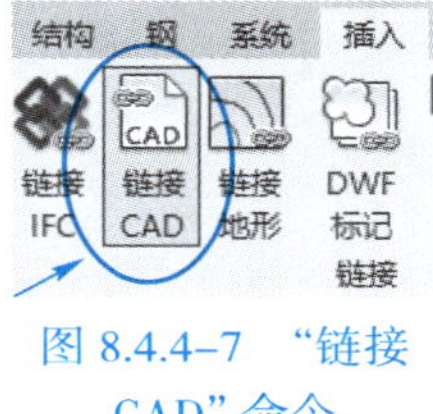

图 8.4.4-7　"链接 CAD"命令

链接的 DWG 文件,可以同导入的 DWG 文件一样,设置"属性"选项板参数,"删除图层","查询"图元信息等,但不能"分解"。单击"插入"选项卡"链接"面板中的"管理链接"命令,打开"管理链接"对话框。单击"CAD 格式"选项卡,单击选择链接的 DWG 文件,可以进行卸载、重新载入、删除等操作,单击"导入"按钮可以将链接文件转为导入 DWG 模式(图 8.4.4-8)。

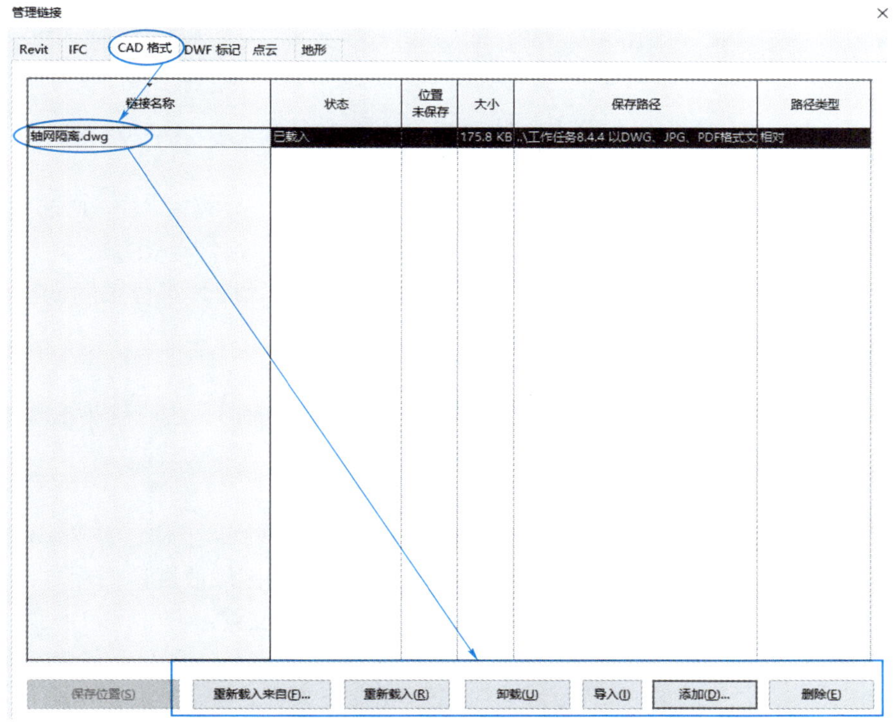

图 8.4.4-8　管理链接

同导入中的操作，对 DWG 文件进行锁定，将东、西、南、北 4 个立面标记移到 DWG 文件之外。

创建完成的项目文件见“工作任务 8.4.4\ 链接 DWG 文件完成 .rvt”。

3. 拾取线建模

以 CAD 做底图创建 Revit 图元的步骤与直接创建 Revit 图元的步骤相同，只是在创建图元的过程中，多使用“拾取线”命令创建模型。

打开“工作任务 8.4.4\ 链接 DWG 文件完成 .rvt”，进入到标高 1 楼层平面视图。

执行“VV”快捷命令，打开“可见性 / 图形替换”对话框，单击“导入的类别”选项卡，勾选“半色调”（图 8.4.4–9），单击“确定”按钮退出。

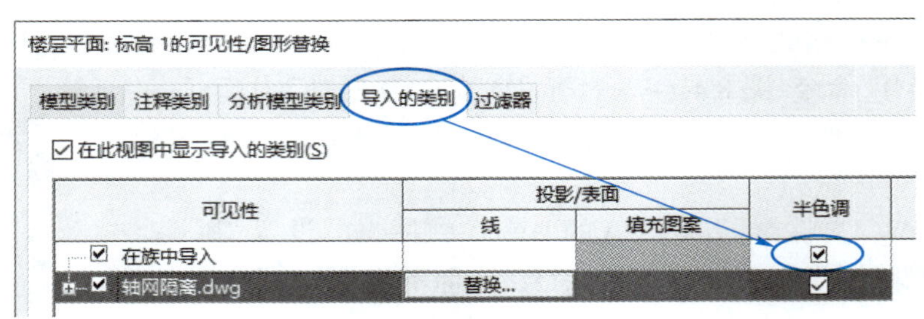

图 8.4.4–9　半色调

以创建轴线为例，执行“轴网”命令（快捷方式为“GR”），采用“拾取线”的方法（图 8.4.4–10）拾取 CAD 底图上的线，快速创建相应的图元。

墙体、门窗等其他图元的创建与轴线的创建类似，均为导入或链接 DWG 图纸，以 DWG 文件为底图，利用“拾取线”的方式建模。

图 8.4.4–10　拾取线创建图元

二、以 JPG、PDF 格式文件为底图创建 Revit 模型

8.4.4 工作任务解决步骤：以 JPG 和 PDF 文件为底图建模

以 JPG、PDF 格式文件为底图的建模方法是：单击“插入”选项卡“导入”面板中的“图像”或者“PDF”，导入图片或者 PDF 文件，再用“缩放”（快捷命名为：RE）命令，将图片或者 PDF 文件缩放到正确尺寸，再进行 BIM 模型创建。本节以导入图片进行轴网创建为例进行说明。

1. 创建定位的 3 条轴线

新建一个 Revit 项目文件，按照常规的轴线创建方法创建轴①、轴⑮和轴Ⓐ，其中轴①和轴⑮之间的距离为 54 600 mm。

2. 导入 JPG 格式文件

单击“插入”选项卡下“导入”面板中的“图像”命令，选择“工作任务 8.4.4\ 全国 BIM 技能等级考试第 18 期第 5 页 .jpg”，单击“打开”按钮，在绘图区域放置该图片。

3. 使用“移动”和“缩放”命令将图片移动、缩放至正确位置

使用“移动”命令移动图片，使图片上轴Ⓐ与轴①的交点与绘图区域绘制的轴Ⓐ与轴①交点重合。

单击图片，执行“缩放”（快捷方式为 RE）命令，首先单击轴Ⓐ与轴①的交点（该点为

"原点"),再横移光标至图片上的轴⑮进行单击,再横移光标至绘制完成的轴⑮进行单击,此时会将图片上的轴⑮缩放至绘制完成的轴⑮的位置。

单击图片,执行"锁定"(快捷方式为 PN)命令,将图片锁定。

4. 建模

以图片为底图可以更容易地看到轴线、墙体、门窗等定位尺寸与类型,便于使用常用的模型创建方法进行 BIM 模型创建。

缩放完成的项目文件见"工作任务 8.4.4\ 以 JPG 格式文件为底图创建 Revit 模型完成 .rvt"。

8.4.4 技能扩展:"链接"协同设计

工作技能扩展与相关系统性知识

下面讲解链接 Revit 模型进行设计协同的方法。

1. 确定链接 Revit 模型的基点

打开"工作任务 8.4.4\ 链接文件 –F1.rvt",进入 F1 楼层平面视图。

执行"VV"命令,在弹出的"F1 的可见性 / 图形替换"对话框的"模型类别"选项卡中,展开"场地",勾选"项目基点"(图 8.4.4–11),单击"确定"按钮。绘图区域会显示项目基点符号⊗。

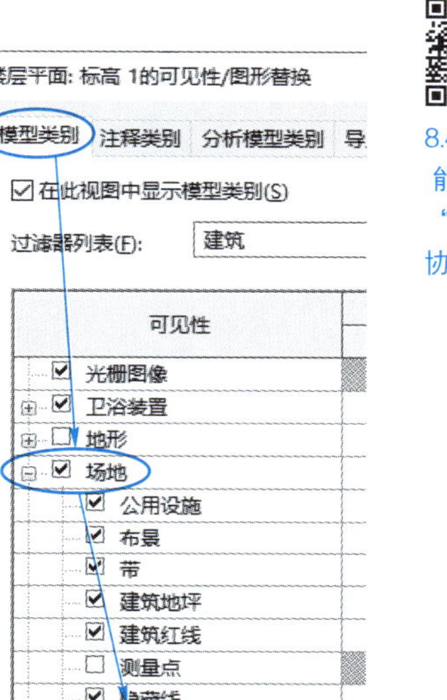

图 8.4.4–11　勾选"项目基点"

采用相同的方法,打开"工作任务 8.4.4\ 链接文件 –F2.rvt",进入到 F1 平面视图中,打开"项目基点"的可见性。

可以发现,两个 Revit 模型的项目基点位置相同,因此链接时可以自动使用"自动 – 原点到原点"方式自动定位。

2. 链接 Revit 模型

关闭"链接文件 –F2.rvt"文件,在"链接文件 –F1.rvt"文件的 F1 平面视图中,单击"插入"选项卡下"链接"面板中的"链接 Revit"命令,弹出"导入 / 链接 RVT"对话框。

定位到"工作任务 8.4.4\ 链接文件 –F2.rvt",链接模型的"定位"方式保持"自动 – 原点到原点"不变,单击"打开"按钮(图 8.4.4–12),即可将"链接文件 –F2.rvt"模型自动定位的链接到当前的建筑模型中。

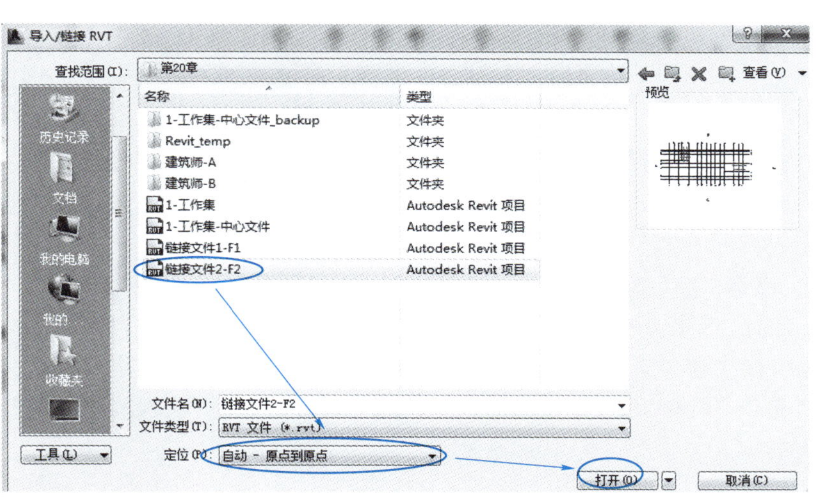

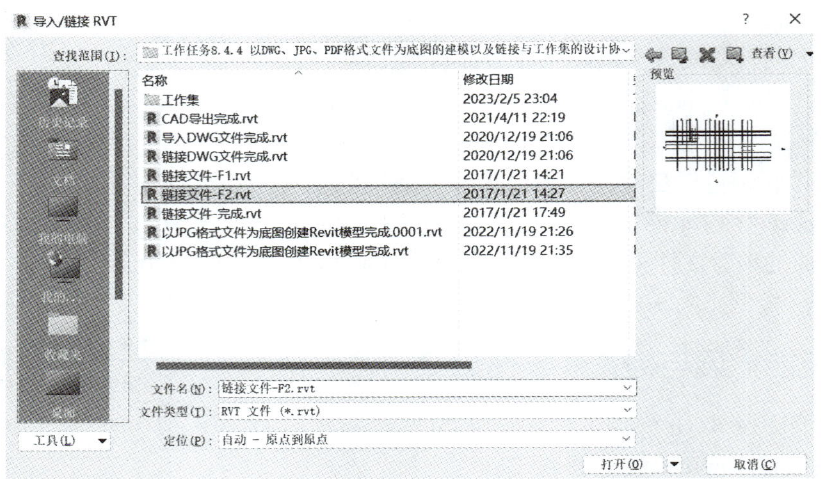

图 8.4.4–12 链接模型

链接模型时的“定位”有 6 种方式。

(1) 自动 – 中心到中心。自动对齐两个 Revit 模型的图形中心位置定位。

(2) 自动 – 原点到原点。自动对齐两个 Revit 模型的项目基点定位。

(3) 自动 – 通过共享坐标。自动通过共享坐标定位。

(4) 手动 – 原点。被链接文件的项目基点位于光标中心,移动光标单击放置定位。

(5) 手动 – 基点。被链接文件基点位于光标中心,移动光标单击放置定位(该选项只用于带有已定义基点的 AutoCAD 文件)。

(6) 手动 – 中心。被链接文件的图形中心位于光标中心,移动光标单击放置定位。

3. 编辑链接的 Revit 模型

(1) 竖向定位链接的 Revit 模型。进入到某一立面视图,查看链接模型的标高在垂直方向上是否和当前项目文件的标高一致。如链接模型位置不对,可单击选择链接模型,用“修改”选项卡下的“对齐”或“移动”命令,以轴网、参照平面、标高或其他图元边线为定位参考线,精确定位模型位置。本例的模型已经自动对齐,不再设置。

注意:

可对链接模型进行复制、镜像等操作,以创建多个链接模型,而不需要链接多个项目文件。

(2) RVT 链接显示设置。执行“VV”快捷命令,打开“可见性 / 图形链接”对话框,单击“Revit 链接”选项卡。勾选“半色调”,可以将链接模型灰色显示;单击选择“按主体视图”,打开“RVT 链接显示设置”对话框,链接模型的显示有“按主体视图”“按链接视图”“自定义”三种方式,点选“自定义”(图 8.4.4–13)。在后面“模型类别”“注释类别”“分析模型类别”或“导入类别”选项卡中,将类别调为“自定义”(图 8.4.4–14),可自定义图元的可见性。

(3) 管理链接。单击“插入”选项卡“链接”面板中的“管理链接”命令,弹出“管理链接”对话框。单击“链接文件”,可执行“重新载入来自”“重新载入”“卸载”“删除”命令(图 8.4.4–15)。

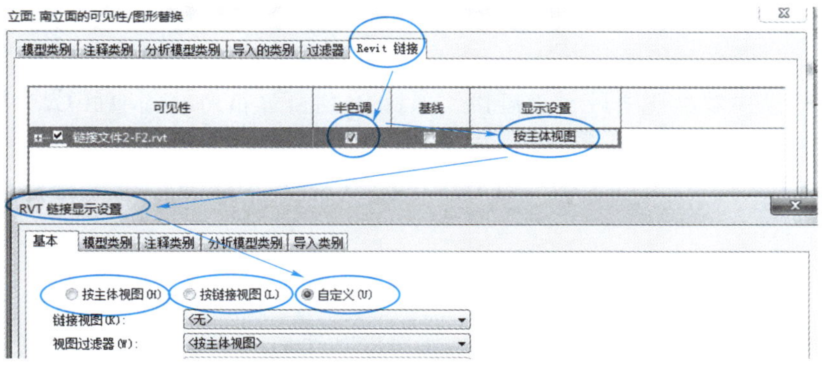

图 8.4.4–13　RVT 链接显示设置

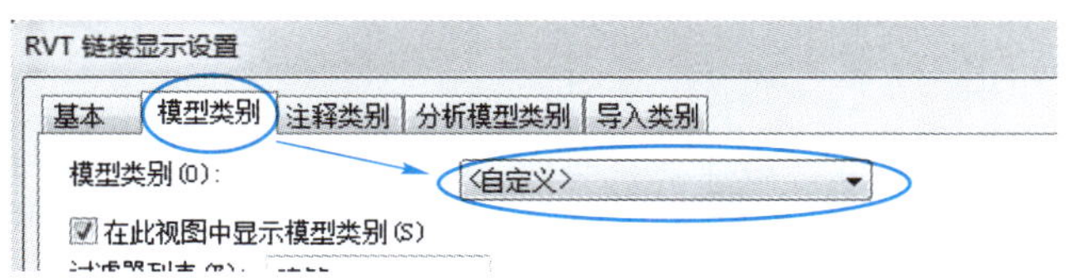

图 8.4.4–14　自定义可见性

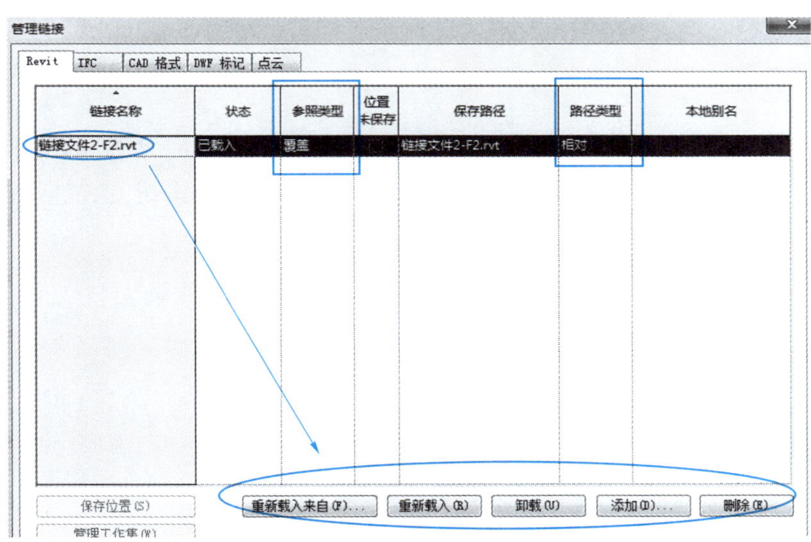

图 8.4.4–15　“管理链接”对话框

其中：① 重新载入来自，用来对选中的链接文件进行重新选择来替换当前链接的文件；② 重新载入，用来重新从当前文件位置载入选中的链接文件以重现链接卸载了的文件；③ 卸载，用来删除所有链接文件在当前项目文件中的实例，但保存其位置信息；④ 删除，在删除了链接文件在当前项目文件中的实例的同时，也从“链接管理”对话框的文件列表中删除选中的文件。

单击参照类型，将“覆盖”改为“附着”。

“覆盖”与“附着”的不同之处在于：选中“覆盖”不载入嵌套链接模型，选中“附着”则显示嵌套链接模型。如项目 A 被链接到项目 B，项目 B 被链接到项目 C，当项目 A 在项目 B 中的参照类型为“覆盖”时，项目 A 在项目 C 中不显示，项目 C 链接项目 B 时系统会提示项目 A 不可见；当项目 A 在项目 B 中的参照类型为“附着”时，项目 A 在项目 C 中显示。

路径类型的值有“相对”“绝对”两种，保持默认值“相对”不变。

① 相对，使用相对路径，将项目文件和链接文件一起移至新目录中时，链接保持不变；② 绝对，使用绝对路径，将项目文件和链接文件一起移至新目录时，链接将被破坏，需要重新链接模型。

单击“确定”按钮退出“管理链接”对话框。

(4) 绑定链接。若不绑定链接，链接的 Revit 模型原始文件发生变更后，再次打开主体文件或“重新载入”链接文件，链接的模型可以自动更新。若绑定链接，则链接的 Revit 模型将绑定到主体文件中，切断了其与原始文件之间的关联更新关系。具体操作如下。

在绘图区域，单击选择链接的“链接文件 –F2.rvt”文件。

可以通过自右向左的“触选”方式选择所有模型，然后用“过滤器”只勾选“RVT 链接”过滤选择。

单击上下文选项卡“链接”面板中的“绑定链接”命令，打开“绑定链接选项”对话框，单击“确定”按钮（图 8.4.4–16）。若遇到错误提示，单击“确定”按钮，系统即可将链接模型转换为组。

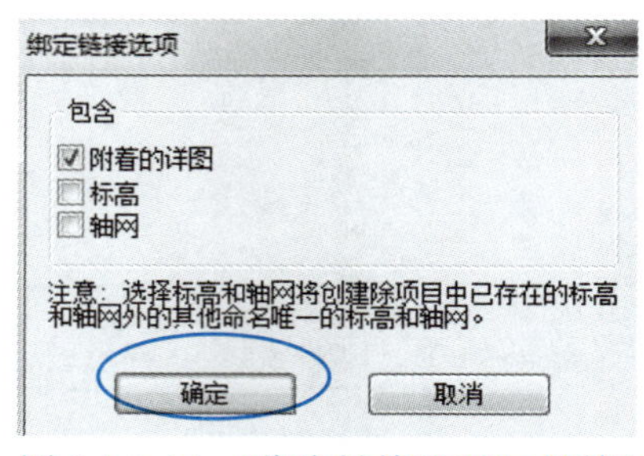

图 8.4.4–16 “绑定链接选项”对话框

工作任务 8.4.4 操作练习 图片缩放

完成的项目文件见“工作任务 8.4.4\ 链接文件 – 完成 .rvt”。

习题与能力提升

打开“习题与能力提升”文件夹中“全国 BIM 技能等级考试第 19 期第 5 页 .jpg”（图 8.4.4–17），导入该图片，缩放该图片至正确位置。

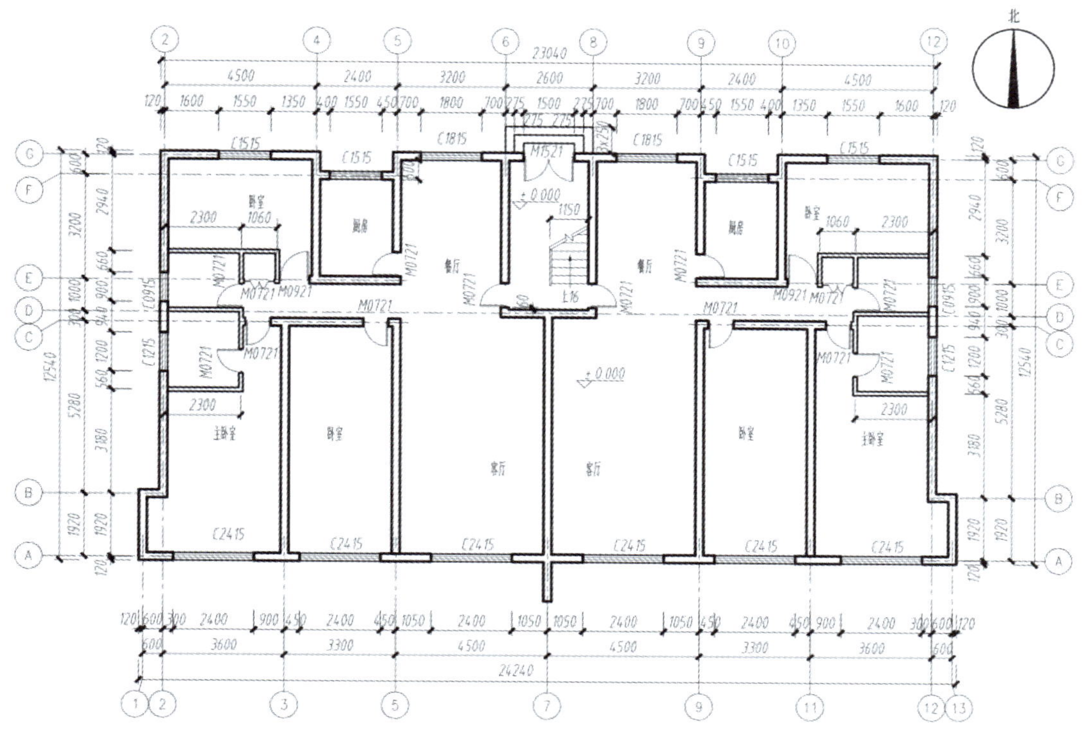

首层平面图 1:150

图 8.4.4-17 平面图图片

8.5 思想提升

住房和城乡建设部发布的《建筑业 10 项新技术》(2017 版)中的第 10 项新技术为“信息化技术”,其中“信息化技术”中的“基于 BIM 的现场施工管理信息技术”内容如下。

基于 BIM 的现场施工管理信息技术是指利用 BIM 技术,并借助移动互联网技术实现施工现场可视化、虚拟化的协同管理。在施工阶段结合施工工艺及现场管理需求对设计阶段施工图模型进行信息添加、更新和完善,以得到满足施工需求的施工模型。依托标准化项目管理流程,结合移动应用技术,通过基于施工模型的深化设计,以及场布、施组、进度、材料、设备、质量、安全、竣工验收等管理应用,实现施工现场信息高效传递和实时共享,提高施工管理水平。

1. 技术内容

(1) 深化设计:基于施工 BIM 模型结合施工操作规范与施工工艺,进行建筑、结构、机电设备等专业的综合碰撞检查,解决各专业碰撞问题,完成施工优化设计,完善施工模型,提升施工各专业的合理性、准确性和可校核性。

(2) 场布管理:基于施工 BIM 模型对施工各阶段的场地地形、既有设施、周边环境、施工区域、临时道路及设施、加工区域、材料堆场、临水临电、施工机械、安全文明施工设施等进行规划布置和分析优化，以实现场地布置科学合理。

(3) 施组管理：基于施工 BIM 模型，结合施工工序、工艺等要求，进行施工过程的可视化模拟，并对方案进行分析和优化，提高方案审核的准确性，实现施工方案的可视化交底。

(4) 进度管理：基于施工 BIM 模型，通过计划进度模型(可以通过 Project 等相关软件编制进度文件生成进度模型)和实际进度模型的动态链接，进行计划进度和实际进度的对比，找出差异，分析原因，BIM 4D 进度管理直观的实现对项目进度的虚拟控制与优化。

(5) 材料、设备管理：基于施工 BIM 模型，可动态分配各种施工资源和设备，并输出相应的材料、设备需求信息，并与材料、设备实际消耗信息进行比对，实现施工过程中材料、设备的有效控制。

(6) 质量、安全管理：基于施工 BIM 模型，对工程质量、安全关键控制点进行模拟仿真以及方案优化。利用移动设备对现场工程质量、安全进行检查与验收，实现质量、安全管理的动态跟踪与记录。

(7) 竣工管理：基于施工 BIM 模型，将竣工验收信息添加到模型，并按照竣工要求进行修正，进而形成竣工 BIM 模型，作为竣工资料的重要参考依据。

2. 技术指标

(1) 基于 BIM 技术在设计模型的基础上，结合施工工艺及现场管理需求进行深化设计和调整，形成施工 BIM 模型，实现 BIM 模型在设计与施工阶段的无缝衔接。

(2) 运用的 BIM 技术应具备可视化、可模拟、可协调等能力，实现施工模型与施工阶段实际数据的关联，进行建筑、结构、机电设备等各专业在施工阶段的综合碰撞检查、分析和模拟。

(3) 采用的 BIM 施工现场管理平台应具备角色管控、分级授权、流程管理、数据管理、模型展示等功能。

(4) 通过物联网技术自动采集施工现场实际进度的相关信息，实现与项目计划进度的虚拟比对。

(5) 利用移动设备，可即时采集图片、视频信息，并能自动上传到 BIM 施工现场管理平台，责任人员在移动端即时得到整改通知、整改回复的提醒，实现质量管理任务在线分配、处理过程及时跟踪的闭环管理等的要求。

(6) 运用 BIM 技术，实现危险源的可视标记、定位、查询分析。安全围栏、标识牌、遮拦网等需要进行安全防护和警示的地方在模型中进行标记，提醒现场施工人员安全施工。

(7) 应具备与其他系统进行集成的能力。

3. 适用范围

适用于建筑工程项目施工阶段的深化、场布、施组、进度、材料、设备、质量、安全等业务管理环节的现场协同动态管理。

8.6 工作评价与工作总结

工作评价

序号	评分项目	分值	评价内容	自评	互评	教师评分	客户评分
1	工程量统计	20	1. 窗明细表统计,10 分 2. 门明细表统计,10 分				
2	建筑施工图标准化出图、打印与导出	35	1. 创建建筑平面图出图视图,10 分 2. 创建建筑立面图出图视图,10 分 3. 创建建筑剖面图出图视图,10 分 4. 施工图布图与打印,3 分 5. 导出 DWG 格式文件,2 分				
3	建筑表现之材质设置、渲染与漫游	25	1. 创建贴花,5 分 2. 设置墙体渲染材质,5 分 3. 创建相机视图,5 分 4. 对教学楼进行渲染,5 分 5. 制作教学楼漫游视频,5 分				
4	DWG 底图建模与链接、工作集的设计协同	20	1. 以 CAD 为底图创建 Revit 模型,10 分 2. 使用“链接”进行设计协同,10 分				
总结							

工作总结

目标		进步	欠缺	改进措施
知识目标	掌握工程量统计、施工图出图、渲染和漫游、协同设计的相关知识			
能力目标	根据客户要求完成 ××× 职业技术大学教学楼的工程量统计,并进行平面、立面、剖面施工图出图、渲染和漫游、协同设计			
素质目标	有文化自信,有爱国情怀,有善沟通、能协作、高标准、会自学的专业素质			

读者意见反馈

为收集对教材的意见建议,进一步完善教材编写并做好服务工作,读者可将对本教材的意见建议通过如下渠道反馈至我社。

咨询电话　400-810-0598

反馈邮箱　gjdzfwb@pub.hep.cn

通信地址　北京市朝阳区惠新东街4号富盛大厦1座

高等教育出版社总编辑办公室

邮政编码　100029